"十三五"国家重点图书

 先进制造理论研究与工程技术系列

FUNDAMENTALS OF MACHINERY MANUFACTURING TECHNOLOGY

机械制造技术基础

（第2版）

李旦　韩荣第　巩亚东　陈明君　主编

U0223345

哈尔滨工业大学出版社

内 容 提 要

"机械制造技术基础"是机械工程类专业的主干课程之一。本书分 8 章介绍课程所应覆盖的专业基础知识点,主要包括:机械制造过程的基础知识、金属切削原理、金属切削刀具基础、机床夹具设计基础、机械加工质量的影响因素及控制、机械加工工艺规程制订、机器的装配工艺等。

本书可作为普通高等院校机械设计制造及其自动化专业和其他相关专业的教材或参考书,也可供有关工程技术人员参考。

Abstract

The fundamental of machinery manufacturing technology is one of main courses for mechanical engineering study. This book outlines the basic knowledge of machining process, metal cutting principle, cutting tool, jigs and fixture design, machining quality factors and control, machining processes planning and machine assembly etc.

This book can be used as teaching or reference in the general college for undergraduates of mechanical engineering and relevant specialties. In addition, this book also should be of interested to the technicians who seek to improve their effectiveness.

图书在版编目(CIP)数据

机械制造技术基础/李旦,韩荣第等主编. —2 版. —哈尔滨:哈尔滨工业大学出版社,2011.2(2023.1 重印)

ISBN 978-7-5603-2800-3

Ⅰ.①机… Ⅱ.①李… ②韩… Ⅲ.①机械制造工艺 Ⅳ.TH16

中国版本图书馆 CIP 数据核字(2010)第 241717 号

责任编辑　许雅莹
封面设计　卞秉利
出版发行　哈尔滨工业大学出版社
社　　址　哈尔滨市南岗区复华四道街 10 号　邮编 150006
传　　真　0451-86414749
网　　址　http://hitpress.hit.edu.cn
印　　刷　哈尔滨圣铂印刷有限公司
开　　本　787mm×1092mm　1/16　印张 20.5　字数 520 千字
版　　次　2009 年 2 月第 1 版　2011 年 2 月第 2 版
　　　　　2023 年 1 月第 5 次印刷
书　　号　ISBN 978-7-5603-2800-3
定　　价　33.00 元

(如因印装质量问题影响阅读,我社负责调换)

高等学校"十二五"规划教材

先进制造理论研究与工程技术系列

总　　序

自 1999 年教育部对普通高校本科专业设置目录调整以来,各高校都对机械设计制造及其自动化专业进行了较大规模的调整和整合,制定了新的培养方案和课程体系。目前,专业合并后的培养方案、教学计划和教材已经执行和使用了几个循环,收到了一定的效果,但也暴露出一些问题。由于合并的专业多,而合并前的各专业又有各自的优势和特色,在课程体系、教学内容安排上存在比较明显的"拼盘"现象;在教学计划、办学特色和课程体系等方面存在一些不太完善的地方;在具体课程的教学大纲和课程内容设置上,还存在比较多的问题,如课程内容衔接不当、部分核心知识点遗漏、不少教学内容或知识点多次重复、知识点的设计难易程度还存在不当之处、学时分配不尽合理、实验安排还有不适当的地方等。这些问题都集中反映在教材上,专业调整后的教材建设尚缺乏全面系统的规划和设计。

针对上述问题,哈尔滨工业大学机电工程学院从"机械设计制造及其自动化"专业学生应具备的基本知识结构、素质和能力等方面入手,在校内反复研讨该专业的培养方案、教学计划、培养大纲、各系列课程应包含的主要知识点和系列教材建设等问题,并在此基础上,组织召开了由哈尔滨工业大学、吉林大学、东北大学等 9 所学校参加的先进制造理论研究与工程技术系列教材建设工作会议,联合建设专业教材,这是建设高水平专业教材的良好举措。因为通过共同研讨和合作,可以取长补短、发挥各自的优势和特色,促进教学水平的提高。

会议通过研讨该专业的办学定位、培养要求、教学内容的体系设置、关键知识点、知识内容的衔接等问题,进一步明确了设计、制造、自动化三大主线课程教学内容的设置,通过合并一些课程,可避免主要知识点的重复和遗漏,有利于加强课程设置上的系统性、明确自动化在本专业中的地位、深化自动化系列课程内涵,有利于完善学生的知识结构、加强学生的能力培养,为该系列教材的编写奠定了良好的基础。

本着"总结已有、通向未来、打造品牌、力争走向世界"的工作思路,在汇聚多所学校优势和特色、认真总结经验、仔细研讨的基础上形成了这套教材。参加编写的主编、副主编都是这几所学校在本领域的知名教授，他们除了承担本科生教学外，还承担研究生教学和大量的科研工作，有着丰富的教学和科研经历，同时有编写教材的经验；参编人员也都是各学校近年来在教学第一线工作的骨干教师。这是一支高水平的教材编写队伍。

这套教材有机整合了该专业教学内容和知识点的安排，并应用近年来该专业领域的科研成果来改造和更新教学内容、提高教材和教学水平，具有系列化、模块化、现代化的特点，反映了机械工程领域国内外的新发展和新成果，内容新颖、信息量大、系统性强。我深信：这套教材的出版，对于推动机械工程领域的教学改革、提高人才培养质量必将起到重要推动作用。

蔡鹤皋
哈尔滨工业大学教授
中国工程院院士
2009 年 2 月哈工大

第 2 版前言

"机械制造技术基础"是 1998 年国家调整本科专业后由教学指导委员会推荐的专业骨干课之一。作者整合了"金属切削原理"、"金属切削机床概论"、"机械制造工艺学"、"机床夹具设计"及"金属切削刀具"课程的主要内容，并结合多年的教学科研实践，对专业课程体系进行了调整，重构了较系统的专业知识群，编写了这本具有一定特色的专业基础教材。

此次再版是在第 1 版基础上，第 2 章增加了切削工具硬质合金牌号的 2008 年新国标，第 3 章增加了有关鳞刺方面的内容，新增加了第 4 章金属切削刀具基础，第 6 章在内容上作了较大的修改，第 7 章对相关符号作了与第 3 章的一致化处理。

总之，力求做到满足机械工程领域"卓越工程师"培养所需要的机械加工方面的专业基础知识的要求，在贯彻名词、术语、符号及单位的国家标准的前提下，力求语言精练、概念清楚、定义准确、图文并茂，并考虑书中各章节间及相关课程间的衔接，做到不重复。

本书共 8 章，内容包括：绪论、机械制造过程的基础知识、金属切削原理、金属切削刀具基础、机床夹具设计基础、机械加工质量的影响因素及控制、机械加工工艺规程制订、机器的装配工艺。

本书由哈尔滨工业大学的李旦、韩荣第、陈明君和东北大学的巩亚东任主编。第 1、2、3 章由韩荣第和唐艳丽编写，第 4 章由王娜君和吴健(哈工大威海)编写，第 5 章由邵东向和李旦编写，第 6 章由巩亚东、李旦和韩荣第编写，第 7 章由王广林和李旦编写，第 8 章由陈明君和李旦编写。全书由李旦和韩荣第统稿、定稿。

尽管作者对第 1 版中的疏漏和不当之处做了适当的修改并力求无误，但由于水平所限，书中仍会有不妥和疏漏之处，恳请读者批评指正。

编者

2010 年 12 月于哈尔滨

目　　录

第1章

绪　　论

1.1　制造与制造技术

纵观人类社会的历史可知,人类社会的发展是离不开人类的生产活动的,按照生产即为制造的观点,人类社会的发展是离不开制造活动的。

1.1.1　生产(制造)的三种型式

按照生产(制造)过程的特点,可将现实社会中的生产分为连续型生产、离散型生产及混合型生产三种型式。

如:石油、化工及冶金生产即属连续型生产,机械、电子及轻工产品的生产属离散型生产,食品、造纸生产则属混合型生产。

连续型生产的特点是:工艺流程及设备相对固定不变,生产设备24小时不间断运行。

离散型生产的特点是:其产品是由离散的、相互联系的零部件组装而成的,生产过程比较复杂,工序及中间环节较多,工序之间有在制品的存储与运输,生产周期较长,生产管理的难度也较大。

混合型生产则兼有离散型生产与连续型生产的特点。

1.1.2　狭义制造与广义制造

在很长一段时间里,制造往往被理解为将原材料或半成品经加工和装配变为产品的过程。这是狭义制造的概念,也称"小制造",它只包括毛坯制造、零件加工、检验与装配、包装与运输等,主要考虑的是制造企业内部的物质流。

而在市场经济条件下,对市场的快速响应及产品的生命周期显得特别重要,因此制造必须包括市场分析、经营决策、设计与加工装配、质量控制、销售、运输、售后服务及报废回收等全过程。这就是广义制造的概念,即"大制造",它必须同时考虑物质流与信息流两个方面。

1.1.3　制造技术与机械制造技术

1.制造技术的概念

制造技术是指要完成前述制造活动所需要的一切手段的总和,手段包括:所运用的知识和技能,可利用的物质和工具以及可采用的各种有效方法等。这些是制造企业的技术支柱和持续发展的根本动力。

与广义制造的概念相对应,制造技术也有广义与狭义之分。广义制造技术要涉及制造活动的各个方面及其全过程,是从概念产品到最终产品的集成活动与系统工程,是一个功能体系和信息处理系统。而狭义制造技术则是指机械加工与装配工艺技术。

2.制造技术发展的三阶段

从人类社会发展的历史还可知,人类社会的发展在很大程度上要受到制造技术水平的制约。人类制造技术的发展大体经历了靠工匠手艺的手工业生产、设计制造分家的大工业生产及制造系统的虚拟现实工业生产三个阶段。

(1)手工业生产阶段

制造手段和水平较低,生产规模是个体的小作坊,体力与脑力很难分开,设计与制造合一,技术水平仅取决于制造的经验,多为单件与小批量生产方式,基本能适应当时人类社会发展的需求。

(2)大工业生产阶段

制造手段和水平有了很大提高,其特点是单一品种的大批量生产,由于严格的分工和生产进度形成了流水生产线及自动生产线,使得设计与制造分家,体力与脑力分离。由于人类生活水平的不断提高和科学技术日新月异的发展,产品更新换代的速度不断加快,快速响应与多品种单件小批量生产的市场需求就成了突出矛盾。

(3)虚拟现实工业生产阶段

为快速响应市场需求而进行高效的单件小批量生产,必须借助于信息技术、计算机技术与网络技术,采用集成制造、并行工程、计算机仿真、虚拟制造、动态联盟、电子商务等举措,将设计与制造高度结合起来进行计算机辅助设计制造与装配(CAD、CAM、VA)、计算机辅助工艺设计(CAPP)和数控加工,使产品在设计阶段就可能发现制造中的问题而进行改进设计。同时可集全球的制造资源进行世界范围的合作生产,缩短上市时间,提高产品质量。该阶段充分体现了体力与脑力的高度结合。

3.机械制造技术

机械制造技术即机械产品制造过程中所需要的一切手段的总和,此为本课程研究的重点内容。用机械制造技术从事机械产品制造的行业称为机械制造业。

1.2　机械制造业的发展及在国民经济中的地位

1.2.1　机械制造业的发展

人类文明的发展与制造业的进步密切相关。早在石器时代,人类就开始利用天然石料制作工具,用其猎取自然资源为生。到了青铜器和铁器时代,人们开始采矿、冶炼、铸造工具,并开始制作纺织机械、水利机械与运输车辆等,以满足以农业为主的自然经济的需要。此时,采用的是作坊式的以手工劳动为主的手工业生产方式。

(1)近代生产方式

直至18世纪70年代,以瓦特改进蒸汽机为代表,引发了第一次工业革命,产生了近代工业化的生产方式,手工劳动逐渐被机器生产所代替,机械制造业逐渐形成规模。到19世纪中叶,电磁场理论的建立为发电机和电动机的产生奠定了基础,从而迎来了电器时代。以电力作为动力源,使机械结构发生了重大变化。与此同时,互换性原理和公差制度应运而生。所有这些都使机械制造业发生了重大变革,机械制造业从而进入了快速发展时期。

（2）大批量生产方式

20世纪初,内燃机的发明,使汽车开始进入欧美家庭,引发了机械制造业的又一次革命。流水生产线的出现和泰勒科学管理理论的产生,标志机械制造业进入了"大批量生产"(Mass Production)时代。以汽车工业为代表的大批量自动化生产方式使得生产效率获得了极大地提高,机械制造业有了更迅速的发展,并开始成为国民经济的支柱产业。

（3）多品种中小批量生产方式

二次世界大战后,电子计算机和集成电路的出现以及运筹学、现代控制论、系统工程等软科学的产生和发展,使机械制造业产生了一次新的飞跃。传统的自动化生产方式只有在大批量生产条件下才能实现,而数控机床的出现则使中小批量生产自动化成为可能。科学技术的高速发展,促进了生产力的极大提高。传统的大批量生产方式已难以满足市场多变的需要,多品种、中小批量生产日渐成为制造业的主流生产方式。

（4）新制造哲理与生产模式

20世纪80年代以来,信息产业的崛起和通信技术的发展加速了市场的全球化进程,市场竞争更加激烈。为了适应新形势,在机械制造领域提出了许多新的制造哲理和生产模式,如计算机集成制造 CIM (Computer Integrate Manufacturing)、精良生产 LP (Lean Production)、并行工程 CE (Current Engineering)与敏捷制造 AM (Agile Manufacturing)等。

① 计算机集成制造 CIM 是信息技术和传统技术相结合的产物,其宗旨是提高制造企业的生产效率和对市场的响应能力,其核心在于利用信息技术使企业的各个"自动化孤岛"和生产全过程集成起来,以取得更大的效益。

② 精良生产 LP 是对日本丰田公司生产方式的一种描述,其实质是除掉生产活动中的一切"冗余",实行准时生产 JIT (Just In Time)。

③ 并行工程 CE 是对产品及相关过程(制造过程和支持过程)进行并行与一体化设计的一种系统化的工作模式。这种工作模式力图使设计者从一开始就考虑到产品全生命周期中的所有因素,最大限度地缩短产品开发周期,减少设计失误。

④ 敏捷制造 AM 提出"虚拟企业"的概念,意在建立柔性化、模块化的设计方法和制造系统的基础上,实现企业内部与外部更广泛的集成,以进一步增强快速响应市场能力和形成竞争优势。

进入21世纪,机械制造业正向自动化、柔性化、集成化、智能化和清洁化的方向发展。

1.2.2　机械制造业在国民经济中的地位

制造业在国民经济中的地位可以用以下几个简单的数字来说明:在美国,68%的财富来源于制造业;在日本,国民经济总产值的49%由制造业提供。在先进的工业化国家中,约有1/4的人口从事制造业,在非制造业部门中,又有约半数人员的工作性质与制造业密切相关。据美国国家生产力委员会调查,在企业生产力构成中,制造技术的作用约占62%。

在整个制造业中,机械制造业占有特别重要的地位。因为机械制造业是国民经济的装备部,国民经济各部门的生产水平和经济效益在很大程度上取决于机械制造业所提供装备的技术性能。因而,各发达国家都把发展机械制造业放在突出的位置上。

纵观世界各国,任何一个经济强大的国家,无不具有强大的机械制造业,许多国家的经济腾飞,机械制造业功不可没,其中,日本最具有代表性。二次世界大战后,日本先后提出

"技术立国"和"新技术立国"的口号,对机械制造业的发展给予了全面支持,并抓住机械制造的关键技术——精密工程、特种加工和制造系统自动化,使日本在战后短短 30 年里,一跃成为世界经济大国。

与此相反,美国自 20 世纪 50 年代后,曾在相当一段时间内忽视了制造技术的发展。美国政府历来认为生产制造是企业界的事,政府不必介入;而美国学术界则只重视理论成果,忽视实际应用,一部分学者还错误地主张应将经济中心由制造业转向高科技产业和第三产业。结果导致美国经济严重衰退,竞争力明显下降,汽车、家电等行业不敌日本。直到 20 世纪 80 年代初,美国政府才开始认识到问题的严重性。白宫的一份报告指出:美国在重要的、高速增长的技术市场上失利的一个重要原因是美国没有把自己的技术应用到制造上。自此,美国政府在进行深刻反省之后,重新确立了制造业的地位,并对制造业给予了实质性的和强有力的支持,制定并实施了一系列振兴美国制造业特别是机械制造业的计划,其效果十分显著,至 1994 年,美国汽车产量重新超过日本,并重新占领了欧美市场。

1.2.3 我国的机械制造业

我国早在 50 万年以前的远古时代,已开始使用石器和钻木取火的工具。公元前 16 世纪~公元前 11 世纪的商代,已出现可转动的琢玉工具,车(旋)削加工和车床雏形在我国的出现先于欧洲近千年。到了明代(1368—1644),在古天文仪器加工中,已采用铣削和磨削加工方法,并出现了铣床、磨床和刀具刃磨机床的雏形。但近两个世纪由于帝国主义的侵入和腐朽的半封建半殖民地的社会制度,严重束缚了中国社会的发展,使中国几千年的文明失去了光芒。至中华人民共和国成立前夕,中国的机械制造业几乎为零。

新中国成立以来的 50 多年间,我国机械制造业有了很大的发展,开始拥有了自己独立的汽车工业、航天航空工业等技术难度较大的机械制造工业。大约经历了三个阶段:①全面引进前苏联先进技术阶段;②自力更生阶段;③全方位引进跟踪阶段。特别是改革开放以来,我国机械制造业充分利用国外的资金和技术,进行了较大规模的技术改造,制造技术、产品质量和水平及经济效益有了很大的提高,为推动国民经济的发展起了重要作用。

但与工业发达国家相比,我国机械制造业的水平还存在差距。例如,2007 我国年机床拥有量达 500 万台,远超过发达国家,机床消费自 2001 年以来连续 8 年居世界第一位,但机床功能远未充分发挥出来;2007 年我国数控机床拥有量已达 60 万台,约占机床总量的 12%,即数控化率已达 12%;2008 年我国机床产值数控化率已达 48.6%,比 2007 年提高了 3.7%,机床产值居世界第 3 位(日本、德国分居 1、2 位),进口和消费居世界第 1 位,出口居世界第 6 位;2009 年虽受经济危机影响,我国机床产量数控化率仍达 24.8%。虽然从数量上看与日本、美国相当,但中、高档数控机床偏少,致使有些高端设备仍需进口,机械制造业的人均产值仍很低。

面对越来越激烈的国际市场竞争,我国机械制造业面临着严峻的挑战与机遇。改革开放 30 年来,我国的机械制造业取得了巨大成就,从引进消化吸收向自主创新迈出了坚实步伐。我国已成为世界机械制造大国,机械制造业自主化水平显著提高,我国机械产品的国内市场自给率已从改革开放初的不足 60% 上升为 2008 年的 80% 以上。制造业已形成欧、亚、美三分天下的格局,世界经济重心已经或正在向亚洲转移,但我国的装备制造业仍必须走国际化与自主开发相结合的道路,因为发达国家并不愿看到中国真正强大起来,关系到我国国计民生和国防安全的产业,他们是不会转移或合资的。为此我们必须面对挑战,抓住机遇,深化改革,奋发图强,使"中国制造"变成"中国创造",把机械制造大国变成机械制造强国,争取在不太长时间内,赶上世界先进水平。

1.3　课程内容体系与特点

1.3.1　课程内容体系

本课程的内容体系是从获得工件成形表面的机械加工方法与机械加工工艺过程入手,首先讲授完成从毛坯到零件所需的机械加工工艺系统的组成单元——机床、刀具与工件各方面的基础知识、基本原理与基本规律(包括术语、定义、切削过程产生的变形、力、热、磨损等物理现象)、提高生产效率的措施(包括改善材料切削加工性、使用性能好的切削液、选择刀具合理几何参数和合理的切削用量)及磨削加工的基本概念;接着讲授切削刀具使用与设计的基础知识;然后讲授工艺系统组成的另一单元——夹具的设计基础;再后讲授影响工件的机械加工质量(加工精度和表面质量)的因素及改善措施;接着再以工件为载体讲授要达到加工质量和生产效率的要求,必须进行工艺规程制订及其所需的相关知识;最后讲授用零件装配成合格部件或机器所需的相关装配工艺知识。从而完成了从毛坯到整台机器的全部机械加工工艺过程与装配过程所需基本知识的讲授。

1.3.2　课程特点

本课程的特点及针对其特点在学习方法上应注意的问题可归纳成如下几点:

(1) 综合性

机械制造是一门综合性很强的工程技术,要用到多种学科的理论和方法,包括物理学与化学的基本原理,数学与力学的基本方法,以及机械学、材料科学、电子学、控制科学与管理科学等多方面的知识。而现代机械制造技术更有赖于计算机技术、信息技术和其他高技术的发展,反过来机械制造技术的发展又极大地促进了这些高技术的发展。

针对机械制造技术综合性强的特点,学习时要特别注意紧密联系和综合运用学过的知识,应用多种学科的理论和方法来分析和解决机械制造过程中的实际问题。

(2) 实践性

机械制造技术本身是机械制造生产实践的总结,因此具有极强的实践性。机械制造技术是一门工程技术,它所采用的基本方法是"综合",要求针对生产实践活动不断地进行综合,并将实际经验条理化和系统化,使其逐步上升为理论;同时又要及时将其应用于实践中用以检验其正确性和可行性;并用经检验过的理论和方法对生产实践活动进行指导和约束。

针对机械制造技术实践性强的特点,学习时要特别注意理论紧密联系生产实际。一方面,我们应看到生产实践中蕴藏着丰富的知识和经验,其中有很多知识和经验是书本中找不到的,我们不仅要虚心学习这些知识和经验,更要注意总结和提高,使之上升到理论的高度。另一方面,也应看到生产实践中还存在一些不正确和不合理的东西,需要不断加以改进和完善,即使是技术先进的生产企业也是如此。这就要求我们要善于运用所学知识,分析和处理生产实践中的各种问题,即用理论指导生产实践,不断提高机械制造技术水平。

(3) 灵活性

生产活动是极其丰富的,同时又是各异多变的。机械制造技术总结的是机械制造生产活动中的一般规律和原理,将其应用于生产实际要充分考虑企业的具体情况,如生产规模的大小、技术力量的强弱、设备资金与人员状况等等。对于不同的生产条件,所采用的生产方法和生产模式可能完全不同;而在基本相同的生产条件下,针对不同的市场需求、产品结构及生产实际情况,可以采用不同的工艺方法和工艺路线,这充分体现了机械制造技术的灵活性。

针对机械制造技术灵活性强的特点,学习时要特别注意充分理解机械制造技术的基本概念,向生产实际学习,积累和丰富实际知识和经验,牢固掌握机械制造技术的基本理论和方法以及它们的灵活应用。

复习思考题

1.1　现实生产分为哪几种型式?其生产过程有何特点?

1.2　如何理解"大制造"与"小制造"、制造技术与机械制造技术的概念?

1.3　制造技术的发展可分哪几个阶段?各阶段有何特点?

1.4　机械制造业的发展经历了哪些阶段?简述 20 世纪 80 年代以来机械制造领域提出了哪些新制造哲理与生产模式?

1.5　试说明机械制造业在整个制造业中的地位并说明如何看待我国的机械制造业。

第 2 章

机械制造过程的基础知识

2.1 机械制造过程的基本概念

2.1.1 机械制造工艺方法

从物料的加工前后有无变化或变化方向考虑,可将机械制造工艺方法分为材料成形法、材料去除法、材料累加法三类。

1.材料成形法

材料成形法包括铸造、锻造、冲压、粉末冶金与注塑成形法。

2.材料去除法

材料去除法包括机械力去除法、热能去除法、化学去除法和复合去除法(见表2.1)。

表 2.1 材料去除法的分类

变化过程类型	材料去除法示意图
机械过程	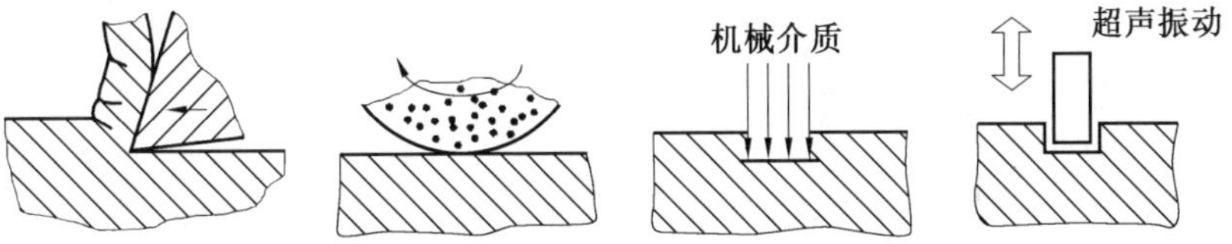 机械介质　超声振动
热学过程	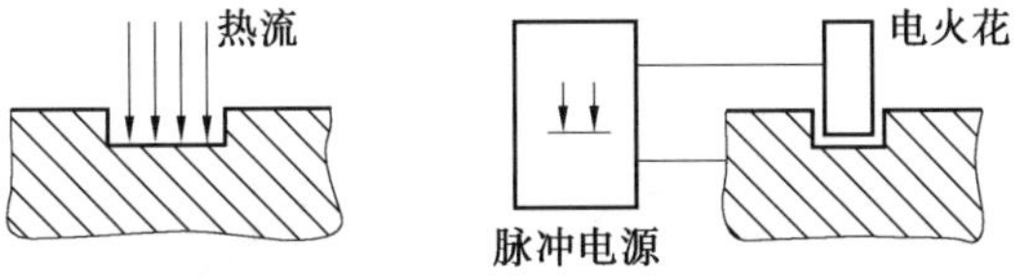 热流　电火花　脉冲电源
化学过程	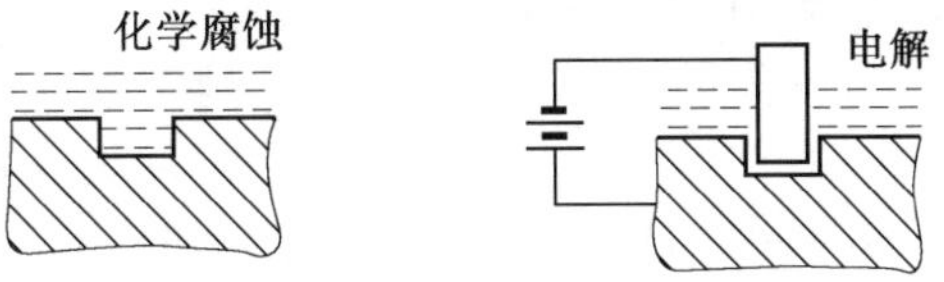 化学腐蚀　电解
复合过程	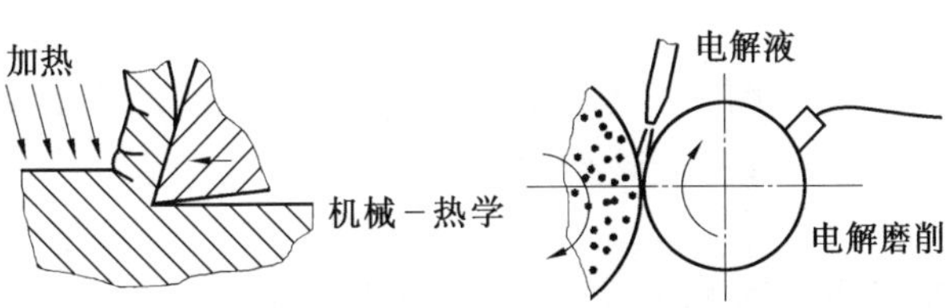 加热　机械－热学　电解液　电解磨削

（1）机械力去除法：传统方法是切削与磨削、研磨与抛光，还包括高压水、磨料喷射与超声加工等。

（2）热能去除法：电火花、电子束、离子束与激光束。

（3）化学去除法：电解、电腐蚀与电铸，靠化学溶剂的腐蚀溶解去除余量。

（4）复合去除法：可以是机械与热能、机械与化学或机械与电（磁）的复合。

一般认为热能去除法与化学去除法属特种加工。

3. 材料累加法

其传统方法是焊接、粘接与铆接法。现代方法是近些年出现的快速原型制造法 RPM（Rapid Prototype Manufacturing），它将计算机辅助设计 CAD（Computed Aided Design）、计算机辅助制造 CAM（Computed Aided Manufacturing）、计算机数控 CNC（Computer Numerical Control）、精密伺服驱动与新材料等先进新技术集于一体，依据计算机上构成的产品三维设计模型，对其进行分层切片得到各层的二维轮廓，再利用激光束对这些轮廓有选择地切割一层层的纸（或固化一层层的液态树脂，或烧结一层层的粉末材料，或沉积一层层的金属），或利用喷射源选择地喷射一层层的粘接剂或热熔材料等形成一个个薄层，再由此逐步叠加成三维实体（见图2.1）。

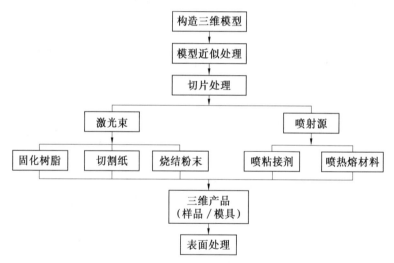

图 2.1 　快速原型制造过程

2.1.2 　生产纲领与生产类型

1. 生产纲领

生产纲领通常也称年产量，是指企业在生产计划期内应当生产的产品数量。产品某零件的生产纲领 N 除包括产品计划外，还应包括一定的备品率 α 和平均废品率 β，即

$$N = Qn(1 + \alpha + \beta) \tag{2.1}$$

式中　　Q——产品的年产量；

　　　　n——每种产品中该零件的数量。

2. 生产类型

生产类型是指企业（或车间）按生产专业化程度进行的分类。生产纲领确定后，需依车

间的具体情况将其分批投入生产,每批的数量称为批量。通常在考虑产品的体积、质量及其他特征后将生产类型分为单件生产、成批生产和大量生产三种。

（1）单件生产

单件生产是指单个制造结构或尺寸不同、很少重复甚至不重复的产品的生产。如重型机器制造厂、机修车间或试制车间等的生产,属单件生产。

（2）成批生产

成批生产是指成批制造相同的零件,或每隔一定时间又重复进行的生产。批量是根据零件的年产量及产品装配周期划定的,根据批量的大小可分为大批、中批和小批三种。如机床制造厂的生产多为成批生产。

（3）大量生产

大量生产是指产品数量很多,大多数工作地点经常重复进行某一种零件加工的生产,如轴承厂、拖拉机厂或汽车厂等的生产。但生产类型的划分并无十分严格标准(见表 2.2)。常规机械加工工艺基本按“批量法则”来组织生产,不同生产类型的工艺特点不同,其生产组织管理、车间的机床布局、毛坯制造方法、机床种类、工量具、加工方法及对工人技术水平的要求等均不同(见表 2.3)。

表 2.2　生产类型的划分

生产类型		零件的生产量／件		
		重型零件	中型零件	轻型零件
单件生产		< 5	< 10	< 100
成批生产	小　批	5 ～ 100	10 ～ 200	100 ～ 500
	中　批	100 ～ 300	200 ～ 500	500 ～ 5 000
	大　批	300 ～ 1 000	500 ～ 5 000	5 000 ～ 50 000
大量生产		> 1 000	> 5 000	> 50 000

表 2.3　各种生产类型的特点和要求

项　　目	单件小批生产	中批生产	大批大量生产
产品数量	少	中等	大量
加工对象	经常变换	周期性变换	固定不变
机床设备和布置	采用万能设备按机群布置	采用万能和专用设备,按工艺路线布置或流水线	广泛采用专用设备和自动生产线
夹具	非必要时不采用专用夹具和特种工具	广泛使用专用夹具和特种工具	广泛使用高效能专用夹具和特种工具
刀具和量具	一般刀具和量具	专用刀具和量具	高效能专用刀具和量具
安装方法	划线找正	部分划线找正	不需划线找正
工作性质	根据测量进行试切加工	用调整法加工,有时还可组织成组加工	使用调整法自动化加工

续表 2.3

项　目	单件小批生产	中批生产	大批大量生产
零件互换性	钳工试配	普遍应用互换性,同时保留某些试配	全部互换,某些精度较高的配合件用配磨、配研、分组选择装配,不需要试配
毛坯制造	木模造型和自由锻造	金属模造型和模锻	金属模机器造型、模锻、压力铸造等高效率毛坯制造方法
工人技术要求	高	中等	一般
工艺规程要求	只编制简单的工艺过程卡片	除有较详细的工艺过程卡外,对重要零件的关键工序需有详细说明的工序操作卡	详细编制工艺规程和各种工艺文件
生产效率	低	中	高
成　本	高	中	低

2.1.3　机械加工工艺过程

1.概念

机械制造的各种工艺方法均有对应的工艺过程,如铸造工艺方法对应有铸造工艺过程,机械加工工艺方法也对应有机械加工工艺过程。

直接改变毛坯的形状、尺寸、各组成表面间相互位置以及表面质量使之成为合格工件的过程称为机械加工工艺过程。

2.组成

组成机械加工工艺过程最基本的单元是工序,换句话说,机械加工工艺过程均由若干道工序组成,每道工序又分为安装、工位、工步与走刀。

（1）工序

工序是指一个（或一组）工人在同一台机床（或同一工作地点）对一个（或同时对几个）工件所连续完成的那部分工艺过程。在此,工人、工作地点、工件与连续完成构成了工序的4要素,其中任一个要素发生了变更就构成了另一道工序。

组成一个工艺过程的工序数是由被加工工件结构的复杂程度、加工精度要求及生产类型决定的。图 2.2 所示的阶梯轴工艺过程的工序数就是因生产类型不同而不同的（见表 2.4 和表 2.5）。

（2）安装

安装是指一道工序中,工件装夹一次所完成的那部分工艺过程。如表 2.4 中的第 1 道工序需经 2 次安装才行。为减少安装误差,应尽量减少安装次数。

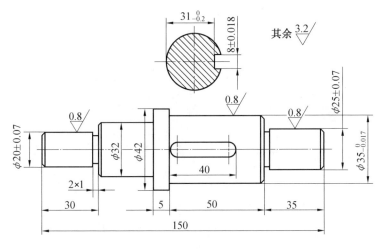

图 2.2　阶梯轴

表 2.4　单件生产阶梯轴的简要工艺过程

工序号	工序名称和内容	设备
1	车端面,打中心孔,车外圆,切退刀槽,倒角	车床
2	铣键槽	铣床
3	磨外圆	磨床
4	去毛刺	钳工台

表 2.5　中批量生产阶梯轴的简要工艺过程

工序号	工序名称和内容	设备
1	铣端面,打中心孔	铣钻联合机床
2	粗车外圆	车床
3	精车外圆、倒角,切退刀槽	车床
4	铣键槽	铣床
5	磨外圆	磨床
6	去毛刺	钳工台

（3）工位

工位是指在某一工序一次安装中的每个位置所完成的那部分工艺过程。为减少安装次数和安装误差,应尽量采用多工位加工,如多工位加工（见图 2.3）与多轴机床。

（4）工步

工步是指在一道工序(一次安装或一个工位)中加工表面及所用刀具与切削用量都不变的情况下所连续完成的那部分工艺过程。为了提高生产效率,经常把几个待加工表面用几把刀具同时进行加工,这样的工步称为复合工步（见图 2.4）。

（5）走刀

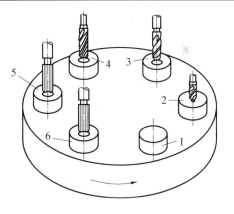

图 2.3　多工位加工
工位 1—装卸工件;工位 2—预钻孔;工位 3—钻孔;
工位 4—扩孔;工位 5—粗铰孔;工位 6—精铰孔

走刀是指在有些工步中,由于加工余量较大需要同一刀具对同一表面进行多次切削才能达到尺寸要求,每进行一次切削即称为一次走刀（见图 2.5）。

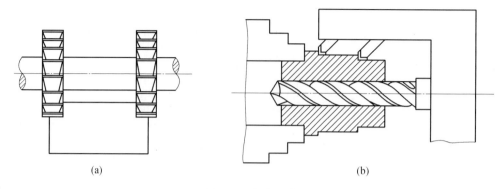

(a)　　　　　　　　　　　　　　(b)

图 2.4　复合工步

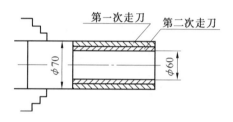

图 2.5　多次走刀

2.1.4　基准

1.概念

作为几何体的工件是由一些几何要素(点、线、面)构成的,其上任何一个点、线、面的空间位置都要由与另外一些点、线、面的相互关系(如距离、平行度、垂直度、同轴度……)来确定。那么这种用来确定工件(或部件)上各几何要素间几何关系所依据的那些点、线、面或其组合称为基准。

2.分类

(1) 设计基准

设计图上用来确定某些点、线、面的位置所依据的那些点、线、面或其组合称为设计基准。图 2.6 所示的箱体简图中,顶面 B 的设计基准为底面 A,孔 Ⅰ 的设计基准为底面 A 与角尺面 C,孔 Ⅱ 的设计基准为底面 A 与孔 Ⅰ 的中心(Y_2、R_1),孔 Ⅲ 的设计基准为孔 Ⅰ 与孔 Ⅱ 的中心(R_2、R_3)。

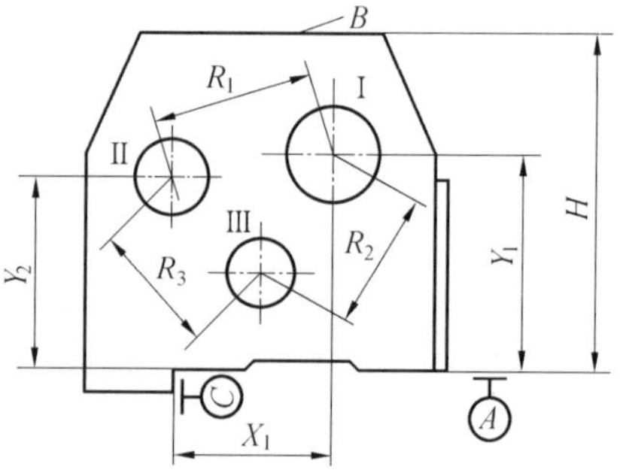

图 2.6　箱体简图

在一般情况下,设计基准是设计人员根据零件在机器中的作用、工作性能与要求确定的。

(2) 工艺基准

工件在加工或装配过程中用来作为依据的那些点、线、面或其组合称为工艺基准。工艺基准又可分为工序基准、定位基准、测量基准与装配基准。

① 工序基准。在工序图上用来标注本工序加工表面位置尺寸关系的基准称为工序基

准(见图 2.7),该位置尺寸称为工序尺寸。工序基准不同,工序尺寸也不同。选择工序基准时要注意:a.尽可能与设计基准一致,如有困难可另选能保证尺寸与位置要求的基准作工序基准;b.应尽可能用其作工件的定位或工序尺寸的检验。

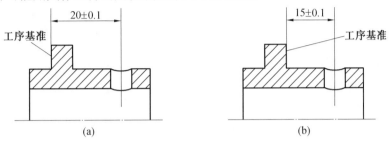

图 2.7　工序基准

② 定位基准。工件在机床或夹具上进行某工序加工时用来确定被加工表面位置的基准称为定位基准(见图 2.8)。可根据其作用的不同把定位基准分为粗基准、精基准与附加基准。用未经加工的表面作定位基准称为粗基准;用加工过的表面作定位基准称为精基准,如轴类工件的顶尖孔、箱体上的工艺孔与工艺凸台等。

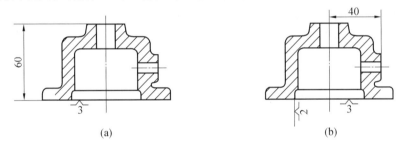

图 2.8　定位基准

③ 测量基准。测量工件已加工表面位置所依据的基准称为测量基准(见图 2.9)。

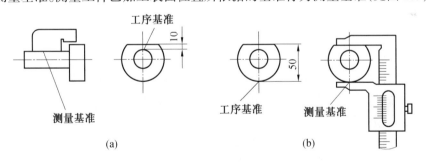

图 2.9　测量基准

④ 装配基准。装配时用来确定零件(或部件)在部件(或机器)中位置所依据的基准称为装配基准,一般情况下与零件的主要设计基准是相一致的。例如加工齿圈时,用孔与端面安装在心轴上,以保证加工出的齿圈与孔中心同轴且与端面垂直;检测齿圈相对于中心线的径向跳动时也是将齿轮安装在心轴上;齿轮装配时,齿轮孔以一定配合精度安装在轴上。所以齿轮的中心线既是设计基准,也是定位基准、测量基准与装配基准(见图 2.10)。

3. 几点说明

(1) 作为基准的点、线、面,在工件上不一定都具体存在,而常常由某些具体的表面体现出来,故又称基准为基准面(或基面)。

(2) 作为基准可看成是纯几何意义上的点、线、面,但具体的基准面与定位元件间的实际接触总是有一定面积的。

(3) 基准面均有方向性。

(4) 基准面不仅涉及尺寸关系,且涉及表面间的相互位置关系,如平行度、垂直度等。

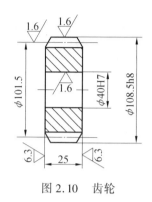

图 2.10　齿轮

2.1.5　装配工艺过程

任何机器都是由很多零部件组成的,将这些零部件按照一定精度要求和技术条件连接起来或固定在一起,使之成为合格的机械产品的过程称为机器的装配工艺过程。这个过程是机械制造工艺过程的最后阶段,是决定机器质量的关键环节。

装配工作包括组装、部装、总装、调试、检验、试车、涂装与包装等工作。当然它也是由很多工序与工步等组成的,详见第 8 章。

2.2　机械加工的最基本方法 —— 切削加工方法

2.2.1　工件的表面形状及其形成方法

1. 工件的表面形状

常见的工件表面形状可分为旋转表面、纵向表面和特形表面 3 类。

(1) 旋转表面

图 2.11(c)、(d)、(e)、(f) 所示的圆柱面、圆锥面、球面和圆环面均为旋转表面。旋转表面均可看成是一条直(或曲)线沿某一方向转动而成的。在车床、钻床、镗床及外圆磨床上均可加工此类旋转表面。

(2) 纵向表面

图 2.11(a)、(b) 所示的平面、纵向曲面均为纵向表面。可看成是一条直线沿另一条直(或曲)线移动的结果。在刨床、铣床、插床及平面磨床上均可加工此类表面。

(3) 特形表面

特形表面由复杂运动而形成。图 2.11(g) 所示的螺旋面是一种由一条直线沿螺旋线方向运动,即作旋转运动形成的特形曲面。

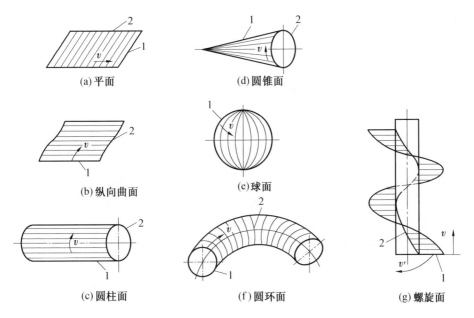

图 2.11 工件常见的表面形状

2. 表面的形成方法

任何一个表面都可看做是一条直(曲)线沿另一条直(曲)线运动的轨迹所形成的,其中的一条发生线称为母线,另一条发生线称为导线。图 2.12 中直线(或曲线)1 看做母线,绕 O—O 旋转成的圆则为导线,反之亦然。如果把表面发生线的概念与切削加工联系起来,不难看出由切削刃与工件之间的相对运动所形成的工件表面有 4 种方法。

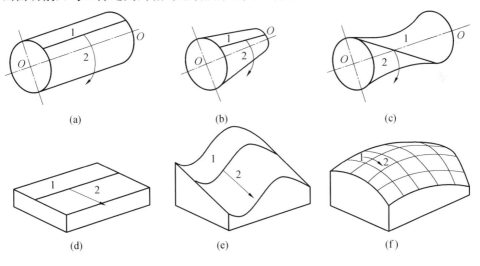

图 2.12 表面的形成方法

(1) 轨迹(描述)法

此时工件表面的发生线均由轨迹运动生成。图 2.13(a)中的车刀切削刃上点 1 按照一定规律作轨迹运动 3 生成母线 2,工件母线 2 再绕自身轴线作回转运动即生成导线,最终生成回转曲面。

（2）成型（仿形）法

此时车刀切削刃为一条发生线，即工件母线 1，工件绕自身轴线作回转运动生成另一发生线即导线 2，从而获得回转曲面（见图 2.13（b））。

（3）相切（旋切）法

此时工件的 1 条发生线是刀具切削刃运动轨迹的包络线，即切削刃上点 1 作回转运动形成发生线圆，再按一定规律作轨迹运动 3，这些圆沿轨迹运动形成的包络线即生成了发生线 2。如立铣刀加工就是一例（见图 2.13（c））。

（4）范成（展成）法

范成法也称滚切法，此时工件的 1 条发生线也是切削刃运动轨迹的包络线，但此包络线需由刀具与工件间的展成运动来完成。刀具切削刃为直线 1，通过刀具运动 A 与工件运动 B 组合成的展成运动 3，是切削刃 1 相对于工件位置按确定的规律变化形成共轭发生线 2，这共轭发生线 2 是切削刃 1 的包络线。如渐开线齿轮的齿形加工即用此法（见图 2.13（d））。

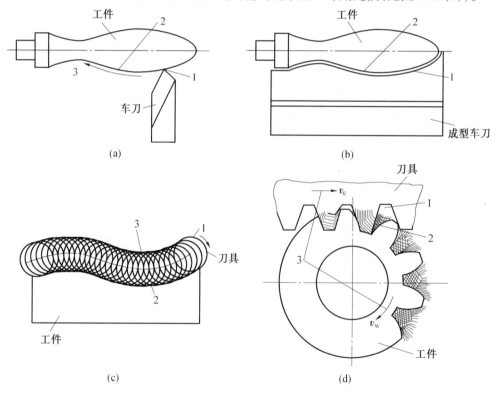

图 2.13　形成工件表面的 4 种方法

2.2.2　成形运动与切削用量

1. 成形运动

形成工件表面的基本条件就是刀具与工件间必须有相对运动，即成形运动，包括主运动、进给运动和其他辅助运动。

（1）主运动

外圆切削时工件的回转运动即为主运动，它是切除多余金属层以满足工件要求最基本的运动,是速度最高、消耗功率最大的切削运动。在切削加工中主运动只能有一个,其大小用工件外圆处的线速度即切削速度来表示,记作 v_c,线速度的方向即是主运动方向(见图2.14)。

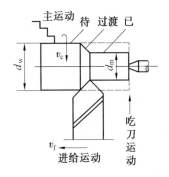

$$v_c = \frac{n \pi d}{1\ 000}\ (\text{m/s}) \tag{2.2}$$

式中　　n——主轴转数,r/s;

　　　　d——工件最大外圆直径(钻削或铣削时为刀具直径),mm。

图 2.14　外圆车削的成形运动与工件表面

(2) 进给运动

进给运动是指使新的金属层不断投入切削并使其在所需方向上继续下去的运动。外圆切削时,刀具在轴向的直线运动即为进给运动。一般情况下,此运动的速度较低,消耗功率较小,是形成工件表面的辅助运动。

进给运动的大小用进给速度表示,记作 v_f(mm/min),即在单位时间内,刀具相对于工件在进给方向上的位移量。

但生产中常用每转进给量 f(mm/r) 表示,即工件每转一转,刀具相对于工件在进给方向上的位移量。

当刀具为钻头或铣刀等多齿刀具时,还常用每齿进给量 f_z(mm/z) 表示,它是刀具转过一个齿间角时,工件与刀具的相对位移量。

上述 3 种表示方法可用式(2.3) 表示

$$v_f = f \cdot n = f_z \cdot z \cdot n \tag{2.3}$$

因进给运动常由刀具完成,故习惯上也称走刀运动,其大小称走刀量。

(3) 合成运动

切削刃上某点的运动即为上述两种运动的合成,称为合成运动,记作 $v_e(\boldsymbol{v_e} = \boldsymbol{v_c} + \boldsymbol{v_f})$,其大小及方向如图 2.15 所示。当 $v_f \ll v_c$ 时,可用 v_c 近似代替 v_e。

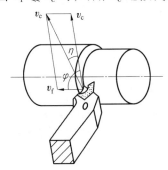

图 2.15　合成运动

(4) 其他辅助运动

当刀具不能经一次走刀就能达到工件尺寸要求时,还需由操作者沿工件半径方向完成吃(进) 刀运动,习惯上称每次吃刀的量为背吃刀量或称切削深度,以 a_p(mm) 表示;由于这种吃刀运动为间歇进行,故可不看成是运动。但当这种吃刀运动由机床的进刀机构自动完成时,就应看成是一种辅助运动了(如外圆磨削、平面磨削、滚齿及插齿等),其大小为 a_p,即

$$a_p = \frac{d_w - d_m}{2} \ (\text{mm}) \tag{2.4}$$

式中　　d_w——待加工表面直径,mm;

　　　　d_m——已加工表面直径,mm。

综上所述,外圆车削是由一个主运动且只有一个主运动及一个辅助运动(进给运动)完成的。而对其他切削加工,虽主运动也只能有一个,但辅助运动就可能有几个了,它们可分别由工件或刀具完成,也可能由工件或刀具单独完成。

2.工件上的表面

在形成要求的工件表面的切削过程中,工件上有 3 个变化的表面(见图 2.14)。

① 待加工表面。工件上等待切削加工的表面;

② 已加工表面。工件上经刀具切削后形成的表面;

③ 过渡(加工)表面。刀具正在切削的表面,或待加工与已加工表面之间的表面。

3.切削用量

(1)车削用量

主运动速度 v_c、进给量 f 及背吃刀量 a_p 合称为车削用量三要素。以上关于成形运动、工件表面及切削用量的定义完全适用于其他切削加工。

(2)钻削用量(见图 2.16)

① 主运动。$v_c = \dfrac{\pi n_o d_o}{1\ 000}\ (\text{m/min}) \quad (2.5)$

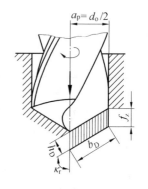

式中　　n_o——钻头转数,r/min;

　　　　d_o——钻头直径,r/min。

② 背吃刀量。$a_p = \dfrac{d_o}{2}\ (\text{mm}) \quad (2.6)$

图 2.16　钻削用量与切削层参数

③ 每齿进给量。$f_z = \dfrac{f}{2}\ (\text{mm}) \tag{2.7}$

(3)铣削用量

无论对周铣还是端铣都有铣削用量四要素(见图 2.17(c))。

① 主运动。$v_c = \dfrac{\pi n_o d_o}{1\ 000}\ (\text{m/min})$

② 每齿进给量。$f_z = f/z = v_f/(n \cdot z)\ (\text{mm/z})$

③ 铣削深度 a_p。沿铣刀轴线测得的切削层尺寸(见图 2.17(c))。

④ 铣削宽度 a_e。垂直于铣刀轴线测得的切削层尺寸(见图 2.17(c))。

各种切削加工方法的工件表面与成形运动如图 2.17 所示。

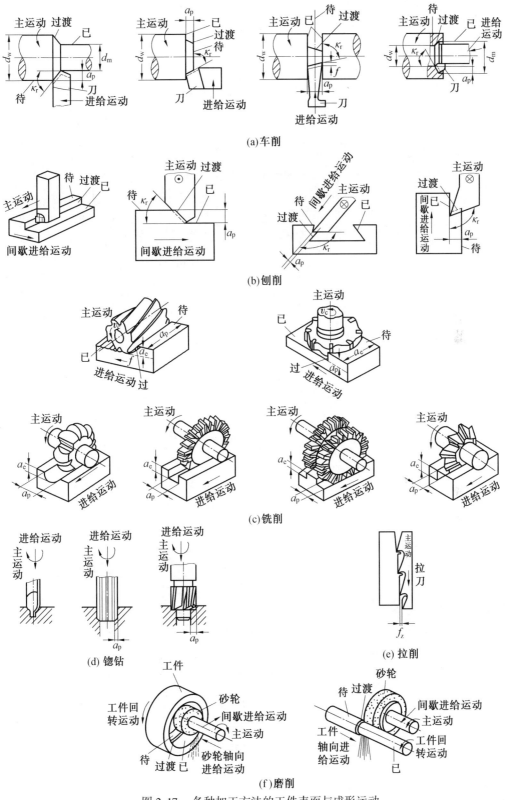

图 2.17　各种加工方法的工件表面与成形运动

2.2.3 典型表面的加工方法

1.外圆表面加工

表2.6给出了常用的外圆表面加工方法的示意图。

表2.6 外圆表面加工方法

工件		刀具		表面成形原理图
主运动	进给运动	主运动	进给运动	
R (转动)		T (平动)		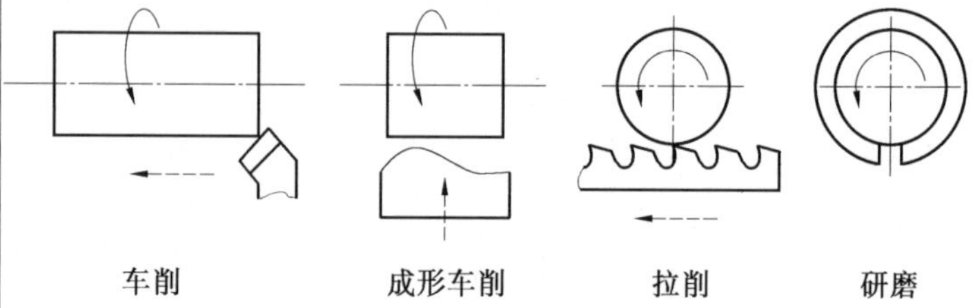 车削　成形车削　拉削　研磨
	R		R	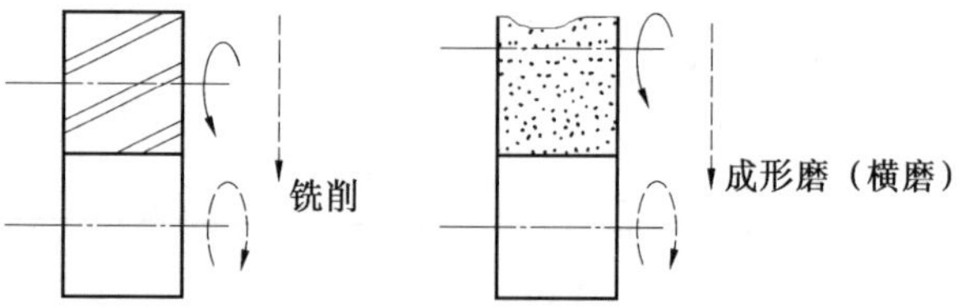 铣削　成形磨（横磨）
	T/R		R	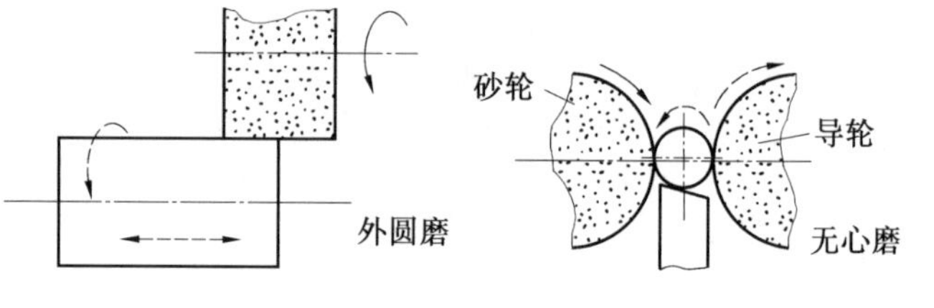 外圆磨　砂轮　导轮　无心磨
	R		R	T
				车铣加工
R			T/R	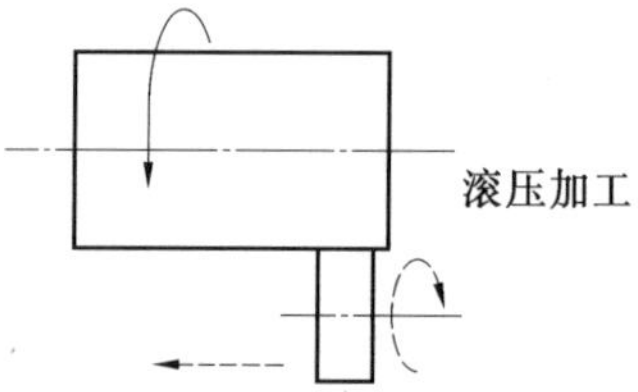 滚压加工

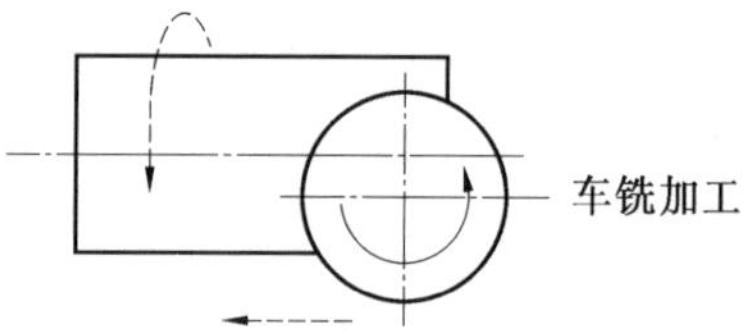

（1）车削

车削是加工外圆表面最广泛使用的方法,包括圆柱表面、圆锥表面、成形表面及回转表面等。

（2）研磨

研磨属光整加工，材料去除量很少，一般是工件回转，研具沿轴向作直线往复运动。

（3）外圆铣削

外圆铣削主要用于不完整圆柱表面或短圆柱表面加工，刀具与工件均作回转运动。

（4）外圆磨削

通常认为是精密加工方法，砂轮回转为主运动，工件回转为进给运动。

（5）无心磨削

无心磨削主要用于细长轴及无中心孔工件的大批量生产。工件置于砂轮与导轮之间且轴线略高于导轮轴线，由托板支承，砂轮作高速回转，导轮作低速回转，导轮常用橡胶作结合剂，工件将在导轮的带动下实现回转，并靠导轴轴线与砂轮轴线间的很小倾角实现轴向进给。

（6）车铣加工

这是一种新型的外圆表面的复合加工方法。车铣时，端铣刀轴线与工件轴线垂直布置，通过改变工件转速、铣刀轴向进给量(背吃刀量)，加工不同形状工件的外圆表面。

（7）滚压加工

通过自由回转滚子对工件均匀施加压力，使工件表面得到强化并得到残余压应力，也减小了表面粗糙度。

2.内圆(孔) 表面加工

表 2.7 给出了常用的内圆(孔) 表面加工方法的示意图。

（1）钻孔

通常使用钻头(麻花钻、扁钻、深孔钻和中心钻) 在实心材料上加工 $\phi 0.5 \sim \phi 50$ mm 的孔，可在钻床、车床或镗床上进行。

（2）扩孔与铰孔

通常为孔加工的中间工序和最终工序，其运动同钻孔。

（3）镗孔

镗孔一般在镗床上对已有孔进行半精和精加工，镗刀回转为主运动。

（4）拉孔

拉孔是用拉刀在拉床上进行，拉刀的直线移动为主运动，靠拉刀后刀齿高于前刀齿实现进给，适于大批量生产。

（5）挤孔

挤孔主要采用钢球实现对孔的挤压加工。

（6）磨孔

这是一种精加工孔的方法，可在内圆磨床或无心磨床上进行。

表 2.7　内圆表面加工方法

工件		刀具		表面成形原理图
主运动	进给运动	主运动	进给运动	
		R	T	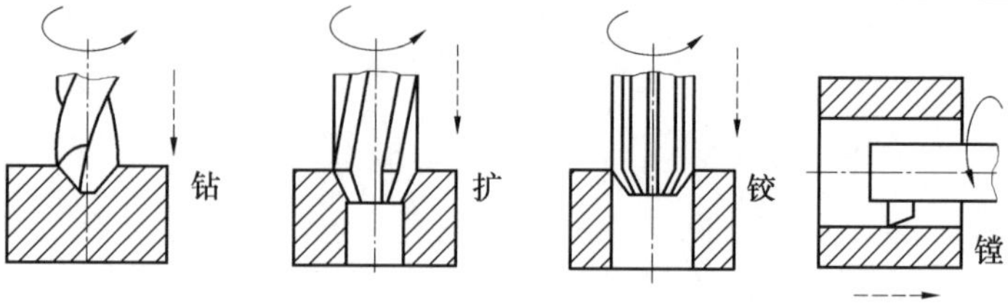
R	T			
		T	R	
R			T	
		T		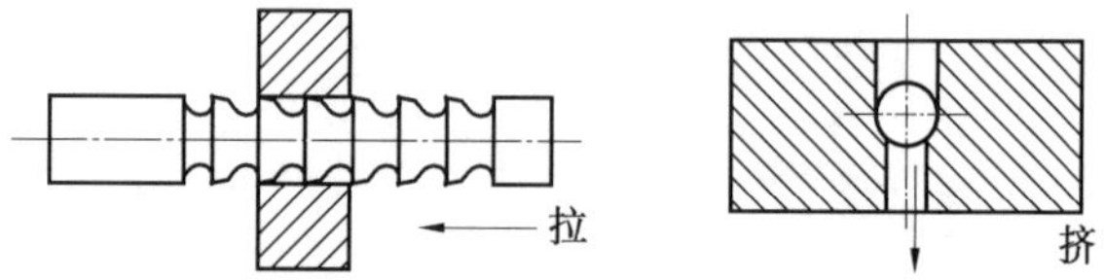
T				
		R	R/T	
	R	R	T	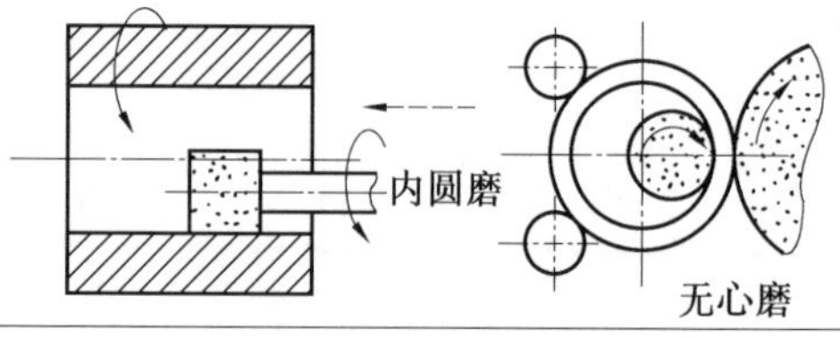

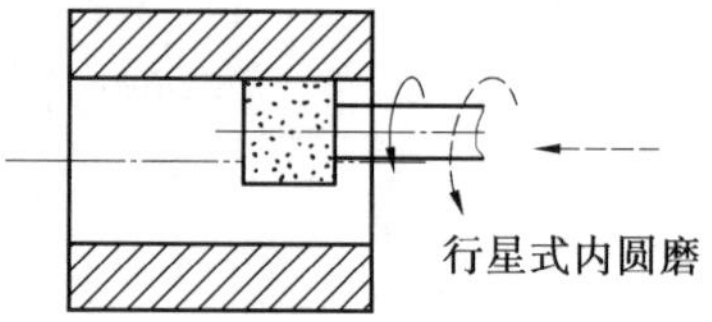

3. 平面加工

表 2.8 给出了常用的平面加工方法的示意图。

（1）刨削

刨平面可在牛头刨床或龙门刨床上进行。由于刨削有空行程,生产效率相对较低,有些已被铣削代替,但有些长窄平面(导轨)仍广泛采用龙门刨床的刨削方法。

（2）插削

插削是单件小批量键槽的常用加工方法,但生产效率低,精度也较差。

（3）铣削

平面铣削有周铣和端铣两种方式。由于端铣时刀具刚度高,生产效率高,故常用于大平面加工。

（4）磨削

平面磨削是获得高精度小粗糙度平面的加工方法,近些年也出现了缓进给大切深磨削方法,可把毛坯直接磨成成品。

（5）车(镗)削

在车床或镗床上也可完成端平面加工。

（6）拉削

平面拉削是一种高精度和高生产效率的加工方法,适用于大批量生产。

表 2.8　平面加工方法

工件		刀具		表面成形原理图
主运动	进给运动	主运动	进给运动	
	T		T	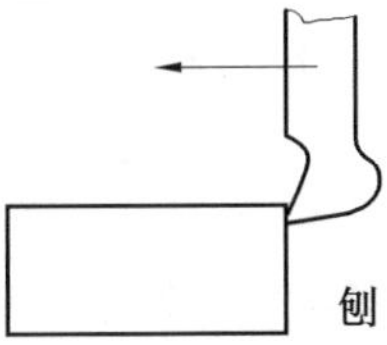 刨 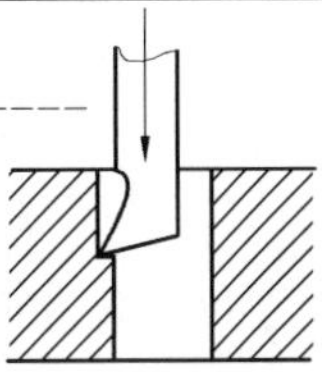　插
	T		R	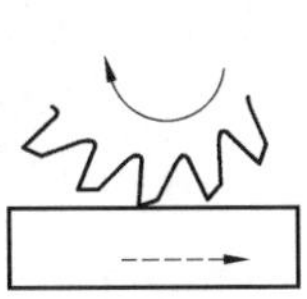 周铣 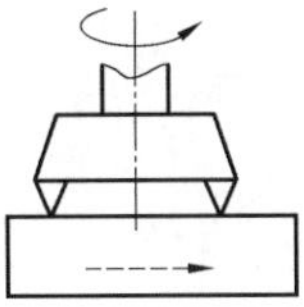　端铣 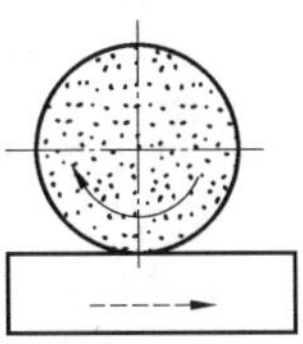　平磨 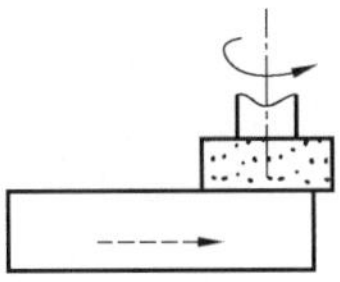　端面平磨
	R		T	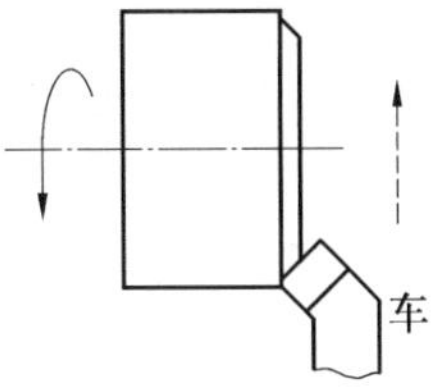 车
			T	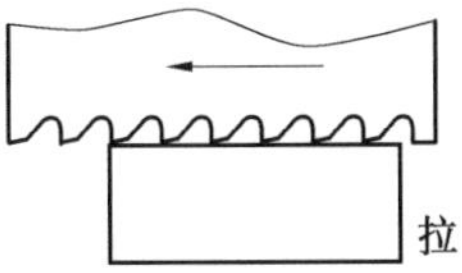 拉

4. 槽与台阶及成形曲面加工

表 2.9 给出了常用的槽与台阶及成形曲面的刨铣加工方法。

表 2.9　槽与台阶及成形曲面刨铣加工方法

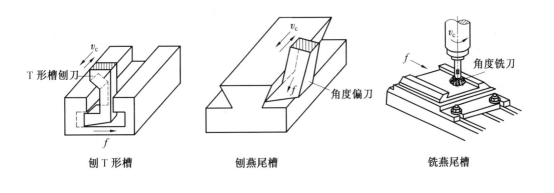

刨 T 形槽　　　　　刨燕尾槽　　　　　铣燕尾槽

续表 2.9

单刃刨成形面　　　　成形刀刨成形面

铣 T 形槽　　　　铣 V 形槽　　　　错齿三面刃铣槽　　　键槽铣刀铣腰形槽

键槽铣刀铣半月键　　锯片铣刀割断　　键槽铣刀铣闭口键槽　　铣螺旋槽

盘铣刀铣台阶面　　立铣刀铣槽面　　铣刀铣成形面　　圆弧铣刀铣圆弧面

5.螺纹加工

表 2.10 给出了常用的螺纹加工方法的示意图。

（1）车螺纹

车螺纹是用螺纹车刀在车床上进行的内外螺纹加工方法,刀具简单、通用性好,但生产效率低,多用于单件小批量生产。

（2）攻套螺纹

攻套螺纹是用丝锥和板牙加工内外螺纹的方法。

（3）铣削螺纹

铣削螺纹是用盘形螺纹铣刀、梳形螺纹铣刀或旋风螺纹铣刀在铣床上铣制螺纹的方法。

（4）磨制螺纹

磨制螺纹是一种高精度内外螺纹的加工方法，是在螺纹磨床上进行的。

（5）滚压螺纹

滚压螺纹是一种塑性变形、无屑高效加工外螺纹的方法，所用刀具是滚丝轮和搓丝板。

表 2.10　螺纹加工方法

工件		刀具		表面成形原理图
主运动	进给运动	主运动	进给运动	
R			T	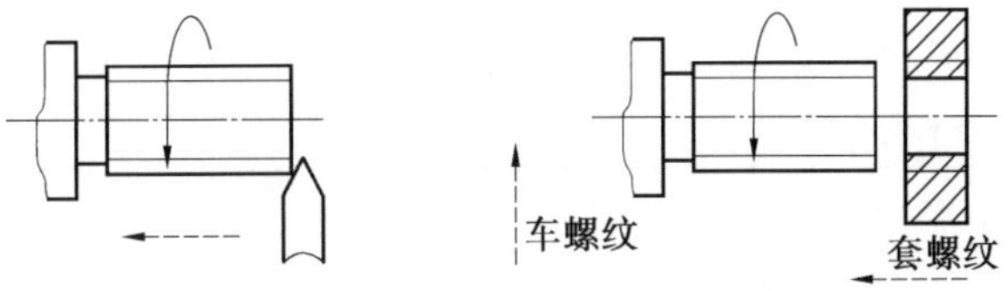 车螺纹　套螺纹
		R	T	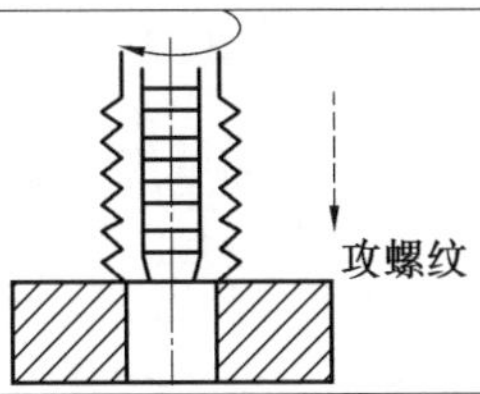 攻螺纹
R		R	T	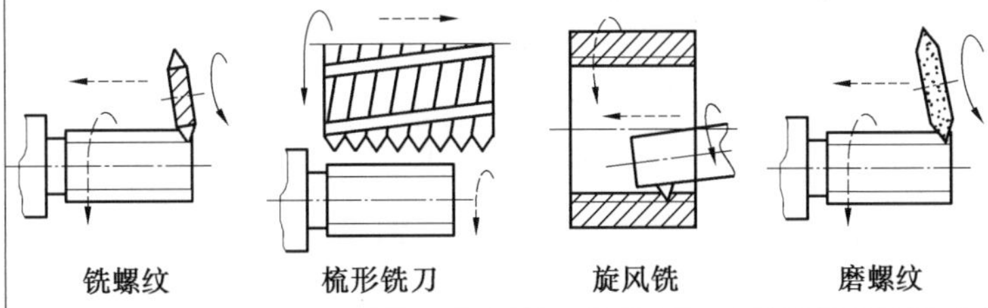 铣螺纹　梳形铣刀　旋风铣　磨螺纹
		R	R	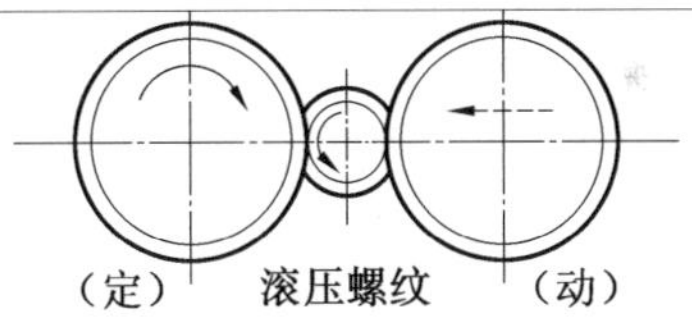 （定）　滚压螺纹　（动）

6. 齿形加工

以渐开线齿形为例，表 2.11 列出了常见的两类齿形加工方法 —— 成形法和展成法。

（1）铣齿

铣齿是用盘形模数铣刀或指形铣刀在万能铣床上加工齿轮的方法，铣刀刀齿形状与被加工齿轮的齿槽形状完全对应，是一种成形法（或仿形法）加工。由于加工精度和生产效率低，故仅用于单件小批生产中。弧齿锥齿轮常用展成铣齿法（见表 2.12）。

（2）成形磨齿

成形磨齿属于成形法加工，因砂轮修整困难，故较少采用。

（3）滚齿

滚齿属于展成法加工，其原理相当于一对螺旋齿轮的啮合过程。滚刀齿形与被加工齿轮齿形无简单对应关系，一把滚刀可加工同模数同压力角而齿数不同的齿轮，故通用性较强，齿轮精度较高。

（4）剃齿

剃齿也属展成法，是非淬硬齿面齿轮常用的高精度加工方法。

（5）插齿

插齿属于展成法加工，插齿过程相当于一对圆柱齿轮在啮合。插齿刀的往复运动为主运动，由于存在空行程，故生产效率不如滚齿高，但它能加工多联齿轮。

（6）磨齿

磨齿是一种淬硬齿形的精加工方法，属展成法加工。

（7）刨齿

刨齿是一种加工直齿锥齿轮的展成法（见表 2.12）。

表 2.11　齿形加工方法

工件		刀具		表面成形原理图
主运动	进给运动	主运动	进给运动	
T	R			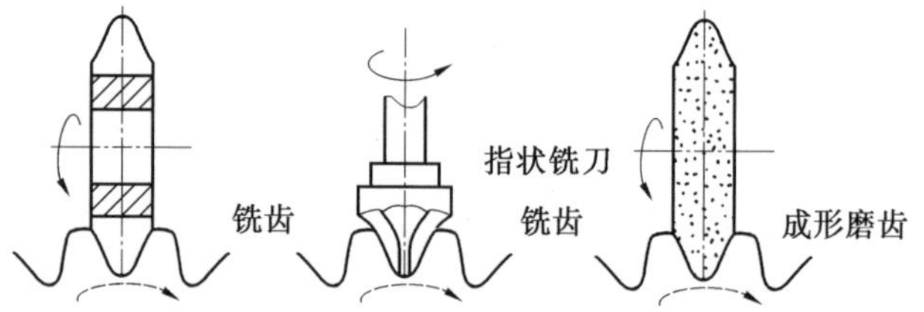 铣齿　指状铣刀 铣齿　成形磨齿
R/T	R			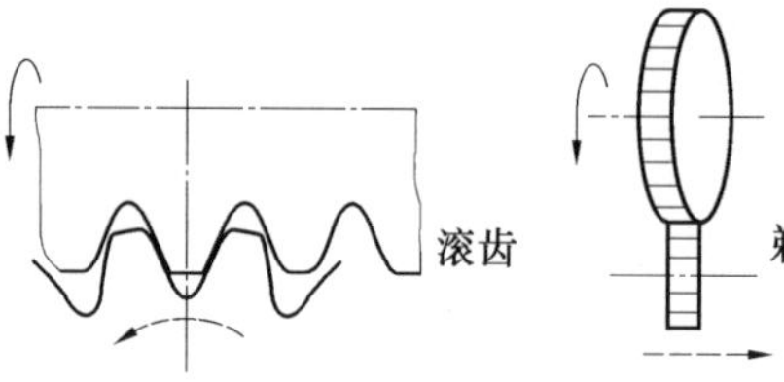 滚齿　剃齿
R	T	R		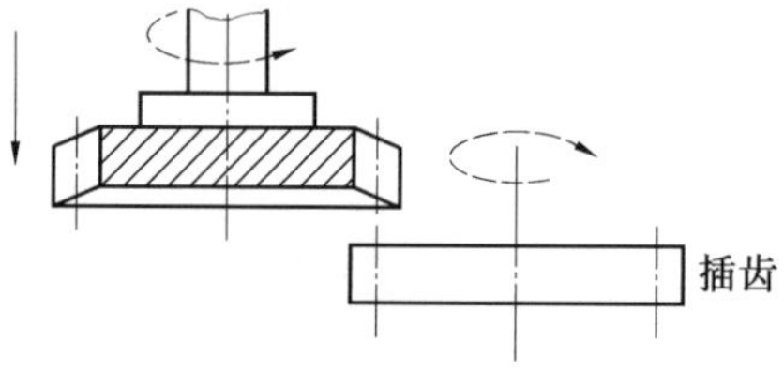 插齿
R/T	R			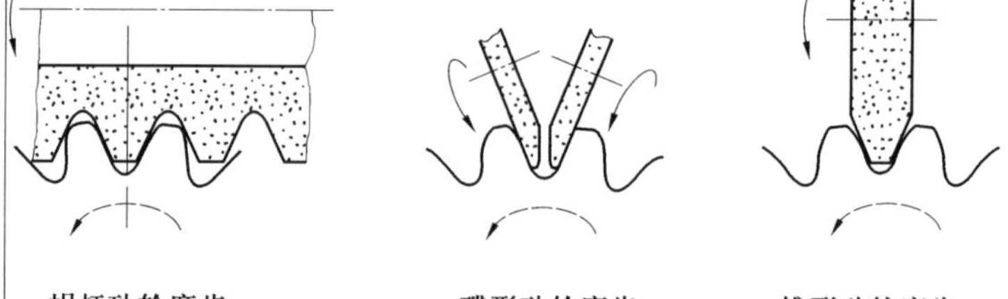 蜗杆砂轮磨齿　碟形砂轮磨齿　锥形砂轮磨齿

表 2.12　锥齿轮加工方法

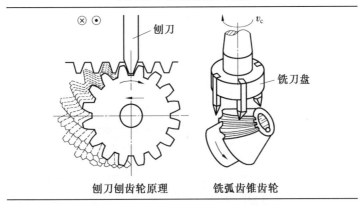

刨刀刨齿轮原理　　　　铣弧齿锥齿轮

2.3　机床的基本概念

机床是生产机器的机器,亦称工作母机。它的作用在于给机械加工提供动力及各种成形运动。它与刀具、夹具、工件组成了机械加工工艺系统的硬件,加工方法、工艺过程及数控程序等组成为系统的软件。

2.3.1　机床的分类与型号表示法

1. 分类

金属切削机床的分类方法很多,最常用的是按加工性能和结构特点来分类,其类别与组系划分举例见表 2.13。还可按其通用程度、精度和自动化程度来分类,如通用与专用机床、普通与精密机床及自动与半自动机床等。

表 2.13　金属切削机床的类别与组系划分举例

组		0	1	2	3	4	5	6	7	8	9
类别		系									
车床	C	仪表车床	单轴自动车床	多轴自动及半自动车床	六角车床	曲轴及凸轮轴车床	立式车床 0 1 2 单柱立式车床 双柱立式车床	落地与卧式车床 0 1 2 落地车床 卧式车床 马鞍车床	仿形及多刀车床	轮、轴、辊、锭及铲齿车床	其他车床
钻床	Z				摇臂钻床 0 摇臂钻床	台式钻床 0 台式钻床	立式钻床 0 1 2 立式钻床 立式多轴钻床			中心孔钻床	

续表 2.13

组		0	1	2	3	4	5	6	7	8	9
类别		系									
镗床	T			深孔镗床		座标镗床 0 单柱座标镗床 1 双柱座标镗床	立式镗床	卧式镗床 0 卧式镗床 1 落地镗床	金刚镗床	汽车、拖拉机修理用镗床	
磨床	M 2M 3M	外圆磨床 0 无心磨床 1 外圆磨床 2 万能外圆磨床 3 半自动外圆磨床 4 外圆宽砂轮磨床 5		内圆磨床 0 内圆磨床 1 2 3 4 切入式内圆磨床	砂轮机	珩磨机及研磨机	导轨磨床	刃磨床	平面磨床 0 卧轴矩台 1 立轴矩台 2 卧轴圆台 3 立轴圆台 4	曲轴、凸轮轴、花键轴及轧辊磨床 0 2 凸轮轴磨床 3 曲轴磨床 6 花键轴磨床	
齿轮加工机床	Y		车齿机	锥齿轮加工机床 0 弧齿锥齿轮磨齿机 1 弧齿锥齿轮粗切机 2 弧齿锥齿轮铣齿机 3 锥齿轮刨齿机	滚齿机 0 滚齿机 1	剃齿机珩齿机 0 剃齿机 2 珩齿机 6	插齿机 0 1 插齿机	花键轴铣床	圆柱齿轮磨齿机	其他齿轮加工机床	倒角机及齿轮检查机
螺纹加工机床	S				套丝机	攻丝机		螺纹铣床	螺纹磨床	螺纹车床	
铣床	X		单柱铣床	龙门及双柱铣床	平面及端面铣床	仿形铣床	立式铣床 0 1 2 立式升降铣床	卧式铣床 0 卧式升降铣床 1 万能升降铣床 2 万能回转头铣床		工具铣床 0 1 万能工具铣床	其他铣床
刨床	B		单臂刨床	龙门刨床				牛头刨床 0 牛头刨床 1 牛头仿形刨床		刨边机及刨模机	
拉床	L						立式拉床	卧式拉床		螺钉、键槽拉床	

2.机床型号表示方法

我国金属切削机床型号是根据 GB/T 15375—94"金属切削机床型号编制方法"的规定,采用汉语拼音字母加阿拉伯数字组合而成。型号中包含机床类别代号,特性代号(通用特性代号和结构特性代号),机床的组系代号,主要性能参数代号,重大改进序号等。机床型号表示方法如下:

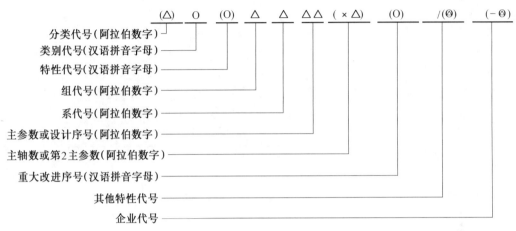

(1) 机床类别代号

机床类别代号用大写汉语拼音字母表示,共分 11 类(见表 2.14)。

表 2.14　机床类别代号

类别	车床	钻床	镗床	磨床			齿轮加工机床	螺纹加工机床	铣床	刨插床	拉床	锯床	其他机床
代号	C	Z	T	M	2M	3M	Y	S	X	B	L	G	Q
读音	车	钻	镗	磨	二磨	三磨	牙	丝	铣	刨	拉	割	其

(2) 机床的特性代号

机床的特性代号包括通用特性和结构特性,也用大写汉语拼音字母表示,位于类别代号之后(见表2.15)。

表 2.15　机床通用特性代号

通用特性	高精度	精密	自动	半自动	数控	加工中心(自动换刀)	仿形	轻型	加重型	简式	柔性单元	数显	高速
代号	G	M	Z	B	K	H	F	Q	C	J	R	X	S
读音	高	密	自	半	控	换	仿	轻	重	简	柔	显	速

(3) 机床的组系代号

每一类机床又可分为 10 组,每组又分成若干系。一般用两位阿拉伯数字来表示,位于类别和特性代号之后,其中的第 1 位表示组,第 2 位表示系,举例见表 2.13。

(4) 机床的主参数

机床的主参数是表示机床规格和加工能力的,通常用跟在组别和系别之后的数字来表示其主参数或主参数的 1/10、1/100。如车床的主参数是工件的最大回转直径的 1/10,

CA6140(JB 1838—76) 中的 40,即工件最大回转直径为 400 mm;立式数控铣床 XK5040 中的 40,即工作台宽度为 400 mm;X62W 中的 2,即工作台宽度为 2 号(320 mm,旧标准)。各字母和数字的含义如下：

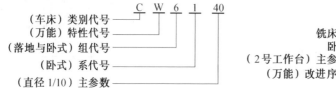 

(车床)类别代号 —— C
(万能)特性代号 —— W
(落地与卧式)组代号 —— 6
(卧式)系代号 —— 1
(直径 1/10)主参数 —— 40

铣床类 —— X
卧式 —— 6
(2 号工作台)主参数 —— 2
(万能)改进序号 —— W

(5) 新旧机床型号对比

我国机床型号编制方法已变动多次,目前工厂使用和生产的机床大多按旧的机床型号编制方法编制的。表 2.16 给出了同一主参数的机床新旧型号对比。

表 2.16　新旧机床型号对比

同一主参数的机床型号	称　谓	国标(或部标)代号
C620 – 1	中心高 200 mm,第 1 次改进的卧式车床	JB 1838—59
CA6140	床身上最大回转直径 400 mm 的卧式车床	JB 1838—76
C6140	床身上最大回转直径 400 mm 的卧式车床	JB 1838—85
C6140	床身上最大回转直径 400 mm 的卧式车床	GB/T 15375—94
X62W	2 号工作台卧式铣床	JB 1838—59
X6132	工作台面宽度为 320 mm 的万能升降台铣床	JB 1838—76
X6132	工作台面宽度为 320 mm 的万能升降台铣床	JB 1838—85
X6132	工作台面宽度为 320 mm 的万能升降台铣床	GB/T 15375—94
Z1080	工作台面宽度为 800 mm 的台式坐标钻镗床	JB 1836—85
Z1080	工作台面宽度为 800 mm 的台式坐标钻镗床	GB/T 15375—94

2.3.2　机床的基本组成

图 2.18 ~ 图 2.29 分别给出了常用各种机床结构图。

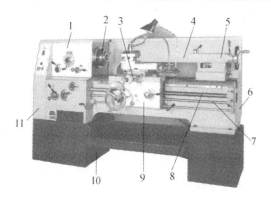 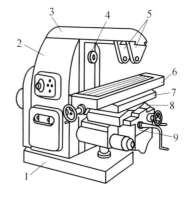

图 2.18　卧式车床的基本结构及运动

1—主轴箱;2—卡盘;3—刀架;4—后顶尖;
5—尾座;6—床身;7—光杠;8—丝杠;
9—溜板箱;10—底座;11—进给箱

图 2.19　万能卧式升降台铣床

1—底座;2—床身;3—悬梁;4—主轴;5—支架;
6—工作台;7—回转盘;8—床鞍;9—升降台

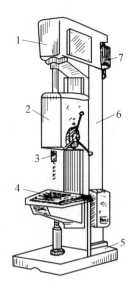

图 2.20　立式钻床

1— 主轴箱;2— 进给箱;3— 主轴;4— 工作台;

5— 底座;6— 立柱;7— 电动机

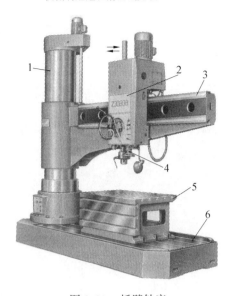

图 2.21　摇臂钻床

1— 立柱;2— 主轴箱;3— 摇臂;4— 主轴;

5— 工作台;6— 机座

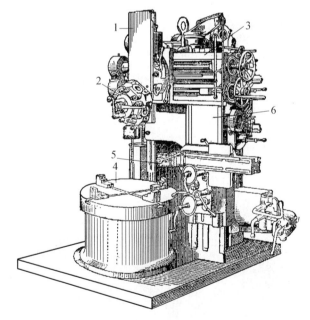

图 2.22　立式车床

1— 立刀架溜板;2— 立刀架;3— 横梁;4— 花盘;5— 横刀架;6— 立柱

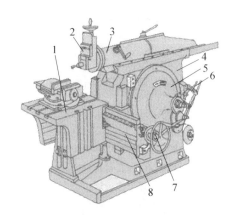

图 2.23　卧式镗床

1—镗杆支承;2—尾架;3—工作台;
4—主轴;5—立柱;6—床身

图 2.24　牛头刨床

1—工作台;2—刀架;3—滑枕;4—床身;5—摇
杆机构;6—变速机构;7—进刀机构;8—横梁

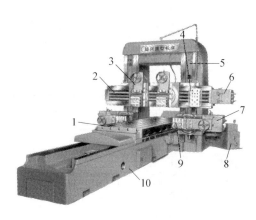

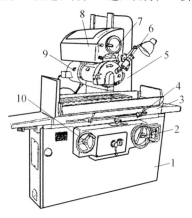

图 2.25　龙门刨床

1—工作台;2—横梁;3—垂直刀架;4—操纵开
关;5—立柱;6—垂直刀架进给箱;8—减速箱;
9—侧刀架;10—床身

图 2.26　M7120A 平面磨床

1—床身;2—垂直进给手轮;3—工作台;4—行程
挡块;5—立柱;6—砂轮修整器;7—横向进给手
轮;8—拖板;9—磨头;10—驱动工作台手轮

图 2.27　M1432A 万能外圆磨床

1—床身;2—工作台;3—头架;4—砂轮;5—内圆磨头;6—砂轮架;7—尾架

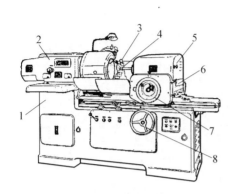

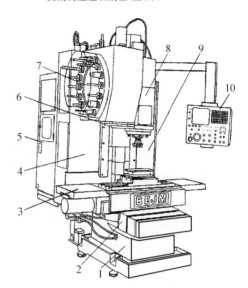

图 2.28   M2120 内圆磨床

1— 床身；2— 头架；3— 砂轮修整器；4— 砂轮；

5— 磨具架；6— 工作台；7— 操纵磨具架手轮；

8— 操纵工作台手轮

图 2.29   立式加工中心

1— 床身；2— 滑座；3— 工作台；4— 立柱；5— 数控柜；6— 机械手；7— 刀库；8— 主轴箱；9— 驱动电柜；10— 操纵面板

不难看出，各种机床均由下列几部分组成：

(1) 动力源(电动机)；

(2) 主传动系统(变速箱或主轴箱)；

(3) 进给系统(进给箱或进刀箱)；

(4) 工作部件(主轴、刀架、溜板、滑枕、工作台、导轨、转台)；

(5) 支承部件(床身、底座、立柱、横梁、机座、升降台)；

(6) 驱动控制系统(电气及液压系统数控板)；

(7) 冷却润滑系统(泵、油箱、管路、阀)；

(8) 其他装置(机械手、刀库、排屑及检测装置)。

2.3.3   机床的技术性能指标

机床的技术性能是根据使用要求提出来的，通常包括下列两项内容。

1. 机床的工艺范围

机床的工艺范围是指机床上可能加工的工件类型和尺寸，能使用何种刀具完成何种操作加工。机床的类型不同其工艺范围不同：通用机床工作范围较宽，可满足多种加工需要，适用于单件小批生产；专用机床是为特定工件或特定工序专门设计的，自动化程度和生产效率都较高，但加工工艺范围很窄；数控机床解决了小批量生产的自动化问题，能适应产品的频繁更新，又能满足较高的精度要求。

2. 机床的技术参数

机床技术参数包括：尺寸参数、运动参数与动力参数。

（1）尺寸参数

尺寸参数反映了机床的加工范围，包括主参数、第 2 主参数及与工件有关的其他尺寸参数（见表 2.17）。

表 2.17　常用机床的主参数和第 2 主参数

机床名称	主参数	第 2 主参数
普通车床	床身上工件最大回转直径	工件最大长度
立式车床	最大车削直径	—
摇臂钻床	最大钻孔直径	最大跨距
卧式镗床	主轴直径	—
坐标镗床	工作台工作面宽度	工作台工作面长度
外圆磨床	最大磨削直径	最大磨削长度
矩台平面磨床	工作台工作面宽度	工作台工作面长度
滚齿机	最大工件直径	最大模数
龙门铣床	工作台工作面宽度	工作台工作面长度
升降台铣床	工作台工作面宽度	工作台工作面长度
龙门刨床	最大刨削宽度	—
牛头刨床	最大刨削长度	—

（2）运动参数

运动参数是指执行件的运动速度，如主轴最高与最低转数，最大与最小进给量。

（3）动力参数

动力参数是指电动机的功率，有时还给出主轴允许的最大扭矩等。

2.4　刀具的基本概念

2.4.1　刀具切削部分组成

切削刀具种类很多，但切削部分的组成有共同之处，车刀切削部分可看做是各种刀具切削部分的最基本形态。

车刀的切削部分即刀头，与任何一个几何体一样，是由若干个面和若干条线组成的。图 2.30 给出了外圆车刀切削部分的组成。

前刀面（前面）—— 切屑流经的表面，记作 A_γ；（主）后刀面（后面）—— 与工件上过渡表面相对的表面，记作 A_α；副后刀面 —— 与工件上已加工表面相对的表面，记作 A'_α；主切削刃 —— 前刀面与（主）后刀面的交线，完成主要切削工作，记作 S；副切削刃 —— 前刀面与副后刀面的交线，辅助参与已加工表面的形成，记作 S'；刀尖 —— 主切削刃 S 与副切削刃 S'

之间的过渡切削刃。

图 2.30 所给车刀是有公共前刀面的,这大大简化了刀具的设计、制造和刃磨,但原则上主、副切削刃是可以有单独前刀面的。

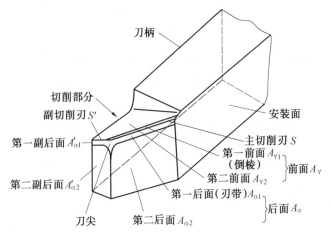

图 2.30   外圆车刀切削部分的组成

2.4.2   刀具几何角度

1. 刀具角度的坐标平面与参考系

刀具切削部分的各个刀面与切削刃的空间位置常用它们在某些坐标平面内的几何角度来表示,这样就必须将刀具置于一空间坐标平面参考系内。该参考系包括参考坐标平面和测量坐标平面。参考坐标平面的确定又必须与刀具的安装基准及切削运动联系起来,测量坐标平面的选取必须考虑测量与制造的方便。

图 2.31 给出了宽刃刨刀的刨削情况。此时,在 O—O 平面内,前刀面与安装基准面间的夹角用 γ_o 表示;后刀面与切削运动方向间的夹角用 α_o 表示,即 γ_o、α_o 分别确定了刨刀前刀面与后刀面的位置。在此,由切削刃与切削速度方向确定的平面称为切削平面,记为 P_s;由刀具安装基准面确定的与切削速度方向垂直的平面称为基面,记为 P_r。

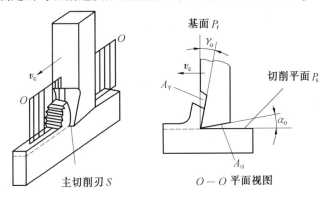

图 2.31   宽刃刨刀的刨削

图 2.31 所示刨刀主切削刃是直线,只有主运动而无进给运动,且前后刀面均为平面。但

生产中还有较为复杂的刀具:切削刃可能是曲线,前后刀面可能是曲面,除主运动外还有进给运动。这样一来,上述关于切削平面和基面的定义就显得太狭义了,故应给出广义的定义。

① 切削刃上选定点的切削平面,是过该点且与过渡表面相切的平面。

② 切削刃上选定点的基面,是过该点且与该点切削速度方向垂直的平面。一般是平行或垂直于制造、刃磨和测量时适合于安装或定位的表面或轴线。

切削刃上选定点的基面和切削平面合称参考坐标平面,简称参考平面。

根据上述定义可知,切削刃上不同点的基面和切削平面不一定相同。

图 2.31 中的几何角度 γ_o、α_o 是在 O—O 坐标平面内测量的,该坐标平面称为测量平面。

根据 ISO 规定,测量平面有正交平面、法平面及假定工作平面与背平面,它们的定义如下:

① 正交平面(主剖面)。切削刃上选定点的正交平面是过该点并垂直于切削平面与基面的平面,或过该点且垂直于切削刃在基面上投影的平面,记为 P_o。

② 法平(剖)面。切削刃上选定点的法平面是过该点并与切削刃垂直的平面,记为 P_n。

③ 假定工作平面(进给剖面)。切削刃上选定点的假定工作平面是过该点且垂直于基面并与进给方向平行的平面,记为 P_f。

④ 背平面(切深剖面)。切削刃上选定点的背平面是过该点且垂直于基面与假定工作平面的平面,或垂直于进给方向的平面,记为 P_p。

上述参考平面(基面和切削平面)与测量平面分别组成了三个坐标平面参考系,即:

① 正交平面参考系。由 P_r、P_s、P_o 组成的平面参考系(见图 2.32),这三个平面互相垂直。

② 法平面参考系。由 P_r、P_s、P_n 组成的平面参考系(见图 2.33),P_n 与 P_r、P_s 无垂直关系。

③ 假定工作平面与背平面参考系。由 P_r、P_f、P_p 组成的平面参考系(见图 2.34),这三个平面互相垂直。

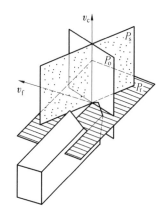 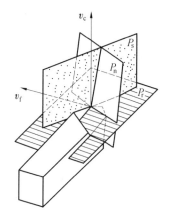 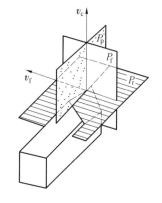

图 2.32　正交平面参考系　　图 2.33　法平面参考系　　图 2.34　假定工作平面与
　　　　　　　　　　　　　　　　　　　　　　　　　　　　　　　　背平面参考系

2. 刀具的标注角度

刀具的标注角度是指在刀具工作图中要标出的几何角度,即在静止参考系中的几何角度。它是刀具设计、制造、刃磨和测量的依据。由于坐标参考系有前述三种,当然在三种坐标参考系中均可有其标注角度。参考系的选用,与生产中采用的刀具刃磨方式及检测方便与否有关。我国过去多采用正交平面参考系,现已兼用法平面参考系、假定工作平面与背平面参考系。

(1) 正交平面参考系中的刀具标注角度

① 基面 P_r 内的角度。

主偏角 —— 切削刃上选定点的主偏角是在基面 P_r 内测量的、切削平面 P_s 与假定工作平面 P_f 间的夹角,或主切削刃在基面上的投影与进给方向间的夹角,记为 κ_r(见图 2.35)。

副偏角 —— 切削刃上选定点的副偏角是在基面 P_r 内测量的、副切削平面 P'_s 与假定工作平面 P_f 间的夹角,或副切削刃在基面上的投影与进给方向间的夹角,记为 κ'_r(见图 2.35)。

② 切削平面 P_s 内的角度。

刃倾角 —— 切削刃上选定点的刃倾角是在切削平面 P_s 内测量的主切削刃 S 与基面 P_r 间的夹角,记为 λ_s,有正负之分:刀尖位于切削刃最高点时定义为正("+"),反之为负("−")(见图 2.35)。它影响切屑的流向,也影响刀尖的强度与散热,精加工时取 $\lambda_s > 0°$,粗加工时取 $\lambda_s < 0°$(见图 2.36)。

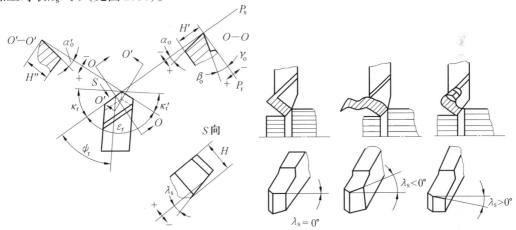

图 2.35　外圆车刀正交平面参考系的标注角度　　　图 2.36　车刀的刃倾角

③ 正交平面 P_o 内的角度。

前角 —— 切削刃上选定点的前角是在正交平面 P_o 内测量的、前刀面 A_γ 与基面间 P_r 的夹角,记为 γ_o,有正负之分:前刀面位于基面之前者,$\gamma_o < 0°$,反之 $\gamma_o > 0°$(见图 2.35)。

后角 —— 切削刃上选定点的后角是在正交平面 P_o 内测量的、后刀面 A_α 与切削平面 P_s 间的夹角,记为 α_o,有正负之分(见图 2.35)。

④ 副刃正交平面 P'_o 内的角度。

副刃后角 —— 副切削刃上选定点的后角是在副刃正交平面 P'_o 内测量的、副后刀面 A'_α 与副切削平面 P'_s 间的夹角,记为 α'_o,正负同 α_o(见图 2.35)。

以上六个角度 κ_r、λ_s、γ_o、α_o、κ'_r、α'_o 为车刀的基本标注角度。在此,κ_r、λ_s 确定了主切削刃 S 的空间位置,κ'_r、λ'_s 确定了副切削刃 S' 的空间位置,γ_o、α_o 确定了前刀面 A_γ 与后刀面 A_α 的空间位置,γ'_o、α'_o 则确定了 A'_γ、A'_α 的空间位置。但是,γ'_o、λ'_s 并非独立角度,可通过计算得到。

此外,还有以下派生角度:

刀尖角——在基面 P_r 内测量的切削平面 P_s 与副切削平面 P'_s 间的夹角,或主切削刃 S 与副切削刃 S' 在基面上投影的夹角,记为 ε_r(见图 2.35),$\varepsilon_r = 180° - (\kappa_r + \kappa'_r)$。

余偏角——在基面 P_r 内测量的切削平面 P_s 与背平面 P_p 间的夹角,或主切削刃 S 在基面 P_r 上投影与吃刀方向间的夹角,记为 ψ_r(见图 2.35),$\psi_r = 90° - \kappa_r$。

楔角——在正交平面 P_o 内测量的前刀面 A_γ 与后刀面 A_α 间的夹角,记为 β_o(见图 2.35),$\beta_o = 90° - (\gamma_o + \alpha_o)$。

(2) 法平(剖)面参考系中的刀具标注角度

按照刀具角度定义,同理可标注出法平(剖)面参考系中的 6 个基本角度,即 κ_r、λ_s、γ_n、α_n、κ'_r、α'_o(见图 2.37)。也有派生角度 ε_r、ψ_r、β_n 和计算角度 γ'_n、λ'_s、α'_n。

(3) 假定工作平面与背平面参考系中的刀具标注角度

这个参考系中的刀具标注角度有 κ_r、γ_p、γ_f、α_p、α_f、κ'_r,派生角度有 ε_r、ψ_r、β_p、β_f(见图 2.38)。

上述刀具角度的基本定义同样适用于任何刀具。

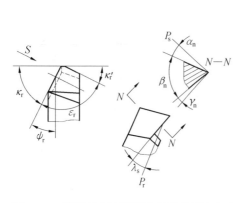

图 2.37   外圆车刀法平面参考系的标注角度

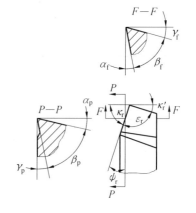

图 2.38   外圆车刀假定工作平面与背平面参考系的标注角度

3. 刀具的工作角度

上述刀具角度是在静止参考系中的标注角度,是忽略进给运动条件时给出的。实际上在刀具使用中,应考虑刀具切削刃上选定点的合成运动速度 v_e、刀尖安装不一定对准机床中心高度、背平面不一定平行于侧安装面等因素。这时的坐标平面参考系与静止坐标平面参考系不再相同,而称工作坐标参考系,在其内的刀具角度称为刀具工作角度。如工作正交平面参考系的三个坐标平面分别为工作正交平面 P_{oe}、工作基面 P_{re} 和工作切削平面 P_{se},在其内的工作角度为 γ_{oe}、α_{oe}、κ_{re}、κ'_{re}、λ_{se} 及 α'_{oe}。

在此仅举两例说明如下。

(1) 考虑进给运动的影响(横车)

切断刀切断工件时的情况如图 2.39 所示。

在不考虑进给运动时,切削刃上选定点 A 的运动轨迹是一圆,因此该点的基面是过点 A 的径向平面 P_r,切削平面为过点 A 与 P_r 垂直的切平面 P_s,其前后角 γ_o、α_o 如图 2.39 所示。但考虑进给运动后,切削刃上点 A 的运动轨迹已是阿基米德螺旋线,这时的切削平面 P_{se} 已是过点 A 的阿氏螺线的切线,基面 P_{re} 已是过点 A 且与 P_{se} 垂直的平面,在这个测量平面内的前角 γ_{oe} 与后角 α_{oe} 已不再是原来的标注角度 γ_o 与 α_o 了。此时

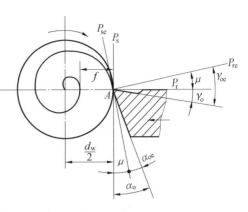

$$\gamma_{oe} = \gamma_o + \mu \tag{2.8}$$

$$\alpha_{oe} = \alpha_o - \mu \tag{2.9}$$

$$\mu = \arctan f/(\pi d_w) \tag{2.10}$$

图 2.39　横向进给运动对工作角度的影响

式中　μ——横向进给运动影响工作角度的变化值;

　　　f——刀具相对于工件的横向进给量,mm/r;

　　　d_w——切削刃上选定点 A 处的工件直径,mm。

不难看出,切削刃越接近工件中心 d_w 值越小,μ 值越大,γ_{oe} 越大,而 α_{oe} 越小,甚至变为零或负值,对刀具的工作越不利。

(2) 刀尖位置高低的影响

安装刀具时,刀尖不一定在机床中心高度上。图 2.40 所示为刀尖高于机床中心高度的情况。此时选定点 A 的基面和切削平面已变为过点 A 的径向平面 P_{re} 和与之垂直的切平面 P_{se},其工作前角和后角分别为 γ_{pe} 与 α_{pe}。可见,刀具工作前角 γ_{pe} 比标注前角 γ_p 增大了,工作后角 α_{pe} 比标注后角 α_p 减小了,可写成

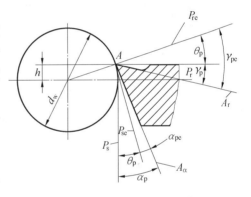

$$\gamma_{pe} = \gamma_p + \theta_p \tag{2.11}$$

$$\alpha_{pe} = \alpha_p - \theta_p \tag{2.12}$$

$$\theta_p = \arctan \frac{h}{\sqrt{(\frac{d_w}{2})^2 - h^2}} \tag{2.13}$$

图 2.40　刀尖位置高时的工作角度

式中　θ_p——刀尖位置变化引起前后角的变化值;

　　　h——刀尖高于机床中心的数值,mm。

2.4.3　切削层参数

刀具切削刃在一次进给(走刀)中,从工件待加工表面上切下来的金属层称为切削层。外圆车削时,工件转一转,车刀从位置 Ⅰ 移动到位置 Ⅱ,前进了一个进给量 f,图 2.41 中阴影部分即为切削层,其截面尺寸为切削层参数,它决定了刀具所承受负荷的大小及切屑的厚薄,还将影响切削力、刀具磨损、加工表面质量和生产效率。切削层参数通常在基面内测量。

(1) 切削层公称厚度 h_D(简称切削厚度,曾记为 a_c)

切削厚度是在基面内测量的切削刃两瞬时位置过渡表面间的距离(见图 2.41),与进给

量 f 可写成关系式(2.14)

$$h_D = f\sin\kappa_r(\text{mm}) \tag{2.14}$$

可见，h_D 随 f、κ_r 的增大而增大。切削刃为直线时，切削刃上各点处的 h_D 相等；切削刃为曲线时，切削刃上各点的 h_D 是变化的(见图2.41(b))。

(2) 切削层公称宽度 b_D(简称切削宽度，曾记为 a_w)

切削宽度是在基面内沿过渡表面测量的切削层尺寸(见图2.41)，与背吃刀量 a_p 可写成关系式(2.15)

$$b_D = a_p/\sin\kappa_r(\text{mm}) \tag{2.15}$$

可见 a_p 越大，b_D 越宽。

(3) 切削层公称横截面积 A_D(简称切削面积，曾记为 A_c)

切削面积当然在基面内测量，可写成关系式(2.16)

$$A_D = h_D b_D = f a_p(\text{mm}^2) \tag{2.16}$$

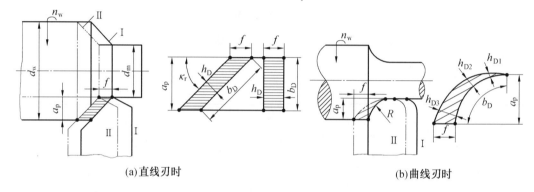

(a)直线刃时　　　　　　　　　　　　　　(b)曲线刃时

图 2.41　外圆纵车时切削层参数

2.4.4　切削方式

1. 直角切削与斜角切削

切削刃上选定点的切线垂直于该点切削速度的切削称为直角切削或正交切削，否则称为斜角切削或斜切削(见图2.42)。生产中大多属斜角切削。直角切削时切屑是沿切削刃的法向流出的，但只将工件倾斜、而 v_c 方向不变的切削仍属直角切削。

2. 自由切削与非自由切削

只有一条直线切削刃参加的切削称为自由切削，宽刃刨刀的刨削就是一例(见图2.31)。此时切削刃上各点切屑的流出方向大致相同，切削层金属的变形基本在二维平面内进行，即为平面变形。反之，像外圆车削、切槽(切断)及车螺纹等，副切削刃也参加已加工表面形成过程的切削称为非自由切削。曲线或折线切削刃或数条切削刃参加工作的切削属非自由切削，此时，切削层金属的变形很复杂，变形发生在三维空间内。

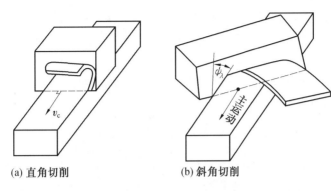

(a) 直角切削　　　　　　　　(b) 斜角切削

图 2.42　直角切削与斜角切削

2.4.5　刀具材料

刀具材料是指刀具切削部分的材料。刀具材料性能的优劣对切削加工过程、加工精度、表面质量及生产效率有着直接的影响。可见,刀具材料是多么重要。作为基本常识,在此将介绍刀具材料应具备的性能、生产中常用刀具材料的种类、性能特点与选用原则以及刀具材料的发展趋势。

1. 概述

(1) 刀具材料应具备的性能

① 高硬度。高硬度是刀具材料应具备的最基本性能。一般认为,刀具材料的硬度应比工件材料硬度高 1.3 ~ 1.5 倍,一般常温硬度高于 60 HRC。

② 足够的强度和韧性。切削过程中刀具承受很大的压力、冲击和振动,刀具材料必须具备足够的抗弯强度 σ_{bb} 和冲击韧性 a_k。一般来说,刀具材料的硬度越高,其 σ_{bb} 和 a_k 越低。这是个矛盾的现象,在选用刀具材料时,必须给予充分注意,以便在刀具结构及几何参数选择时采取弥补措施。

③ 高耐磨性。在切削过程中刀具要经受剧烈的摩擦,所以作为刀具材料必须具备良好的耐磨性。

耐磨性不仅与硬度有关,还与强度、韧性和金相组织结构等因素有关,因而耐磨性是个综合指标。一般认为,刀具材料的硬度越高,马氏体中合金元素越多,金属碳化物的数量越多,晶粒越细,分布越均匀,耐磨性就越好。

④ 高耐热性。耐热性是衡量刀具材料切削性能优劣的主要指标,它是指刀具材料在高温下保持或基本保持其硬度、强度、韧性和耐磨性的能力。一般各种工具钢(包括高速钢)用保持常温下切削性能的温度来表示耐热性。因工具钢刀具的磨损与金相组织相变有很大关系,故工具钢刀具常用红硬性(加热 4 h 仍能保持 58 HRC 时的温度即为红硬性)表示耐热性。如,高速钢的红硬性为 550 ~ 650 ℃,即在此温度下,高速钢仍能保持或基本保持常温时的切削性能。

硬质合金刀具不用红硬性表示其耐热性,因其磨损主要由粘结和扩散引起,故而用与钢发生粘结时的温度来表示其耐热性。

一般在室温下,各种刀具材料的硬度相差不大,但由于耐热性不同,高温下的切削性能会有很大差异。

⑤ 一定的工艺性。作为刀具材料除具备上述性能外,还应具备一定的工艺性能,如切削加工性、磨削加工性、焊接性能、热处理性能及高温塑性等。

(2) 刀具材料的种类

根据刀具材料的发展历程,可将现有的刀具材料分为下列几种:

① 工具钢,包括碳素工具钢和合金工具钢。

② 高速钢。

③ 硬质合金。

④ 陶瓷。

⑤ 超硬材料,包括金刚石和立方氮化硼。

其中高速钢与硬质合金是目前用得最为广泛的刀具材料,这里将着重介绍。

2. 工具钢

(1) 碳素工具钢

碳素工具钢指碳的质量分数为 0.65% ~ 1.35%(或 $w(C) = 0.65\% \sim 1.35\%$)的优质高碳钢。常用牌号有 T8A、T10A 和 T12A,其中以 T12A 用得最多,其 $w(C) = 1.15\% \sim 1.2\%$,淬火后硬度达 58 ~ 64 HRC,红硬性达 250 ~ 300 ℃,允许的切削速度 $v_c = 5 \sim 10$ m/min,故只适用于制造手用和切削速度很低的工具,如锉刀、手用锯条、丝锥和板牙等。其原因是:当切削温度高于 250 ~ 300 ℃ 时,马氏体组织要分解,使得硬度降低;碳化物分布不均匀,淬火后变形较大,易产生裂纹;淬透性差,淬硬层薄。

(2) 合金工具钢

针对碳素工具钢的红硬性低、淬透性差及淬火后变形大等缺点,在碳素工具钢中加入一些合金元素 Si、Cr、W 及 Mn 等(合金元素总量不宜超过 3% ~ 5%),可提高淬透性和回火稳定性、细化晶粒及减小变形。常用合金工具钢的牌号有 9SiCr、CrWMn 等(见表 2.18)。加入合金元素后红硬性可达 325 ~ 400 ℃,允许的切削速度可达 $v_c = 10 \sim 15$ m/min。主要用于低速工具,如丝锥、板牙、铰刀、滚丝轮与搓丝板等。

表 2.18 常用合金工具钢的牌号与成分及用途

牌号	w/%						硬度 HRC	应用举例
	C	Mn	Si	Cr	W	V		
9Mn2V	0.85 ~ 0.95	1.7 ~ 2.0	≤ 0.035	—	—	0.1 ~ 0.25	≥ 62	丝锥、板牙、铰刀等
9SiCr	0.85 ~ 0.95	0.3 ~ 0.6	1.2 ~ 1.6	0.95 ~ 1.25	—	—	≥ 62	板牙、丝锥、钻头、铰刀等
CrW5	1.26 ~ 1.5	≤ 0.3	≤ 0.3	0.4 ~ 0.7	4.5 ~ 5.5	—	≥ 65	铣刀、车刀、刨刀等
CrMn	1.3 ~ 1.5	0.45 ~ 0.75	≤ 0.35	1.3 ~ 1.6	—	—	≥ 62	量规、块规
CrWMn	0.9 ~ 1.05	0.8 ~ 1.1	0.15 ~ 0.35	0.9 ~ 1.2	1.2 ~ 1.6	—	≥ 62	板牙、拉刀、量规等

3. 高速钢

高速钢全称高速合金工具钢,也称白钢或锋钢,是 19 世纪末研制成功的。

高速钢是在高碳钢中加入较多合金元素 W、Cr、V、Mo 等与 C 生成碳化物制得的。加入合金元素后,细化了晶粒,提高了合金硬度。一般高速钢的淬火硬度可达 63 ~ 67 HRC,红硬性可达 550 ~ 650 ℃。允许的切削速度可比合金工具钢提高 1 ~ 2 倍,高速钢因此而得名。高速钢具有较高的强度,在所有刀具材料中它的抗弯强度 σ_{bb} 和冲击韧性 a_k 最高,是制造各种刃形复杂刀具的主要材料。

就其性能用途,可将高速钢分为普通通用高速钢和高性能高速钢两大类。

(1) 普通高速钢

按其化学成分,普通高速钢可分为钨系高速钢和钨钼系(或钼系) 高速钢。

① 钨系高速钢。钨系高速钢的典型牌号是 W18Cr4V(ω(C) = 0.7% ~ 0.8%、ω(W) = 17.5% ~ 19%、ω(Cr) = 3.8% ~ 4.4%、ω(V) = 1.0% ~ 1.4%)。钨系高速钢是我国应用最多的高速钢,它具有较好的综合性能,即有较高硬度(62 ~ 66 HRC)、强度、韧性和耐热性,红硬性可达 620 ℃,切削刃可刃磨得比较锋利(γ_n = 0.005 ~ 0.08 mm),通用性强,常用于钻头、铣刀、拉刀、齿轮刀具及丝锥等复杂刀具的制造。但因晶粒较粗大且分布又不太均匀,强度随横截面尺寸变大而下降较多。

由于钨是重要的战略物资,而且有些性能尚不能很好地满足切削加工的要求,国外正在减少其用量,接近被淘汰状态。

② 钨钼系(或钼系) 高速钢。钨钼系高速钢的典型牌号是 W6Mo5Cr4V2,在这种牌号钢中是用 Mo 代替了一部分 W(Mo∶W = 1∶1.45),Mo 在合金中的作用与 W 相似,但其原子质量比 W 小 50%,故钨钼系高速钢的密度小于钨系高速钢 7% 左右。具体含量为:ω(C) = 0.8% ~ 0.9%、ω(W) = 5.6% ~ 6.95%、ω(Mo) = 4.5% ~ 5.5%、ω(Cr) = 3.8% ~ 4.4%、ω(V) = 1.75% ~ 2.21%。

钨钼系高速钢的综合性能与钨系相近,但碳化物晶粒较细小,分布较均匀,故强度和韧性好于钨系高速钢,可用于制造大截面尺寸的刀具,特别是热状态下塑性好,适于制造热轧刀具(如热轧钻头)。主要缺点是热处理时脱碳倾向较大,易氧化,淬火温度范围较窄。

(2) 高性能高速钢

高性能高速钢包括高碳高速钢(ωC ≥ 0.9%)、高钒高速钢(ω(V) ≥ 3%)、钴高速钢(ω(Co) ≥ 0.9%)、铝高速钢(W6Mo5Cr4V2Al) 及粉末冶金高速钢。

这些特殊性能高速钢必须在适用的特殊切削条件下,才能发挥其优异的切削性能,选用时不要超出使用范围。

上述各种高速钢的牌号与性能见表 2.19。

表 2.19 高速钢的牌号与性能

钢 号	常温硬度 HRC	抗弯强度 σ_{bb}/GPa	冲击韧性 a_k/(MJ·m^{-2})	高温硬度 HRC	
				500 ℃	600 ℃
W18Cr4V	63 ~ 66	3 ~ 3.4	0.18 ~ 0.32	56	48.5
W6Mo5Cr4V2(M2)	63 ~ 66	3.5 ~ 4	0.3 ~ 0.4	55 ~ 56	47 ~ 48
9W18Cr4V	66 ~ 68	3 ~ 3.4	0.17 ~ 0.22	57	51
W6Mo5Cr4V3	65 ~ 67	3.2	0.25	—	51.7
W6Mo5Cr4V2Co8	66 ~ 68	3.0	0.3	—	54
W2Mo9Cr4VCo8(M42)	67 ~ 69	2.7 ~ 3.8	0.23 ~ 0.3	约 60	约 55
W6Mo5Cr4V2Al(501)	67 ~ 69	2.9 ~ 3.9	0.23 ~ 0.3	60	55
W10Mo4Cr4V3Al(SF6)	67 ~ 69	3.1 ~ 3.5	0.2 ~ 0.28	59.5	54

(3) 高速钢的表面处理

为了提高高速钢刀具的切削性能,可对其表面进行处理(如氮化处理、离子注入、真空溅射涂镀、物理气相沉积(PVD-Physical Vapor Deposition)TiC 或 TiN 等薄耐磨层),以提高表面的耐磨性能。TiN 涂层(金黄色)的钻头与齿轮刀具已有较广泛的应用。近些年还开发了多涂层 TiC－Al$_2$O$_3$－TiN、多元复合涂层 TiCN、TiAlN、AlTiN、软硬组合涂层 TiC/MoS$_2$(WS$_2$)(钻头刃部涂 TiC 或 TiN,螺旋沟部涂 MoS$_2$ 或 WS$_2$)、纳米涂层以及金刚石、CNx 涂层技术。

4.硬质合金

硬质合金是以高硬度难熔金属的碳化物(WC 或 TiC)微米级粉末为主要成分,以钴(Co)或镍(Ni)或钼(Mo)为粘结剂,在真空炉或氢气还原炉中烧结而成的粉末冶金制品。它的耐热性比高速钢高得多,为 800 ~ 1 000 ℃,允许的切削速度 v_c 是高速钢的 4 ~ 10 倍。硬度很高,可达 89 ~ 91 HRA,有的高达 93 HRA;但它的抗弯强度 σ_{bb} 仅为 1.1 ~ 1.5 GPa,只是高速钢的一半;冲击韧性 a_k = 0.04 MJ/m^2,不足高速钢的 1/25 ~ 1/10。由于它的耐热性和耐磨性好,因而在刃形不太复杂刀具上的应用日益增多,如车刀、端铣刀、立铣刀、铰刀、镗刀、小尺寸钻头、丝锥及中小模数齿轮滚刀等。

(1)影响硬质合金性能的因素分析

硬质合金的性能主要取决于金属碳化物的种类、性能、数量、粒径和粘结剂的数量。

① 碳化物的种类。金属碳化物的种类不同,其物理力学性能不同(见表 2.20),制成的硬质合金性能也不同。

显然,含 TiC 的硬质合金硬度要高于只含 WC 的硬质合金硬度,但其脆性更大、导热性能更差、密度更小。

② 碳化物数量与粒径及粘结剂数量。碳化物在硬质合金中所占比例越大,硬质合金的硬度越高;反之硬度降低,抗弯强度 σ_{bb} 提高。

当粘结剂数量一定时,碳化物的粒径越小,硬质合金中碳化物所占表面积越大,粘结层的厚度越小(相当于粘结剂相对减少),使得硬质合金的硬度有所提高,σ_{bb} 下降;反之,硬度降低,σ_{bb} 提高。所以,细晶粒和超细晶粒硬质合金的硬度高于粗晶粒硬质合金的硬度,但 σ_{bb} 低于粗晶粒的硬质合金。

③ 碳化物晶粒的分布。碳化物晶粒的分布越均匀,粘结层越均匀,越可以防止由于热应力和机械冲击而产生的裂纹。硬质合金中加入 TaC 有利于晶粒细化和分布均匀化,故 YG6A 的硬度高于无 TaC 的硬质合金 YG6。

表 2.20　金属碳化物的某些物理力学性能

碳化物	熔点 /℃	硬度 HV	弹性模量 E/GPa	导热系数 k/(W·m^{-1}·℃$^{-1}$)	密度 ρ/(g·cm^{-3})	对钢的粘结温度
WC	2 900	1 780	720	29.3	15.6	较低
TiC	3 200 ~ 3 250	3 000 ~ 3 200	321	24.3	4.93	较高
TaC	3 730 ~ 4 030	1 599	291	22.2	14.3	—
TiN	2 930 ~ 2 950	1 800 ~ 2 100	616	16.8 ~ 29.3	5.44	—

(2)硬质合金的种类与牌号

试验和生产实践证明,WC 含量多、用 Co 作粘结剂的硬质合金强度最高,故目前 WC 为基的硬质合金占主导地位。

① 钨钴类(WC – Co)硬质合金。钨钴类硬质合金中的硬质相是 WC,粘结剂是 Co,国标代号为 YG。主要牌号有 YG3、YG6 与 YG8,其中的 Y 表示硬质合金,G 表示钴,其后数字表示钴的质量分数,数字后有"X"(细晶粒)、"C"(粗晶粒)。相当于 ISO 中的"K"类(短切屑类)。

② 钨钛钴类(WC – TiC – Co)硬质合金。钨钛钴类硬质合金中的硬质相是 WC 与 TiC,粘结剂是 Co,国标代号为 YT。主要牌号有 YT5、YT14、YT15 与 YT30,其中的 Y 表示硬质合金,T 表示碳化钛,其后数字为 TiC 的质量分数。相当于 ISO 中的"P"类(长切屑类)。

③ 钨钴钽(铌)类(WC – TaC(NbC) – Co)硬质合金。钨钴钽(铌)类硬质合金是往(WC – Co)类中加入 TaC(NbC)制成的,加入 TaC(NbC)的目的是细化晶粒,提高硬度,改善切削性能。国标代号为 YGA,常用牌号为 YG6A。相当于 ISO 中的"K"类。

④ 钨钛钴钽(铌)类(WC – TiC – TaC(NbC) – Co)硬质合金。钨钛钴钽(铌)类硬质合金是在(WC – TiC – Co)类中加入 TaC(NbC)制成的,加入 TaC(NbC)的目的是细化晶粒,提高硬度,改善切削性能。国标代号为 YW,常用牌号为 YW1、YW2,W 是万能(通用)之意。相当于 ISO 中的"M"类。

以上代号与牌号中的字母均按汉语拼音来读,并非英文字母读法。

上述硬质合金的成分与性能见表 2.21。

2008 年切削工具用硬质合金牌号新国标见表 2.22。生产中,常用红、蓝、黄、绿、橙、灰色分别表示 K、P、M、N、S、H 类硬质合金,其中,N 类表示加工有色金属、非金属用;S 类表示用于加工高温合金;H 类表示用于加工高硬度材料。

表 2.21 硬质合金的成分与性能

合金牌号		$w/\%$				物理力学性能							相近 ISO 牌号
		WC	TiC	TaC (NbC)	Co	硬度		抗弯强度 σ_{bb}/GPa	冲击韧性 $a_k/(kJ \cdot m^{-1})$	导热系数 $k/(W \cdot m^{-1} \cdot ℃^{-1})$	线膨胀系数 $\alpha/(× 10^{-6} ℃^{-1})$	密度 $\rho /(g \cdot cm^{-3})$	
						HRA	HRC						
WC 基合金													
WC + Co	YG3	97	—	—	3	91	78	1.10	—	87.9	—	14.9 ~ 15.3	K01 K05
	YG6	94	—	—	6	89.5	75	1.40	26.0	79.6	4.5	14.6 ~ 15.0	K15 K20
	YG8	92	—	—	8	89	74	1.50	—	75.4	4.5	14.4 ~ 14.8	K30
	YG3X	97	—	—	3	92	80	1.00	—	—	4.1	15.0 ~ 15.3	K01
	YG6X	94	—	—	6	91	78	1.35	—	79.6	4.4	14.6 ~ 15.0	K10

续表 2.21

合金牌号		w/%				物理力学性能								相近 ISO 牌号
		WC	TiC	TaC (NbC)	Co	硬度		抗弯强度 σ_{bb}/GPa	冲击韧性 a_k/(kJ·m⁻¹)	导热系数 k/(W·m⁻¹·℃⁻¹)	线膨胀系数 α/(×10⁻⁶ ℃⁻¹)	密度 ρ/(g·cm⁻³)		
						HRA	HRC							
WC 基合金														
WC + TaC (NbC) + Co	YG6A (YA6)	91 ~ 93	—	1 ~ 3	6	92	80	1.35	—	—	—	14.4 ~ 15.0		K10
WC + TiC + Co	YT30	66	30	—	4	92.5	80.5	0.90	3.00	20.9	7.00	9.35 ~ 9.7		P01
	YT15	79	15	—	6	91	78	1.15	—	33.5	6.51	11.0 ~ 11.7		P10
	YT14	78	14	—	8	90.5	77	1.20	7.00	33.5	6.21	11.2 ~ 12.7		P20
	YT15	85	5	—	10	89.5	75	1.30	—	62.8	6.06	12.5 ~ 13.2		P30
WC + TiC + (NbC) + Co	YW1	84	6	4	6	92	80	1.25	—	—	—	13.0 ~ 13.5		M10
	YW2	82	6	4	8	91	78	1.50	—	—	—	12.7 ~ 13.3		M20
TiC 基合金														
TiC + WC + Ni(Mo)	YN10	15	62	1	Ni - 12 Mo - 10	92.5	80.5	1.10	—	—	—	6.3		P05
	YN05	8	71	—	Ni - 7 Mo - 14	93	82	0.90	—	—	—	5.9		P01

注:Y— 硬质合金;G— 钴,其后数字表示钴的质量分数;X— 细晶粒;T—TiC,其后数字表示 TiC 的质量分数;A— 含 TaC(NbC) 的钨钴类合金;W— 通用合金;N— 以镍、钼作粘结剂的 TiC 基合金。

表 2.22   切削工具用硬质合金牌号 GB/T 18376.1 – 2008

组别		基本成分	力学性能			性能	
类别	分组号		洛氏硬度 HRA,不小于	维氏硬度 HV_3,不小于	抗弯强度 R_{tr}/MPa,不小于	耐磨性	韧性
P	01	以 WC、TiC 为基, 以 Co(Ni + Mo,Ni + Co) 作粘结剂的合金 / 涂层合金	92.3	1 750	700	好↑	好↓
	10		91.7	1 680	1 200		
	20		91.0	1 600	1 400		
	30		90.2	1 500	1 550		
	40		89.5	1 400	1 750		
M	01	以 WC 为基,以 Co 作粘结剂,添加少量 TiC(TaC、NbC) 的合金 / 涂层合金	92.3	1 730	1 200	好↑	好↓
	10		91.0	1 600	1 350		
	20		90.2	1 500	1 500		
	30		89.9	1 450	1 650		
	40		88.9	1 300	1 800		
K	01	以 WC 为基,以 Co 作粘结剂,或添加少量 TaC、NbC 的合金 / 涂层合金	92.3	1 750	1 350	好↑	好↓
	10		91.7	1 680	1 460		
	20		91.0	1 600	1 550		
	30		89.5	1 400	1 650		
	40		88.5	1 250	1 800		
N	01	以 WC 为基,以 Co 作粘结剂,或添加少量 TaC、NbC 或 CrC 的合金 / 涂层合金	92.3	1 750	1 450	好↑	好↓
	10		91.7	1 680	1 560		
	20		91.0	1 600	1 650		
	30		90.0	1 450	1 700		
S	01	以 WC 为基,以 Co 作粘结剂,或添加少量 TaC、NbC 或 TiC 的合金 / 涂层合金	92.3	1 730	1 500	好↑	好↓
	10		91.5	1 650	1 580		
	20		91.0	1 600	1 650		
	30		90.5	1 550	1 750		
H	01	以 WC 为基,以 Co 作粘结剂,或添加少量 TaC、NbC 或 TiC 的合金 / 涂层合金	92.3	1 730	1 000	好↑	好↓
	10		91.7	1 680	1 300		
	20		91.0	1 600	1 650		
	30		90.5	1 520	1 500		

注:1:洛氏硬度和维氏硬度中任选一项。

2:以上数据为非涂层硬质合金要求,涂层产品可按对应的维氏硬度下降 30 ~ 50。

（3）硬质合金的性能特点

① 硬度。硬质合金的硬度一般为 89 ~ 93 HRA。前两类硬质合金中，Co 含量越多，硬度越低；当 Co 含量相同时，YT 类的硬度比 YG 类高，细晶粒硬质合金的硬度比粗晶粒的硬度高，含 TaC(NbC)者比不含者高（见表 2.21）。

② 强度与韧性。从表 2.21 可以看出，硬质合金的抗弯强度 σ_{bb} 和冲击韧性 a_k 均随 Co 含量的增加而提高；Co 含量相同时，YG 类的 σ_{bb} 和 a_k 比 YT 类的 σ_{bb} 和 a_k 高，细晶粒的比一般晶粒的稍有下降，加 TaC(NbC)的 σ_{bb} 比不加者的 σ_{bb} 有所提高（YGA 类除外）。

③ 导热系数。硬质合金的导热系数 k 因硬质合金的种类不同而不同，在 20 ~ 88 W/(m·℃)间变化。且 YG 类的 k 值大于 YT 类的；YG 类中 Co 含量增加，k 减小；YT 类中 Co 含量增加，k 也减小；Co 含量相同时，YG 类的 k 比 YT 类的高近 1 倍，这是因为 WC 的导热系数大于 TiC 的导热系数（见表 2.20）。

④ 线膨胀系数。硬质合金的线膨胀系数 α 比高速钢的小。YT 类的 α 明显高于 YG 类的，且随 TiC 含量的增加而增大。

不难看出，YT 类硬质合金焊接时产生裂纹的倾向要比 YG 类大，原因就在于 YT 类硬质合金的 α 大而 k 小。

⑤ 抗粘结性。抗粘结性就是抵抗与工件材料发生"冷焊"的性能。硬质合金与钢发生粘结的温度比高速钢高，YT 类硬质合金与钢发生粘结的温度又高于 YG 类，即 YT 类的抗粘结性能比 YG 类好。

（4）选用原则

不同种类硬质合金的性能差别很大，因此正确选用硬质合金牌号，对于充分发挥硬质合金的切削性能具有十分重要的意义。选用硬质合金的原则如下：

① YG 类宜于加工铸铁、有色金属及其合金、非金属等脆性材料，而 YT 类宜于高速加工钢料。

由于切削脆性材料时，切屑呈崩碎状，切削力集中在切削刃口附近很小的面积上，局部压力很大，且有一定冲击性，故要求刀具材料要有较高的抗弯强度 σ_{bb} 和冲击韧性 a_k，而 YG 类硬质合金的抗弯强度 σ_{bb} 和冲击韧性 a_k 都较好，导热系数 k 又比 YT 类的大，切削热能很快传出，从而降低刃口处的温度。而高速切削钢料时，切屑呈连续状，切削温度很高，距刃口一定距离处易形成月牙洼磨损坑。试验证明这是硬质合金中的 W、C 向钢屑中扩散造成的，而 Ti 不易扩散，且含 TiC 的 YT 类硬质合金又比 YG 类的粘结温度要高，因此高速切削钢料宜选用 YT 类硬质合金。

② 含 Co 量少的硬质合金宜于精加工，含 Co 量多者宜于粗加工。YG 类硬质合金中的 YG3 用于精加工脆性材料，YG8 用于粗加工脆性材料。原因在于 Co 含量少，硬度高，耐磨性好，反之 σ_{bb} 和 a_k 好。

YT 类中的 YT5 宜于粗加工钢料，YT30 宜于精加工钢料，因为 TiC 含量高，刀具耐磨性好。

③ YT 类不宜加工含 Ti 的不锈钢和钛合金等难加工材料，而应采用 YG 类硬质合金。因为此时的工件材料导热系数小，仅为 45 钢的 1/3 ~ 1/7，生成的切削热不易传出，故切削温度高。为降低切削温度，应选用导热性能好的 YG 类硬质合金作刀具。加之工件材料中含有较多的 Ti，从抗粘结与抗亲和的角度看，也应选用不含 Ti 的 YG 类硬质合金。但 YG 类硬质合金

的粘结温度较低,因此在用其切削这类难加工材料时,只宜采取较低的切削速度。

④ YGA 类宜加工冷硬铸铁、高锰钢、淬硬钢以及含 Ti 的不锈钢、钛合金与高温合金,因为 YGA 类的高温硬度与强度及耐磨性均比 YG 类高。

⑤ YW 类硬质合金可用于高温合金、高锰钢、不含 Ti 的不锈钢等难加工材料的半精加工和精加工。因为 YW 类的硬度、强度、韧性及抗热冲击性能均比 YT 类高,通用性较好。

(5) 其他硬质合金

① TiC 基硬质合金。TiC 基硬质合金是以 TiC 为基体,用 Ni 或 Mo 作粘结剂的硬质合金,属金属陶瓷的一种。与 WC 基硬质合金相比,硬度略有提高,对钢的摩擦系数有所减小,抗粘结能力增强,高温下硬度下降较少,具有较好的耐磨性,但韧性较差,性能介于 WC 基硬质合金与陶瓷之间。国标代号为 YN,主要牌号有 YN05、YN10。主要用于钢件的精加工。

② 细晶粒超细晶粒硬质合金。细晶粒硬质合金的性能见表 2.20。超细晶粒(YM 类)硬质合金主要用于冷硬铸铁、淬硬钢、不锈钢及高温合金等的加工。

③ 钢结硬质合金。钢结硬质合金是以 TiC 或 WC 作硬质相(质量分数为 30% ~ 40%)、高速钢作粘结相(质量分数为 70% ~ 60%),通过粉末冶金工艺制作的、性能介于硬质合金与高速钢之间的高速钢基硬质合金。它具有良好的耐热性、耐磨性和一定韧性,可进行锻造、热处理和切削加工,故可制作刃形复杂的刀具。

④ 涂层硬质合金。涂层硬质合金是近些年来硬质合金的重大发展与变革,是在硬质合金表面上用化学气相沉积法 CVD 法(Chemical Vapor Deposition)涂覆一层(5 ~ 12 μm)硬度和耐磨性很高的物质(TiC、TiN 或 Al_2O_3 等),使得硬质合金既有强韧的基体,又有高硬度、高耐磨性的表面。宜于半精加工和精加工。

涂层硬质合金允许采用较高的切削速度,与未涂层硬质合金相比,能减小切削力,降低切削温度,改善加工表面质量,提高其通用性。涂层硬质合金不能用于焊接结构,不宜重磨,主要用于可转位刀片。金黄色涂层硬质合金可转位刀片,应用比较广泛。

涂层工艺发展很快,已由单涂层 TiN、TiC 经历了 TiC – Al_2O_3、TiC – Al_2O_3 – TiN 多涂层及 TiCN、TiAlN、AlTiN 等多元复合涂层的发展阶段,发展到了 TiN/NbN、TiN/CN 等多元复合薄膜涂层,甚至纳米涂层等,也可采用 PVD 法涂层。

5. 其他刀具材料

(1) 陶瓷刀具材料

陶瓷刀具材料主要有氧化铝(Al_2O_3)系陶瓷、氮化硅(Si_3N_4)系陶瓷和 Al_2O_3 – Si_3N_4 系复合陶瓷。它们是高纯度及高强度(抗压)陶瓷,其原料粉末均非天然,而为人工合成。

① Al_2O_3 系陶瓷。其特点为:硬度高于硬质合金,可达 92 ~ 95 HRA。耐热性好,在 1 200 ℃ 时硬度下降很少,仍保持 80 HRA。化学稳定性好,与钢不易亲和,抗粘结与抗扩散能力较强。

Al_2O_3 系陶瓷的缺点是:抗弯强度 σ_{bb} 低、韧性 a_k 差、抗冲击性能差。随着成型工艺的改进,如:从冷压到热压,加入金属碳化物与氧化物复合,增加金属(Ni、Mo)结合剂及 SiC 晶须增韧剂,使其 σ_{bb} 和 a_k 均大有提高,σ_{bb} 已提高到 1.1 GPa 以上。主要用于高速精加工和半精加工冷硬铸铁与淬硬钢等。Al_2O_3 – TiC 复合陶瓷用得较多。

② Si_3N_4 系陶瓷。其特点为:有较高的抗弯强度 σ_{bb} 和冲击韧性 a_k,σ_{bb} 可高达 1.5 GPa,可承受较大的冲击负荷。热稳定性好,可在 1 300 ~ 1 500 ℃ 下进行切削。导热系数大于 Al_2O_3

系陶瓷,热膨胀系数则小于 Al_2O_3 系陶瓷,故可承受热冲击。

此种陶瓷加工铸铁很有效。$Si_3N_4 - TiC - Co$ 复合陶瓷用得较广泛。

③ $Si_3N_4 - Al_2O_3$ 系复合陶瓷。塞珑(Sialon) 陶瓷是其代表,其组成为 $Si_3N_4 + Al_2O_3 + Y_2O_3$,其中 Si_3N_4 含量居多,抗弯强度高(σ_{bb} 可达 1.2 GPa),冲击韧性也好。主要用于铸铁与高温合金的加工,但不宜切钢。

(2) 超硬刀具材料

① 金刚石。金刚石是至今人们所知物质中最硬的,硬度可达 10 000 HV。它有天然和人造之分,天然金刚石有方向性,价格昂贵,故用得较少;人造金刚石是在超高压(5 ~ 10 GPa)、高温(1 000 ~ 2 000 ℃) 条件下由石墨转化而成的,再将它的粉末用人工合成工艺聚晶成大颗粒,可直接作刀具使用,即为聚晶金刚石 PCD(Polycrystalline Diamond) 刀具。近些年来,又研究出把人造金刚石粉末聚晶烧结在硬质合金表面上的新工艺(0.5 ~ 0.1 mm),即为金刚石复合片 PDC。

由于聚晶金刚石无方向性、硬度很高、耐磨性好,刃口又可刃磨得很锋利,故可用于高速精加工有色金属及合金、非金属硬脆材料。由于性脆,故必须防止切削过程中的冲击和振动。

金刚石是碳的同素异构体,在空气中 600 ~ 700 ℃ 时极易氧化、碳化,与铁发生化学反应,使金刚石丧失切削性能,故不宜在空气中用来加工钢铁材料,只宜于高速精加工有色金属及其合金和非金属材料等。近年还研制了金刚石薄膜(10 ~ 25 μm)、涂层和厚膜(0.5 mm)作刀具,取得了很好效果。

金刚石的小颗粒可用来作超硬磨料,制造磨具。

② 立方氮化硼。立方氮化硼 CBN(Cubic Boron Nitrogen) 是由六方 BN(hBN) 在合成金刚石的相同条件下加入催化剂转变而成的,至今尚未发现其天然品。同人造金刚石一样,也有整体聚晶 CBN 和复合 CBN,即 PCBN。

CBN 有仅次于金刚石的高硬度和耐磨性,但耐热性高于金刚石(达 1 400 ℃),化学惰性很大,不会与铁产生化学反应,故可加工淬硬钢和冷硬铸铁等,实现以车代磨,但加工有色金属不如金刚石刀具。800 ℃ 以上易与水起化学反应,故不宜用水基切削液。

CBN 颗粒还用作磨料,制造磨具。

复习思考题

2.1　从物料加工前后的变化说明机械制造工艺方法分哪几类?

2.2　试述生产纲领与生产类型的含义。

2.3　试述机械加工工艺过程的概念及其组成。

2.4　何谓基准、设计基准、工艺基准、工序基准、定位基准及装配基准?

2.5　从形成原理看工件表面形状可分为哪 3 类?可在哪些机床上实现其加工?

2.6　从刀具切削刃与工件间的相对运动看形成工件表面的方法有哪些?

2.7　从切削运动角度来说明形成工件表面最基本的条件是什么?成形运动包含哪些运动?

2.8　如何理解工件上有 3 个变化的表面与车削用量 3 要素?

2.9　外圆表面、内圆(孔) 表面、平面、成形表面、螺纹及齿形表面的加工方法有哪些?

2.10　试述机床在机械制造中的作用及类型。

2.11　简述我国金属切削机床型号如何表示。指出 CA6140、X62W、X51、XK2025、Z25、Z3040

的各项含意。

2.12 试述机床的基本组成包括哪些部分。

2.13 试述刀具切削部分的基本组成。

2.14 何谓刀具坐标平面参考系的坐标平面与测量平面?什么是基面与切削平面、正交平面与法平面、切深平面与进给平面?

2.15 正交平面参考系、法平面参考系、切深与进给平面参考系分别由哪些坐标平面和测量平面组成?试画图表示之。各组成平面间都有垂直关系吗?

2.16 何谓刀具的标注角度?画出正交平面参考系中外圆车刀切削刃上某点的 6 个基本角度。

2.17 横车时工作角度与标注角度相同吗?画图表示之。

2.18 画图表示外圆车削时刀尖安装的高低对刀具工作前后角有无影响?

2.19 画图表示外圆车削的切削层及其切削厚度、切削宽度,并分别写出与进给量 f 或切削深度 a_p 的关系式及切削面积公式。

2.20 什么是直角切削与斜角切削?主运动速度 v_c 与刀具切削刃垂直时,只是工件斜摆属于斜角切削吗?什么是自由切削与非自由切削?

2.21 作为刀具材料应具备哪些性能?

2.22 你知道有哪些工具钢可作为刀具材料?各适合制造何种刀具?

2.23 高速钢分几种?特点如何?

2.24 何谓硬质合金?常用作刀具的硬质合金以何种碳化物为基础?其种类、牌号、性能特点如何?如何选用?硬质合金的发展方向是什么?

2.25 你知道生产现场使用的金黄色刀具是什么涂层吗?其基体材料可为哪类刀具材料?

2.26 陶瓷刀具材料分哪几类?各有何特点?适合加工何种工件材料?

2.27 你知道超硬刀具材料有哪几种?有何特点及应用?

第3章

金属切削原理

在毛坯变成合格工件即零件的过程中,被切削的金属层在刀具作用下产生了一系列的物理现象,如切屑(削)变形、切削力、切削热与切削温度等,反过来在切削层作用下,刀具产生了磨损,从而影响了切削过程的进行。本章的任务之一就在于研究这些物理现象产生的原因及规律并找到减小的途径,以解决生产实际问题;任务之二在于研究如何提高生产效率,保证加工质量。

3.1 金属切削过程

3.1.1 切屑的形成过程

切屑是被切金属层变形产生的废物。切屑究竟是如何被切下来的呢?过去曾错误地认为刀具是个"楔子",像斧子劈木材那样,金属是被劈开来的。直到19世纪末,根据实验结果才发现,切屑是被切材料受到刀具前刀面的推挤,沿着某一斜面剪切滑移形成的(见图3.1)。

图中未变形的切削层 $AGHD$ 可看成是由许多个平行四边形扁块组成的,如 $ABCD$、$BEFC$、$EGHF$……当这些平行四边形扁块受到前刀面的推挤时,便沿着 BC 方向向斜上方滑移,形成另一些扁块,即 $ABCD \rightarrow AB'C'D$、$BEFC \rightarrow B'E'F'C'$、$EGHF \rightarrow E'G'H'F'$……由此不难看出,切削层不是由刀具削下来或劈开的,而是靠前刀面的推挤与滑移而来的。

可以认为,金属切削过程是切削层金属受到刀具前刀面的推挤后产生的以剪切滑移为主的塑性变形过程,这非常类似于材料力学实验中材料的压缩破坏。图3.2给出了压缩变形与切削变形二者的比较。

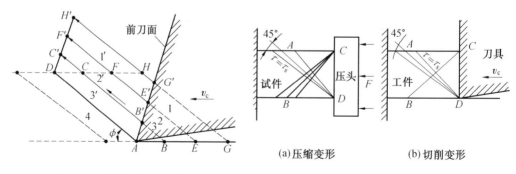

图 3.1 切屑形成过程示意图   图 3.2 压缩变形与切削变形的比较

图3.2(a)是试件受压缩变形破坏的情况。此时,试件产生剪切变形,其方向约与作用力 F 方向成45°。当作用力 F 增加时,在 DA、CB 线的两侧还会产生一系列滑移线,但都分别交于 D、C 处。

图 3.2(b) 所示情况与图 3.2(a) 的区别仅在于: 切削时, 工件上 DB 线以下还有基体材料的阻碍, 故 DB 线以下的材料将不发生剪切滑移变形, 即剪切滑移变形只在 DB 线以上沿 DA 方向进行, DA 就是切削过程的剪切滑移线。

当然, 由于刀具有前角及与工件间有摩擦作用, 剪切滑移变形会比较复杂。

3.1.2　切削过程中的三个变形区

切削过程的实际情况要比前述的情况复杂得多。这是因为切削层金属受到刀具前刀面的推挤产生剪切滑移变形后, 还要继续沿着前刀面流出变成切屑。在这个过程中, 切削层金属要产生一系列变形, 通常将其划分成三个变形区(见图 3.3)。

图 3.3 中的 Ⅰ 区 (AOM) 为第一变形区。在 AOM 内将产生剪切滑移变形。

Ⅱ 区为第二变形区。在 Ⅱ 区内, 切屑沿前刀面流出时将进一步受到前刀面的挤压和摩擦, 靠近前刀面处的金属纤维化方向基本与前刀面平行。

Ⅲ 区为第三变形区。是已加工表面受到切削刃钝圆部分和后刀面的挤压摩擦与回弹, 造成纤维化与加工硬化区。

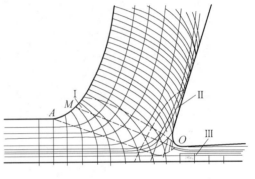

图 3.3　剪切滑移线与三个变形区示意图

1. 第一变形区

图 3.4 给出了第一变形区金属的滑移示意图, 图中 OA、OB、OM 均为剪切等应力线, OA 线上的应力 $\tau = \tau_s$, OM 线上的应力达最大 τ_{max}。

当切削层金属的某点 P 向切削刃逼近到达点 1 位置时, 由于 OA 线上的剪应力 τ 已达到材料屈服强度 τ_s, 故点 1 在向前移动到点 2′ 的同时还要沿 OB 线滑移到点 2, 即合成运动的结果将使点 1 流动到点 2, $\overline{2'2}$ 为滑移量。由于塑性变形过程中材料的强化, 不同等应力线上的应力将依次逐渐增大, 即 OB 线上的应力大于 OA 线上的应力, OC 线上的应力大于 OB 线上的应力,

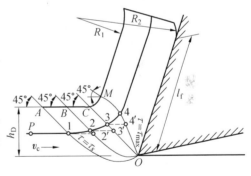

图 3.4　第一变形区金属的滑移

OM 线上的应力已达最大值 τ_{max}, 故点 2 流动至点 3 处, 点 3 再流动至点 4 处, 此后流动方向就与前刀面基本平行而不再沿 OM 线滑移, 即终止滑移, 故称 OM 线为终滑移线。开始滑移的 OA 线称始滑移线, OA 与 OM 线所组成的区域即为第一变形区, 该区产生的是沿滑移线(面)的剪切滑移变形。

在一般切削速度范围内, 第一变形区的宽度仅为 0.02 ~ 0.2 mm, 切削速度越高, 其宽度越小, 故可近似看成一个平面, 称剪切面。这种单一的剪切面切削模型虽不能完全反映塑性变形的本质, 但简单实用, 因而在切削理论研究和实践中应用较广。

剪切面与切削速度间的夹角称剪切角, 以 ϕ 表示。

　　当切削层金属沿剪切面滑移时,剪切滑移时间很短,滑移速度 v_s 很高,切削速度 v_c 与滑移速度 v_s 的合成速度即为切屑流动速度 v_{ch}。

　　在观察切屑根部金相照片(见图 3.5)时,可看到切屑明显呈纤维状,但切削层在进入始滑移线前,晶粒是无方向性的圆形,而纤维状是它在剪切滑移区受剪切应力作用变形的结果(见图 3.6)。

　　图 3.7 给出了晶粒变形纤维化示意图。不难看出,晶粒一旦沿 *OM* 线开始滑移,圆形晶粒受到剪切应力作用变成了椭圆,其长轴与剪切面间成 ϕ 角。剪切变形越大,晶粒椭圆长轴方向(纤维方向)与剪切面间的夹角 ϕ 就越小,即越接近于剪切面。

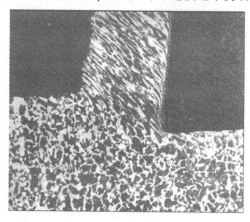

图 3.5　切屑根

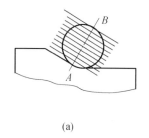 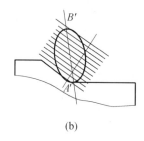

　　(a)　　　　　　　　　　　　　(b)　　　　　　　　　　　　　(c)

图 3.6　晶粒滑移示意图

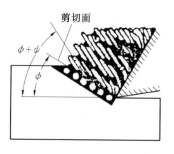

图 3.7　晶粒纤维化示意图

2.第二变形区

　　切削层金属经过剪切滑移后,应该说变形基本结束了,但切屑底层(与前刀面接触层)在沿前刀面流动过程中却受到前刀面的进一步挤压与摩擦,即产生了第二次变形。当然第二

次变形是集中在切屑底层极薄一层金属中,且
该层金属的纤维化方向与前刀面是平行的。这
是由于切屑底层金属一方面要沿前刀面流动,
另一方面还要受到前刀面的挤压摩擦而膨胀,
使得切屑底层比顶层拉长。图 3.8 给出了切屑
的挤压与卷曲情况。

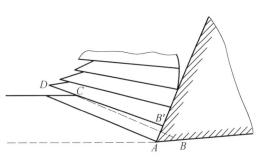

由图 3.8 可看出,原来的平行四边形扁块
单元的底面被前刀面的挤压给拉长了,使得平
行四边形 *ABCD* 变成了梯形 *AB′CD*。许多这样
的梯形叠加起来后,切屑就背向底层卷曲。由于

图 3.8　切屑的挤压与卷曲示意图

强烈的挤压摩擦,使得切屑底层非常光滑,而顶层呈毛茸锯齿状。

综前所述可知,第一变形区和第二变形区是相互关联的,前刀面的挤压会使切削层金属
产生剪切滑移变形,挤压越强烈,变形越大,在流经前刀面时挤压摩擦也越大。

3. 第三变形区

因为此变形区位于后刀面与已加工表面之间,它直接影响着已加工表面的质量,故将在
已加工表面的形成过程一节中讲述。

3.1.3　切屑变形的表示方法

研究切削过程的目的在于找出切屑的变形规律,要说明这些规律,首先必须给出切屑变
形程度的表示方法。

前已述及,切削层金属变形主要是剪切滑移变形,因此用相对滑移来表示切削层变形程
度应当是顺理成章的。

1. 相对滑移

由材料力学知,剪切变形可用相对滑移表示(见图 3.9(a))。假定 ⊿*OHNM* 受剪切后变
成 ⊿*OGPM*,其相对滑移 ε 可写为

$$\varepsilon = \frac{\Delta s}{\Delta y}$$

刀具切削时的变形如表示成图 3.9(b) 的
情况,当工件以切削速度 v_c 向刀具移动时,若
无刀具阻碍,点 *M* 将移至点 *N*,但由于有刀具的
阻碍,切削层只能由 *MN* 流动到 *MP*(*OH* 向
OG)。此时的相对滑移应为

$$\varepsilon = \frac{\Delta s}{\Delta y} = \frac{NP}{MK} = \frac{NK + KP}{MK} = \cot\phi + \tan(\phi - \gamma_o)$$

$$(3.1)$$

用 ε 能比较准确地表示出切削层的变形程
度,但它是根据纯剪切计算的,而实际切削过程

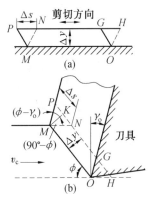

图 3.9　剪切变形

除剪切外还有挤压作用,故用 ε 表示切削层的变形有一定近似性,且计算较复杂。

2.切屑(削)变形系数

因为切削过程也类似于金属的挤压变形过程。实际切削过程中,切削层金属受到挤压变形后,切屑厚度比切削层变厚了,长度比切削层缩短了(见图 3.10),故可用切屑压缩比(或变形系数)来表示。

切屑厚度 h_{ch} 与切削层厚度 h_D 之比称厚度压缩比(或厚度变形系数)Λ_h

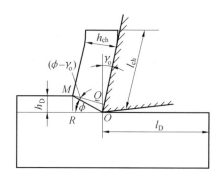

图 3.10　切屑变形系数的计算

$$\Lambda_h = \frac{h_{ch}}{h_D} \qquad (3.2)$$

切削层长度 l_D 与切屑长度 l_{ch} 之比称长度压缩比(或长度变形系数)Λ_l

$$\Lambda_l = \frac{l_D}{l_{ch}} \qquad (3.3)$$

一般情况下,切削层宽度方向变化很小,故根据体积不变原理,显然有

$$\Lambda_h = \Lambda_l = \Lambda$$

可见此法较直观简便,故定性分析问题时用得较多。另外,外文文献中常用切削比 r_c 表示变形,且有 $r_c = 1/\Lambda_h$。

3.相对滑移 ε 与变形系数 Λ_h 间的关系

以上两种表示方法各有其优缺点,既然均可用来表示变形大小,两者必然有内在联系。由图 3.10 知

$$\Lambda_h = \frac{h_{ch}}{h_D} = \frac{\overline{OM}\sin(90° - \phi + \gamma_o)}{\overline{OM}\sin \phi} = \frac{\cos(\phi - \gamma_o)}{\sin \phi} \qquad (3.4)$$

也可改写为

$$\cot \phi = \frac{\Lambda_h - \sin \gamma_o}{\cos \gamma_o} \qquad (3.5)$$

则

$$\varepsilon = \cot \phi + \tan(\phi - \gamma_o) = \frac{\Lambda_h^2 - 2\Lambda_h\sin \gamma_o + 1}{\Lambda_h\cos \gamma_o} \qquad (3.6)$$

图 3.11 表示了相对滑移 ε 与变形系数 Λ_h 二者间的关系。可看出:当 $\Lambda_h = 1$ 时,$\varepsilon \neq 0$。即虽从挤压变形看,切屑无变形,但相对滑移仍存在。故只有当 $\Lambda_h > 1.2$ 时,Λ_h 才与 ε 呈线性关系。

4.剪切角

由式(3.5)可知,当前角 γ_o 一定时,剪切角 ϕ 增大,变形系数 Λ_h 减小,所以也可用剪切角 ϕ 来表示变形的大小。

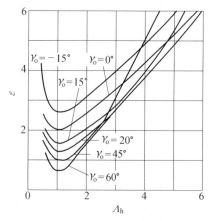

图 3.11　$\Lambda_h - \varepsilon$ 关系

3.1.4　剪切角

剪切角是剪切滑移面与切削速度间的夹角,它表示出了剪切滑移面的位置。当前角一定时,Λ_h 将随 ϕ 的增大而减小,说明此时剪切滑移面上变形消耗的能量少,这正是实际生产所希望的。

几十年来,很多学者对剪切角 ϕ 的研究取得了很多成果,用来表达剪切角的关系式不下十几种,但至今还没有一个能完全符合实际情况的。纵观各关系式,较准确表达的是前苏联学者佐列夫(H.H.Зорев)的经验公式。实验证明:

当切削层厚度 $h_D = 0.1 \sim 0.8$ mm,前角 $\gamma_o = 0° \sim 20°$,切削速度 $v_c = 1 \sim 2$ m/min 时,剪切角 ϕ 与作用角 ω 间的关系如图 3.12 与式(3.7)所示,即

$$\phi + \omega \approx 40° \sim 50° = C_1 \qquad (3.7)$$

式中　ω——合力 $F_{r\gamma}$ 与 v_c 间的夹角,称作用角;

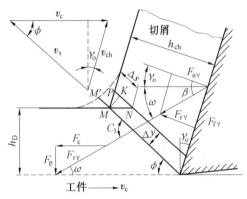

图 3.12　剪切角 ϕ 的求法

　　　　C_1——与材料有关的近似常数(见表3.1)。

表 3.1　C_1 的实验数值

钢种	$w(C) < 0.15\%$ 的钢 如 10 钢	$w(C) = 0.15\% \sim 0.25\%$ 的钢 如 20 钢	30、40、50、60、80、120、30Cr 18CrNiW、35Cr3NiMn、2CrW
C_1	40°	45°	50°

佐列夫虽未指出 C_1 的物理意义,但他的经验公式完全符合材料力学中剪切面与主应力方向约成45°的理论,因此在一定范围内,可用式(3.7)计算 ϕ 的近似值。

$$\phi \approx C_1 \sim \omega$$

而

$$\omega = \beta - \gamma_o$$

式中　β——前刀面上的摩擦角(合力 $F_{r\gamma}$ 与法向力 $F_{n\gamma}$ 的夹角)。

又因摩擦系数 $\mu = \tan \beta$,所以

$$\phi \approx C_1 - \beta + \gamma_o \qquad (3.8)$$

从表3.1和式(3.8)可看出:工件材料硬(强)度越高,C_1 值越大,ϕ 值就越大,当然变形越小;摩擦角 β 越小,前角 γ_o 越大,都会使 ϕ 值变大,而变形 Λ_h 减小。

此外,麦钱特(M.E. Merchant)根据切削合力最小的原则,对

$$F = \frac{\tau A_D}{\sin \phi \cos(\phi + \beta - \gamma_o)}$$

进行微分,求极值 $\dfrac{\mathrm{d}F}{\mathrm{d}\phi} = 0$,得

$$\phi = \frac{\pi}{4} - \frac{\beta}{2} + \frac{\gamma_o}{2} \qquad (3.9)$$

李和谢夫(E.H.Lee and B.W.shaffer)根据主应力与最大剪应力成45°的滑移线场理论得出

$$\phi = \frac{\pi}{4} - \beta + \gamma_{\circ} \qquad (3.10)$$

尽管以上三式的结果有些出入,但从定性的角度看结果是一致的:

(1) 当前角 $\gamma_{\circ}$ 增大时,ϕ 值随之增大,变形系数 Λ_h 减小(因为 $\cot \phi = \frac{\Lambda_h - \sin \gamma_{\circ}}{\cos \gamma_{\circ}}$)。

可见,在实际切削加工中,应在保证刀具刃口强度的前提下,尽量增大前角 $\gamma_{\circ}$,以改善切削过程。

(2) 当摩擦角 β 增大时,ϕ 值随之减小,则 Λ_h 增大。因此在摩擦较大的低速切削时,使用润滑性能好的切削液来减小前刀面上的摩擦系数 μ 是很重要的。

3.1.5　前刀面上的摩擦与积屑瘤及鳞刺

1. 前刀面上的摩擦

切削过程中,切屑底层是刚刚生成的新鲜表面,前刀面在切屑的高温高压下也已是无保护膜的新表面,二者的接触区极有可能粘结在一起,以致接触面上切屑底层很薄的一层金属由于被粘结而流动缓慢,而上层金属仍在高速向前流动,这样就在切屑底层的各层金属之间产生了剪切应力,层间剪切应力之和称为内摩擦力。在前刀面与切屑间产生的这种现象称为内摩擦。

图 3.13 给出了切削钢料时前刀面上的刀 - 屑接触区的摩擦情况。可知,整个接触区分成两部分:l_{f1} 为内摩擦区(粘结区);l_{f2} 为外摩擦区(滑动区)。在整个接触区法向应力 σ_{γ} 从刃口处最大呈曲线下降至零,剪切应力 τ_{γ} 在 l_{f1} 区为恒定值,在 l_{f2} 区呈曲线下降至零。根据摩擦系数概念可写为

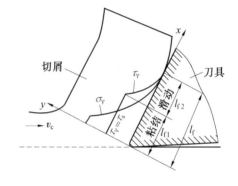

图 3.13　刀 - 屑接触区摩擦情况示意图

$$\mu = \frac{F_{f\gamma}}{F_{n\gamma}} = \frac{\tau_{\gamma} A_f}{\sigma_{\gamma} A_f} = \frac{\tau_{\gamma}}{\sigma_{\gamma}} \qquad (3.11)$$

式中　　$F_{f\gamma}$——前刀面上的摩擦力;

　　　　$F_{n\gamma}$——前刀面上的法向力;

　　　　A_f——刀 - 屑接触面积。

在 l_{f1} 区内,τ_{γ} 等于工件材料本身的剪切屈服强度 τ_s,τ_{γ} 随切削温度的升高而略有下降,如以平均法向应力 σ_{av} 代替 σ_{γ},则

$$\mu_1 = \frac{\tau_{\gamma}}{\sigma_{\gamma}} \approx \frac{\tau_s}{\sigma_{av}} \qquad (3.12)$$

σ_{av} 随工件材料的硬(强)度、切削层厚度 h_D、切削速度 v_c 及刀具前角 $\gamma_{\circ}$ 的变化在较大范围内变化,因此 μ_1 是个变数,而 μ_2 可看成常数。

据资料介绍,在一般切削条件下,内摩擦力约占全部摩擦力的 85%,即前刀面上的刀 - 屑接触区是以内摩擦为主,且 μ_1 是变化的,根本不遵循外摩擦定律。

2. 积屑瘤

(1) 概念

当前刀面上的摩擦系数较大时,即当切削钢、球墨铸铁及铝合金等塑性材料时,在切削速度 v_c 不高又能形成带状屑的情况下,常常会有一些从切屑和工件上下来的金属粘结(冷

焊) 聚积在刀具刃口及前刀面上,形成硬度很高的鼻形或楔形硬块,以代替刀具进行切削,这个硬块称为积屑瘤。图 3.14 给出的是用快速落刀装置获得的切屑根部显微照片。可以看出:积屑瘤包围着刃口,并将前刀面与切屑隔开,由于它伸出刃口之外,使得实际切削深度增加;由于它代替刀具刃口切削,从而增加了刀具工作前角 γ_{oe},使变形 Λ_h 减小。但积屑瘤是不稳定的,对已加工表面质量也有很大的影响。

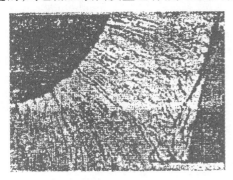
(a)带楔形积屑瘤

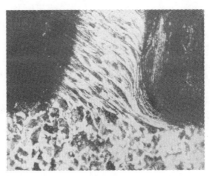
(b)带鼻形积屑瘤

图 3.14 切屑根部显微照片

(2) 成因

积屑瘤形成的基本条件包括三个方面。

① 工件方面。切削塑性材料且呈带状切屑时。

② 刀具方面。刀具前角 $\gamma_o = 0°$ 或不大以及为负值时,刀具刃磨质量不佳,如刃口附近的前后刀面粗糙度值较大、切削刃不平整时。

③ 切削条件方面。切削速度 v_c 中等、进给量 f(或切削层厚度 h_D) 较大、不用切削液或切削液不起润滑减摩作用时。

(3) 形成过程

积屑瘤形成的主要原因在于切屑底层与前刀面发生"冷焊"(粘结) 及很高的压力和适当的温度作用。

切屑在前刀面上流动时,与其发生强烈摩擦,其结果是把前刀面上的氧化膜、吸附膜完全擦干带走,为"冷焊"创造了条件。这样,一方面新鲜金属表面与擦抹干净的前刀面接触面积逐渐加大;另一方面切削温度越来越高,在较高温度和压力作用下,切屑底层金属有可能"冷焊"到前刀面上,这就是积屑瘤即将形成的基础。随着切屑的连续流出,切屑底层与顶层产生了相对滑动,即切屑底层产生了滞流现象;随着切削过程的进行,滞流层越来越厚,最后形成了积屑瘤。积屑瘤高度达最大后,顶部要逐渐脱落,之后再长大。虽然"冷焊"是积屑瘤形成的主要原因,但也必须有适当温度,因为适当温度能保持切屑底层材料的加工硬化和强化。如钢在 300 ℃ 时切屑底层的强度最高,此时积屑瘤高度也最大;超过 500 ℃,积屑瘤因切屑底层材料重新结晶而不再形成。

不难看出,要防止积屑瘤产生必须破坏"冷焊"条件,不在该温度范围内切削,即不在产生积屑瘤的切削速度范围内切削。

(4) 特点

① 积屑瘤呈周期性地生成 — 长大 — 脱落 — 再生成 — 再长大。

② 切削速度 v_c 不同,生成的积屑瘤高度 H_b 不同,如图 3.15 所示。

（5）对切削过程的影响

① 由图 3.16 看出,积屑瘤包围了刀具刃口并覆盖了部分前刀面,从而代替了刀具切削,客观上似乎起到了保护刀具的作用。

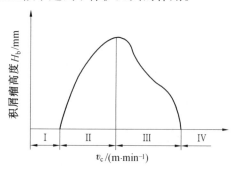

图 3.15 $H_b - v_c$ 关系曲线

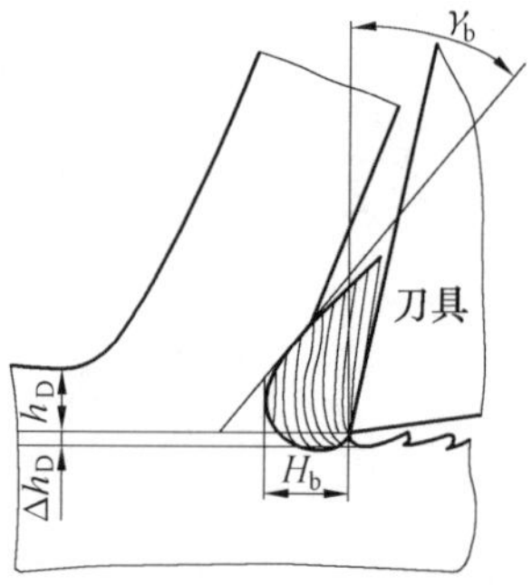

图 3.16 积屑瘤前角 γ_b 与过切量 Δh_D

② 积屑瘤前角 γ_b 可达 30°,使得工作前角 γ_{oe} 增大,变形 Λ_h 减小,从而减小了 F_c。

③ 由于过切量 Δh_D 的存在,使得实际切削厚度在 h_D 与 $(h_D + \Delta h_D)$ 之间变化,从而在切削速度方向刻划出深浅不同的犁沟,影响了加工表面粗糙度。

④ 积屑瘤作为整体,虽底部相对稳定,但顶部常周期性地生成与脱落,脱落的一部分附在切屑底部排出,另一部分碎片镶嵌在已加工表面上,影响表面质量。

⑤ γ_b 的变化引起 γ_{oe} 的变化,使得切削力产生波动,将引起加工过程的振动。

⑥ 因为积屑瘤的硬度比刀具高,因此积屑瘤的脱落会加剧刀具的粘结磨损。

可见,积屑瘤对加工过程的影响弊大于利,特别是精加工时对表面质量影响更严重,必须设法减小和抑制积屑瘤的产生。

（6）抑制措施

抑制积屑瘤的根本措施在于破坏切屑底层与前刀面产生"冷焊"的条件,降低冷焊物的强度和硬度。具体措施是:

① 通过热处理减小工件材料的塑性。

② 增大刀具前角 $\gamma_o \geqslant 35°$,使积屑瘤基础不能形成。

③ 减小进给量 f(或切削厚度 h_D),从而减小对前刀面的正压力,使"冷焊"不易产生。

④ 改变切削速度 v_c。硬质合金刀具切削中碳钢时,选择 $v_c < 5$ m/min 或 $v_c > 30$ m/min,以使切削温度低于 300 ℃ 或高于 500 ℃。

⑤ 采用加热切削或低温切削。

⑥ 提高刀具刃磨质量,破坏"冷焊"条件。

⑦ 使用润滑性能好的切削液,破坏"冷焊"条件。

3. 鳞刺

鳞刺是指加工表面切削速度方向的鱼鳞似的片状毛刺(见图 3.17)。这是高速钢刀具低速切削($v_c = 1.7$ m/min)时,甚至用板牙手动套螺纹时也会产生的现象。鳞刺一般在积屑瘤生长前期形成,甚至在没有积屑瘤时也会产生。刀具后角小时特别容易产生,故切削速度很低、后角小的刀具,如插齿刀、拉刀、板牙、丝锥等加工时极易产生鳞刺。

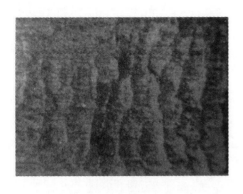 

(a) 圆孔拉削 40Cr   (b) 插齿 20Cr

图 3.17   带有鳞刺的表面显微照片

鳞刺产生的主要原因是前刀面上摩擦力的周期变化，当摩擦力增大时，切屑在短时间内粘结于前刀面上，使得塑性变形困难，切屑就代替前刀面推挤切削层，使得切削层与工件之间出现导裂见(图 3.18)，推挤到一定程度切削抗力增大，切屑克服了前刀面上的粘结和摩擦，又开始了沿前刀面的流动，导裂就留在了加工表面上成为鳞刺。鳞刺大大增大了表面粗糙度。

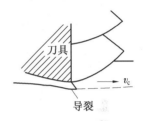

图 3.18   鳞刺形成示意图

3.1.6   影响切屑(削) 变形的因素

影响切屑变形的因素固然很多，但归纳起来主要有三个方面：工件材料、刀具几何参数及切削用量。其影响规律可用前述的 4 个关系式来解释，即

$$\mu = \frac{\tau_s}{\sigma_{av}} \qquad \beta = \arctan \mu$$

$$\phi = \frac{\pi}{4} + \gamma_o - \beta \qquad \Lambda_h = \cot \phi \cos \gamma_o + \sin \gamma_o$$

1. 工件材料

工件材料的强(硬) 度越高，变形越小。因为工件材料的强度越高，前刀面上的法向应力 σ_{av} 越大，摩擦系数 μ 越小，摩擦角 β 越小，剪切角 ϕ 越大，变形 Λ_h 越小。切削试验也证明：工件材料的强度越高，摩擦系数 μ 越小(见表 3.2)；工件材料强度越高，变形越小(见图 3.19)。

表 3.2   不同材料的摩擦系数 μ

工件材料	σ_b/MPa	HBS	h_D/mm			
			0.1	0.14	0.18	0.22
铜	213	55	0.78	0.76	0.75	0.74
10 钢	362	102	0.74	0.73	0.72	0.72
10Cr	480	125	0.73	0.72	0.72	0.71
1Cr18Ni9Ti	634	170	0.71	0.70	0.68	0.67

2.刀具几何参数

刀具几何参数中影响变形最大的是前角 γ_o。刀具前角 γ_o 越大,变形 Λ_h 越小,如图 3.20 所示。

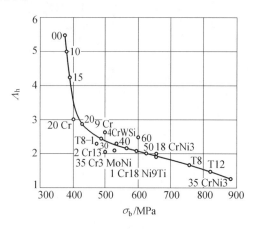

图 3.19　$\sigma_b - \Lambda_h$ 关系曲线

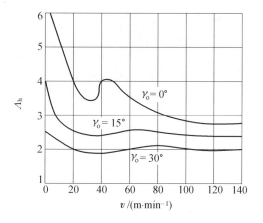

图 3.20　$\gamma_o - \Lambda_h$ 关系典线

因为前角 γ_o 越大,剪切角 ϕ 越大,变形 Λ_h 越小,这是前角 γ_o 对变形的直接影响。

此外,前角 γ_o 还通过摩擦角 β 间接影响变形 Λ_h,即前角 γ_o 越大,刀 - 屑接触长度越长,作用在前刀面上的法向应力 σ_{av} 越小,摩擦系数 μ 越大(见图 3.21),摩擦角 β 越大,剪切角 ϕ 越小,又使变形 Λ_h 增大。

但前角的直接影响远大于间接影响,故前角越大,变形越小,这可用佐列夫的切削实验结果来说明。

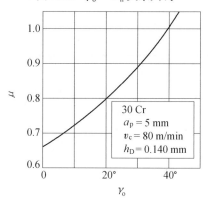

图 3.21　$\gamma_o - \mu$ 关系曲线

当 γ_o 从 0° 增大到 20° 时,直接影响的结果是 ϕ 增大了 20°。但由于 γ_o 的增大,β 角也增大,相当于 β 从 33° 增大到 39°,由此使 ϕ 减小了 6°,所以实际上 ϕ 只增大了 14°,其差值 6° 就是由于 β 的增大造成的。

3.切削用量

(1) 切削速度 v_c 的影响

切削塑性材料时,在无积屑瘤的切削速度范围内,切削速度 v_c 越高,变形系数 Λ_h 越小。其原因有以下两点:

一是因为切屑的塑性变形速度低于切削速度时,切屑的塑性变形区域变窄,如图 3.22 所示。即当切削速度 v_c 高于切屑的塑性变形速度时,金属在始滑移面上尚未来得及变形就流动到 OA' 线上,也就是始滑移面 OA 后移到 OA' 线,就使得剪切角 ϕ 增大,变形系数 Λ_h 变小。

二是随着切削速度 v_c 的提高,切削温度升高,切屑底层金属的 τ_s 下降,摩擦系数 μ 减小,摩擦角 β 减小,剪切角 ϕ 增大,变形系数 Λ_h 减小。

在可能形成积屑瘤的切削速度范围内,v_c 是通过积屑瘤形成的积屑瘤前角 γ_b(此时即为工作前角 γ_{oe})来影响变形系数 Λ_h 的(见图 3.23)。在积屑瘤生长区($v_c < 22$ m/min),随着 v_c 的升高,积屑瘤逐渐长大,使得 γ_b 增大,当 γ_b 达到最大时,即 γ_{oe} 达最大,使 ϕ 角增至最大,变形系数 Λ_h 减至最小;在积屑瘤消退区,v_c 再升高,积屑瘤逐渐脱落,γ_b 逐渐减小,直至积屑瘤完全消失。当 $\gamma_{oe} = \gamma_o$ 时,变形系数 Λ_h 又增至最大,此区 $v_c = 22 \sim 84$ m/min。$v_c >$ 84 m/min 时,即为无瘤区,v_c 升高,τ_s 下降,μ 减小,ϕ 增大,Λ_h 减小。此曲线称驼峰曲线。

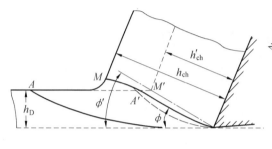

图 3.22　v_c 对 ϕ 的影响

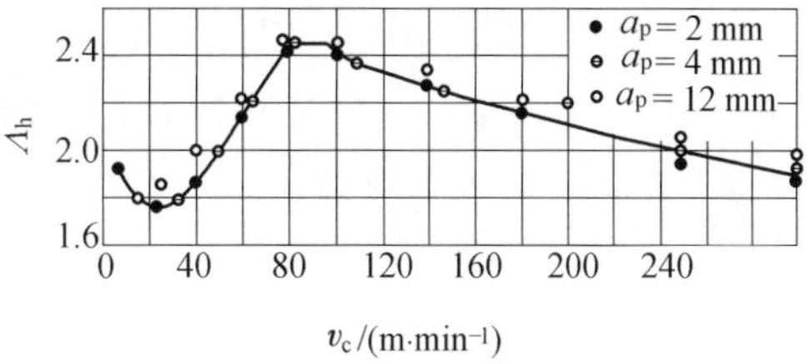

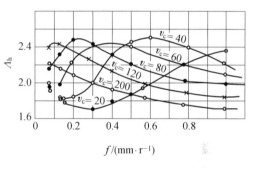

图 3.23　$v_c - \Lambda_h$ 关系曲线
工件:40 钢 $a_p = 2,4,12$ mm

（2）进给量 f 的影响

在无积屑瘤情况下($v_c = 20$、40 m/min 除外的 v_c 下),进给量 f 是通过切削厚度 h_D 影响变形 Λ_h 的,而 h_D 又是完全通过摩擦系数 μ 来影响变形。图 3.24 给出了 $f - \Lambda_h$ 关系曲线。

不难看出,进给量 f 越大,变形系数 Λ_h 越小。因为 f 增大,就意味着 h_D 增大(因为 $h_D = f\sin\kappa_r$),前刀面上的 σ_{av} 增大,摩擦系数 μ 减小(因为 $\mu = \dfrac{\tau_s}{\sigma_{av}}$),即 β 减小,ϕ 角增大(因为 $\phi = \dfrac{\pi}{4} - \beta + \gamma_o$),变形系数 Λ_h 随之减小。

图 3.24　$f - \Lambda_h$ 关系曲线
工件:40 钢 $a_p = 4$ mm

（3）背吃刀量 a_p 的影响

由图 3.23 可看出,a_p 对变形系数 Λ_h 基本无影响。

3.1.7　切屑类型及其控制

1.切屑类型

由于工件材料不同,切削过程中的切屑变形情况不同,生成切屑的类型自然多种多样。

（1）根据切屑形成机理分类

根据切屑形成机理可将切屑分为带状屑、节状(或挤裂)屑、单元(或粒状)屑和崩碎屑四种(见图 3.25)。

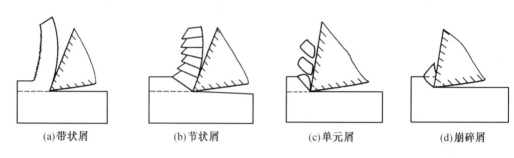

|(a)带状屑|(b)节状屑|(c)单元屑|(d)崩碎屑|

图 3.25　切屑类型

① 带状屑。一般当切削塑性材料、进给量较小、切削速度较高、刀具前角较大时,往往会生成此类切屑。带状屑的特点是:切屑底层表面光滑、顶层表面毛茸;此时的切削过程较平稳,已加工表面粗糙度值较小。

② 节状屑(挤裂屑)。节状屑多在切削塑性材料、切削速度较低、进给量(切削厚度)较大时产生。节状屑的特点是:切屑底层表面有时有裂纹、顶层表面呈锯齿形。

③ 单元屑。当切削塑性材料、前角较小(或为负前角)、切削速度较低、进给量较大时易产生单元屑。单元屑的特点是:剪切面上的剪切应力超过工件材料破裂强度时,则整个单元被切离成梯形单元。

以上三种切屑均是切削塑性材料时得到的,只要改变切削条件,三种切屑形态是可以相互转化的。

④ 崩碎屑。这是切削脆性材料经常得到的切屑形态。因为工件材料的塑性很小,抗拉强度也很低,切削时未经塑性变形就在拉应力作用下脆断了。崩碎屑的特点是:切屑呈不规则的碎块状;此时的已加工表面凸凹不平。工件材料越硬、越脆,进给量越大,越易生成此类切屑。

一般情况下,可从切屑形态和颜色来判断切削过程是否正常。

(2) 从切屑处理角度分类

从切屑处理角度可将切屑分为带状屑、C形屑、崩碎屑、螺卷屑、长紧卷屑、发条状卷屑及宝塔状卷屑等(见图 3.26)。

① 带状屑。高速切削塑性材料时,如不采取断屑措施,极易产生此屑。带状屑连绵不断,常缠绕于刀具或工件表面上,易打刀、拉伤工件表面,极易伤人,因此通常情况下应尽量避免。

但有些时候往往希望得到带状屑,以使切屑能顺利排出,如立镗盲孔时就如此。

② C形屑。车削一般碳钢或合金钢时,如采用卷屑槽,则易形成 C 形屑。此屑没有带状屑的缺点,但切削过程中会因切屑碰撞在刀具后刀面或工件表面上断裂而产生振动,从而影响切削过程的平稳性和加工表面粗糙度。因此,精加工时不希望得到 C 形屑,而希望得到螺卷屑。

③ 宝塔状卷屑。数控机床或自动线加工时希望得到这样的切屑,因其不会缠绕在刀具或工件上,而且清理方便。

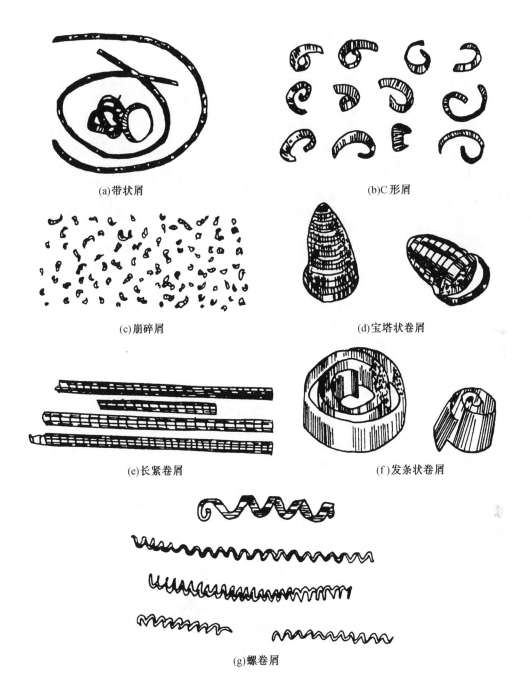

(a)带状屑　　　　　　　　　　　(b)C 形屑

(c)崩碎屑　　　　　　　　　　(d)宝塔状卷屑

(e)长紧卷屑　　　　　　　　(f)发条状卷屑

(g)螺卷屑

图 3.26　各种形状的切屑

④ 发条状卷屑。重型机床加工时,由于切削深度和进给量均很大,生成 C 形屑极易伤人,故希望生成发条状卷屑。

⑤ 崩碎屑。在车削铸铁或脆黄铜时,极易生成崩碎屑。如在刀具上采取特殊措施,也可以得到连续卷屑。

由此不难看出,不能孤立地评价某种形状切屑的好与坏,必须具体情况具体分析。

2. 切屑的控制

为了保证切削过程的正常进行,保证已加工表面质量,必须使切屑卷曲和折断。

切屑的卷曲是切屑的基本变形或加卷屑槽产生附加变形的结果(见图 3.27);而断屑则是对已变形的切屑再附加一次变形,如加断屑器断屑等(见图 3.28)。

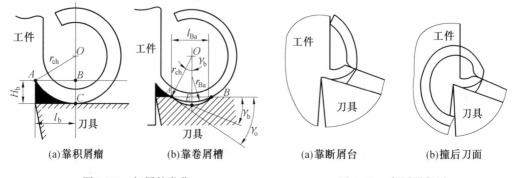

图 3.27   切屑的卷曲   图 3.28   断屑器断屑

3.2   切削力

3.2.1   切削力的概念

切削层金属之所以会产生变形,主要在于刀具给予作用力的结果,这个力称为切削力。切削力也是金属切削过程中的重要物理现象。切削力不仅使切削层金属产生变形,消耗功率,产生切削热,使刀具变钝而失去切削性能,加工表面质量变差,也影响生产效率的提高;同时,切削力也是选取机床电动机功率、设计机床主运动和进给运动机构的主要依据;切削力还可用来衡量工件材料切削加工性和刀具材料切削性能的优劣;又可作为切削加工过程适应控制的可控因素。

下面将以外圆车削为例,分析研究切削力的构成、切削合力与分力、切削功率、切削力的经验公式以及影响切削力的因素等。

1. 切削力的产生

图 3.29 给出了直角自由切削情况下,刀具作用于切屑上的法向力 $F_{n\gamma}$ 与切向(摩擦)力 $F_{f\gamma}$;作用于剪切面上的法向力 F_{nsh} 与剪切力 F_{fsh}。如忽略后刀面的力,则此两对力的合力应该互相平衡,即

$$F_{\gamma} = F_{sh}$$

法向力 $F_{n\gamma}$ 与切向力 $F_{f\gamma}$ 即为克服切削层金属的塑性变形与弹性变形所施加的正压力及前刀面上的摩擦力。

实际生产中,后刀面施加的力也不能忽略,即后刀面也有对加工表面的法向力 $F_{n\alpha}$ 与摩擦力 $F_{f\alpha}$(见图 3.30)。

综上所述,切削力的作用在于克服切削层、切屑、已加工表面的弹塑性变形抗力及刀具

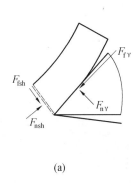
(a)

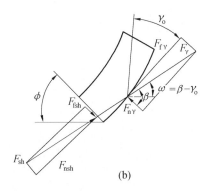
(b)

图 3.29　切屑上的作用力

与切屑、刀具与已加工表面间的摩擦抗力,即切削力是由克服上述的弹塑性变形力和摩擦力构成的。

2. 切削合力与分力

由图 3.30 可知,刀具的前刀面和后刀面上都有作用力,它们的合力 F 即为切削合力。切削合力的大小和方向是变化的,很难测量。为了测量和应用的方便,通常将该切削合力按照空间直角坐标系分解为三个相互垂直的切削分力,即主切削力 F_c、背向力 F_p 和进给力 F_f(见图 3.31)。

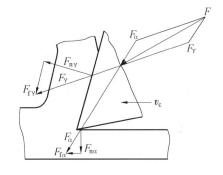

图 3.30　刀具产生的切削力

F_c—— 主切削力(也称切向分力,曾记为 F_z),它作用在切削平面 P_s 内,即作用于切削刃上选定点的切削速度方向上,它消耗机床的主要功率,是计算切削功率、选取机床电动机功率和设计机床主传动机构的依据。

F_p—— 背向力(也称切深分力、径向分力,曾记为 F_y),它作用在基面 P_r 内,与吃刀运动方向一致,它能使工件产生变形,是校验机床主轴在水平面内的刚度及相应零部件强度的依据。

F_f—— 进给力(也称轴向分力、走刀分力,曾记为 F_x),它作用在基面 P_r 内,与进给方向相同,是设计机床进给机构的依据。

$$F = \sqrt{F_c^2 + F_p^2 + F_f^2} = \sqrt{F_c^2 + F_D^2} \tag{3.13}$$

式中　　F_D—— 作用于基面 P_r 内的合力。

$$F_p = F_D \cos \kappa_r \tag{3.14}$$

$$F_f = F_D \sin \kappa_r \tag{3.15}$$

由切削实验知

$$F_p = (0.15 \sim 0.7) F_c$$

$$F_f = (0.1 \sim 0.6) F_c$$

由于实际切削加工中刀具的几何参数、刃磨质量、磨损情况及切削用量、切削液使用情况等切削条件的不同,F_p、F_f 与 F_c 的比例关系将会在较大范围内变化。

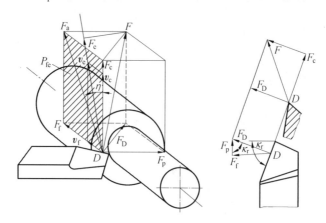

图 3.31　外圆车削时切削力的分解(引自 GB/T 12204—90)

3.切削功率

功率是力与其作用方向上的速度的乘积,可知切削功率 P_c 为

$$P_c = F_c v_c + F_p 0 + F_f v_f = \left(F_c v_c + F_f \frac{n_w f}{1\,000} \right) \times 10^{-3} (\text{kW}) \tag{3.16}$$

由于

$$v_f < v_c$$

所以

$$P_c \approx F_c v_c \times 10^{-3} (\text{kW}) \tag{3.17}$$

由此可求机床电动机功率 P_E

$$P_E \geqslant \frac{P_c}{\eta_c} \tag{3.18}$$

式中　η_c —— 机床总传动效率,一般 $\eta_c = 0.75 \sim 0.85$,大值用于新机床,小值用于旧机床。

切削力的大小可采用测力仪测量,也可用经验公式计算出来。

4.单位切削力

单位切削力是指单位切削面积上的切削力,用 k_c 表示,即

$$k_c = \frac{F_c}{A_D} = \frac{C_{F_c} \cdot a_p^{y_{F_c}} \cdot f^{y_{F_c}}}{a_p \cdot f} = \frac{C_{F_c}}{f^{0.25}} \ (\text{N/mm}^2) \tag{3.19}$$

3.2.2　切削力公式

1.理论公式

对 $w(\text{C}) > 0.25\%$ 的中碳钢用有关力学知识可推导出切削力的理论公式。如忽略后刀面的切削力,直角自由切削时的切削力理论公式为

$$F_c = \tau_s (h_D \cdot b_D)(1.4 \Lambda_h + C) \tag{3.20}$$

如令
$$\Omega = 1.4\Lambda_h + C$$

则有
$$F_c = \tau_s(h_D \cdot b_D)\Omega$$

式中　τ_s—— 工件材料的剪切屈服强度;

　　　C—— $\Omega - \Lambda_h$ 直线的截距, γ_o 不同时的 C 值见表 3.3;

　　　Ω—— 变形系数 Λ_h 与刀具前角 γ_o 的函数, γ_o 不同时 Ω 与 Λ_h 呈线性关系, 如图 3.32
　　　　　所示。

表 3.3　γ_o 不同时的 C 值

γ_o	$-10°$	$0°$	$10°$	$20°$
C	1.2	0.8	0.6	0.45

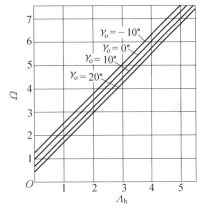

由此计算出的切削力 F_c 值虽与实测数值相差较大, 但充分反映出了影响切削力的各种因素, 故可用来作定性分析。

2. 经验公式

指数公式是由切削实验得到的, 通常作为切削力的经验公式, 即

$$F_c = C_{F_c} a_p^{x_{F_c}} f^{y_{F_c}} \qquad (3.21)$$

其实验原理、过程及数据采集处理在此不作介绍, 可查看有关文献书籍。

同理也有

$$F_p = C_{F_p} a_p^{x_{F_p}} f^{y_{F_p}} \qquad (3.22)$$

$$F_f = C_{F_f} a_p^{x_{F_f}} f^{y_{F_f}} \qquad (3.23)$$

图 3.32　γ_o 不同时的 $\Omega - \Lambda_h$ 关系
工件材料:中碳钢($w(C) > 0.25\%$)

式中　C_{F_c}、C_{F_p}、C_{F_f}—— 工件材料与切削条件(刀具材料)对三向切削分力的影响系数, 可
　　　　　　　　　由表 3.4 查出;

　　　x_{F_c}、x_{F_p}、x_{F_f}—— 背吃刀量对三向切削分力的影响指数(见表 3.4);

　　　y_{F_c}、y_{F_p}、y_{F_f}—— 进给量对三向切削分力的影响指数(见表 3.4)。

表 3.4　车削时的切削力、切削功率的计算公式及影响系数与指数

	计　算　公　式	
切削力 F_c	$F_c = 9.81 C_{F_c} a_p^{x_{F_c}} f^{y_{F_c}} K_{F_c}$ N	
背向力 F_p	$F_p = 9.81 C_{F_p} a_p^{x_{F_p}} f^{y_{F_p}} K_{F_p}$ N	
进给力 F_f	$F_f = 9.81 C_{F_f} a_p^{x_{F_f}} f^{y_{F_f}} K_{F_f}$ N	
切削功率 P_c	$P_c = F_c v_c \times 10^{-3}$ kW	式中 v_c 的单位为 m/s

续表 3.4

加工材料	刀具材料	加工形式	公式中的系数及指数								
			切削力 F_c（或 F_x）			背向力 F_p（或 F_y）			进给力 F_f（或 F_x）		
			C_{F_c}	x_{F_c}	y_{F_c}	C_{F_p}	x_{F_p}	y_{F_p}	C_{F_f}	x_{F_f}	y_{F_f}
结构钢及铸钢 $\sigma_b = 0.637$ GPa	高速钢	外圆纵车、横车及镗孔	270	1.0	0.75	199	0.9	0.6	294	1.0	0.5
		断槽及切断	367	0.72	0.8	142	0.73	0.67	—	—	—
		切螺纹	133	—	1.7	—	—	—	—	—	—
	硬质合金	外圆纵车、横车及镗孔	180	1.0	0.75	94	0.9	0.75	54	1.2	0.65
		切槽及切断	222	1.0	1.0	—	—	—	—	—	—
		成形车削	191	1.0	0.75	—	—	—	—	—	—
不锈钢 1Cr18Ni9Ti 141HBS	硬质合金	外圆纵车、横车及镗孔	204	1.0	0.75	—	—	—	—	—	—
铸铸铁 190 HBS	硬质合金	外圆纵车、横车及镗孔	92	1.0	0.75	54	0.9	0.75	46	1.0	0.4
		切螺纹	103	—	1.8	—	—	—	—	—	—
	高速钢	外圆纵车、横车及镗孔	114	1.0	0.75	119	0.9	0.75	51	1.2	0.65
		切槽及切断	158	1.0	1.0	—	—	—	—	—	—
可锻铸铁 150 HBS	硬质合金	外圆纵车、横车及镗孔	81	1.0	0.75	43	0.9	0.75	38	1.0	0.4
	高速钢	外圆纵车、横车及镗孔	100	1.0	0.75	88	0.9	0.75	40	1.2	0.65
		切槽及切断	139	1.0	1.0	—	—	—	—	—	—
中等硬度不均质铜合金 120 HBS	高速钢	外圆纵车、横车及镗孔	55	1.0	0.66	—	—	—	—	—	—
		切槽及切断	75	1.0	1.0	—	—	—	—	—	—
铝及铝硅合金	高速钢	外圆纵车、横车及镗孔	40	1.0	0.75	—	—	—	—	—	—
		切槽及切断	50	1.0	1.0	—	—	—	—	—	—

注:① 成形车削深度不大、形状不复杂的轮廓时,切削力减小 10% ~ 15%。

② 切螺纹时切削力按式(3.24)计算

$$F_c = \frac{9.81 C_{F_c} p^{x_{F_c}}}{N_0^{n_{F_c}}} \text{ (N)} \tag{3.24}$$

式中　　p—— 螺距;

N_0—— 走刀次数。

③ 加工条件改变时,切削力的修正系数见表 3.5 ~ 3.7。

3.切削力计算

（1）用指数公式计算

如果实验条件与公式中所给定的不相同,应乘以修正系数 K_{F_c}、K_{F_p}、K_{F_f},K 应分别等于各种因素对切削力影响的修正系数之乘积(见表 3.5 ~ 3.7),即

$$F_c = C_{F_c} a_p^{x_{F_c}} f^{y_{F_c}} K_{F_c} \tag{3.25}$$

$$F_p = C_{F_p} a_p^{x_{F_p}} f^{y_{F_p}} K_{F_p} \tag{3.26}$$

$$F_f = C_{F_f} a_p^{x_{F_f}} f^{y_{F_f}} K_{F_f} \tag{3.27}$$

表 3.5 铜及铝合金的物理力学性能改变时切削力的修正系数 K_{m_F}

铜 合 金 时 系 数 K_{m_F}							铝合金时系数 K_{m_F}			
不均匀		非均质的铝合金和含铝不足 10% 的均质合金	均质合金	铜	含铝大于 15% 的合金	铝及铝硅合金	硬 铝 σ_b/GPa		
中等硬度 120 HBS	高硬度 > 120 HBS						0.245	0.343	> 0.343
1.0	0.75	0.65 ~ 0.70	1.8 ~ 2.2	1.7 ~ 2.1	0.25 ~ 0.45	1.0	1.5	2.0	2.75

表 3.6 钢及铸铁的强度和硬度改变时切削力的修正系数 K_{m_F}

加工材料	结构钢和铸钢	灰铸铁	可锻铸铁
系数 K_{m_F}	$K_{m_F} = \left(\dfrac{\sigma_b}{0.637} \right)^{n_F}$	$K_{m_F} = \left(\dfrac{HBS}{190} \right)^{n_F}$	$K_{m_F} = \left(\dfrac{HBS}{150} \right)^{n_F}$

上公式中的指数 n_F

加工材料	车削时的切削力						钻孔时的轴向力 F 及扭矩 M		铣削时的圆周力 F_c	
	F_c(或 F_z)		F_p(或 F_y)		F_f(或 F_x)					
	刀 具 材 料									
	硬质合金	高速钢	硬质合金	高速钢	硬质合金	高速钢	硬质合金	高速钢	硬质合金	高速钢
	指 数 n_F									
结构钢及铸钢： $\sigma_b \leqslant 0.598$ GPa $\sigma_b > 0.598$ GPa	0.75	0.35 0.75	1.35	2.0	1.0	1.5	0.75		0.3	
灰铸铁及可锻铸铁	0.4	0.55	1.0	1.3	0.8	1.1	0.6		1.0	0.55

表 3.7 加工钢及铸铁时刀具几何参数改变时切削力的修正系数

参 数		刀具材料	修 正 系 数			
名称	数值		名称	切削力 F		
				F_c(或 F_z)	F_p(或 F_y)	F_f(或 F_x)
主偏角 κ_r	30°	硬质合金	K_{κ_F}	1.08	1.30	0.78
	45°			1.0	1.0	1.0
	60°			0.94	0.77	1.11
	75°			0.92	0.62	1.13
	90°			0.89	0.50	1.17

续表 3.7

参　　数		刀具材料	修　正　系　数			
名称	数值		名称	切削力 F		
				F_c(或 F_z)	F_p(或 F_y)	F_f(或 F_x)
主偏角 κ_r	30°	高速钢	K_{κ_F}	1.08	1.63	0.7
	45°			1.0	1.0	1.0
	60°			0.98	0.71	1.27
	75°			1.03	0.54	1.51
	90°			1.08	0.44	1.82
前角 γ_o	$-15°$	硬质合金	K_{γ_F}	1.25	2.0	2.0
	$-10°$			1.2	1.8	1.8
	0°			1.1	1.4	1.4
	10°			1.0	1.0	1.0
	20°			0.9	0.7	0.7
	12° ~ 15°	高速钢		1.15	1.6	1.7
	20° ~ 25°			1.0	1.0	1.0
刃倾角 λ_s	+ 5°	硬质合金	K_{λ_F}	1.0	0.75	1.07
	0°			1.0	1.0	1.0
	$-5°$			1.0	1.25	0.85
	$-10°$			1.0	1.5	0.75
	$-15°$			1.0	1.7	0.65
刀尖圆弧半径 r_ε/mm	0.25	硬质合金	K_{r_F}	1.0	1.0	1.0
	0.5			1.0	1.11	0.9
	0.75			1.0	1.18	0.85
	1.0			1.0	1.23	0.81
	1.5			1.0	1.33	0.75
	2.0			1.0	1.37	0.73

（2）用单位切削力公式计算

如果单位切削力 k_c 为已知(见表 3.8),也可用式(3.28)计算出切削力 F_c,即

$$F_c = k_c A_D = k_c(h_D b_D) = k_c(fa_p) \text{ (N)} \tag{3.28}$$

如果单位切削功率 p_c 为已知,则可计算出切削功率 P_c,即

$$P_c = p_c Q \tag{3.29}$$

式中　　p_c——单位切削功率,$kW/(mm^3 \cdot s^{-1})$;

$\qquad Q$——单位时间体积切除量,mm^3/s。

4. 计算举例

已知条件:

工件材料:45 钢,$\sigma_b = 598$ MPa

刀具材料:YT15

刀具几何参数:$\gamma_o = 15°$, $\alpha_o = 8°$, $\kappa_r = 75°$, $\kappa_r' = 10°$, $\lambda_s = -5°$, $r_\varepsilon = 1.0$ mm

切削用量:$v_c = 100$ m/min, $f = 0.4$ mm/r, $a_p = 4$ mm

所用机床:CA6140

要求:计算出切削力 F_c 和切削功率 P_c。

解　由表3.4查得

$$C_{F_c} = 180 \quad x_{F_c} = 1.0 \quad y_{F_c} = 0.75$$

由表3.6查得

$$K_{m_{F_c}} = \left(\frac{0.598}{0.637}\right)^{0.75} = 0.95$$

由表3.7查得

$$K_{\kappa_{F_c}} = 0.92, K_{\gamma_{F_c}} = 0.95, K_{\lambda_{F_c}} = 1.0, K_{r_{F_c}} = 1.0$$

所以　$F_c = 9.81 \times 180 \times 4 \times 0.4^{0.75} \times 0.95 \times 0.92 \times 0.95 \times 1.0 = 2\,949.9\,(\text{N})$

$$P_c = F_c v_c = 2\,949.9 \times \frac{100}{60} \times 10^{-3} = 4.92\,(\text{kW})$$

如用 $F_c = \kappa_c \cdot A_D$ 计算,查表3.8及表3.9得

$$F_c = \kappa_c \cdot A_D \cdot K_{f_{F_c}} = 1\,962 \times 4 \times 0.4 \times 0.96 = 3\,013.6\,(\text{N})$$

表3.8　硬质合金外圆车刀切削常用金属材料时的单位切削力与单位切削功率

工　件　材　料					单位切削力 $k_c/(\text{N} \cdot \text{mm}^{-2})$ $f = 0.3\,\text{mm/r}$	单位切削功率 $p_c/$ $(\text{kW} \cdot \text{mm}^{-3} \cdot \text{s}^{-1})$ $f = 0.3\,\text{mm/r}$	实验条件	
类别	名称	牌号	制造、热处理状态	硬度 HBS			刀具几何参数	切削用量范围
钢	易切钢	Y40Mn	热　轧	202	1 668	$1\,668 \times 10^{-6}$	$\gamma_o = 15°, \kappa_r = 75°$ $\lambda_s = 0°, b_{r1} = 0$ 前刀面带卷屑槽	$v_c = 1.5 \sim 1.75\,\text{m/s}$ $(90 \sim 105\,\text{m/min})$ $a_p = 1 \sim 5\,\text{mm}$ $f = 0.1 \sim 0.5\,\text{mm/r}$
	碳素结构钢,合金结构钢	A3	热轧或正火	134 ~ 137	1 884	$1\,884 \times 10^{-6}$		
		45		187	1 962	$1\,962 \times 10^{-6}$		
		40Cr		212				
		40MnB		207 ~ 212				
		38CrMoA1A		241 ~ 269				
		45	调质(淬火及高温回火)	229	2 305	$2\,305 \times 10^{-6}$	$\gamma_o = 15°, \kappa_r = 75°$ $\lambda_s = 0°, b_{r1} =$ $0.1 \sim 0.15\,\text{mm}$	
		40Cr		285				
		38CrSi		292	2 197	$2\,197 \times 10^{-6}$		
		45	淬硬(淬火及低温回火)	44 (HRC)	2 649	$2\,649 \times 10^{-6}$	$\gamma_{ol} = -20°$ 前刀面带卷屑槽	
	工具钢	60Si2Mn	热轧	269 ~ 277	1 962	$1\,962 \times 10^{-6}$	$\gamma_o = 15°, \kappa_r = 75°$ $\lambda_s = 0°, b_{\gamma1} = 0$ 前刀面带卷屑槽	
		T10A	退火	189	2 060	$2\,060 \times 10^{-6}$		
		9CrSi		223 ~ 228				
		Cr12		223 ~ 228				
		Cr12MoV		262				
		3Cr2W8		248				
		5CrNiMo		209				
		W18Cr4V		235 ~ 241				
	轴承钢	GCr15	退火	196	2 109	2.109×10^{-6}	$\gamma_o = 15°, \kappa_r = 75°$ $\lambda_s = 0°, b_{\gamma1} = 0$ 前刀面带卷屑槽	
	不锈钢	1Gr18Ni9Ti	淬火及回火	170 ~ 179	2 453	2.453×10^{-6}		

续表 3.8

工件材料					单位切削力 k_c/(N·mm⁻²) $f = 0.3$ mm/r	单位切削功率 p_c/(kW·mm⁻³·s⁻¹) $f = 0.3$ mm/r	实验条件	
类别	名称	牌号	制造、热处理状态	硬度 HBS			刀具几何参数	切削用量范围
铸铁	灰铸铁	HT200	退火	170	1 118	$1\,118 \times 10^{-6}$	$\gamma_o = 15°$, $\kappa_r = 75°$ $\lambda_s = 0°$, $b_{\gamma1} = 0$ 平前刀面，无卷屑槽	$v_c = 1.17 \sim$ 1.42 m/s (70 ~ 85 m/min) $a_p = 2 \sim 10$ mm $f = 0.1 \sim$ 0.5 mm/r
	球墨铸铁	QT450 - 15		170 ~ 207	1 413	$1\,413 \times 10^{-6}$		
	可锻铸铁	KT300 - 06		170	1 344	$1\,344 \times 10^{-6}$	$\gamma_o = 15°$, $\kappa_r = 75°$ $\lambda_s = 0°$, $b_{\gamma1} = 0$ 平前刀面，无卷屑槽	$v_c = 0.117$ m/s (7 m/min) $a_p = 1 \sim 3$ mm $f = 0.1 \sim$ 1.2 mm/r
	冷硬铸铁	轧辊用	表面硬化	52 ~ 55 (HRC)	3 434($f = 0.8$) 3 139($f = 1$) 2 845($f = 1.2$)	$3\,434 \times 10^{-6}$ $3\,139 \times 10^{-6}$ $2\,845 \times 10^{-6}$	$\gamma_o = 0°$, $\kappa_r = 12° \sim 14°$ $\lambda_s = 0°$, $b_{\gamma1} = 0$ 平前刀面，无卷屑槽	
铜及铜合金	黄铜	H62	冷拔	80	1 422	$1\,422 \times 10^{-6}$	$\gamma_o = 15°$, $\kappa_r = 75°$ $\lambda_s = 0°$, $b_{\gamma1} = 0$ 平前刀面，无卷屑槽	$v_c = 1.83$ m/s (180 m/min) $a_p = 2 \sim 6$ mm $f = 0.1 \sim$ 0.5 mm/r
	铅黄铜	Hpb59-1	热轧	78	735.8	735.8×10^{-6}		
	锡青铜	ZQSn5 - 5 - 5	铸造	74	686.7	686.7×10^{-6}		
	紫铜	T2	热轧	85 ~ 90	1 619	$1\,619 \times 10^{-6}$		
铝合金	铸铝合金	ZL10	铸造	45	814.2($\gamma_o = 15°$) 706.3($\gamma_o = 25°$)	814.2×10^{-6} 706.3×10^{-6}	$\gamma_o = 15°, 25°$ $\kappa_r = 75°$, $\lambda_s = 0°$ $b_{\gamma1} = 0$，平前刀面 无卷屑槽	$v_c = 3$ m/s (180 m/min) $a_p = 2 \sim 6$ mm $f = 0.1 \sim 0.5$ mm/r
	硬铝合金	LY12	淬火及时效	107	833.9($\gamma_o = 15°$) 765.2($\gamma_o = 25°$)	833.9×10^{-6} 765.2×10^{-6}		
铝	纯铝		粉末冶金	109	2 413	$2\,413 \times 10^{-6}$	$\gamma_o = 20°$, $\kappa_r = 90°$ $\lambda_n = 0°$, $b_{\gamma1} = 0.15$ mm $\gamma_{o1} = -5°$ 前刀面上带卷屑槽	$v_c = 0.67$ m/s (40 m/min) $a_p = 1 \sim 5$ mm $f = 0.1 \sim$ 0.4 mm/r

注：① 切削各种钢，用 YT15 刀片；切削不锈钢、各种铸铁与铜、铝，用 YG8、YG6 刀片，切削铝用 YW2 刀片。
② 不加切削液。

表 3.9 车削时 f 对 F_c 的修正系数 $K_{f_{F_c}}$（$\kappa_r = 75°$）的影响

f/(mm·r⁻¹)	0.1	0.15	0.2	0.25	0.3	0.35	0.4	0.45	0.5	0.6
$K_{f_{F_c}}$	1.18	1.11	1.06	1.03	1	0.98	0.96	0.94	0.93	0.9

3.2.3 切削力的影响因素

切削过程中，切削力的影响因素主要集中体现在工件材料、切削用量及刀具几何参数三方面，此外，刀具材料、刀具磨损、刃磨质量及切削液也有影响。

1. 工件材料的影响

从式(3.20)可以看出：一方面工件材料强(硬)度越高，即 τ_s 越大，切削力 F_c 正比增大；另一方面由于强度增高，变形系数 Λ_h 减小，切削力 F_c 又有所减小。综合上述两方面影响，F_c 仍然增大，但不是成正比增大。

工件材料的强(硬)度相近时,塑性(延伸率 δ) 越大,塑性变形越大,变形系数 Λ_h 越大,切削力 F_c 越大。切削脆性材料时,一般切削力 F_c 总比切塑性材料小。

例如:45 钢的切削力 F_c 高于低碳钢 Q235 的切削力;调质钢和淬火钢的切削力高于正火钢的切削力;塑性较大的奥氏体不锈钢 1Cr18Ni9Ti 的切削力高于与之强度相近的 45 钢的切削力;钢料的切削力高于铸铁、铝及铜的切削力;紫铜的切削力高于黄铜的切削力。

2.切削用量的影响

(1) 背吃刀量 a_p 和进给量 f 的影响

a_p 和 f 的大小决定切削层面积 A_D 的大小,因此,a_p 和 f 的增大均会使 F_c 增大,但二者的影响程度不同。

因为在切削力理论公式(3.20) 中,a_p 增大 1 倍,切削宽度 b_D 增大 1 倍,故 F_c 增大 1 倍;在指数公式中,a_p 的指数 $x_{F_c} \approx 1.0$,即 a_p 增大 1 倍,F_c 近似增大 1 倍。

而 f 的增大对 F_c 的影响有正反两方面:一方面,f 增大 1 倍,切削层厚度 h_D 也增大 1 倍,从切削力理论公式可看出,F_c 将增大 1 倍;另一方面,f 的增大将使 Λ_h 减小,F_c 又将减小。综合上述两方面的影响,随着 f 的增大,F_c 不会成正比增大。这也可从切削力指数公式中 f 的指数 $y_{F_c} \approx 0.7 \sim 0.85$ 得到证实,即随 f 的增大,F_c 只能增大 70% ~ 85%(见表 3.9)。

(2) v_c 对 F_c 的影响

切削塑性金属和脆性金属时,v_c 对 F_c 的影响不同。

图 3.33 给出了 YT15 切削 45 钢时的 $F_c - v_c$ 间的驼峰曲线关系。

当 v_c 在中速和高速区($v_c > 30$ m/min) 时,F_c 随着 v_c 的提高而减小。因为 v_c 提高,使切削温度升高,τ_s 下降,直接使 F_c 减小(因为理论公式中 τ_s 减小,F_c 减小)。又由于切削温度升高,τ_s 下降使 μ 减小(因为 $\mu = \dfrac{\tau_s}{\sigma_{av}}$),$\phi$ 增大(因为 $\phi = \dfrac{\pi}{4} - \beta + \gamma_o$),$\Lambda_h$ 减小,也使 F_c 减小。

在较低速度区($v_c < 30$ m/min),切削力 F_c 与 v_c 有着特殊规律,主要通过积屑瘤的生成 - 脱落过程来影响切削力 F_c。$v_c \leqslant 17$ m/min 为积屑瘤生长区,$v_c = 17$ m/min 时积屑瘤最大,此时刀具工作前角 $\gamma_{oe} = \gamma_b$(积屑瘤前角) 最大,故 Λ_h 最小,F_c 最小,此时式(3.20) 中的 C 值(见表 3.3) 也小,F_c 也减小,故而在 $v_c < 17$ m/min 区内,随 v_c 的升高,F_c 减小,在 $v_c \approx 17$ m/min 时 F_c 出现最小值。当 $17 < v_c < 30$ m/min 时为积屑瘤消退区,随着积屑瘤的逐渐消退至最终脱落,γ_b 减小至零,γ_{oe} 仍等于刀具前角 γ_o,即 γ_{oe} 逐渐减小,F_c 逐渐增大,直至出现最大值,即曲线出现了高峰点,然后随着 v_c 的升高进入了无积屑瘤区。

切削脆性金属时(如灰铸铁、铅黄铜等),因其塑性变形很小,刀 - 屑间摩擦很小,故 v_c 对 F_c 无显著影响(见图 3.34)。

在一定切削速度范围内,v_c 不同时切削力 F_c 的修正系数 $K_{v_{F_c}}$ 见表 3.10。

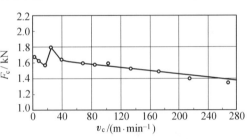

图 3.33 $F_c - v_c$ 关系曲线

工件:45 钢(正火,187HBS)

刀具:焊接式平前刀面外圆车刀,YT15,

$\gamma_o = 18°, \alpha_o = 6° \sim 8°, \alpha_o' = 4° \sim 6°, \kappa_r = 75°$,

$\kappa_r' = 10° \sim 12°, \lambda_s = 0°, r_\varepsilon = 0.2$ mm

切削用量:$a_p = 3$ mm,$f = 0.25$ mm/r

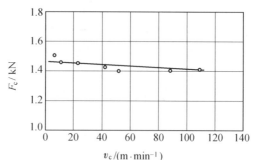

图 3.34 YG8 切灰铸铁的 F_c – v_c 关系曲线

工件材料:HT200,170HBS;刀片材料:YG8;刀具结构:焊接平前刀面外圆车刀

刀具几何参数:$\gamma_o = 15°$, $a_o = 6° \sim 8°$, $\alpha'_o = 4° \sim 6°$, $\kappa_r = 75°$, $\kappa'_r = 10° \sim 12°$, $\lambda_s = 0°$, $r_\varepsilon = 0.2$ mm

切削用量:$a_p = 4$ mm, $f = 0.3$ mm/r

表 3.10   切削速度 v_c 不同时切削力的修正系数 $K_{r_{F_c}}$

$v_c/(\text{m} \cdot \text{min}^{-1})$ 工件材料	50	75	100	125	150	175	200	250	300	400	500	600	700
45 钢 40Cr	1.05	1.02	1.0	0.98	0.96	0.95	0.94						
9CrSi GCr15	1.15	1.04	1.0	0.98	0.96	0.95	0.94						
ZL10	1.09	1.04	1.0	0.95	0.91	0.86	0.82	0.74	0.66	0.54	0.49	0.45	0.44

3. 刀具几何参数的影响

刀具几何参数包括:γ_o、κ_r、λ_s、r_ε 和负倒棱 $b_{\gamma 1}$。

(1) 前角 γ_o

在几何参数各项中,前角 γ_o 对切削力的影响最大。

研究表明,切削塑性金属时,γ_o 变化 $1°$,F_c 将改变 1.5% 左右,且塑性越大,改变幅度越大(切削 45 钢,γ_o 增加 $1°$,F_c 减小 1%;切削紫铜则可减小 $2\% \sim 3\%$;切削铅黄铜减小 0.4%)。这是因为:前角 γ_o 增大,剪切角 ϕ 增大,变形系数 Λ_h 减小,切削力 F_c 减小;另外,γ_o 增大,C_1 减小(见表 3.1),F_c 减小(见式(3.20))。所以,随着 γ_o 的增大,F_c 较显著减小。

图 3.35 给出了车削 45 钢时,γ_o 对三向切削力的影响规律。不难看出,γ_o 增大对 F_f、F_p 的影响要比对 F_c 的影响要大些。

(2) 主偏角 κ_r

κ_r 对各向切削力的影响如图 3.36 所示。

① κ_r 对 F_c 的影响不大。从图 3.36 可知,$\kappa_r = 60° \sim 75°$ 时,F_c 出现最小值。主要通过切削厚度 $h_D(h_D = f\sin \kappa_r)$ 的变化影响切削力。

② κ_r 对 F_p、F_f 的影响比 F_c 大。从图 3.36 也可以看出,κ_r 增大,F_p 减小,而 F_f 增大(因

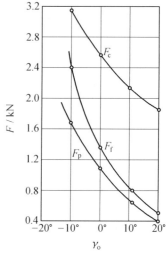

图 3.35 γ_o 对切削力的影响曲线

为 $F_p = F_D \cos \kappa_r$，$F_f = F_D \sin \kappa_r$)。

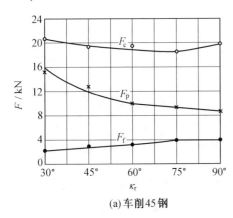

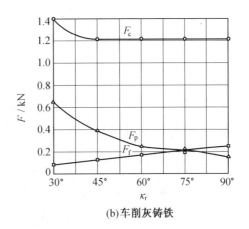

(a)车削45钢   (b)车削灰铸铁

图 3.36   主偏角对切削力的影响

（3）刃倾角 λ_s

图 3.37 给出了 YT15 切削 45 钢时 λ_s 对 F 的影响曲线。可以看出，λ_s 对 F_c 几乎无影响，而对 F_p 与 F_f 影响较大。λ_s 增大，使 F_p 减小较多，F_f 有所增大。主要原因是 λ_s 改变了合力 F 的方向，从而影响 F_p 和 F_f。

（4）刀尖圆弧半径 r_ε

当 κ_r、a_p、f 一定的情况下，r_ε 增大，F_c 变化不大，但 F_p 增大，F_f 减小（见图 3.38）。原因在于 r_ε 增大，曲线刃上各点处的 κ_r 减小，使 F_p 增大，F_f 减小。所以，为防止切削过程中工件的弯曲变形及振动，应使 r_ε 尽量减小。

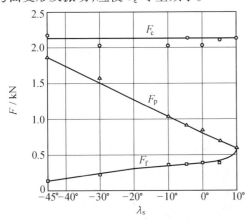

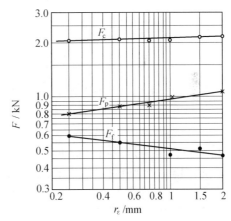

图 3.37 $F - \lambda_s$ 关系曲线

图 3.38 $F - r_\varepsilon$ 关系曲线

工件:45 钢(正火,187HBS);刀具:焊接平前刀面外圆车刀,YT15,,$\gamma_o = 18°$,$\alpha_o = 6°$,$\alpha_o' = 4° \sim 6°$,$\kappa_r = 75°$,$\kappa_r' = 10° \sim 12°$,$r_\varepsilon = 0.2$ mm;切削用量:$a_p = 3$ mm,$f = 0.35$ mm/r,$v_c = 100$ m/min

工件:45 钢(正火,187HBS);刀具:焊接平前刀面外圆车刀,YT15,$\gamma_o = 18°$,$\alpha_o = 6° \sim 7°$,$\kappa_r = 75°$,$\kappa_r' = 10° \sim 12°$,$\lambda_s = 0°$;切削用量:$a_p = 3$ mm,$f = 0.35$ mm/r,$v_c = 93$ m/min

（5）负倒棱 $b_{\gamma1}$

前刀面上的负倒棱 $b_{\gamma1}$（见图 3.39）对切削力有一定影响。

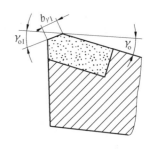

图 3.39　正前角负倒棱车刀

$\gamma_o > 0°$ 有负倒棱时，因切屑变形比无负倒棱时大，故切削力总有增加。主要通过负倒棱宽度 $b_{\gamma1}$ 与进给量 f 的比值影响切削力。

$b_{\gamma1}/f$ 增大，F_c 增大。比值达一定值后（切钢时 $b_{\gamma1}/f \geqslant 5$，切铸铁时 $b_{\gamma1}/f \geqslant 3$），切削力 F_c 不再增大，而趋于平缓，甚至接近于负前角车刀切削。

这是因为在切削过程中，切屑沿前刀面流出时，刀 - 屑接触长度 $l_f \gg f$，切钢时 $l_f \approx (4 \sim 5)f$，切铸铁时 $l_f \approx (2 \sim 3)f$。如 $b_{\gamma1} < l_f$，切屑沿前刀面流出时，刀具正前角仍起作用；而 $b_{\gamma1} > l_f$ 时，正前角不再起作用，真正起作用的是负倒棱（见图 3.40）。

　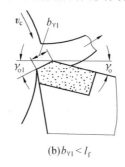　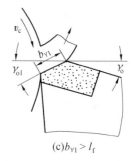

(a)刀－屑接触长度 l_f　　　(b)$b_{\gamma1} < l_f$　　　(c)$b_{\gamma1} > l_f$

图 3.40　$b_{\gamma1}$ 的作用

4.其他因素的影响

（1）刀具材料。主要通过摩擦系数影响切削力。在各类刀具材料中，摩擦系数是按金刚石、陶瓷、硬质合金、高速钢的顺序增大的。在硬质合金中，YT 类的摩擦系数比 YG 类的摩擦系数小。所以，在相同条件下金刚石刀具切削力最小，高速钢刀具切削力最大；硬质合金中，YT 类的切削力小于 YG 类的切削力。

（2）刀具磨损。后刀面磨损越大，切削力越大。当 $VB \geqslant 0.8$ mm，F_p、F_f 比 F_c 增大更快。

（3）刃磨质量。刀具的前后刀面刃磨质量越好，切削力越小。

（4）切削液。使用润滑性能好的切削液，切削力减小。

3.3　切削热与切削温度

切削热和由它产生的切削温度是金属切削过程中又一重要物理现象。切削时消耗的能量约 97% ～ 99% 转换为热量。大量的切削热使得切削区温度升高，直接影响刀具的磨损和工件的加工精度及表面质量。因此，研究切削热和切削温度对生产实践有重要意义。

3.3.1　切削热的产生与传出

被切金属层在刀具的作用下，产生弹性和塑性变形而做功，同时前刀面与切屑，后刀面与加工表面之间的摩擦也要做功,这些功几乎都转换变成热。与此相应,切削时共有三个生热区,即剪切面区、切屑与前刀面接触区、后刀面与加工表面接触区,如图 3.41 所示。所以,切削热来源于切削时所消耗的变形功和刀具与切屑、刀具与工件间的摩擦功。

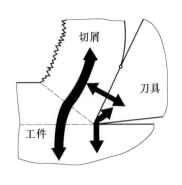

图 3.41 切削热的产生与传导

如果忽略后刀面的摩擦功和进给运动所做的功,并假定主运动所做的功全部转换为热量,则单位时间内产生的切削热 P_c 为

$$P_c = F_c v_c \qquad (3.30)$$

式中　P_c——每秒钟产生的切削热,J/s。

切削热可由切屑、工件、刀具和周围介质传导出去。影响热传导的主要因素是工件和刀具材料的导热系数及周围介质状况。

① 工件材料导热系数大时,由切削区传导到切屑和工件的热量较多,因而切削区的温度较低,但整个工件温升较快。例如,切削导热系数较大的铜或铝时,切削区温度较低,故刀具使用寿命较长;但工件温升较快,由于热胀冷缩的影响,切削时测量的尺寸与冷至室温时的尺寸往往不符,加工时必须加以注意。若工件材料的导热系数较小,切削热不易从切屑和工件方面传导出去,因而切削区温度较高,加剧刀具磨损。例如,切削不锈钢和高温合金时,由于它们的导热系数小,切削区温度很高,刀具磨损很快,必须采用耐热和耐磨性能较好的刀具材料,并且浇注充分的切削液予以冷却降温。

② 刀具材料的导热系数大时,切削区的热量容易从刀具方面传导出去,也能降低切削区的温度。例如,YG 类硬质合金的导热系数普遍大于 YT 类硬质合金的导热系数,且抗弯强度较高,所以在切削导热系数小、热强性好的不锈钢和高温合金时,在缺少新型高性能硬质合金的情况下,多采用 YG6X、YG6A 等牌号的 YG 类硬质合金。

③ 采用冷却性能较好的切削液也能有效的降低切削温度。采用喷雾冷却法使切削液雾化后汽化,能吸收更多的切削热而使切削温度降低。此外,切屑与刀具的接触时间也影响切削温度。例如,外圆车削时,切屑形成后迅速脱离车刀落入机床的容屑盘中,传给刀具的热量减少;但在半封闭容屑的钻削加工时,切屑形成后仍较长时间与刀具接触,应由切屑带走的切削热再次传给刀具,使得切削温度升高。

④ 不同的切削加工方法,由切屑、刀具、工件和周围介质传导出去的切削热比例也不相同。例如车削时,切屑带走的切削热约为 50% ~ 86%,40% ~ 10% 传入车刀,9% ~ 1% 传入工件,1% 传入周围介质(如空气)。切削速度越高,进给量(切削厚度)越大,由切屑带走的热量就越多。但超高速切削时,切屑不热,因为切削层来不及变形。

钻削加工时,约有 28% 的切削热由切屑带走,15% 传入钻头,52% 传入工件,5% 传入周围介质。

3.3.2　切削温度及其测量方法

切削温度一般是指刀具与工件接触区域的平均温度。

切削温度的测量是切削实验研究的重要技术,是研究各种因素对切削温度影响大小的依据。此外,切削温度理论计算的准确性也需要通过实测数据来验证。

切削温度的测量方法很多,可归纳如下:

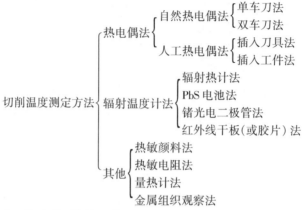

$$
切削温度测定方法
\begin{cases}
热电偶法
\begin{cases}
自然热电偶法
\begin{cases}
单车刀法 \\
双车刀法
\end{cases} \\
人工热电偶法
\begin{cases}
插入刀具法 \\
插入工件法
\end{cases}
\end{cases} \\
辐射温度计法
\begin{cases}
辐射热计法 \\
PbS\ 电池法 \\
锗光电二极管法 \\
红外线干板(或胶片)法
\end{cases} \\
其他
\begin{cases}
热敏颜料法 \\
热敏电阻法 \\
量热计法 \\
金属组织观察法
\end{cases}
\end{cases}
$$

目前应用较广泛且较成熟、简单可靠的测量切削温度的方法是自然热电偶法和人工热电偶法,半人工热电偶法也有应用。

1. 自然热电偶法

自然热电偶法是以刀具与工件作为热电偶的两极,组成热电回路测量切削温度的方法。图 3.42 所示是在车床上利用自然热电偶法测量切削温度的装置示意图。

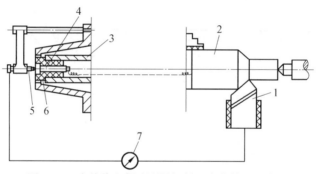

图 3.42　自然热电偶法测量切削温度的装置示意图

1— 车刀;2— 工件;3— 车床主轴;4— 铜销;5— 铜顶尖(与支架绝缘);6— 绝缘堵;7— 毫伏计

切削加工时,化学成分不同的刀具与工件的接触端处于高温下,形成了热电偶的热端,引出端形成了热电偶的冷端。此回路中必然有热电势产生,如用仪表将其值测出或记录下来,再根据事先标定的刀具 – 工件所组成热电偶的热电势 – 温度关系曲线(标定曲线),便可求得刀具与工件接触区的切削温度。

图 3.43 是 YT15 硬质合金与几种钢材组成热电偶的标定曲线。

由此可以看出,用自然热电偶法测得的是切削区的平均温度,切削区指定点的温度则不能测得。另外,不同的刀具材料与工件材料所组成的热电偶均要进行标定,使用起来不太方便,

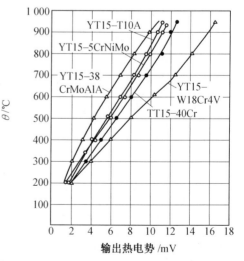

图 3.43　YT15 与几种钢材组成热电偶的标定电线

故在某些情况下尚需采用人工热电偶法。

2.人工热电偶法

图 3.44 是用人工热电偶法测量刀具前刀面和工件某点温度的示意图。

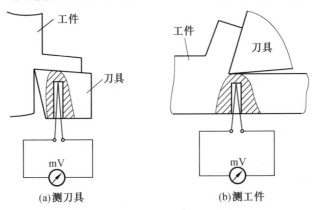

图 3.44　用人工热电偶法测量刀具或工件温度的示意图

这是将两种预先标定好的金属丝组成的热电偶热端焊接在刀具或工件待测温度点上，尾端通过导线串接在电位差计或毫伏表上，切削时根据表上的指示电势值，查对照表便可得待测点的切削温度。但要注意，安放热电偶金属丝的小孔直径要尽可能小，以反映切削过程中待测点的真实温度，同时对金属丝采取绝缘措施。

用人工热电偶法只能测得与前刀面有一定距离的某点处的温度。图 3.45 和图 3.46 为采用人工热电偶法测量，并辅以传热学计算所得的刀具、切屑和工件的切削温度分布情况。

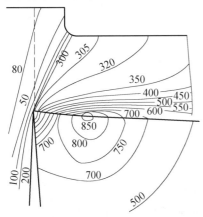

图 3.45　刀具与切屑及工件的切削温度分布
工件材料：GCr15；刀具：YT14，$\gamma_o = 0°$；
$h_D = 0.35$ mm，$b_D = 5.8$ mm，$v_c = 1.33$ m/s

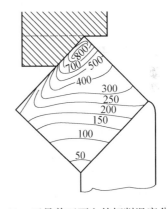

图 3.46　刀具前刀面上的切削温度分布
工件材料：GCr15；刀具：YT15；切削用量：
$a_p = 4.1$ mm，$f = 0.5$ mm/r，$v_c = 1.33$ m/s

从图 3.45、3.46 可以看出：① 前刀面上温度最高处并不在切削刃口处，而是在距刃口有一定距离的位置。工件材料塑性越大，距离刃口处越远，反之越近。这是因为热量沿前刀面有个积累过程的缘故，这也是刀具磨损严重之处。② 切屑底层的温度梯度最大，说明摩擦热集中在切屑底层与前刀面的接触处。

3.3.3　切削温度的影响因素

切削温度的高低,取决于切削热产生的多少和散热情况。下面分析几个主要因素对它的影响。

1.切削用量的影响

（1）切削速度 v_c

切削速度对切削温度有较显著影响。实验证明,随着切削速度的提高,切削温度将明显升高(见图 3.47)。其原因是:当切削速度提高时,单位时间的金属切除率成正比增多,刀具与工件及切屑间的摩擦加剧,消耗于切削金属层变形和摩擦的功增加,因而产生大量的切削热。由于第一变形区和第二变形区的热量向工件和切屑内部传导需要一定的时间,因此,提高切削速度的结果是摩擦热大量的聚集在切屑底层而来不及传导出去,从而使切削温度升高。但是,随着切削速度的提高,单位切削功率和单位切削力有所减小,因此,切削热和切削温度不会与切削速度成正比例增加。

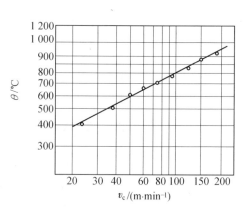

图 3.47　$\theta - v_c$ 关系曲线
工件材料:45 钢;刀具材料:YT15;
切削用量:$a_p = 3$ mm,$f = 0.1$ mm/r

图 3.47 给出的切削速度与切削温度的关系曲线可表示成指数形式,即

$$\theta = C_{\theta_v} v_c^x \tag{3.31}$$

式中　θ —— 切削温度;

　　　C_{θ_v} —— v_c 对切削温度的影响系数;

　　　x —— v_c 对切削温度的影响指数。

一般情况下硬质合金刀具切钢时,$x = 0.26 \sim 0.41$,进给量越大,x 越小。这是因为进给量大,切削厚度大,切屑的热容量大,带走的切削热多,所以切削区的温度上升较为缓慢。

（2）进给量 f

随着进给量的增大,单位时间内的体积切除量($Q = 1\,000\,v_c \cdot f \cdot a_p$)增多,消耗的切削功和由此转化成的热量也将增加,使切削温度上升。但随着进给量的增大,单位切削力和单位切削功率将减小,切除单位体积金属产生的热量也随之减少。此外,当进给量增大后,切削厚度增大,由切屑带走的热量增多,同时切屑与前刀面的接触长度加长,散热面积增大。综合以上几方面的影响,切削温度随进给量的增加而升高,但升高的幅度不如切削速度显著。图3.48 是通过实验获得的进给量 f 对切削温度 θ 的影响曲线,可表示为

$$\theta = C_{\theta_f} f^{0.14} \tag{3.32}$$

（3）背吃刀量 a_p

背吃刀量对切削温度的影响很小(见图 3.49)。这是因为背吃刀量增大后,切削区产生的热量虽然成正比增多,但因为切削刃参加切削工作的长度也正比增长,大大改善了散热条件,因此切削温度上升甚微。

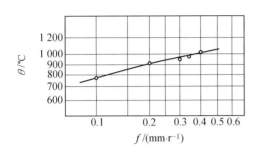

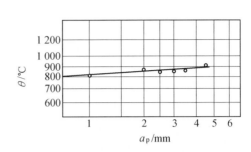

图 3.48　$\theta - f$ 关系曲线
工件材料:45 钢;刀具材料:YT15;
切削用量:$a_p = 3$ mm,$v_c = 94$ mm/r

图 3.49　$\theta - a_p$ 关系曲线
工件材料:45 钢;刀具材料:YT15;
切削用量:$f = 0.1$ mm/r,$v_c = 107$ m/min

切削温度 θ 与背吃刀量 a_p 的关系可用式(3.33)表示

$$\theta = C_{\theta_{a_p}} a_p^{0.04} \tag{3.33}$$

由上述分析可知,切削用量三要素中,切削速度对切削温度的影响较为显著,进给量的影响次之,背吃刀量的影响微小。因此,为了有效地控制切削温度,以增长刀具使用寿命,在允许的条件下,选用大的背吃刀量和进给量比选用高的切削速度更为有利。

2.刀具几何参数的影响

(1)前角 γ_o

图 3.50 表明,切削温度随前角的增大而降低。这是因为前角增大时,切削变形减小,切削力减小,产生的切削热减少的缘故。但前角增大到一定值再增大时,因刀具的楔角减小而使散热体积减小,切削温度下降的幅度将减小。

(2)主偏角 κ_r

主偏角对切削温度的影响如图 3.51 所示。随着主偏角的增大,切削温度升高。这是因为主偏角增大,一方面使切削刃工作长度缩短,切削热相对集中,同时刀尖角减小,散热条件变差,因此切削温度升高。

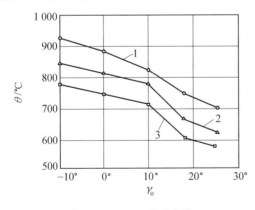

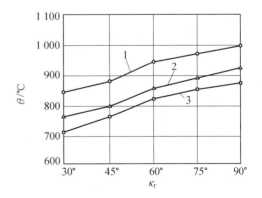

图 3.50　$\theta - \gamma_o$ 关系曲线
工件材料:45 钢;刀具材料:YT15;
切削用量:$a_p = 3$ mm,$f = 0.1$ mm/r;1 - $v_c = $
135 m/min;2 - $v_c = 105$ m/min;3 - $v_c = 81$ m/min

图 3.51　$\theta - \kappa_r$ 关系曲线
工件材料:45 钢;刀具材料:YT15;$\gamma_o = 15°$;
切削用量:$a_p = 2$ mm,$f = 0.2$ mm/r;1 - $v_c = $
135 m/min;2 - $v_c = 105$ m/min;3 - $v_c = 81$ m/min

(3) 负倒棱 b_γ 及刀尖圆弧半径 r_ε

负倒棱在$(0 \sim 2)f$范围内变化,刀尖圆弧半径 r_ε 在 $0 \sim 1.5$ mm 范围内变化时,基本不影响切削温度。因为负倒棱宽度及刀尖圆弧半径的增大,一方面使塑性变形增大,切削热随之增加;另一方面这两者都能使刀具的散热条件有所改善,传出的热量也有所增加,两者趋于平衡,所以对切削温度的影响不大。

3. 工件材料的影响

这里主要分析工件材料的强(硬)度、导热系数等物理力学性能及热处理状态对切削温度的影响。

工件材料的强(硬)度和导热系数对切削温度有很大影响。工件材料的强(硬)度越高,切削力越大,切削时消耗的功越多,产生的切削热量也越多,切削温度就越高。工件材料的导热系数越大,由工件和切屑传导出去的热量越多,切削温度越低。

(1) 切削脆性材料(如铸铁)时,由于抗拉强度和延伸率均较小,切削变形很小,切屑呈崩碎状,与前刀面的接触长度很短、摩擦小,所以产生的切削热较少,切削温度一般比切削碳钢时低。切削灰铸铁 HT200 的切削温度约比切削 45 钢时低 20% $\sim$ 30%(见图 3.52)。

(2) 切削奥氏体不锈钢 1Cr18Ni9Ti 和 Fe 基固溶强化高温合金 GH1131 时,因为它们的导热系数小,而且在高温下仍能保持较高的强度和硬度,所以切削温度要比切削其他材料时高很多(见图 3.52)。

(3) 切削合金结构钢时,因其强度普遍高于 45 钢,而导热系数又小于 45 钢,所以,切削合金结构钢时的切削温度一般高于切削 45 钢(见图 3.53)。

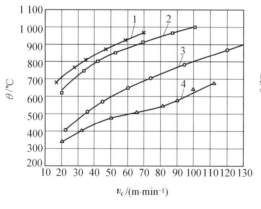

图 3.52 不同切削速度下几种材料的切削温度
1—GH1131;2—1Cr18Ni9Ti;3—45 钢(正火);
4—HT200;刀具材料:YG8(切削 45 钢时用 YT15);
刀具角度:$\gamma_o = 15°, a_o = 6° \sim 8°, \kappa_r = 75°, \lambda_s = 0°$;切削用量:$a_p = 3$ mm, $f = 0.1$ mm/r

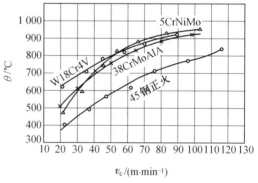

图 3.53 合金结构钢的切削温度
刀具:YT15,$\gamma_o = 15°$;
切削用量:$a_p = 3$ mm, $f = 0.1$ mm/r

(4) 切削热处理状态不同的材料,因强度和硬度不同,切削温度也不同。图 3.54 是切削三种不同热处理状态的 45 钢时切削温度曲线。淬火状态($\sigma_b = 1\,452$ MPa)的切削温度最高,调质状态($\sigma_b = 736$ MPa)次之,正火状态($\sigma_b = 598$ MPa)的切削温度最低。

4. 其他因素的影响

其他因素的影响主要指刀具磨损和切削液对切削温度的影响。

刀具磨损后,切削刃变钝,切削作用减小,挤压作用增大,切削变形增加;同时,磨损后的刀具后角变成零度,使后刀面与加工表面间的摩擦加大,均使切削温度升高。图 3.55 是切削 45 钢时车刀后刀面磨损值 VB 与切削温度 θ 的关系曲线。切削速度越高,刀具磨损值对切削温度的影响越显著。切削合金钢时,由于强度和硬度比碳素钢高,而导热系数又较小,因此刀具磨损对切削温度的影响比碳素钢更显著。

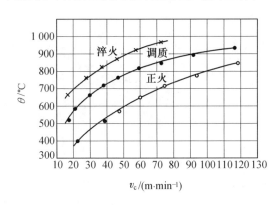

图 3.54　45 钢的热处理状态对切削温度的影响

刀具:YT15,$\gamma_o = 15°$;

切削用量:$a_p = 3$ mm,$f = 0.1$ mm/r

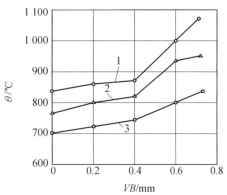

图 3.55　$\theta - VB$ 关系曲线

1—$v_c = 117$ m/min;2—$v_c = 94$ m/min;3—$v_c = 71$ m/min;工件材料:45 钢;刀具:YT15,$\gamma_o = 15°$;

切削用量:$a_p = 3$ mm,$f = 0.1$ mm/r

使用切削液对降低切削温度有明显效果。切削液有两个作用:一方面可以减小切屑与前刀面、后刀面与工件的摩擦;另一方面可以吸收切削热,两者均使切削温度降低。但切削液对切削温度的影响,与其导热系数、比热容、流量及浇注方式也有关。

3.4　刀具磨损与破损及使用寿命

切削过程中,刀具切削部分在承受着很大切削力和很高切削温度的同时,还与切屑及加工表面产生强烈的摩擦,结果使刀具逐渐磨钝,以致失效。磨钝到一定程度,切削力迅速增大,切削温度急剧升高,甚至产生振动,使工件的加工精度降低,表面质量恶化,此时就要磨刀或换刀。

刀具磨损与一般机械零件的磨损有明显不同:与前刀面接触的切屑底层是不存在氧化膜或油膜的新鲜表面,前、后刀面上的接触压力很大,温度很高(硬质合金刀具加工钢时,可达 800 ~ 1 000 ℃)。因此,刀具磨损与机械、热和化学作用密切相关。

刀具磨损决定于刀具材料与工件材料的物理力学性能及切削条件,不同刀具材料的磨损有不同特点。研究刀具磨损的目的在于掌握刀具磨损的特点、产生的原因和规律,以便正确选择刀具材料和切削条件,以保证加工质量和生产效率。

3.4.1　刀具磨损形态

刀具磨钝失效可分正常磨损和非正常磨损(破损)两种情况。

1. 正常磨损

正常磨损是指切削过程中刀具前刀面和后刀面在高温、高压作用下产生的正常磨钝现象。前刀面往往被磨成月牙洼,后刀面则形成磨损带。多数情况下二者同时发生并相互影响,刀具磨损形态如图3.56所示。

正常磨损常表现为下列三种形态:

(1) 前刀面磨损

加工塑性材料时,当刀具的耐热性和耐磨性较差,切削速度较高,切削厚度较大时,常在前刀面上发生磨损。由于切屑底层与刀具前刀面在切削过程中是化学活性很高的新鲜表面,在高温高压作用下,切屑

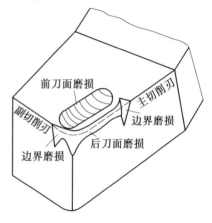

图 3.56　刀具磨损形态

将在刀具前刀面上逐渐磨出一个月牙形凹窝,常被称为月牙洼磨损(见图3.56)。

开始时月牙洼的前缘离刃口还有一小段距离,随着切削过程的进行,会逐渐向前、后扩展,月牙洼宽度变化虽不显著,但月牙洼的深度则随切削过程的进行不断增大,其最大深度的位置处于切削温度最高处。当月牙洼前缘发展到与切削刃口之间的棱边很窄时,刃口强度显著降低,极易造成切削刃损坏。

前刀面磨损值常以月牙洼的最大深度 KT 表示(见图3.57(a))。

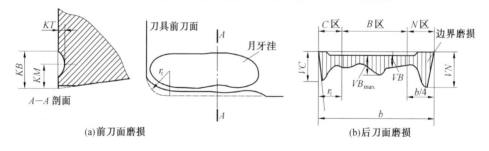

(a)前刀面磨损　　　　　　　　　　　　　　(b)后刀面磨损

图 3.57　刀具磨损的测量

(2) 后刀面磨损

由于后刀面与加工表面间存在着强烈摩擦,在后刀面毗邻刃口处很快磨出 $\alpha_o = 0°$ 的小棱面,亦即后刀面磨损(见图3.57(b))。

当切削脆性材料或以较小进给量及较低切削速度切削塑性材料时,都将产生后刀面磨损。

后刀面磨损往往不均匀,通常分为三个区:靠近刀尖部分的 C 区、靠近工件外皮处的 N 区和中间部分的 B 区。靠近刀尖部分的 C 区由于其强度低、散热条件较差,磨损较严重,磨损宽度的最大值以 VC 表示;在靠近工件外皮部分的 N 区磨损属于边界磨损,由于工件毛坯表面硬皮或上道工序加工硬化层等因素的影响,使得磨损剧烈,会产生较大的深沟,该区的磨损宽度以 VN 表示;在磨损带中间部分 B 区的磨损比较均匀,常以平均磨损宽度 VB 值来表

示,有时也用最大磨损宽度 VB_{max} 值表示。

（3）边界磨损

切削钢料时,常在主切削刃与工件待加工表面或副切削刃与工件已加工表面接触处的后刀面上磨出较深沟纹,这种磨损沟纹称为边界磨损(见图 3.58)。

前道工序的加工硬化可使副后刀面上发生边界磨损,加工铸件和锻件等有粗糙硬皮的工件时,也容易发生边界磨损。

2. 刀具破损

刀具破损是刀具失效的另一种形式,多数发生在脆性较大的刀具材料断续切削或者切削高硬度材料时。

图 3.58　边界磨损部位

刀具破损按性质分为塑性破损和脆性破损。据统计,硬质合金刀具约有 50% ～ 60% 的损坏是脆性破损。刀具破损按时间又分为早期破损和后期破损。早期破损是切削刚开始或经短时间切削即发生的破损(一般切削时,刀具所受冲击次数小于或近于 10^3 次),此时,前、后刀面尚未发生明显磨损(一般 $VB \leqslant 0.1$ mm),脆性大的刀具材料切削高硬度材料或断续切削时,常出现这种破损。后期破损是切削一定时间后,刀具材料因交变机械应力和热应力所致的疲劳破损。

（1）塑性破损

塑性破损是指由于高温高压作用而使前、后刀面发生塑性流动而丧失切削能力。它直接和刀具材料与工件材料的硬度比值有关,硬度比值越大,越不容易发生塑性破损。硬质合金刀具的高温硬度较高,一般不易产生这种破损。

（2）脆性破损

硬质合金和陶瓷刀具在机械与热冲击作用下,常产生的崩刃、剥落与裂纹碎断等均属脆性破损。

3.4.2　刀具磨损原因

由于工件材料、刀具材料和切削条件千差万别,故刀具的磨损形态各不相同,磨损原因也很复杂,既有机械磨损,又有对切削温度有较强依赖性的热磨损和化学磨损。刀具磨损的主要原因分述如下。

1. 硬质点磨损

硬质点磨损(亦称机械磨损或磨料磨损)是由于工件材料中含有的硬质点(如碳化物、氮化物和氧化物)以及积屑瘤碎片等在刀具表面上划出沟纹而造成的磨损。硬质点在前刀面上会划出一条条与切屑运动方向一致的沟纹,在后刀面上也会划出一条条与主运动方向一致的沟纹。

高速钢刀具的这种磨损比较显著,硬质合金刀具相对少些。

刀具在各种切削速度下,都存在硬质点磨损,它是低速切削刀具(如拉刀、丝锥与板牙)磨损的主要原因。因为在低速下,切削温度较低,其他各种磨损还不显著。一般可以认为,硬质点磨损的磨损量与刀具 – 工件相对滑动的距离或切削路程成正比。

2. 粘结磨损

粘结是指刀具与工件材料在足够大的压力和高温作用下,接触到原子距离时所产生的"冷焊"现象,是摩擦面的塑性变形形成的新鲜表面原子间吸附的结果。两摩擦表面的粘结点因相对运动被撕裂而被对方带走,若粘结点的破裂发生在刀具一方,则造成了刀具的粘结磨损。

一般来说,工件材料或切屑的硬度较刀具材料低,粘结点的破裂往往发生在工件或切屑一方。但刀具材料也有组织不均匀的可能,存在微裂纹、空穴或局部软点等缺陷,所以刀具材料表面也会发生被工件材料带走造成磨损的可能。各种刀具材料(包括立方氮化硼和金刚石)都有可能产生粘结磨损。例如硬质合金刀具切削钢件在形成积屑瘤的情况下,切削刃可能因粘结磨损而损坏;而高速钢刀具则因为剪切和抗拉强度均较高,抗粘结磨损能力较强。

粘结磨损程度主要取决于刀具材料与工件材料间的亲和力、二者硬度比、切削温度、刀具表面金相组织等。刀具与工件材料间的亲和力越大、硬度比越小、粘结磨损越严重。

切削温度是影响粘结磨损的主要因素,切削温度越高,粘结磨损越严重。

图 3.59 是两种不同硬质合金与钢的粘结温度曲线。可见,在常用 Co 的质量分数内,YT类硬质合金与钢的粘结温度比 YG 类高,说明YT类硬质合金抗粘结性能好于 YG 类。故切削钢件时宜选用 YT 类硬质合金。

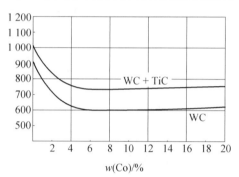

图 3.59　硬质合金与钢的粘结温度曲线

3. 扩散磨损

由于切削时处于高温,刀具前刀面始终与被切出的新鲜工件表面相接触,具有很高的化学活性,当两摩擦表面的化学元素浓度相差较大时,它们就能在固态下相互扩散到对方去,从而改变刀具材料和工件材料的化学成分,使得刀具材料变得脆弱而造成刀具磨损,这种磨损称为扩散磨损。例如,当切削温度达 800 ℃ 以上时,一方面硬质合金中的 C、W、Co 等元素扩散到切屑中去而被带走(见图 3.60),切屑中的 Fe 元素扩散到硬质合金表层,形成新的脆性低硬度的复合碳化物;另一方面硬质合金中的 C 元素扩散出去造成贫碳,使硬度降低,加之 Co 的扩散使其含量减少,也降低了 WC、TiC 等碳化物与基体的粘结强度,这些都会使刀具磨损加剧。但 TiC 的扩散能力不如 WC,在高温下反会在表层生成 TiO_2 保护层而阻碍扩散进行,故高速切钢件宜选用 YT 类硬质合金。

扩散磨损常常与粘结磨损同时产生。硬质合金刀具前刀面上的月牙洼最深处的温度最高,故该处的扩散速度也快,磨损也严重;月牙洼处又容易粘结,因此月牙洼磨损是由扩散与粘结磨损共同造成的。

扩散磨损速度主要与切削温度和刀具材料的化学成分等有关。扩散磨损速度随切削温度的升高而按 $e^{-\frac{E}{k\theta}}$ 指数函数增加(θ 为刀具表面的绝对温度,E 为活化能,k 为常数)。不同元素的扩散速度不同,例如,用硬质合金刀具切钢时,Ti 的扩散速度比 C、W、Co 低得多,所以 YT类硬质合金的抗扩散能力优于 YG 类。采用 TiC 和 TiN 涂层刀片,目的在于提高刀具表面的化学稳定性,减少扩散磨损。

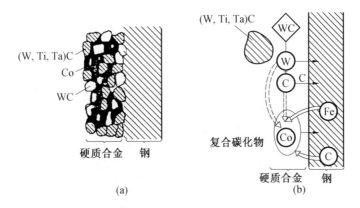

图 3.60　硬质合金与钢之间的扩散

4.氧化磨损

在一定切削温度下,刀具材料与周围介质的某些成分(如空气中的氧、切削液中的极压添加剂硫与氯等)会起化学反应,在刀具表面形成一层硬度较低的化合物而被切屑带走,加速了刀具磨损,这种磨损称为化学磨损。例如,用高速钢刀具车削钼合金时($a_p = 1$ mm,$f = 0.1$ mm/r,$v_c = 10 \sim 50$ m/min),切削液及周围介质的化学活性越好,刀具磨损越快。硬质合金 YT14 刀具切削 18 − 8 型不锈钢 $w(Cr) = 18\%$、$w(Ni) = 9\%$,在切削速度 $v_c = 120 \sim 180$ m/min 时,采用硫化或氯化切削油,由于硫和氯的腐蚀作用,刀具寿命反比干切削时短。用金刚石刀具切削黑色金属时,当切削温度高于 700 ℃ 时,刀具表面的碳原子将与空气中的氧发生强烈化学反应,生成 CO 或 CO_2 气体,加剧了刀具磨损。这是金刚石刀具在空气中不能切削黑色金属的主要原因。

除上述几种主要磨损原因外,还有热电磨损,即在切削区的高温作用下,刀具与工件材料形成自然热电偶,致使刀具与切屑及刀具与工件之间有电流通过,加快了刀具磨损。试验表明,如果在不降低刀具与工件刚度的前提下,将刀具 − 工件回路加以绝缘,则可明显增长刀具使用寿命。例如用 W18Cr4V 钻头加工铬镍不锈钢时,如果用钻套将主轴孔与钻头绝缘,则钻头的使用寿命可提高 2 ~ 6 倍。

综上所述,刀具磨损的主要原因是硬质点磨损、粘结磨损、扩散磨损和氧化磨损。必须指出,对不同的刀具材料、工件材料和切削条件,造成刀具磨损的主要原因是不同的,但切削温度是起主导作用的,因为除硬质点磨损外,其余三种磨损均与切削温度密切相关。图 3.61 为硬质合金刀具加工钢料时,在不同切削速度(切削温度)下各种磨损所占比例示意图。可见,在不同切削温度范围内,刀具磨损的主要原因不同:在中低温时,粘结磨损是主要的;高温时,扩散磨损和氧化磨损所占比例大些;而硬质点磨损则在各种切削温度下都存在。

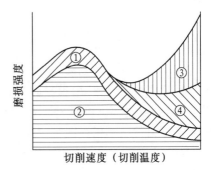

图 3.61　切削速度对刀具磨损强度的影响
①— 硬质点磨损;②— 粘结磨损;
③— 扩散磨损;④— 氧化磨损

3.4.3 刀具的磨损过程及磨钝标准

1. 刀具的磨损过程

刀具磨损是随切削时间的延长而逐渐增加的。通过切削实验可得到如图 3.62 所示的刀具磨损曲线。该图的横坐标为切削时间,纵坐标为后刀面磨损值 VB(或前刀面月牙洼磨损深度 KT)。刀具磨损过程可分为三个阶段:

(1) 初期磨损阶段

初期磨损阶段磨损曲线的斜率较大,即刀具磨损较快。这是因为新刃磨的刀具表面存在粗糙不平及微裂纹、氧化或脱碳层等缺陷,且刃口较锋利,后刀面与加工表面接触面积较小,压

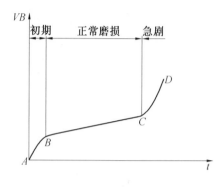

图 3.62 刀具磨损曲线

应力较大,故很快在后刀面上磨出一窄棱面。一般初期磨损值为 0.05 ~ 0.1 mm,其大小与刀具的刃磨质量有关。实践证明,经过仔细研磨的刀具初期磨损值一般较小。

(2) 正常磨损阶段

经过初期磨损阶段后,刀具的粗糙不平表面已经被磨平进入正常磨损阶段。这个阶段磨损比较缓慢均匀,后刀面的磨损量随切削时间的增长而近似成比例增加。该阶段是刀具的有效工作阶段,该阶段时间较长,刀具的使用不应该超过该阶段。

(3) 急剧磨损阶段

当刀具后刀面磨损值增加到一定限度时,加工表面粗糙度增大,切削力增加很快,切削温度迅速升高,刀具磨损速度急剧加快,以致失去切削能力。这样的刀具刃磨也很困难,刀具材料消耗量加大,成本提高。为了合理使用刀具,保证加工质量,刀具磨损应避免进入该阶段。

2. 刀具的磨钝标准

刀具磨损到一定限度就不能继续使用了,否则将降低工件的尺寸精度和加工表面质量,增加刀具材料的消耗及加工成本。刀具的这个磨损限度称为刀具的磨钝标准。

在生产实践中,经常中断切削过程测量刀具的磨损值会影响生产的正常进行,只能根据切削中发生的一些现象来判断刀具是否已经磨钝。例如粗加工时,加工表面出现亮带,切屑颜色和形状发生变化,还会出现振动及不正常声音等;精加工时,加工表面粗糙度值增大,工件尺寸精度和形状精度降低。这些异常现象的产生说明刀具已磨损,应及时换刀。

在评定刀具材料切削性能时,常以刀具后刀面磨损值作为衡量刀具磨损程度的磨钝标准。因为一般刀具都会发生后刀面磨损,且测量也较方便。因此国际标准 ISO 统一规定用 1/2 背吃刀量处的后刀面磨损带宽度 VB 作为刀具磨钝标准(见图 3.57(b))。

自动化生产中的刀具,常以刀具径向磨损量 NB 作为刀具磨钝标准(见图 3.63)。

制定磨钝标准时,既要考虑刀具的合理使用,又要考虑工件表面粗糙度和尺寸精度。因此,不同加工条件下,刀具磨钝标准也不相同。例如,精加工时磨钝标准要制定低些,而粗加工磨钝标准要制定高些;工艺系统刚度较低时,应考虑在磨钝标准内是否会产生振动,即磨钝标准要制定低些;此外,工件材料的切削加工性、刀具制造及刃磨的难易程度都是制定磨

钝标准时应考虑的因素。具体数值可参考有关手册。

国际标准 ISO 推荐的车刀使用寿命试验的磨钝标准如下：

（1）高速钢或陶瓷刀具，可以是下列任何一种

① 破损。

② 如果后刀面在 B 区内（见图 3.57(b)）是有规则的磨损，$VB = 0.3$ mm。

③ 如果后刀面在 B 区内是无规则的磨损、划伤、剥落或严重沟痕，取 $VB_{\max} = 0.6$ mm。

（2）硬质合金刀具，可以是下列任何一种

① $VB = 0.3$ mm。

② 如果后刀面是无规则的磨损，取 $VB_{\max} = 0.6$ mm。

③ 前刀面磨损量 $KT = 0.06 + 0.3f$。

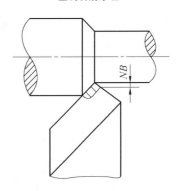

图 3.63　刀具的径向磨损量 NB

3.4.4　刀具使用寿命及与切削用量的关系

1. 刀具使用寿命

（1）刀具使用寿命的定义

一把新刀从开始切削直到磨损值达到磨钝标准为止总的切削时间，或者刀具两次刃磨之间总的切削时间称为刀具使用寿命（旧称刀具耐用度），以 T 表示。

在某些情况下，刀具使用寿命也可用达到磨钝标准的切削路程 l_{m} 来表示；精加工时，也可用加工工件的数量或走刀次数来表示。

（2）刀具使用寿命与刀具总寿命的关系

刀具使用寿命是表征刀具材料切削性能优劣的综合指标。在相同切削条件下，使用寿命越长，表明刀具材料的耐磨性越好。在比较不同工件材料切削加工性时，刀具使用寿命也是一个重要指标，刀具使用寿命越长，表明工件材料切削加工性越好。

刀具总寿命是指一把新刀从投入切削直到报废为止总的切削时间。由于通常一把新刀可刃磨多次才报废，因此刀具的总寿命等于刀具使用寿命与刃磨次数的乘积。

2. 与切削用量的关系

切削用量与刀具使用寿命有着密切关系，后者直接影响加工效率和加工成本。由于切削用量三要素对切削温度的影响不同，故对刀具使用寿命的影响也不同。

（1）切削速度与刀具使用寿命的关系

工件材料、刀具材料和刀具几何参数确定后，切削速度是影响刀具使用寿命的主要因素。提高切削速度，刀具使用寿命就降低，其关系可通过刀具磨损实验求得。与切削力实验一样，也采用单因素法，数据处理也采用图解法。

实验前先制订磨钝标准。按照 ISO 标准对车刀使用寿命试验的规定：当切削刃磨损均匀时，取 $VB = 0.3$ mm；磨损不均匀，取 $VB_{\max} = 0.6$ mm。具体步骤如下：在固定其他切削条件

的前提下,在常用切削速度范围内,取不同的切削速度 $v_{c1}, v_{c2}, v_{c3}, v_{c4}, \cdots$ 进行刀具磨损实验,得到几条与之对应的刀具磨损值 VB 随切削时间 t_m 的变化曲线(见图3.64)。根据制定的磨钝标准,可以求出不同切削速度所对应的刀具使用寿命 $T_1, T_2, T_3, T_4, \cdots$ 为了找出切削速度 v_c 与刀具使用寿命 T 的关系,可用图解法在双对数坐标纸上画出 $(T_1, v_{c1}), (T_2, v_{c2}), (T_3, v_{c3}), (T_4, v_{c4}), \cdots$ 各点,在一定切削速度范围内,可发现这些点基本在一条直线上(见图3.65)。写出其直线方程为

$$\lg v_c = - m \lg T + \lg C_0 \tag{3.34}$$

式中　　T——刀具使用寿命,min;

　　　　m——直线的斜率($m = \tan \theta$),表示 v_c 对 T 的影响程度,与刀具材料及冷却润滑条件等有关;

　　　　C_0——与工件材料及切削条件有关的系数。

式中的指数 m 和系数 C_0 均可在双对数坐标图上求得。将式(3.34)写成指数形式,则有

$$v_c \, T^m = C_0 \tag{3.35}$$

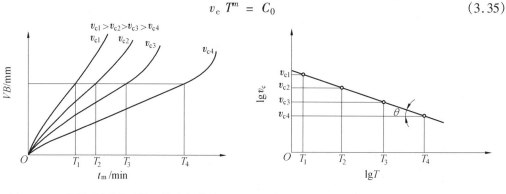

图3.64　不同切削速度下的刀具磨损曲线　　　图3.65　在双对数坐标上的 $v_c - T$ 关系

式(3.35)为切削速度与刀具使用寿命间的关系式,亦称泰勒(Taylor)公式,是选择切削速度的重要依据。指数 m 是 $v_c - T$ 直线的斜率,其大小表示切削速度对刀具使用寿命的影响程度。耐热性越差的刀具材料,m 值越小,直线斜率越小,说明切削速度对刀具使用寿命的影响越大,亦即切削速度稍改变一点,就会造成刀具使用寿命有较大的变化。如高速钢刀具的耐热性较差,$m = 0.1 \sim 0.125$;硬质合金和陶瓷刀具的耐热性较好,直线斜率较大,硬质合金刀具的 $m = 0.2 \sim 0.3$,陶瓷刀具的 $m \geqslant 0.4$。

必须指出,式(3.35)的使用是有一定限制的:

① 该公式是以刀具正常磨损为基础得到的,对于脆性大的刀具材料,在断续切削时经常发生破损,这个关系式不适用。

② 在较宽的切削速度范围内进行实验,$v_c - T$ 关系不是单调函数,原因在于积屑瘤的作用,式(3.35)也不再适用。

图3.66给出了三种不同刀具材料切削同一种工件材料(镍铬钼合金钢)时的使用寿命比较。

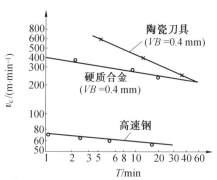

图3.66　切削镍铬钼钢时不同刀具材料的使用寿命比较

（2）进给量和背吃刀量与刀具使用寿命的关系

为了求出进给量和背吃刀量与刀具使用寿命的关系,也可参照求 v_c – T 关系的实验方法与步骤,固定其他条件,只改变 f 或 a_p,即可分别获得 f – T 和 a_p – T 的关系式,即

$$f T^{m_1} = C_1 \tag{3.36}$$

$$a_p T^{m_2} = C_2 \tag{3.37}$$

综合式(3.35) ~ (3.37),可以得到切削用量三要素与刀具使用寿命的综合关系式,即

$$T = \frac{C_T}{v_c^{\frac{1}{m}} f^{\frac{1}{m_1}} a_p^{\frac{1}{m_2}}}$$

如令 $x = \dfrac{1}{m}, y = \dfrac{1}{m_1}, z = \dfrac{1}{m_2}$,则有

$$T = \frac{C_T}{v_c^x f^y a_p^z} \tag{3.38}$$

式中　C_T—— 刀具使用寿命系数,与刀具材料、工件材料和切削条件有关;

　　x、y、z—— 指数,分别表示 v_c、f、a_p 对刀具使用寿命的影响程度,一般 $x > y > z$。

当用 YT15 硬质合金车刀切削 $\sigma_b = 0.598\,\text{GPa}$ 的正火中碳钢时($f > 0.7\,\text{mm/r}$),切削用量与刀具使用寿命的关系式为

$$T = \frac{C_T}{v_c^5 f^{2.25} a_p^{0.75}} \tag{3.39}$$

或

$$v_c = \frac{C_V}{T^{0.2} f^{0.44} a_p^{1.33}} \tag{3.40}$$

式中　C_V—— 切削速度系数,与切削条件有关,可查阅切削用量手册。

由式(3.39)可知:如果其他切削条件不变,则

① 只切削速度 v_c 提高 1 倍,刀具使用寿命 T 将降低到原来的 3%。

② 只进给量 f 提高 1 倍,刀具使用寿命将降低到原来的 21%。

③ 只背吃刀量 a_p 提高 1 倍,刀具使用寿命仅降低到原来的 59%。

不难看出,在切削用量三要素中,切削速度 v_c 对刀具使用寿命的影响最大,进给量 f 次之,背吃刀量 a_p 的影响最小,这与三者对切削温度的影响顺序完全一致。

从减小刀具磨损的角度出发,提高生产效率优选切削用量的顺序应为:首先选取大的背吃刀量 a_p,其次根据加工条件与加工要求选取尽可能大的进给量 f,最后在刀具使用寿命或机床功率允许的情况下选取合理的切削速度 v_c。

由于切削温度对刀具磨损有决定性的影响,因此凡是影响切削温度的因素都影响刀具磨损,因而也影响刀具使用寿命。

3.4.5　刀具合理使用寿命的制定

1.概念

如前所述,刀具使用寿命与切削用量有密切关系,所以刀具使用寿命直接影响生产效率和加工成本。从生产效率考虑,刀具使用寿命制定过长,切削速度就会过低,加工工时增加,

因而生产效率降低；刀具使用寿命制定过短，这时切削速度虽然可以很高，机动工时会减少，但换刀次数增多，所以在制总时间不但不会减少，反而会增加，即生产效率反会降低。这样就存在一个生产效率为最高时的刀具使用寿命及相应的切削速度（见图3.67）。

同样，从加工成本考虑，若刀具使用寿命制定过长，切削速度必然很低，机动工时增长，使得机床费用和人工费用增加，因而成本提高；反之，虽然切削速度提高，但与此相应的换刀次数增多，刀具消耗及与刃磨有关的费用也增加，加

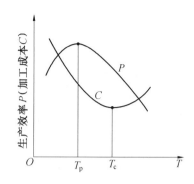

图 3.67　刀具使用寿命对生产效率与加工成本的影响

工成本也提高。由此可见，也存在一个加工成本为最低时的刀具使用寿命及相应的切削速度。

不难看出，合理的刀具使用寿命应根据优化目标来确定。一般可分为最高生产效率使用寿命和最低成本使用寿命两种，前者根据单件工时最少的目标确定，后者根据工序成本最低的目标确定。

2. 最高生产效率使用寿命 T_p

最高生产效率使用寿命是指单件机动工时最少或单位时间加工零件最多的刀具使用寿命，以 T_p 表示。

设单件的工序工时为 t_w，则

$$t_w = t_m + t_{ct} \frac{t_m}{T} + t_{ot} \tag{3.41}$$

式中　t_m——单件的工序切削时间（机动工时）；

t_{ct}——换刀一次所消耗的时间；

t_m / T——换刀次数；

t_{ot}——除换刀时间外的其他辅助时间。

设走刀长度为 L，工件切削部分长度为 l_w，工件转数为 n_w，工件直径为 d_w，单边加工余量为 h（见图3.68），则工序切削时间 t_m 为

$$t_m = \frac{L}{n_w f} \frac{h}{a_p} = \frac{\pi d_w L h}{10^3 v_c a_p f} \tag{3.42}$$

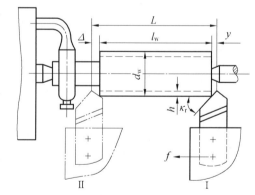

图 3.68　外圆纵车机动工时的计算

将式（3.35）代入式（3.41）中，可得

$$t_m = \frac{\pi d_w L h}{10^3 C_0 a_p f} T^m \tag{3.43}$$

因为 a_p 及 f 均已选定，故式（3.43）中除 T^m 外均为常数，设该常数项为 A，则有

$$t_m = A T^m \tag{3.44}$$

将式（3.44）代入式（3.41）中，得

$$t_w = AT^m + t_{ct} AT^{m-1} + t_{ot} \tag{3.45}$$

要使单件机动工时最少,可令 $dt_w/dT = 0$,即

$$\frac{dt_w}{dT} = mAT^{m-1} + t_{ct}(m-1)AT^{m-2} = 0$$

故

$$T = (\frac{1-m}{m})t_{ct} = T_p \tag{3.46}$$

由式(3.46)可知,当刀具耐热性较差(m 值较小)以及换刀时间 t_{ct} 较长时,为了保证最高生产效率,刀具使用寿命必须制定长些。

3. 最低成本使用寿命 T_c

最低成本使用寿命是指单件(或工序)成本最低时的刀具使用寿命,以 T_c 表示。

设单件的工序成本为 C,则

$$C = t_m M + t_{ct} \frac{t_m}{T}M + \frac{t_m}{T}C_t + t_{ot}M \tag{3.47}$$

式中 M——该工序单位时间分担的全厂开支;

C_t——一次磨刀费用(包括刀具成本及折旧费)。

令 $dC/dT = 0$,即得最低成本使用寿命 T_c

$$T = \frac{1-m}{m}(t_{ct} + \frac{C_t}{M}) = T_c \tag{3.48}$$

比较式(3.46)和式(3.48)可知,最高生产效率使用寿命 T_p 比最低成本使用寿命 T_c 短。在实际生产中,究竟采用哪种使用寿命,需综合考虑生产任务和生产能力而定。一般情况下,从节省开支的角度应多采用最低成本使用寿命;只有当生产任务紧迫或生产中出现节拍不平衡时,才采用最高生产效率使用寿命。

4. 刀具合理使用寿命的制定

上述分析表明,在一定切削条件下,并不是刀具使用寿命越长越好。刀具合理使用寿命的制定要综合考虑各种因素的影响,不可一概而论。一般刀具使用寿命的制定可遵循以下原则:

(1) 根据刀具的复杂程度、制造和刃磨成本的高低来制定。铣刀、齿轮刀具、拉刀等结构复杂,制造与刃磨成本高,换刀时间也长,因而使用寿命应制定长些(例如硬质合金铣刀 $T = 120 \sim 180$ min,齿轮刀具 $T = 200 \sim 300$ min);反之普通机床上使用的车刀与钻头等刀具,因刃磨简便及成本低,使用寿命可制定短些。例如硬质合金车刀 $T = 60$ min,高速钢钻头的 $T = 80 \sim 120$ min。可转位车刀因不需刃磨、换刀时间又短,应充分发挥其切削性能,T 可制定更短些,如 $T = 15 \sim 30$ min。

(2) 多刀机床上的车刀、组合机床上的钻头、丝锥与铣刀以及数控机床与加工中心上的刀具,使用寿命应制定长些,以保证稳定性和可靠性。

(3) 精加工大型工件时,为避免切削同一表面时中途换刀,使用寿命应制定得长些以保证至少能完成一次走刀。

(4) 车间内某一工序的生产效率限制了整个车间生产效率的提高时,该工序的刀具使用寿命应制定短些;当某工序单位时间内分担的全厂开支较多时,刀具使用寿命也应制定短些。

3.5　改善工件材料的切削加工性

3.5.1　工件材料的切削加工性

1. 概念

工件材料的切削加工性是指在一定切削条件下工件材料切削加工的难易程度,这种难易程度是相对的,是相对于某种工件材料而言,而且随着加工方式、加工性质和具体加工条件的不同而不同。比如纯铁的粗加工可算容易,但精加工时表面粗糙度很难达到要求;钛合金车削加工不算很困难,但小孔攻丝因扭矩太大常使丝锥折断,显得很困难;不锈钢在普通车床上加工问题不大,但在自动化生产时因不断屑会使生产中断等。显然,上述各种情况下的切削加工性是不同的,其相应的衡量指标也各不相同。

2. 衡量指标

衡量切削加工性的指标因加工情况不同而不尽相同,可归纳为以下几种:

(1) 以刀具使用寿命衡量切削加工性

在相同切削条件下,刀具使用寿命长,工件材料的切削加工性好。

(2) 以切削速度衡量切削加工性

在刀具使用寿命 T 相同的前提下,切削某种材料允许的切削速度 v_T 高,切削加工性好;反之 v_T 低,切削加工性差。如取刀具使用寿命 $T = 60$ min,则可写为 v_{60}。

生产中常用相对切削加工性 K_v 来衡量,K_v 是以强度 $\sigma_b = 0.598$ GPa 的 45 钢(正火)的 v_{60} 为基准[写作$(v_{60})_j$],其他待切削材料的 v_{60} 与之相比的数值,即

$$K_v = v_{60}/(v_{60})_j \tag{3.49}$$

K_v 越大,切削加工性越好;反之 K_v 越小,切削加工性越差。常用材料的相对切削加工性分为 8 级,见表 3.11。

表 3.11　工件材料相对切削加工性等级

加工性等级	名称及种类		粗对加工性 K_v	代表性工件材料
1	很容易切削材料	一般有色金属	> 3.0	5 - 5 - 5 铜铅合金、9 - 4 铝铜合金、铝镁合金
2	容易切削材料	易削钢	2.5 ~ 3.0	退火 15Cr $\sigma_b = 0.373 \sim 0.441$ GPa 自动机钢 $\sigma_b = 0.392 \sim 0.490$ GPa
3		较易削钢	1.6 ~ 2.5	正火 30 钢 $\sigma_b = 0.441 \sim 0.549$ GPa
4	普通材料	一般钢及铸铁	1.0 ~ 1.6	45 钢、灰铸铁、结构钢
5		稍难切削材料	0.65 ~ 1.0	2Cr13 调质 $\sigma_b = 0.834$ GPa 85 钢轧制 $\sigma_b = 0.883$ GPa
6	难切削材料	较难切削材料	0.5 ~ 0.65	45Cr 调质 $\sigma_b = 1.03$ GPa 65Mn 调质 $\sigma_b = 0.932 \sim 0.981$ GPa
7		难切削材料	0.15 ~ 0.5	50CrV 调质,1Cr18Ni9Ti 未淬火,α 相钛合金
8		很难切削材料	< 0.15	β 相钛合金,镍基高温合金

（3）以切削力或切削温度衡量切削加工性

在相同切削条件下,切削力大或切削温度高,则切削加工性差。机床动力不足时常用此指标。

（4）以加工表面质量衡量切削加工性

用此标准易获得好的加工表面质量,切削加工性好。精加工时常用此指标。

（5）以断屑性能衡量切削加工性

在自动车床、组合机床及自动生产线上,或者对断屑性能有很高要求的工序(如深孔钻削或盲孔镗削)常用该指标。

3.影响因素

影响工件材料切削加工性的因素很多,下面仅就工件材料的物理力学性能、化学成分与金相组织对切削加工性的影响加以说明。

（1）材料的物理力学性能的影响

① 材料硬度,包括常温硬度、高温硬度、硬质点及加工硬化。

一般情况下,同类材料中硬度高的切削加工性差。这是因为材料硬度高时,切屑与前刀面的接触长度小,前刀面上应力大,摩擦热量集中在较小的刀－屑接触面上,切削温度高,刀具磨损加剧。如冷硬铸铁的硬度(50 HRC 以上) 较灰铸铁的硬度(21 HRC) 高,所以前者比后者难加工。

工件材料的高温硬度高,切削过程中材料的硬度下降较少。这样刀具与工件的硬度差就小,切削加工性不好。如高温合金的切削加工性差,这是重要原因。

此外,工件材料中的硬质点多、加工硬化严重,则切削加工性也差。但是,也不能简单地说材料的硬度越低越好加工,例如纯铁与纯铜的硬度虽然低,但塑性很大,切削加工性并不好。

② 材料强度,包括常温强度和高温强度。

工件材料的常温强度高,切削力大,切削温度高,刀具磨损。所以一般情况下,工件材料的强度越高,切削加工性越差。

工件材料的高温强度越高,切削加工性越差。如 20CrMo 合金钢室温的 σ_b 比 45 钢(598 MPa) 稍低,但600 ℃时的 σ_b 反比 45 钢(180 MPa)高,仍达 400 MPa,因此它的切削加工性较 45 钢差。

③ 材料的塑性与韧性。材料的塑性以延伸率 δ 表示,δ 值越大,塑性越大。材料的韧性以冲击韧性 a_k 表示,a_k 值越大,表示材料在破断之前吸收的能量越多。

工件材料的强度相同时,塑性大,切削变形大,消耗的变形功越多,切削力越大,切削温度也高,且易与刀具发生粘结,刀具磨损越大,加工表面粗糙。因此工件材料塑性越大,切削加工性越差。一般来讲,纯金属的塑性高于合金,切削加工性差。但塑性过小,刀具与切屑的接触长度短,切削力和切削热均集中在刀具刃口附近,也将使刀具磨损加剧。由此可知,塑性过大或过小(脆性)都使切削加工性变差。

材料的韧性越大,消耗切削功越多,切削力越大,且韧性对断屑影响较大,故韧性越大,切削加工性越差。

④ 材料的导热系数。工件材料的导热系数越大,由切屑带走的和由工件传导的热量越多,越有利于降低切削区温度,因此切削加工性好。不锈钢及高温合金的导热系数很小,仅为

45 钢的 1/3 ～ 1/4，故这类材料的切削加工性差。但导热系数大的材料，切削加工时，尺寸精度的控制较困难。

另外，材料的线膨胀系数、弹性模量也影响切削加工性。

(2) 材料化学成分的影响

① 对钢的切削加工性的影响。化学成分是通过对材料的物理力学性能的影响而影响切削加工性的。

i 碳。钢的强度与硬度一般随的碳质量分数的增加而增高，而塑性和韧性随碳的质量分数的增加而降低。高碳钢（$w(C) > 0.5\%$）的强度与硬度较高，切削力较大，刀具易磨损；低碳钢（$w(C) < 0.15\%$）的塑性与韧性较高，不易断屑，加工表面粗糙度值大，也均给切削加工带来困难。中碳钢（$w(C) = 0.35\% ～ 0.45\%$）介于二者之间，切削加工性较好。

ii 合金元素。为了改善钢的性能，要加入一些合金元素，如铬（Cr）、镍（Ni）、钒（V）、钼（Mo）、钨（W）、锰（Mn）、硅（Si）和铝（Al）等。其中 Cr、Ni、V、Mo、W 及 Mn 等元素大都能提高钢的强度和硬度；Si 和 Al 等元素容易形成氧化铝和氧化硅等硬质点而使刀具磨损加剧。这些元素含量较低时（一般以 $w(c) = 0.3\%$ 为限），对钢的切削加工性影响不大，超过这个含量，对钢的切削加工性不利。

在钢中加入微量硫（S）、硒（Se）、铅（Pb）、铋（Bi）及钙（Ca）等元素会在钢中形成夹杂物，常使钢脆化，或起润滑作用（如 MnS），减轻刀具磨损，改善材料的切削加工性。加入磷（P）虽然使钢的强度与硬度有所提高，但可使韧性与塑性显著降低，有利于断屑。

图 3.69 是各种元素对结构钢切削加工性的影响关系。

② 对铸铁的切削加工性的影响。材料的化学成分，即合金元素是以促进还是阻碍碳的石墨化来影响切削加工性的。铸铁中的碳元素常以两种形态存在：或与铁结合成高硬度碳化铁（Fe_3C），或作为硬度低且润滑性能好的游离石墨。当碳以石墨形态存在时，刀具磨损较小，而以碳化铁形态存在时，因其硬度高，刀具磨损加剧。因此应按碳化铁与石墨的含量来衡量铸铁的切削加工性。合金元素 Si、Al、Ni、Cu、Ti 等能促进碳的石墨化，故能提高铸铁的切削加工性；反之，Cr、V、Mn、Mo、P、Co、S 等是阻碍碳石墨化的，故会降低铸铁的切削加工性。

(3) 材料金相组织的影响

金相组织是决定材料物理力学性能的重要因素之一。化学成分相同的材料，若其金相组织不同，其切削加工性也必然不同。

① 金相组织对钢的切削加工性的影响。图 3.70 为各种金相组织的 $v_c - T$ 关系。金相组织对切削加工性有直接影响。一般情况下，钢中铁素体与珠光体的比例影响钢的切削加工性。铁素体塑性大，珠光体硬度高，马氏体比珠光体更硬，故珠光体含量少者，允许的 v_c 高，T 长，切削加工性好；而马氏体含量高者，切削加工性差。

另外，金相组织的形状与大小也影响切削加工性。如珠光体有球状、片状和针状之分，球状硬度较低，易加工；而针状硬度高，不易加工，即切削加工性差。

② 金相组织对铸铁切削加工性的影响。按金相组织的不同，铸铁分为白口铁、麻口铁、灰铸铁和球墨铸铁。它们的硬度依次递减，塑性依次增高，其切削加工性依次变好。各种铸铁组织及其相对加工性见表 3.12。

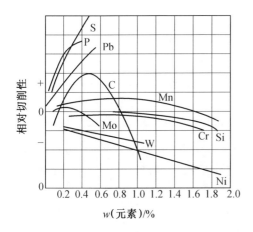

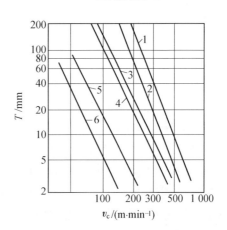

图 3.69　各元素对结构钢切削加工性的影响
+ 表示加工性改善；－ 表示加工性变差

图 3.70　钢中各种金相组织的 v_c – T 的关系
1—10% 珠光体；2—30% 珠光体；3—50% 珠光体；
4—100% 珠光体；5—回火马氏体（300 HBS）；
6— 回火马氏体（400 HBW）

表 3.12　铸铁组织及其加工性

铸铁种类	铸铁组织	硬度 HBS	延伸率 δ/%	相对加工性 K_v
白口铁	细粒珠光体 + 碳化铁等碳化物	600	—	难切削
麻口铁	粗粒珠光体 + 少量碳化铁	263	—	0.4
珠光体灰铸铁	珠光体 + 石墨	225	—	0.85
灰铸铁	粗粒珠光体 + 石墨 + 铁素体	190	—	1.0
铁素体灰铸铁	铁素体 + 石墨	100	—	3.0
球墨铸铁（或可锻铸铁）	石墨为球状（白口铁经长时间退火后变为可锻铸铁，碳化物析出球状石墨）	265	2	0.6
		215	4	0.9
		207	17.5	1.3
		180	20	1.8
		170	22	3.0

3.5.2　改善工件材料切削加工性的途径

化学成分和金相组织对工件材料切削加工性的影响很大，故应从这两个方面着手改善工件材料的切削加工性。

1. 调整化学成分

在不影响材料使用性能的前提下，可在钢中适当添加一种或几种合金元素（如 S、Pb、Ca、P 等）而获得易切钢。易切钢的良好切削加工性表现在：切削力小，易断屑，刀具使用寿命长，加工表面质量好。

例如，硫易切钢是以碳钢为基材，加入 $w(S) = 0.1\%$ ～ 0.35%，因 FeS 在晶界上析出会引起热脆性，故应同时加入少量 Mn。硫与锰形成 MnS 及硫与铁形成的 FeS 质地软，可减小刀具磨损,减小表面粗糙度值。

还有铅易切钢和钙易切钢等,都是通过调整化学成分获得的。

2. 改变金相组织

金相组织不同,切削加工性也不同,因此可通过热处理来改变金相组织,达到改善工件材料切削加工性的目的。

材料的硬度过高和过低,切削加工性均不好,生产中常采用预先热处理,目的在于通过改变硬度来改善切削加工性。例如,低碳钢经正火处理或冷拔处理,使塑性减小,硬度略有提高,从而改善切削加工性;高碳钢通过球化退火使硬度降低,有利于切削加工;中碳钢常采用退火处理,以降低硬度,改善切削加工性。白口铸铁在 950 ~ 1 000 ℃ 下经长期退火处理,使其硬度大大降低,变成可锻铸铁,从而改善切削加工性。

3.6　合理选用切削液

切削过程中,合理使用切削液(或称冷却润滑液),可以减小刀具与切屑、刀具与工件表面的摩擦,降低切削力和切削温度、减小刀具磨损及提高加工表面质量。但作为切削液应具备一些基本性能。

3.6.1　切削液应具备的基本性能

（1）冷却性能

作为切削液首先应具备良好的冷却性能,以把切削过程中生成的热量最大限度地带走,降低切削区温度。

切削液冷却性能的好坏,主要取决于导热系数、比热容、汽化热、汽化速度、使用的流量和流速等。一般水溶液的冷却性能最好,油类最差(见表 3.13)。

表 3.13　水与油性能比较

切削液种类	导热系数 k/ $(W \cdot m^{-1} \cdot ℃^{-1})$	比热容 / $(J \cdot kg^{-1} \cdot ℃^{-1})$	汽化热 / $(J \cdot g^{-1})$
水	0.628	4 190	2 260
油	0.126 ~ 0.210	1 670 ~ 2 090	167 ~ 314

（2）润滑性能

切削液的润滑性能是指它减小前刀面与切屑、后刀面与加工表面间摩擦的能力。

两种金属表面间的摩擦通常有三种状态:一种是干摩擦,它只发生在绝对清洁的两表面间;第二种是流体润滑摩擦,它由油膜把两个摩擦表面完全分离开来;第三种是介于前两种之间的边界摩擦,即两摩擦表面没有完全被油膜分开,而在部分凸出点处直接接触。在金属切削过程中,刀具前刀面与切屑、后刀面与加工表面间的摩擦大多属于边界润滑摩擦,这时摩擦是由两种粗糙金属的表面相互剪切和切削液黏性剪切共同造成的,如图 3.71 所示。

在边界润滑摩擦条件下,切削液主要由刀具与切屑侧面渗入到前刀面。这是因为:在刀具的前刀面逆着切屑流动方向上,切削液很难渗入刀 – 屑接触面,而后刀面上又存在较大的正应力,若想让切削液沿着后刀面且绕过切削刃渗入到前刀面接触区也是极为困难的;而侧面则可依靠切屑与前刀面间存在的微小间隙所形成的毛细管作用及刀 – 屑间的相对振动产生的泵吸作用而渗进切削液。

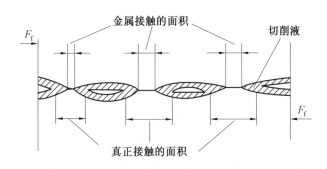

图 3.71　金属间的边界润滑摩擦

由此可见,切削液润滑性能的好坏主要取决本身的渗透性、成膜能力和所形成润滑膜的强度。

切削液的渗透性取决于流体的表面张力、黏度及与金属的化学亲和力。表面张力和黏度越大,渗透性能越差,润滑性能也越差。

润滑膜的强度取决于切削液的油性。在切削过程中,润滑膜由物理吸附和化学吸附两种方式形成。物理吸附主要靠切削液中加入油性添加剂来加强。但油性添加剂与金属形成的吸附膜只能在低温下(200 ℃以内)起到较好的润滑作用,高温下油膜将被破坏。而化学吸附主要靠硫、氯等极压添加剂与金属表面起化学反应,从而形成化学润滑薄膜。这种润滑膜在高温下(如切削难加工材料和高速切削时)仍具有良好的润滑效果。

(3) 清洗性能

切削加工中产生细碎切屑(如切铸铁)或磨料微粉(如磨削)时,要求切削液具有良好的清洗性能,以清除粘附的碎屑与磨粉,减少刀具或砂轮的磨损,防止划伤工件的已加工表面及机床导轨。

清洗性能的好坏,主要取决于切削液的渗透性、流动性和使用压力与流量。加入剂量较大的表面活性剂和少量矿物油,且采用大稀释比(水占95% ~ 98%),可增强切削液的渗透性和流动性。

(4) 防锈性能

切削液应具备一定的防锈性能,以减小周围介质对机床、刀具及工件的腐蚀,在气候潮湿地区,这一性能更为重要。防锈性能的好坏,主要取决于切削液本身的成分。为提高防锈能力,常加入防锈添加剂。

3.6.2　切削液的种类

常用切削液分为水溶液、切削油及乳化液三大类。

(1) 水溶液

水溶液的主要成分是水,冷却性能好,若配成透明状液体,还便于操作者观察。但纯水易使金属生锈,润滑性能也差,故使用时常加入适当的添加剂,使其既保持冷却性能又有良好的防锈性能及一定的润滑性能。

(2) 切削油

切削油主要成分是矿物油(如机油、轻柴油及煤油)、动植物油(猪油与豆油等)和混合油,这类切削液的润滑性能好。

纯矿物油难以在摩擦界面上形成坚固的润滑膜,润滑效果一般。实际使用时,常加入油性、极压和防锈添加剂,以提高润滑和防锈性能。

动植物油适于低速精加工,但因其是食用油且易变质,最好不用或少用。

(3) 乳化液

乳化液是用 95% ~ 98% 的水将矿物油、乳化剂和添加剂配制成的乳化油膏稀释而成,外观呈乳白色或半透明,具有良好的冷却性能。因含水量大,润滑与防锈性能较差,常加入一定量的油性、极压添加剂和防锈添加剂,配制成极压乳化液和防锈乳化液。

在配制乳化油膏时,为使油与水均匀稳定地混合在一起,须加入表面活性剂(乳化剂)。表面活性剂的分子是由亲水的极性基团和亲油的非极性基团两部分组成。油与水本是互不相溶的,加入表面活性剂后,它能定向地排列在油水界面上,极性端朝水、非极性端朝油,把水和油连接起来,降低了油水界面的张力,使油以微小颗粒稳定地分散在水中,形成稳定的水包油(O/W)乳化液(见图 3.72(a)),这时水为连续相或外相,油为不连续相或内相,反之就是油包水(W/O)乳化液(见图 3.72(b))。切削加工中应用的是水包油乳化液。

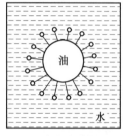
(a)水包油乳化液

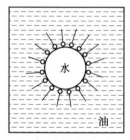
(b)油包水乳化液

图 3.72   乳化液示意图

为了改善切削液的性能所加入的化学物质称为添加剂,常用的添加剂见表 3.14。也可将切削液分为水溶性和非水溶性两大类。

表 3.14   切削液中的添加剂

分　　类			添　　加　　剂
油性添加剂			动植物油,脂肪酸及其皂、脂肪醇、酯类、酮类、胺类等化合物
极压添加剂			硫、磷、氯、碘等有机化合物,如氯化石蜡、二烷基二硫代磷酸锌等
防锈添加剂	水溶性		亚硝酸钠、磷酸三钠、磷酸氢二钠、苯甲酸钠、三乙醇胺等
	油溶性		石油碘酸钠、环烷酸锌、二壬基萘磺酸钡等
防霉添加剂			苯酚、五氯酚、硫柳汞等化合物
抗泡沫添加剂			二甲基硅油
助溶添加剂			乙醇、正丁醇、苯二甲酸酯、乙二醇醚等
乳化剂	(表面活性剂)	阴离子型	石油磺酸钠、油酸钠皂、松香酸钠皂、高碳酸钠皂、磺化蓖麻油、油酸、三乙醇胺等
		非离子型	平平加(聚氧乙烯脂肪醇醚)、司本(山梨糖醇油酯)、吐温(聚氧乙烯山梨糖醇油酸酯)
	乳化稳定剂		乙二醇、乙醇、正丁醇、二乙二醇单正丁基醚、二甘醇、高碳醇、苯乙醇胺、三乙醇胺

3.6.3　切削液的合理使用

切削液的种类很多,性能各异,应根据工件材料、刀具材料、加工方法和加工要求合理选用。一般选用原则如下:

(1) 粗加工

粗加工时切削用量较大,产生大量的切削热,容易导致高速钢刀具迅速磨损。这时宜选用冷却性能为主的切削液(如浓度为 3% ~ 5% 的乳化液),以降低切削温度。

硬质合金刀具的耐热性好,一般不用切削液。在重型切削或切削特殊材料时,为防止高温下刀具发生粘结磨损和扩散磨损,可选用低浓度的乳化液和水溶液,但必须连续充分地浇注,不可断断续续,以免因冷热不均产生很大的热应力,使刀具因热裂而损坏。

在低速切削时,刀具以硬质点磨损为主,宜选用以润滑性能为主的切削油;在较高速度下切削时,刀具主要是热磨损,要求切削液具有良好的冷却性能,宜选用水溶液和乳化液。

(2) 精加工

精加工以减小工件表面粗糙度值和提高加工精度为目的,因此应选用润滑性能好的切削液。

加工一般钢件时,切削液应具有良好的润滑性能和一定的冷却性能。高速钢刀具在中、低速下(包括铰削、拉削、螺纹加工、插齿与滚齿加工等),应选用极压切削油或高浓度极压乳化液。硬质合金刀具精加工时,采用的切削液与粗加工时基本相同,但应该提高其润滑性能。

加工铜、铝及其合金和铸铁时,可选用高浓度的乳化液。但应注意,因硫对铜有腐蚀作用,因此切削铜及其合金时不能选用含硫切削液。加工铸铁床身导轨时,用煤油作切削液效果不错,但浪费能源。

(3) 难加工材料加工

切削高强度钢与高温合金等难加工材料时,由于材料中所含硬质点多、导热系数小,加工均处于高温高压的边界润滑摩擦状态,因此宜选用润滑和冷却性能均好的极压切削油或极压乳化液。

(4) 磨削加工

磨削速度高,磨削温度高,热应力会使工件变形,甚至产生裂纹,且磨削产生的碎屑会划伤已加工表面和机床滑动表面,所以宜选用冷却和清洗性能好的水溶液或乳化液。但磨削难加工材料时,宜选用润滑性能好的极压乳化液和极压切削油。

(5) 封闭和半封闭容屑加工

钻削、攻丝、铰孔和拉削等加工的容屑属封闭或半封闭方式,需要切削液有较好的冷却、润滑及清洗性能,以减少刀 – 屑摩擦生热并带走切屑,宜选用乳化液、极压乳化液和极压切削油。

常用切削液的选用可参考表 3.15。

表 3.15　常用切削液的选用

工件材料		碳钢、合金钢		不锈钢		高温合金		铸铁		铜及其合金		铝及其合金	
刀具材料		高速钢	硬质合金	高速钢	硬质合金	高速钢	硬质合金	高速钢	硬质合金	高速钢	硬质合金	高速钢	硬质合金
加工方法 车	粗加工	3,1,7	0,3,1	4,2,7	0,4,2	2,4,7	0,2,4	0,3,1	0,3,1	3	0,3	0,3	0,3
	精加工	3,7	0,3,2	4,2,8,7	0,4,2	2,8,4	0,4,2,8	0,6	0,6	3	0,3	0,3	0,3
铣	粗加工	3,1,7	0,3	4,2,7	0,4,2	2,4,7	0,2,4	0,3,1	0,3,1	3	0,3	0,3	0,3
	精加工	4,2,7	0,4	4,2,8,7	0,4,2	2,8,4	0,2,4,8	0,6	0,6	3	0,3	0,3	0,3
钻孔		3,1	3,1	8,7	8,7	2,8,4	2,8,4	0,3,1	0,3,1	3	0,3	0,3	0,3
铰孔		7,8,4	7,8,4	8,7,4	8,7,4	8,7	8,7	0,6	0,6	5,7	0,5,7	0,5,7	0,5,7
攻丝		7,8,4	—	8,7,4	—	8,7	—	0,6	—	5,7	—	0,5,7	—
拉削		7,8,4		8,7,4		8,7		0,3		3,5		0,3,5	
滚齿、插齿		7,8	—	8,7		8,7		0,3		5,7		0,5,7	

工件材料		碳钢、合金钢	不锈钢	高温合金	铸铁	铜及其合金	铝及其合金
刀具材料		普通砂轮	普通砂轮	普通砂轮	普通砂轮	普通砂轮	普通砂轮
加工方法 外圆磨	粗磨	1,3	4,3	4,2	1,3	1	1
平面磨	精磨	1,3	4,2	4,2	1,3	1	1

注:0— 干切;1— 润滑性不强的水溶液;2— 润滑性较好的水溶液;3— 乳化液;4— 极压乳化液;5— 矿物油;
　　6— 煤油;7— 含硫、含氯的极压切削液或复合油;8— 含硫、氯、氯－磷或硫－氯－磷的极压切削油。

3.6.4　切削液的使用方法

常见切削液的使用方法有浇注法、高压冷却法与喷雾冷却法。

(1) 浇注法

浇注法是应用最多的方法。使用时应注意保证流量充足,浇注位置尽量接近切削区;还应根据刀具的形状和切削刃数目,相应的改变浇注口的形式和数目。切削液的浇注方法如图 3.73 所示。

(2) 高压冷却法

高压冷却法是将切削液以高压力(1 ~ 10 MPa)、大流量(0.8 ~ 2.5 L/S)喷向切削区,常用于深孔加工。该方法的冷却、润滑、清洗与排屑效果均较好,但切削液飞溅严重,需加防护罩。

(3) 喷雾冷却法

喷雾冷却法是利用压力为 0.3 ~ 0.6 MPa 的压缩空气使切削液雾化,并高速喷向切削区,其装置原理如图 3.74 所示。雾化成微小液滴的切削液在高温下迅速汽化,吸收大量切削热,从而可有效地降低切削温度。该方法适于切削难加工材料,但需要专门装置,且噪音较大,还需封闭防护。

(4) 气体射流(小孔喷出)

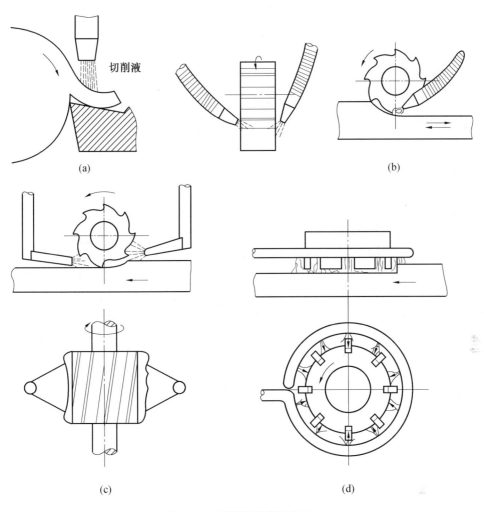

图 3.73　切削液的浇注方法

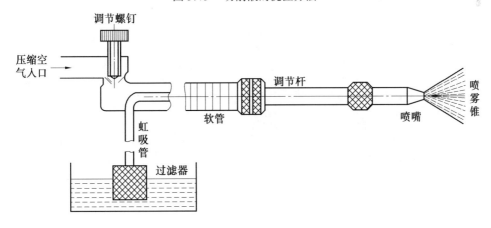

图 3.74　喷雾冷却装置原理图

3.7 刀具合理几何参数的选择

刀具合理几何参数的选择是刀具设计与使用的重要课题,是提高刀具切削性能、加工质量和生产效率的有效途径。

3.7.1 概述

1.概念

刀具几何参数包括刀具几何角度、切削刃形状(刃形)、切削刃区剖面及其参数和刀面及其参数4个方面。

(1) 刀具几何角度

刀具几何角度包括前角 γ_o、后角 α_o、主偏角 κ_r、副偏角 κ_r'、刃倾角 λ_s 和副后角 α_o' 等。

(2) 切削刃形状(简称刃形)

刀具切削刃的形状可为直线、折线、圆弧、月牙弧形与波形等。

(3) 切削刃区剖面及其参数(简称刃区)

图 3.75 为常见的五种刃区剖面形式。

| 锋刃 | 负倒棱 | 消振棱 | 倒圆棱 | 刃带 |

图 3.75 五种刃区剖面形式

(4) 刀面及其参数(简称刀面)

刀面指前刀面与后刀面的形式。为改善切削条件,刀面可制成多种多样,如平面型前刀面,带卷屑槽、断屑槽的前刀面,平面型后刀面,铲背后刀面,双重后刀面等。

2.选择的一般原则

刀具合理几何参数是指在保证加工质量前提下,能使刀具使用寿命最长、生产效率提高或生产成本降低的刀具几何参数。

刀具合理几何参数选择的一般原则如下:

(1) 要考虑工件材料与刀具材料及刀具类型

主要考虑工件和刀具材料的化学成分及物理力学性能、工件毛坯表层情况及工件加工精度和表面质量要求、刀具结构形式(焊接式、整体式、可转位式与机夹式) 等。

(2) 要考虑刀具各几何参数间的相互联系

刀具的各几何参数间是相互联系的,不能孤立的选择某一参数,而应综合统一考虑它们之间的相互作用和影响。例如,选择前角时,至少要考虑卷屑槽型、有无负倒棱及刃倾角正负和大小等的影响,在此基础上,优选出合理的前角值。

(3) 要考虑具体加工条件

主要是指要考虑加工所用的机床、夹具类型、工艺系统刚度及机床功率、切削用量和切削液性能、连续或断续切削等。一般来讲,粗加工时,主要考虑保证刀具使用寿命最长;精加工时,主要保证加工精度和表面质量要求;对加工中心及自动化生产用刀具,主要考虑刀具工作的稳定性及断屑情况;机床刚度或动力不足时,刀具应力求锋利,以减小切削力。

(4) 要考虑刀具锋利性与强度的关系

刀具锋利性与强度是相互矛盾的,要全面考虑,不可顾此失彼。应在保证刀具强度的前提下,力求刀具锋利;在提高切削刃锋利性的同时,采取强化措施保证刀尖和刃区有足够的强度。

3.7.2 刀具合理几何角度及其选择

刀具几何角度是刀具几何参数中最重要的内容,在此主要研究前角、后角、主偏角与刃倾角及合理角度的选择原则。

1. 前角

(1) 前角的功用

前角是刀具的重要几何角度之一,其数值的大小、正负对切削变形、切削力、切削温度、刀具磨损及加工表面质量均有很大影响。

① 影响切削变形。增大前角,可减小切削变形,从而减小切削力。

② 影响切削刃强度及散热。增大前角,会使楔角减小,切削刃强度降低,散热体积减小;过分加大前角,可能导致切削刃处出现弯曲应力,造成崩刃。

③ 影响切屑形态和断屑效果。减小前角,可增大切削变形,使切屑易于脆化断裂。

④ 影响加工表面质量。

可见,前角的大小及正负不能随意确定,通常存在一个使刀具使用寿命为最长的前角,该前角称为合理前角,记为 γ_{opt}。

(2) 选择原则

刀具合理前角主要取决刀具材料和工件材料的性能。

① 刀具材料的抗弯强度及冲击韧性较大时,可选择较大前角。例如,高速钢的抗弯强度及冲击韧性较大,而硬质合金脆性大,怕冲击,易崩刃,故前者的合理前角可比后者选得大些,一般可大 $5° \sim 10°$(见图3.76)。陶瓷刀具的脆性更大,故合理前角选得比硬质合金刀具还要小些。

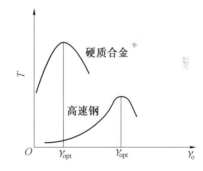

图3.76 不同刀具材料的合理前角

② 工件材料的强度或硬度较高时,宜选用较小前角,以保证刀具刃口强度;反之,宜选用较大前角。

这是因为工件材料强度和硬度较高时,切削力较大,切削温度高,为了增加刃口强度和散热体积,宜选用较小前角;当强度和硬度较低时,切削力较小,刀具不易崩刃,对切削刃的强度要求不高,为使刀具锋利,应选用较大前角。例如,加工中硬钢时 $\gamma_o = 10° \sim 20°$;加工软钢时 $\gamma_o = 30° \sim 35°$。

用硬质合金车刀加工强度很高的钢($\sigma_b \geqslant 0.8 \sim 1.2$ GPa)或硬度很高的淬硬钢,有时需要采用负前角($\gamma_o = -5° \sim -20°$)。工件材料的强度和硬度越高,负前角的绝对值应越大。但负前角会增大切削力(特别是 F_p),易引起机床的振动,因此只有在采用正前角时产生崩刃、工艺系统刚度很大时才采用负前角。

加工塑性较大材料时,应选较大前角;加工脆性材料(如铸铁、青铜)时,宜选较小前角(见图3.77)。

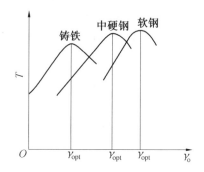

图 3.77 加工不同工件材料的合理前角

切削钢料时切削变形大,切屑与前刀面的接触长度较长,刀－屑间的压力和摩擦力均较大,为了减小切屑变形和摩擦,宜选较大前角。工件材料的塑性越大,前角应选得越大。用硬质合金加工一般钢料时,前角可选为 10° ~ 20°。

切削灰铸铁等脆性材料时,塑性变形很小,切屑呈崩碎状,只是在刃口附近与前刀面接触,且不沿前刀面流动,因而与前刀面的摩擦不大,切削力集中在刃口附近。为了保护切削刃不致损坏宜选较小前角,加工一般灰铸铁,前角可选 5° ~ 15°。

③ 还要考虑其他具体加工条件。例如,粗加工时,特别是断续切削时,切削力和冲击力较大,为保证刃口强度,宜取较小前角;精加工时,为减小切削变形和积屑瘤,提高加工表面质量,宜取较大前角。

在工艺系统刚度较差或机床动力不足时,宜取较大前角以减小切削力;在自动机床上加工时,考虑到刀具使用寿命及工作的稳定性,宜取较小前角。具体数值见表3.16。

表 3.16 硬质合金车刀合理前角参考值

工件材料	合理前角 γ_{opt}	
	粗车	精车
低碳钢 A3	20° ~ 25°	25° ~ 30°
中碳钢 45(正火)	15° ~ 20°	20° ~ 25°
合金钢 40Cr(正火)	13° ~ 18°	15° ~ 20°
淬火 45 钢(45 ~ 50 HRC)	$-15° \sim -5°$	
不锈钢(奥氏体 1Cr18Ni9Ti)	15° ~ 20°	20° ~ 25°
灰铸铁(连续切削)	10° ~ 15°	5° ~ 10°
铜及铜合金(脆,连续切削)	10° ~ 15°	5° ~ 10°
铝及铝合金	30° ~ 35°	35° ~ 40°
钛合金 $\sigma_b \leq 1.17$ GPa	5° ~ 10°	

(3) 采用负倒棱强化切削刃

刀具前角增大,虽然可以减小切削变形和切削力,但往往受到刃口强度的限制。在正前角的前刀面上磨出倒棱(见图3.78)是较好的解决办法。倒棱面可为负前角、零前角或小正前角,但实际多为负倒棱(见图3.78(a))。

倒棱的主要作用是增强刃口,减少刀具破损。这对脆性较大的刀具材料(如硬质合金和陶瓷)在粗加工或断续切削时,减少崩刃和提高刀具使用寿命有很明显的效果(使用寿命可提高 1～5 倍)。用陶瓷刀具铣削淬硬钢时,没有倒棱刃口的刀具是不能用来加工的。此外,刀具倒棱处的楔角较大,散热条件也得到了改善。

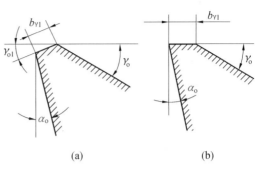

图 3.78　前刀面上的倒棱

2. 后角

(1) 后角的功用

后角的主要功用就是减小后刀面与加工表面的摩擦,从而影响加工表面质量和刀具使用寿命。

① 增大后角,可减小加工表面的弹性层与后刀面的接触长度,从而减小与后刀面的摩擦,即刀具磨损。

② 增大后角,楔角减小,切削刃钝圆半径 r_n 减小,刃口锋利。

③ 后刀面磨钝标准 VB 相同时,后角大的刀具重磨时, 磨去的金属体积大 (见图 3.79(a));反之,磨去的金属体积小。

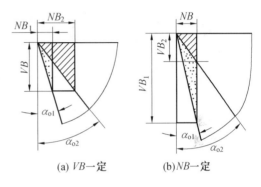

图 3.79　后角对刀具材料磨去体积的影响

但后角太大时,楔角减小太多,会降低刃口强度和散热能力,使刀具使用寿命缩短。同前角一样,使刀具使用寿命最长时的后角值称为合理后角,记为 α_{opt}。

(2) 选用原则

合理后角的大小主要取决于加工性质(粗加工或精加工),还与一些具体切削条件有关。选择原则如下:

① 精加工时切削厚度较小,宜取较大后角;反之,粗加工时切削厚度较大,宜取较小后角(见图 3.80)。这是因为当切削厚度很小时,刀具的磨损主要发生在后刀面上,为了减小后刀面磨损和增加切削刃锋利程度,宜取较大后角;当切削厚度较大时,前刀面的负荷大,前刀面的月牙洼磨损比后刀面磨损显著,宜取较小后角,以增强刃口及改善散热条件。

② 与工件材料性能有关。工件材料塑性与韧性大,容易产生加工硬化,为了减小后刀面磨损,应选用较大后角;加工钛合金时,由于它的弹性恢复较大,加工硬化又严重,宜取较大后角。

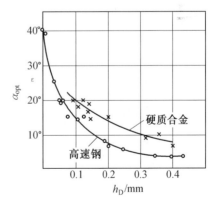

图 3.80　刀具合理后角与切削厚度的关系

③ 工艺系统刚度差、易产生振动时,应选用较小后角,以增大后刀面与加工表面的接触面积,增强刀具的阻尼作用;还可以在后刀面上磨出刃带或消振棱(见图 3.81),对加工表面起一定的熨压作用,提高加工表面质量。

④ 对定尺寸刀具(如圆孔拉刀及铰刀),宜取较小后角,可延长刀具使用寿命。

硬质合金车刀合理后角的具体数值见表 3.17。

副后角 α_o' 的作用是减小副后刀面与已加工表面的摩擦。一般车刀的 $\alpha_o = \alpha_o'$;切断刀和切槽刀的副后角,由于受结构强度和刃磨后尺寸变化的影响,只能取得很小,一般取 $\alpha_o' = 1° \sim 2°$(见图 3.82)。

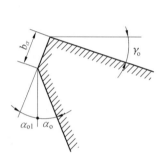

图 3.81　车刀的消振棱

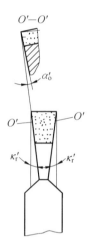

图 3.82　切断刀副后角和副偏角

表 3.17　硬质合金车刀合理后角参考值

工件材料	合理后角	
	粗车	精车
低碳钢 A3	8° ~ 10°	10° ~ 12°
中碳钢 45(正火)	5° ~ 7°	6° ~ 8°
合金钢 40Cr(正火)	5° ~ 7°	6° ~ 8°
淬火 45 钢(45 ~ 50 HRC)	12° ~ 15°	
不锈钢(奥氏体 1Cr18Ni9Ti)	6° ~ 8°	8° ~ 10°
灰铸铁(连续切削)	4° ~ 6°	6° ~ 8°
铜及铜合金(脆,连续切削)	4° ~ 6°	6° ~ 8°
铝及铝合金	8° ~ 10°	10° ~ 12°
钛合金 $\sigma_b \leqslant 1.17$ GPa	10° ~ 15°	

3. 主(副) 偏角

(1) 主偏角的功用

① 影响残留面积高度。增大主偏角和副偏角,使加工表面粗糙度值增大 $\left(Ra = \dfrac{f}{4(\cot k_r + \cot k_r')} \right)$。

② 影响切削层尺寸和刀尖强度及断屑效果。在背吃刀量和进给量一定时,减小主偏角将使切削厚度减小($h_D = f \cdot \sin \kappa_r$),切削宽度增大($b_D = a_p/\sin \kappa_r$),从而使切削刃单位长

度上的负荷减轻;同时,主偏角或副偏角减小,使刀尖角 ε_r 增大,刀尖强度增加,散热条件得到改善,增长了刀具使用寿命;反之,增大主偏角,使切屑变得窄而厚,有利于断屑。

③ 影响各切削分力比值。减小主偏角,背向力 F_p 增大($F_p = F_D \cos \kappa_r$),进给力 F_f 减小($F_f = F_D \sin \kappa_r$)。

（2）主偏角的选用原则

如前所述,从刀具使用寿命出发主偏角选小为宜;选取小主偏角还可以减小残留面积高度,即减小表面粗糙度值,但主偏角小会导致背向力 F_p 增大,甚至引起振动。因此也存在一个使刀具使用寿命最长的合理主偏角(图 3.83 中硬质合金刀具的合理主偏角为 60°)。

由此可知,合理主偏角选择的原则主要应根据工艺系统刚度,兼顾工件材料硬度和工件形状等要求。

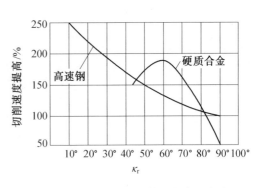

图 3.83　主偏角对刀具使用寿命的影响

① 当工艺系统刚度足够时,应选用较小主偏角,以增长刀具使用寿命,提高加工表面质量;当系统刚度较差时,则应选用较大主偏角,以减小背向力 F_p。

② 加工很硬的工件材料(如冷硬铸铁、淬硬钢)时,宜取较小主偏角,以减轻单位长度切削刃上的负荷,改善散热条件,增长刀具使用寿命。

③ 应考虑工件形状和具体条件。例如,车阶梯轴时,必须取 $\kappa_r = 90°$;要用同一把车刀加工外圆、端面和倒角时,宜取 $\kappa_r = 45°$;需要从中间切入或仿形加工用车刀可取 $\kappa_r = 45° \sim 60°$。具体数值参见表 3.18。

表 3.18　硬质合金车刀合理主偏角与副偏角参考值

加　工　情　况		偏角数值 /(°)	
		主偏角 κ_r	副偏角 κ_r'
粗车,无中间切入	工艺系统刚度好	45,60,75	5 ~ 10
	工艺系统刚度差	60,75,90	10 ~ 15
车削细长轴、薄壁件		90,93	6 ~ 10
粗车,无中间切入	工艺系统刚度好	45	0 ~ 5
	工艺系统刚度差	60,75	0 ~ 5
车削冷硬铸铁、淬火钢		10 ~ 30	4 ~ 10
从工件中间切入		45 ~ 60	30 ~ 45
切断刀、切槽刀		60 ~ 90	1 ~ 2

（3）副偏角的选择

副切削刃的主要功用是形成已加工表面,因此副偏角的选择应首先考虑已加工表面的质量要求,还要考虑刀尖强度、散热与振动等。

与主偏角一样,副偏角也存在某一合理值,其基本选择原则如下:

① 在工艺系统刚度好、不产生振动的条件下,应取较小副偏角(如车刀、端铣刀可取 $\kappa'_r = 5° \sim 10°$),以减小已加工表面粗糙度值。

② 精加工时,副偏角比粗加工选小些;必要时,可磨出一段 $\kappa'_r = 0°$ 的修光刃(见图 3.84),用来进行大走刀的光整加工,注意使修光刃长度 b'_ε 略大于进给量 f,一般 $b'_\varepsilon = (1.2 \sim 1.5)f$。

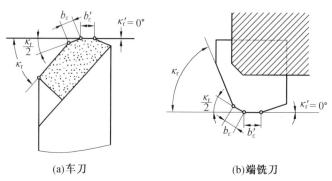

(a)车刀 (b)端铣刀

图 3.84 带修光刃($\kappa'_r = 0°$)的刀具

③ 加工高强度、高硬度工件材料或断续切削时,为提高刀尖强度,宜取较小副偏角($\kappa'_r = 4° \sim 6°$)

④ 切断(槽)刀、锯片铣刀、钻头及铰刀等由于受结构强度或加工尺寸精度的限制,只能取很小副偏角,即 $\kappa'_r = 1° \sim 2°$(见图 3.82)。具体数值见表 3.18。

(4) 过渡刃的选择

主切削刃和副切削刃连接处称为过渡刃或刀尖。刀尖处的强度与散热性能均较差,主副偏角较大时尤为严重。生产中需采取强化刀尖措施。强化方法是磨过渡刃,过渡刃形式如图 3.85 所示。

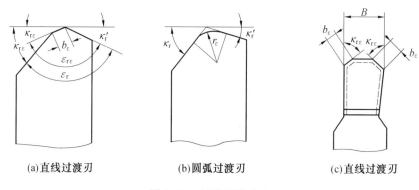

(a)直线过渡刃 (b)圆弧过渡刃 (c)直线过渡刃

图 3.85 过渡刃形式

4. 刃倾角

(1) 斜角切削

斜角切削是指 $\lambda_s \neq 0°$ 的切削,此时切削速度方向与主切削刃方向不垂直。具有以下特点:

① 斜角切削会产生切与割的综合效果。斜角切削时,切削速度可分解为平行于切削刃方向的速度分量 $v_t(v_t = v_c \sin \lambda_s)$ 和垂直于切削刃方向的速度分量 $v_n(v_n = v_c \cos \lambda_s)$(见图

3.86)。垂直于切削刃方向的分量有"切"的作用,平行于切削刃方向的分量有"割"的效果。

斜角切削时,切屑流出方向不再沿着切削刃的法线方向,而是与法线方向偏离一个角度 ψ_λ,该角 ψ_λ 称为流屑角,如图 3.87 所示。

实验表明低速不加切削液切钢时,流屑角近似等于刀具刃倾角,即 $\psi_\lambda = \lambda_s$。

包含流屑方向与切削速度方向的剖面,称为流屑剖面。在该剖面内测量的刀具前角 γ_{oe}、后角 α_{oe} 才是在切削过程中真正起作用的角度,即刀具工作角度。

② 斜角切削时,工作前角增大,工作后角减小。

如前所述,斜角切削时切屑的流出方向发生了改变,刀具的工作前角已不再是正交平面内的前角 γ_o 或法平面内的前角 γ_n,而是在流屑剖面内测量的前角 γ_{oe}(见图 3.87),其计算公式为

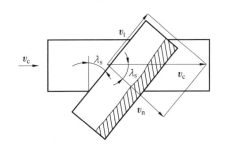

图 3.86　斜角切削的速度分解

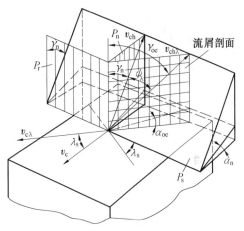

$$\sin \gamma_{oe} = \sin \lambda_s \sin \psi_\lambda + \cos \lambda_s \cos \psi_\lambda \sin \gamma_n$$

(3.50)

图 3.87　斜角切削时的流屑角 ψ_λ 与工作前角 γ_{oe}

当 $\psi_\lambda \approx \lambda_s$ 时,则

$$\sin \gamma_{oe} = \sin^2\lambda_s + \cos^2\lambda_s \sin \gamma_n \tag{3.51}$$

表 3.19 是当 $\gamma_n = 10°$ 时,λ_s 对 γ_{oe} 的影响情况。不难看出,当 λ_s 绝对值增大时,工作前角 γ_{oe} 将增大。

工作后角 α_{oe} 也应在流屑剖面中测量,其计算公式为

$$\cos \alpha_{oe} = \sin^2\lambda_s + \cos^2\lambda_s \cos \alpha_n \tag{3.52}$$

λ_s 对 α_{oe} 的影响见表 3.20。

表 3.19　刃倾角 λ_s 对工作前角 γ_{oe} 的影响($\gamma_n = 10°$)

λ_s	0°	15°	30°	45°	60°	75°
γ_{oe}	10°	13°11′	22°22′	35°37′	52°31′	70°

表 3.20　刃倾角对工作后角的影响($\alpha_n = 8°$)

λ_s	0°	15°	30°	45°	60°	75°
α_{oe}	8°	7°42′	6°54′	5°40′	4°01′	2°05′

③ 切削刃的实际钝圆半径 r_e 减小。刃倾角 λ_s 对切削刃的实际钝圆半径 r_e 有直接影响。在流屑剖面内,切削刃将是椭圆的一部分(见图 3.88),其长轴的曲率半径就是切削刃的实际钝圆半径 r_e,即

$$r_e = r_n \cos \lambda_s \tag{3.53}$$

可见,增大 λ_s 的绝对值,可减小刀具切削刃实际钝圆半径,大大提高切削刃的锋利程度。

综上所述,采用斜角切削(如螺旋齿圆柱铣刀、立铣刀、钻头等),可在刀具前角不变的情况下,增大工作前角,减小切削刃实际钝圆半径,从而使切削变形减小,切削过程变得轻快和平稳。

(2) 刃倾角的功用及其选择

① 刃倾角的功用。

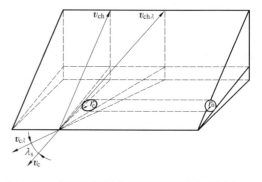

图 3.88　斜角切削时的切削刃实际钝圆半径 r_e

i. 影响切屑的流出方向。刃倾角 λ_s 的大小和正负,直接影响流屑角 ψ_λ,即直接影响切屑的卷曲和流出方向(见图 3.89)。当 λ_s 为负值时,切屑流向已加工表面,易划伤已加工表面;λ_s 为正值时,切屑流向待加工表面,因此精加工常取正刃倾角。

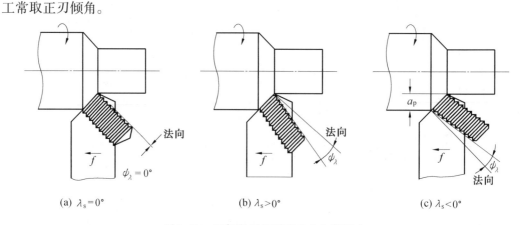

(a) $\lambda_s = 0°$　　　　(b) $\lambda_s > 0°$　　　　(c) $\lambda_s < 0°$

图 3.89　刃倾角对切屑流出方向的影响

ii. 影响刀尖强度及断续切削时切削刃上的冲击位置。图 3.90 表示 $\kappa_r = 90°$ 时的刨刀加工情况。$\lambda_s = 0°$ 时,切削刃同时接触工件,冲击较大;$\lambda_s > 0°$ 时,刀尖先接触工件,容易崩刃;$\lambda_s < 0°$ 时,远离刀尖的切削刃部分先接触工件,从而保护了刀尖,切削过程也比较平稳,大大减小了冲击和崩刃现象。

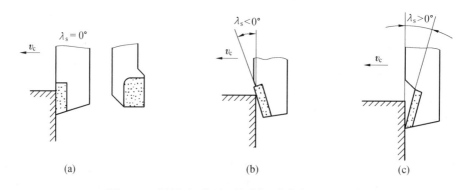

(a)　　　　　　　(b)　　　　　　　(c)

图 3.90　刨削时刃倾角对切削刃冲击位置的影响

iii. 影响切削刃的锋利程度,具有斜角切削的特点。

iv. 影响切削分力的比值。以外圆车削为例,当 λ_s 由 $0°$ 变化到 $-45°$ 时,F_p 约增大 1 倍,F_f 减小到 $1/3$,F_c 基本不变。F_p 的增大,将导致工件变形甚至引起振动,从而影响加工精度和表面质量。因此,非自由切削时不宜选用绝对值过大的负刃倾角。

v. 影响切削刃的工作长度。刃倾角的绝对值越大,切削刃的工作长度 l_{se} 越长($l_{se} = a_p/(\sin \kappa_r \cos \lambda_s)$),单位长度的负荷越小,有利于增长刀具使用寿命。

② 刃倾角的选择。切削实践表明,刃倾角并非越大越好,也存在合理刃倾角。选择原则如下:

i. 主要根据加工性质选取。例如,加工一般钢料或铸铁,为了避免切屑划伤已加工表面,精车时常取 $\lambda_s = 0° \sim 5°$,粗车时常取 $\lambda_s = 0° \sim -5°$ 以提高刀刃强度;有冲击载荷时,为了保护刀尖,常取 $\lambda_s = -5° \sim -15°$。

ii. 根据工艺系统刚度选取。工艺系统刚度不足时,不宜采用负刃倾角。

iii. 根据刀具材料选取。脆性大的刀具材料,为保证刀刃强度,不宜选用正刃倾角。如金刚石和 CBN 车刀,常取 $\lambda_s = 0° \sim -5°$。

iv. 根据工件材料选取。加工高硬度工件材料时,宜取 $\lambda_s < 0°$,如车淬硬钢,$\lambda_s = -5° \sim -12°$。

3.8　合理切削用量的选择

切削用量的选择就是要确定具体工序的背吃刀量 a_p、进给量 f 和切削速度 v_c。

切削用量的选择是否合理,直接关系到生产效率、加工成本、加工精度和表面质量,因而切削用量的选择合理与否是金属切削研究的重要内容之一,也是机械制造企业重要的工艺课题。

3.8.1　选择的基本原则

切削用量选择得合理,亦即合理切削用量,是指在保证加工质量的前提下,充分利用刀具和机床的性能,获得高生产效率和低加工成本的切削用量三要素的最佳组合。

切削用量三要素 a_p、f、v_c 虽然对加工质量、刀具使用寿命和生产效率均有直接影响,但影响程度却不相同,且它们之间又是相互联系、相互制约的,不可能同时都选择得很大。因此就存在着从不同角度出发,优先将哪个要素选择得最大才合理的问题。

在合理选择切削用量时,必须考虑加工性质。由于粗加工和精加工要完成的加工任务和追求的目标不同,因而切削用量选择的基本原则也不完全相同。

1. 粗加工切削用量选择的基本原则

粗加工时高生产效率是追求的基本目标,这个目标常用单件机动工时最少或单位时间切除金属体积最多来表示。下面以外圆纵车为例加以说明(见图 3.68)。

单件机动工时为 t_m

$$t_m = \frac{Lh}{n_w a_p f} = \frac{\pi d_w Lh}{10^3 v_c a_p f}$$

式中　　L——走刀长度$(= l_\mathrm{w} + \Delta + y)$,mm;

　　　　y——切入长度,mm;

　　　　Δ——切出长度,mm。

对某工序,d_w、L、h 均为常数。若令 $A_0 = \pi d_\mathrm{w} L h / 10^3$,则

$$t_\mathrm{m} = \frac{A_0}{v_c a_\mathrm{p} f} \tag{3.54}$$

由式(3.54)可知,若想提高生产效率,就必须使 $v_c a_\mathrm{p} f$ 的乘积最大。

在机床和刀具满足要求的情况下,限制粗加工切削用量提高的主要约束条件是刀具使用寿命。虽然增大切削用量三要素 v_c、a_p、f 中的任何一项,都可以使 t_m 成比例减小,但如果使 v_c 提高 1 倍,刀具使用寿命 T 则要降低很多,从而使换刀次数增多,辅助工时大大增加,生产效率反而降低。

由式(3.38)可知,对刀具使用寿命影响最大的是切削速度 v_c,其次是进给量 f,最小的是背吃刀量 a_p。因此,为了保证合理的刀具使用寿命,在选择粗加工切削用量时,应首先选择最大的 a_p,其次要在机床动力和刚度允许的前提下,选择较大的 f,最后再根据式(3.39)选择合理的 v_c 值。

当刀具使用寿命为一定值时,可用下例说明切削用量对生产效率的影响。

用高速钢车刀切钢时,切削用量之间有式(3.55)的关系

$$v_c = \frac{C_\mathrm{v}}{a_\mathrm{p}^{1/3} f^{2/3}} \tag{3.55}$$

式(3.55)表明,为保证刀具的合理使用寿命,增大 a_p 或 f 时,必须相应的降低 v_c。

(1) 如果进给量保持 f 不变,背吃刀量由 a_p 增至 $3a_\mathrm{p}$ 时,则

$$v_{c3a_\mathrm{p}} = \frac{C_\mathrm{v}}{(3a_\mathrm{p})_\mathrm{p}^{1/3} f^{2/3}} \approx 0.7 \frac{C_\mathrm{v}}{a_\mathrm{p}^{1/3} f^{2/3}} = 0.7 v_c$$

此时单位时间体积切除量 Q_{3a_p} 为

$$Q_{3a_\mathrm{p}} = 0.7 v_c \times 3a_\mathrm{p} \times f \times 10^3 = 2.1 Q (因为 \ Q = v_c \times a_\mathrm{p} \times f \times 10^3 \ \mathrm{mm^3/s})$$

即生产效率可提高 1.1 倍$(Q_{3a_\mathrm{p}} - Q = 2.1 Q - Q)$。

(2) 如果背吃刀量 a_p 不变,进给量由 f 增至 $3f$ 时,则

$$v_{c3f} = \frac{C_\mathrm{v}}{a_\mathrm{p}^{1/3} (3f)^{2/3}} \approx 0.5 \frac{C_\mathrm{v}}{a_\mathrm{p}^{1/3} f^{2/3}} = 0.5 v_c$$

此时单位时间体积切除量 Q_{3f} 为

$$Q_{3f} = 0.5 v_c \times a_\mathrm{p} \times 3f \times 10^3 = 1.5 Q$$

即生产效率只提高 50%$(Q_{3f} - Q = 1.5 Q - Q)$。

由上述计算可知,在刀具使用寿命为一定值时,增大 a_p 比增大 f 更有利于提高生产效率。

2. 精加工切削用量选择的基本原则

精加工时切削用量的选择首先要保证加工精度和表面质量,同时兼顾必要的刀具使用寿命和生产效率。

精加工时应采用较小的背吃刀量 a_p 和进给量 f,以减小切削力及工艺系统弹性变形,减

小已加工表面残留面积高度。a_p 通常根据加工余量而定，f 的提高则主要受表面粗糙度的制约。在 a_p 和 f 确定之后，在保证合理刀具使用寿命的前提下，确定合理的切削速度 v_c。

3.8.2　合理切削用量的选择方法

合理切削用量的选择可按下列方法进行。

1. 确定背吃刀量 a_p

a_p 一般根据加工性质和加工余量来确定。切削加工一般分为粗加工（表面粗糙度值 $Ra = 50 \sim 12.5\ \mu m$）、半精加工（$Ra = 6.3 \sim 3.2\ \mu m$）和精加工（$Ra = 1.6 \sim 0.8\ \mu m$）。粗加工时，在保留半精与精加工余量的前提下，若机床刚度允许，加工余量应尽可能一次切掉，以减少走刀次数。在中等功率机床上采用硬质合金刀具车外圆时，粗车取 $a_p = 2 \sim 6$ mm，半精车取 $a_p = 0.3 \sim 2$ mm，精车取 $a_p = 0.1 \sim 0.3$ mm。

在下列情况下，粗车要分多次走刀。

（1）工艺系统刚度较低，或加工余量极不均匀，会引起很大振动时，如加工细长轴和薄壁工件。

（2）加工余量太大，一次走刀会使切削力过大，以致机床功率不足或刀具强度不够。

（3）断续切削，刀具会受很大冲击而造成打刃时。

即使是在上述情况下，也应当把第一次或前几次走刀的 a_p 值取得尽量大些，若为两次走刀，则第一次的 a_p 一般取为加工余量的 2/3 ~ 3/4。

2. 确定进给量 f

（1）粗加工时

加工表面质量要求不高，这时切削力较大，进给量的选择主要受切削力的限制。在刀杆、工件刚度、刀片与机床走刀机构强度允许的情况下，选择较大的进给量。

（2）半精加工和精加工时

因背吃刀量 a_p 较小，产生的切削力不大，进给量的选择主要受加工表面质量的限制。当刀具有合理的过渡刃、修光刃且采用较高的切削速度时进给量 f 应尽量选小些，以保证生产效率。但 f 不可选得太小，否则不但生产效率降低，而且因切削厚度太薄而切不下切屑，影响加工质量。

在生产中，进给量常常根据经验通过查表来选取。

粗加工时，进给量可根据工件材料、车刀刀杆尺寸、工件直径及确定的背吃刀量 a_p 来选择。表 3.21 给出了硬质合金刀具粗车外圆的进给量。

表 3.21　硬质合金刀具粗车外圆的进给量

工件材料	车刀刀杆尺寸 $B \times H$/mm	工件直径 d_w/mm	背吃刀量 a_p/mm				
			≤ 3	3 ~ 5	5 ~ 8	8 ~ 12	12
			进给量 f/(mm·r⁻¹)				
碳素结构钢、合金结构钢及高温合金	16 × 25	20	0.3 ~ 0.4	—	—	—	—
		40	0.4 ~ 0.5	0.3 ~ 0.4	—	—	—
		60	0.5 ~ 0.7	0.4 ~ 0.6	0.3 ~ 0.5	—	—
		100	0.6 ~ 0.9	0.5 ~ 0.7	0.5 ~ 0.6	0.4 ~ 0.5	—
		400	0.8 ~ 1.2	0.7 ~ 1.0	0.6 ~ 0.8	0.5 ~ 0.6	—
	20 × 30 25 × 25	20	0.3 ~ 0.4	—	—	—	—
		40	0.4 ~ 0.5	0.3 ~ 0.4	—	—	—
		60	0.6 ~ 0.7	0.5 ~ 0.7	—	—	—
		100	0.8 ~ 1.0	0.7 ~ 0.9	0.5 ~ 0.7	0.4 ~ 0.7	—
		400	1.2 ~ 1.4	1.0 ~ 1.2	0.8 ~ 1.0	0.6 ~ 0.9	0.4 ~ 0.6
铸铁及铜合金	16 × 25	40	0.4 ~ 0.5	—	—	—	—
		60	0.6 ~ 0.8	0.5 ~ 0.8	0.4 ~ 0.6	—	—
		100	0.8 ~ 1.2	0.7 ~ 1.0	0.6 ~ 0.8	0.5 ~ 0.7	—
		400	1.0 ~ 1.4	1.0 ~ 1.2	0.8 ~ 1.0	0.6 ~ 0.8	—
	20 × 30 25 × 25	40	0.4 ~ 0.5	—	—	—	—
		60	0.6 ~ 0.9	0.5 ~ 0.8	0.4 ~ 0.7	—	—
		100	0.9 ~ 1.3	0.8 ~ 1.2	0.7 ~ 1.0	0.5 ~ 0.8	—
		400	1.2 ~ 1.8	1.2 ~ 1.6	1.0 ~ 1.3	0.9 ~ 1.1	0.7 ~ 0.9

注:① 加工断续表面及有冲击的工件时,表内进给量应乘系数 K = 0.75 ~ 0.85。

② 无外皮加工时,表内进给量应乘系数 K = 1.1。

③ 加工高温合金时,进给量不大于 1 mm/r。

④ 加工淬硬钢时,进给量应减小。当钢的硬度为 44 ~ 56 HRC 时,乘系数 0.8;当钢的硬度为 57 ~ 62 HRC 时,乘系数 0.5。

在半精加工和精加工时,应按加工表面粗糙度值的大小,根据工件材料和预先估计的切削速度 v_c 与刀尖圆弧半径 r_ε 来选取(见表 3.22)。

但是,按经验确定的粗车进给量 f 在某些特殊情况下(如切削力很大、工件长径比很大、刀杆伸出长度很大(车内孔)时),有时还需要进行刀杆强度和刚度、刀片强度、机床进给机构强度、工件刚度等方面的校验(视具体情况校验一项或几项),最后,应按机床说明书来确定进给量。

表 3.22　硬质合金车刀半精车外圆时的进给量

工件材料	表面粗糙度 $Ra/$ μm	切削速度 $v_c/(\mathrm{m \cdot min^{-1}})$	刀尖圆弧半径 r_ε/mm		
			0.5	1.0	2.0
			进给量 $f/(\mathrm{mm \cdot r^{-1}})$		
铸铁、青铜、铝合金	10 ~ 5	不　限	0.25 ~ 0.40	0.40 ~ 0.50	0.50 ~ 0.60
	5 ~ 2.5		0.15 ~ 0.25	0.25 ~ 0.40	0.40 ~ 0.60
	2.5 ~ 1.25		0.10 ~ 0.15	0.15 ~ 0.20	0.20 ~ 0.35
碳钢及合金钢	10 ~ 5	< 50	0.30 ~ 0.50	0.45 ~ 0.60	0.55 ~ 0.70
		> 50	0.40 ~ 0.55	0.55 ~ 0.65	0.65 ~ 0.70
	5 ~ 2.5	< 50	0.18 ~ 0.25	0.25 ~ 0.30	0.30 ~ 0.40
		> 50	0.25 ~ 0.30	0.30 ~ 0.35	0.35 ~ 0.50
	2.5 ~ 1.25	< 50	0.10	0.11 ~ 0.15	0.15 ~ 0.22
		50 ~ 100	0.11 ~ 0.16	0.16 ~ 0.25	0.25 ~ 0.35
		> 100	0.16 ~ 0.20	0.20 ~ 0.25	0.25 ~ 0.35

3. 确定切削速度 v_c

当刀具使用寿命 T、背吃刀量 a_p 与进给量 f 确定后,即可按式(3.56)计算出切削速度 v_c,即

$$v_c = \frac{C_v}{60^{(1-m)} T^m a_p^{x_v} f^{y_v}} K_{v_c} \,(\mathrm{m/s}) \tag{3.56}$$

式中　K_{v_c}——切削速度修正系数,与刀具材料和几何参数及工件材料等有关。

C_v,x_v,y_v,m 及 K_{v_c} 之值见表 3.23,加工其他材料时的系数及指数可查切削用量手册。

切削速度计算出来后,即可计算出机床转速 n

$$n = 1\,000 v_c / \pi d_w \,(\mathrm{r/s}) \tag{3.57}$$

计算出的转数应根据机床说明书选定(取相近较低的转速 n),最后再根据选定的转数计算出实际的切削速度。

在确定切削速度时,还应考虑以下几点:

(1) 精加工时,应尽量避开积屑瘤和鳞刺的生成区。

(2) 断续切削时,应适当降低切削速度,以减小冲击和热应力。

(3) 加工大型、细长、薄壁工件时,应选用较低的切削速度;端面车削应比外圆车削的速度高些,以获得较高的平均切削速度,提高生产效率。

(4) 在易发生振动的情况下,切削速度应避开自激振动的临界速度。

4. 校验机床功率

首先根据所选定的切削用量,计算出切削功率 P_c

$$P_c = F_c v_c \times 10^{-3} \,(\mathrm{kW})$$

然后根据机床说明书查出机床电动机功率,校验是否满足式

$$P_c < P_E \eta_c$$

如不能满足,就要适当减小所选切削用量。

5. 计算机动工时 t_m

车削时的机动工时 t_m 按式(3.58)计算

$$t_m = \frac{l_w + y + \Delta}{n_w \cdot f} \cdot \frac{h}{a_p} \,(\mathrm{s}) \tag{3.58}$$

表 3.23　车削时切削速度公式中的系数和指数

工件材料	加工形式	刀具材料	进给量 $f/(\text{mm} \cdot \text{r}^{-1})$	系数与指数			
				C_v	x_v	y_v	m
碳素结构钢 $\sigma_b = 0.598$ GPa	外圆纵车	YT15（不用切削液）	$\leqslant 0.30$	291	0.15	0.20	0.20
			$\leqslant 0.70$	242		0.35	
			> 0.70	235		0.45	
		W18Cr4V（用切削液）	$\leqslant 0.25$	67.2	0.25	0.33	0.125
			> 0.25	43		0.66	
	切断及切槽	YT5（不用切削液）	—	38	—	0.80	0.20
		W18Cr4V（用切削液）		21		0.66	0.25
不锈钢 1Cr18Ni9Ti	外圆纵车	YG8（不用切削液）	—	110	0.20	0.45	0.15
		W18Cr4V（用切削液）		31		0.55	
灰铸铁 190HBS	外圆纵车	YG6（不用切削液）	$\leqslant 0.40$	189.8	0.15	0.20	0.20
			> 0.40	158		0.40	
		W18Cr4V（不用切削液）	$\leqslant 0.25$	24	0.15	0.30	0.10
			0.25	22.7		0.40	
	切断及切槽	YG6（不用切削液）	—	68.5	—	0.40	0.20
		W18Cr4V（不用切削液）		18			0.15
可锻铸铁 150 HBS	外圆纵车	YG6（不用切削液）	$\leqslant 0.40$	317	0.15	0.20	0.20
			> 0.40	215		0.45	
		W18Cr4V（用切削液）	$\leqslant 0.25$	68.9	0.20	0.25	0.125
			> 0.25	48.8		0.50	
	切断及切槽	YG8（不用切削液）	—	86	—	0.40	0.20
		W18Cr4V（用切削液）		37.6		0.50	0.25
铜合金（中等硬度 非均质）100 ~ 140 HBS	外圆纵车	W18Cr4V（不用切削液）	$\leqslant 0.20$	216	0.12	0.25	0.23
			> 0.20	145.6		0.50	
铝硅合金及铸造铝 合金 $\sigma_b = 0.098 \sim 0.196$ GPa，$\leqslant 65$ HBS 硬铝 $\sigma_b = 0.294 \sim 0.392$ GPa，$\leqslant 100$ HBS	外圆纵车	W18Cr4V（不用切削液）	$\leqslant 0.20$	485	0.12	0.25	0.28
			> 0.20	328		0.50	

注：下列加工应对计算出的 v_c 乘修正系数：

① 镗孔加工，$K_{v_c} = 0.9$。

② 用高速钢车刀加工不锈钢、铸钢且不用切削液时，$K_{v_c} = 0.8$。

3.9　磨　　削

磨削是一种历史悠久,应用广泛的加工方法。过去磨削一般常用作半精加工和精加工,加工精度可达 IT5 ~ IT6,表面粗糙度 Ra 达 1.25 ~ 0.01 μm。磨削常用于加工淬硬钢、高温合金、硬质合金及其他硬脆材料,既加工各种内、外表面和平面,也可加工螺纹、花键及齿轮等复杂成形表面。

目前在工业发达国家,磨床约占机床总数的 30% ~ 40%,轴承制造业中则高达 60% 左右。

近年来,随着磨削技术的发展,磨削加工不仅广泛应用于精加工,而且还用于粗加工和毛坯的去硬皮加工,在重型磨床上的磨削余量可达 6 ~ 30 mm,每小时金属切除量达 250 ~ 360 kg,可获得较高的生产效率和良好的经济效益。

3.9.1　砂轮性能的五要素及其选择

砂轮是一种用结合剂把磨料粘结起来,经压坯、干燥、焙烧和车整而成的用磨粒进行切削的工具(见图 3.91)。砂轮经磨削钝化后,需修整后再用。砂轮的特性主要由磨料、粒度、结合剂、硬度和组织五要素所决定。

1.磨料

生产中常用的磨料有氧化物系、碳化物系和超硬磨料系三种,其性能和适用范围见表 3.24。

图 3.91　砂轮的结构
1— 磨粒;2— 结合剂;3— 气孔

氧化物系磨料的主要成分是 Al_2O_3,根据 Al_2O_3 的纯度和加入的金属元素的不同,可分成不同品种。由于强度高、韧性大、与钢铁不发生反应,因此主要用于磨削钢类工件。

碳化物系磨料主要以碳化硅(SiC)或碳化硼(B_4C)等为主要成分,也因纯度不同而分为不同品种。由于硬度高、强度低、韧性差,故不宜磨削钢类材料,主要适用于磨削铸铁、硬质合金及宝石等硬脆材料。

超硬磨料系磨料主要有人造金刚石和立方氮化硼(代号 JLD,国外简称 CBN)。人造金刚石磨料的硬度最高,适用于磨削除钢铁以外的所有材料,特别适于磨削硬而脆的硬质合金、陶瓷、宝石及光学玻璃等。立方氮化硼是硬度仅次于金刚石的人造材料,其耐热性(1 400 ℃)高于金刚石(700 ~ 800 ℃),对铁族金属的化学惰性大,特别适合于磨削硬而韧的钢材。在磨削高速钢、模具钢及高温合金时,CBN 磨料的切削刃锋利,可减小磨削时的塑性变形,磨削表面质量较好,表面层为残余压应力,故所磨工件的使用寿命较长。

表 3.24　常用磨料性能和适用范围

类别	名称及代号①	主要成分	显微硬度 HV	极限抗弯强度/ GPa	与铁的反应性能	热稳定性	磨削能力(以金刚石为1)	适用磨削范围
氧化物系	棕刚玉 A(GZ)	$w(Al_2O_3) >$ 95% $w(SiO_2) < 2\%$	1 800 2 200	0.368	稳定	2 100 ℃ 熔融	0.1	碳钢、合金钢、铸铁
氧化物系	白刚玉 WA(GB)	$w(Al_2O_3) >$ 99%	2 200 ～ 2 400	0.60	稳定	2 100 ℃ 熔融	0.12	淬火钢、高速钢
碳化物系	黑碳化硅 C(TH)	$w(SiC) >$ 98%	3 100 ～ 3 280	0.155	与铁有反应	> 1 500 ℃ 氧化	0.25	铸铁、黄铜、非金属材料
碳化物系	绿碳化硅 GC(TL)	$w(SiC) >$ 99%	3 200 ～ 3 400	0.155	与铁有反应	> 1 500 ℃ 氧化	0.28	硬质合金等
高硬磨料系	立方氮化硼 JLD	CBN	7 300 ～ 8 000	1.155	稳定高温与水有反应	< 1 300 ℃ 稳定	0.80	淬火钢、高速钢
高硬磨料系	人造金刚石 JR	碳结晶体	10 600 ～ 11 000	0.33 ～ 3.38	与铁有反应	> 700 ℃ 石墨化	1.0	硬质合金、宝石、非金属材料

注:① 磨料代号中,( ) 中为旧标准规定的代号。

② 氧化物系除上述两种外,还有铬刚玉 PA(GG)、单晶刚玉 SA(GD)、微晶刚玉 MA(GW)、锆钕刚玉 NA(GP)及锆刚玉 ZA(GA)等,性能皆高于白刚玉 WA。PA、SA 适用于磨削淬火钢、高速钢和不锈钢;MA、NA 有较好的自锐性,适用于磨削不锈钢和各种铸铁;ZA 适用于磨削高温合金。

2.粒度

粒度是用来表示磨料颗粒大小的。磨粒尺寸大于 40 μm 的磨料,用筛分法决定其粒度号。粒度号是磨粒能通过的筛网号,即每英寸(25.4 mm) 长度上的筛孔数。例如 60# 粒度是指磨粒可通过每英寸长度上 60 个孔眼的筛网。因此,粒度号大称细粒度,小则称粗粒度。

磨粒尺寸小于 40 μm 者称微粉,其粒度以磨粒尺寸大小来表示,在其前加 W(汉语拼音字母)。例如 W20 表示最大磨粒直径为 20 μm。

磨料的粒度号和基本尺寸见表 3.25。

磨料的粒度直接影响到磨削表面质量和生产效率。砂轮粒度选择的原则是:

(1) 精磨时,应选用粒度号较大,即细粒度砂轮,以减小已加工表面粗糙度值。

(2) 粗磨时,应选用粒度号较小,即粗粒度砂轮,以提高磨削生产效率。

(3) 砂轮速度较高或与工件接触面积较大时,宜选用粗粒度砂轮,以减少同时参加磨削的磨粒数,避免发热过多引起工件表面烧伤。

(4) 磨削软而韧金属时,选用较粗粒度砂轮,以增大容屑空间,避免砂轮过早堵塞;磨削硬而脆金属时,选用较细粒度砂轮,以增加同时参加磨削的磨粒数,提高生产效率。

表 3.25　磨料的粒度号和基本尺寸

粒度号	基本尺寸 / μm	适 用 范 围	粒度号	基本尺寸 / μm	适 用 范 围
8#	3 150 ~ 2 500	磨钢锭、打磨铸件毛刺、荒磨和切断钢坯等	180#	80 ~ 63	半精磨、精磨、成形磨、刀具刃磨、珩磨等
10#	2 500 ~ 2 000		240#	63 ~ 50	
12#	2 000 ~ 1 600				
14#	1 600 ~ 1 250		280#	50 ~ 40	精磨、螺纹磨、珩磨、超精加工和精密磨削
16#	1 250 ~ 1 000		W40	40 ~ 28	
20#	1 000 ~ 800				
24#	800 ~ 630				
30#	630 ~ 500	内圆、外圆、平面、无心和刀具刃磨等的一般磨削	W28	28 ~ 20	精磨、超精磨、超精加工和制造研磨剂
36#	500 ~ 400		W20	20 ~ 14	
46#	400 ~ 315		W14	14 ~ 10	
60#	315 ~ 250	内圆、外圆、平面、无心和刀具刃磨等的一般磨削,金刚石砂轮用于粗磨、半精磨	W10	10 ~ 7	
70#	250 ~ 200		W7	7 ~ 5	
80#	200 ~ 160		W5	5 ~ 3.5	超精加工、超精磨、镜面磨和制造研磨剂
100#	160 ~ 125	半精磨、精磨、成形磨、刀具刃磨、珩磨等	W3.5	3.5 ~ 2.5	
120#	125 ~ 100		W2.5	2.5 ~ 1.5	
150#	100 ~ 80		W1.5	1.5 ~ 1.0	
			W1	1.0 ~ 0.5	
			W0.5	≤ 0.5	

3. 结合剂

结合剂的作用在于将磨料粘结起来,使砂轮具有一定的形状和强度。常用的结合剂有:① 陶瓷结合剂(Vitrified),代号 V(旧代号 A);② 树脂结合剂(Bakelite),代号 B(旧代号 S);③ 橡胶结合剂(Rubber),代号 R(旧代号 X);④ 金属结合剂(Metal),代号 M(旧代号 Q)。结合剂的性能和适用范围见表 3.26。

金刚石砂轮常用青铜(Q)做结合剂,一般由基体、非金刚石层和金刚石层三部分组成。金刚石层内每 1 cm^3 体积中的金刚石含量称为浓度,浓度有 25%、50%、75%、100%、150% 五个等级。金刚石含量以克拉表示,依次为 1.1,2.2,3.3,4.4 和 6.6 Ct/cm^3(1 克拉,1 Ct = 0.2 g)。

表 3.26　结合剂的性能和适用范围

结合剂	代号	性 能	适 用 范 围
陶瓷	V(A)	耐热、耐蚀、气孔率大、易保持廓形,弹性差	最常用,适用于各类磨削加工
树脂	B(S)	强度较 V 高,弹性好,耐热性差	适用于高速磨削、切断、开槽等
橡胶	R(X)	强度较 B 高,更富有弹性,气孔率小,耐热性差	适用于切断、开槽及作无心磨导轮
金属	M(Q)	常用青铜(Q),强度最高,导电性好,磨耗少,自锐性差	适用于金刚石砂轮

4. 硬度

砂轮硬度是指砂轮上的磨粒受力后自砂轮表面脱落的难易程度,也反映磨料与结合剂的粘结强度。砂轮硬,表示磨粒难于脱落;砂轮软,则表示磨粒容易脱落。

砂轮硬度与磨料的硬度是两个不同的概念,切不可混淆。砂轮硬度是由结合剂的粘结强度与砂轮制造工艺决定的,与磨料本身的硬度无关。砂轮硬度可用喷砂法或刻划法测定。用微粉制造的砂轮可用洛氏硬度计测定其硬度。

砂轮硬度等级名称和代号见表 3.27。

表 3.27　砂轮硬度等级名称和代号

硬度等级		旧代号 (汉语拼音字母)	新代号 (英文字母)
大级	小级		
超软	超软	CR	D、E、F
软件	软 1	R_1	G
	软 2	R_2	H
	软 3	R_2	J
中软	中软 1	ZR_1	K
	中软 2	ZR_2	L
中	中 1	Z_1	M
	中 2	Z_2	N
中、硬	中硬 1	ZY_1	P
	中硬 2	ZY_2	Q
	中硬 3	ZY_3	R
硬	硬 1	Y_1	S
	硬 2	Y_2	T
超硬	超硬	CY	Y

砂轮硬度的选择原则如下:

(1) 工件材料越硬,应选用越软砂轮。这是因为硬材料易使磨粒磨损,使用较软砂轮可使磨钝的磨粒及时脱落,使砂轮经常保持磨粒的锋利,避免因磨削温度过高而使工件烧伤;同时,软砂轮的孔隙较多较大,容屑性能好。但是,磨削有色金属(铝、黄铜及青铜等)、树脂等软材料,也要使用较软砂轮,因为软材料易使砂轮堵塞。

(2) 砂轮与工件接触面积大时,磨粒参加磨削的时间较长、易磨损,应选用较软砂轮。如内圆磨削和端面平磨时,因砂轮与工件的接触面积大,故砂轮硬度应比外圆磨削时低。

(3) 精磨和成形磨时,为了较长时间保持砂轮廓形,保证磨削表面精度,需选用较硬砂轮。

(4) 砂轮为细粒度时,应选较软砂轮,以避免砂轮堵塞。

(5) 树脂结合剂砂轮由于耐热性差,磨粒容易脱落,选用时其硬度可比选择陶瓷结合剂砂轮高 1 ~ 2 级。

5. 组织

砂轮组织反映砂轮中的磨料、结合剂与气孔三者间的比例关系。磨料在砂轮中所占比例越大,砂轮的组织越紧密,气孔越少;反之,磨料比例越小,组织越疏松,气孔越多。根据磨料在砂轮总体积中所占比例,将砂轮组织划分为紧密、中等与疏松三级,细分为 15 小级(见表 3.28)。组织号越小,磨料所占比例越大,组织越紧密,气孔越少;反之,组织号越大,组织越疏松,气孔越多。

砂轮组织紧密时,气孔率小,容屑空间小,易被磨屑堵塞,磨削效率较低,但可承受较大的磨削压力,砂轮廓形精度保持也较久,故适用于重压力下的磨削以及精磨与成形磨削。

组织疏松的砂轮一般较软,加工表面粗糙度值一般较大,但由于气孔多,容屑与排屑条件好,不易发生堵塞,由气孔带入磨削区的切削液较多,发热量少,散热也较好,故适用于粗磨、平面磨及内圆磨等接触面积较大的磨削工序以及热敏感性较强的材料(如磁钢、钨银合金等)、软金属和薄壁工件的磨削。

大气孔砂轮的组织号为 10 ~ 14,其气孔体积分数可高达近 70%,孔穴直径可达 $\phi 2$ ~ $\phi 3$ mm,适用于磨削热敏感性材料、硬质合金、软金属(如铝)与非金属材料(如硬橡胶、塑料)等。

中等组织的砂轮适用于一般磨削加工,如淬火钢的磨削和刀具刃磨,一般砂轮若未标明组织号,即为中等组织。

表 3.28　砂轮的组织等级及选择

组织分类	紧		密	中		等	疏			松			
组织代号	0	1	2	3	4	5	6	7	8	9	10	11	12	13	14
磨粒的体积分类 /%	62	60	58	56	54	52	50	48	46	44	42	40	38	36	34
适 用 范 围	用于重压力下的磨削以及表面质量、精度要求较高的磨削;间断加工、成形磨削等				用于一般磨削和淬火钢加工;刀具刃磨、内外圆磨削、砂轮圆周平面磨削				磨削热敏性强的材料或薄壁零件以及较韧的金属;砂轮端面磨平面和大接触面磨削以及压力较小的磨削						

6. 砂轮形状及标志

为了适应在不同类型磨床上磨削各种不同形状和尺寸工件的需要,砂轮需制成不同形状和尺寸。表 3.29 列出了常用砂轮的形状与代号及用途。

砂轮的各种特性代号一般标注在砂轮端面上,其次序是:磨料 — 粒度 — 硬度 — 结合剂 — 组织 — 形状及尺寸,如

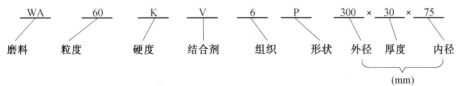

上述标志表明,该砂轮是白刚玉磨料,60 号粒度,硬度 K,陶瓷结合剂,6 号组织,平形砂轮,外径 300 mm、厚度 30 mm、内径 75 mm。

表 3.29 常用砂轮形状与代号及用途

砂轮名称	代号	断面简图	基 本 用 途
平形砂轮	P	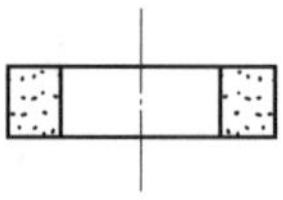	根据不同尺寸,分别用于外圆磨、内圆磨、平面磨、无心磨、工具磨、螺纹磨和砂轮机上
双斜边砂轮	PSX	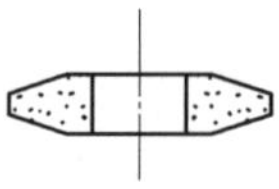	主要用于磨齿轮齿面和磨单线螺纹
双面凹砂轮	PSA	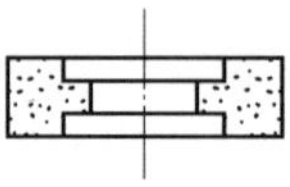	主要用于外圆磨削和刃磨刀具,还用做无心磨的磨轮和导轮
薄片砂轮	PB	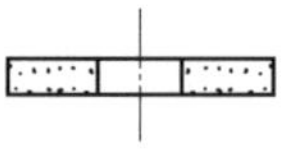	主要用于切断和开槽等
筒形砂轮	N	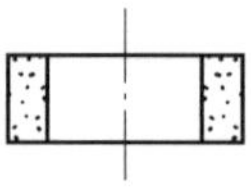	用于立式平面磨床上
杯形砂轮	B	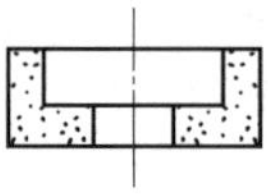	主要用其端面刃磨刀具,也可用圆周磨平面和内孔
碗形砂轮	BW	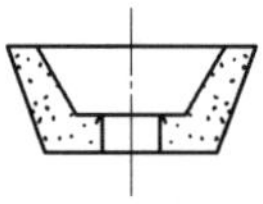	通常用于刃磨刀具,也可用于导轨磨上磨机床导轨
碟形砂轮	D	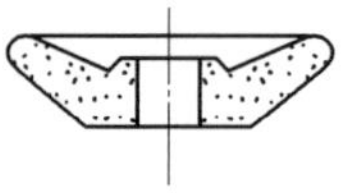	适于磨铣刀、铰刀、拉刀等,大尺寸一般用于磨齿轮齿面

3.9.2 磨削加工类型与磨削运动

1. 磨削加工类型

根据砂轮与工件相对位置的不同,磨削为内圆磨削、外圆磨削和平面磨削。图 3.92 给出了主要磨削加工类型。

2. 磨削运动

磨削类型不同,磨削运动也不同(见图 3.93)。

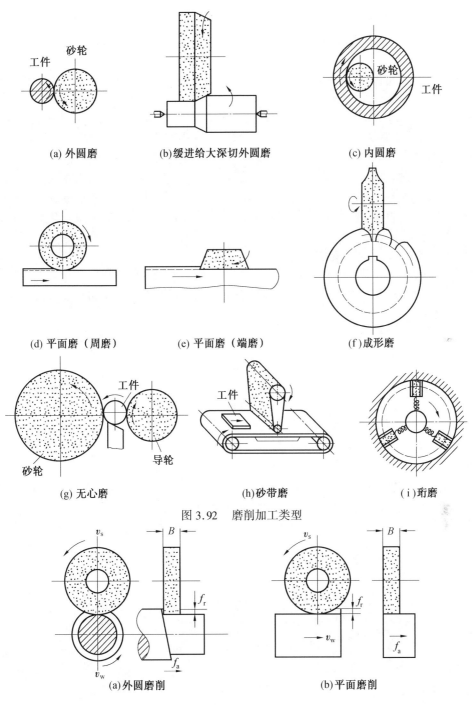

(a) 外圆磨   (b)缓进给大深切外圆磨   (c) 内圆磨

(d) 平面磨（周磨）   (e) 平面磨（端磨）   (f)成形磨

(g) 无心磨   (h)砂带磨   (i)珩磨

图 3.92　磨削加工类型

(a)外圆磨削   (b)平面磨削

图 3.93　磨削运动

（1）主运动

砂轮的回转运动称为主运动。主运动速度（即砂轮外圆的线速度）称磨削速度，用 v_s 表示，即

$$v_s = \frac{\pi d_s n_s}{1\,000} \ \text{(m/s)} \tag{3.59}$$

式中 d_s—— 砂轮直径,mm;

           n_s—— 砂轮转速,r/s。

(2) 径向进给运动

砂轮径向切入工件的运动称径向进给运动。工作台每双(单)行程工件相对砂轮径向移动的距离,称径向进给量,以 f_r 表示,单位为 mm/(d·str)(工作台每单行程进给时,f_r 单位为 mm/str)。当作连续进给时,用径向进给速度 v_r 表示,单位为 mm/s。通常 f_r 又称磨削深度 a_p。一般情况下,$f_r = 0.005 \sim 0.02$ mm/(d·str)。

(3) 轴向进给运动

工件相对于砂轮轴向的运动称轴向进给运动。工件每转一转(平面磨削时为工作台每一行程),工件相对于砂轮的轴向移动距离称轴向进给量,以 f_a 表示,单位为 mm/r 或 mm/str。有时还用轴向进给速度 v_a 表示,单位为 mm/s。一般情况下,$f_a = (0.2 \sim 0.8)B$,B 为砂轮宽度,单位为 mm。

(4) 工件圆周(或直线)进给运动

外(内)圆磨削时,工件的回转运动为工件的进给运动;平面磨削时,工作台的直线往复运动为工件的进给运动。工件进给速度 v_w 是指工件圆周线速度或工作台移动速度。

外圆磨削时

$$v_w = \frac{\pi d_w n_w}{1\ 000}\ (\text{m/s}) \tag{3.60}$$

平面磨削时

$$v_w = \frac{2 L n_{tab}}{1\ 000}\ (\text{m/s}) \tag{3.61}$$

式中 L—— 工作台行程长度,mm;

           n_{tab}—— 工作台往复运动频率,s^{-1}。

3. 几种磨削方式

外圆磨削时,若同时具有 v_s、v_w、f_a 连续运动,则为纵向磨削。如无轴向进给运动,即 $f_a = 0$,则砂轮相对于工件作连续径向进给,称为切入磨削(或横向磨削)。

平面磨削时,用砂轮圆周面磨削的方式称为周边磨削;用砂轮端面磨削的方式称为端面磨削(见图 3.94)。

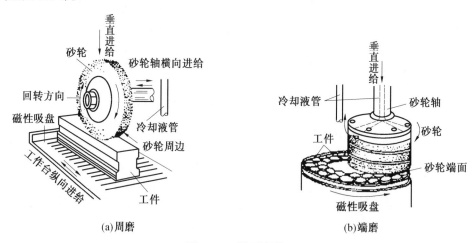

(a)周磨   (b)端磨

图 3.94   平面磨削

与铣削一样,磨削也有逆磨与顺磨之分。

内圆磨削与外圆磨削运动相同,但因砂轮直径受工件孔径尺寸的限制,砂轮轴刚度较差,切削液也不易冲刷磨削区,因而磨削用量较小,磨削效率不如外圆磨削高。

常用磨削用量见表 3.30。

表 3.30　常用磨削用量

磨削方法	$v_s/$ $(\mathrm{m \cdot s^{-1}})$	$f_r/(\mathrm{mm \cdot (d \cdot str)^{-1}})$		$f_a/(\mathrm{mm \cdot r^{-1}})$		$v_w/(\mathrm{m \cdot s^{-1}})$	
		粗磨	精磨	粗磨	精磨	粗磨	精磨
外圆磨削	25 ~ 35	0.015 ~ 0.05	0.005 ~ 0.01	(0.3 ~ 0.7)B	(0.3 ~ 0.4)B	0.33 ~ 0.5	0.33 ~ 1.00
内圆磨削	18 ~ 30	0.005 ~ 0.02	0.002 5 ~ 0.010	(0.4 ~ 0.7)B	(0.25 ~ 0.4)B	0.33 ~ 0.66	0.33 ~ 0.66
平面磨削	25 ~ 35	0.015 ~ 0.04	0.005 ~ 0.015	(0.4 ~ 0.7)B	(0.2 ~ 0.3)B	0.1 ~ 0.5	0.25 ~ 0.33

注:B— 砂轮宽度,mm;d·str— 双行程;str— 单行程。

3.9.3　磨削过程

1.磨削特点

磨削加工的本质也是切削加工,但与切削加工相比,具有如下特点。

(1) 磨削速度高

磨削速度很高,一般为 30 ~ 50 m/s,是车削或铣削速度的 10 ~ 20 倍。因此磨削层金属变形很大,磨削区温度很高,瞬时温度可达 1 000 ℃,极易引起加工表面物理力学性能的改变,甚至产生烧伤和裂纹。

(2) 冷硬程度与能量消耗大

磨粒切削刃及其前后刀面形状极不规则,顶角约为 105°,前角为很大负值,后角小,切削刃钝圆半径 r_n 较大(见图 3.95),磨削层会产生强烈的挤压变形。特别当磨粒磨钝后及进给量很小时,磨削后变形更为严重,因而磨削单位体积金属消耗的能量比一般切削加工大得多,约是切削加工的 10 ~ 30 倍,冷硬程度也大。

(3) 单颗磨粒切削厚度极小及单位磨削力很大

磨削时单颗磨粒的切削厚度可小到几个微米,根据切削力的尺寸效应,单位磨削力大,但易于获得较高加工精度和较小表面粗糙度。

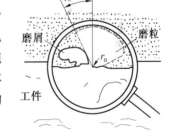

图 3.95　磨屑的形成

(4) 背向磨削力大

由于多数磨粒切削刃具有很大的负前角和较大的切削刃钝圆半径 r_n,致使背向(或法向力)磨削力 F_p 远大于切向磨削力 F_c(见表 3.31),加剧工艺系统变形,造成实际磨削深度 a_p(或径向进给量 f_r)常小于名义磨削深度,故严重影响加工精度和磨削过程的稳定性。

表 3.31　磨削时 F_p/F_c 的比值

工件材料	钢	淬火钢	铸铁
F_p/F_c	1.6 ~ 1.8	1.9 ~ 2.6	2.7 ~ 3.2

(5) 磨粒有自砺性

磨粒在磨削力作用下,会自己产生开裂和脱落,从而形成新的锐利刃,称为磨粒的自砺性或自锐性,对磨削加工有利。

(6) 砂轮表面磨粒分布是随机的

砂轮表面磨粒分布是随机的,分为有效磨粒与无效磨粒。各磨粒在磨削过程中的作用差别很大,有的磨粒无切削作用,这直接影响磨削表面质量,且使磨削过程复杂化。

2. 磨削过程

砂轮表面的磨粒可近似看做是无数微小的铣刀刀齿,其几何形状和几何角度有很大差异,致使不同磨粒的切削情况相差很大。因此,必须研究单个磨粒的磨削过程。

(1) 单个磨粒的磨削过程

① 磨粒形状。磨粒一般是用机械方法破碎磨料获得的,具有多种多样的几何形状,其中以菱形八面体最为普遍。磨粒顶角 β 通常为 $90^\circ \sim 120^\circ$,切削时为负前角,尖部均为钝圆,其半径 r_n 约在几微米至几十微米。随着磨粒的磨损,负前角和钝圆半径还会增大。

② 磨屑形成过程。单个磨粒的切削过程大致分为滑擦、耕犁(或刻划)和切削三个阶段,如图 3.96 所示。

i. 滑擦阶段。在磨削过程中,切削厚度由零逐渐增大。在滑擦阶段,由于磨粒切削刃与工件开始接触时的切削厚度 h_D 极小,当磨粒顶角处的钝圆半径 $r_n > h_D$,磨粒仅在工件表面上滑擦而过,只产生弹性变形而不产生切削作用。

ii. 耕犁阶段。随着磨粒挤入深度的增大,磨粒与工件表面的压力逐渐加大,表面层也由弹性变形过渡到塑性变形。此时挤压摩擦剧烈,有大量热产生,当金属被加热到临界点时,法向热应力超过材料的屈服强度,切削刃才开始切入表层。滑移使表层被推向磨粒的前方和两侧,使得磨粒在工件表面刻划出沟痕,沟痕的两侧则产生隆起。这一阶段的特点是:表层产生塑性流动与隆起,因磨粒的切削厚度未达到形成切屑的临界值,因而不能形成切屑。

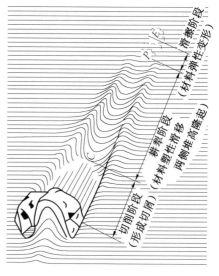

图 3.96　磨粒的切削过程

iii. 切削阶段。当挤入深度增大到临界值时,被切层在磨粒的挤压下明显地沿剪切面滑移,形成的切屑沿前刀面流出,此称为切削阶段。

由于磨粒的形状、大小和分布各不相同,只有砂轮表面最外层的锋利磨粒才可能连续经过上述滑擦、耕犁和切削三个阶段。而低于最外层的磨粒,可能只经过滑擦、耕犁阶段而未进入切削阶段,有的磨粒甚至只是在工件表面上滑擦而过或根本未与工件接触。由于磨削速度很高,滑擦作用产生很高温度,从而引起磨削表面的烧伤、裂纹等缺陷。因此,滑擦作用对磨削表面质量有很不利的影响。

耕犁引起的隆起现象对磨削表面粗糙度有很大影响。工件材料不同或热处理状态不同,隆起凸出量也不同:工件材料的硬度和强度越高,隆起凸出量越小;反之,其隆起凸出量越大。因此,硬度高的工件,易获得较小的表面粗糙度。

此外,隆起凸出量与磨削速度有关,即随着磨削速度的增加,隆起凸出量呈线性下降(见图 3.97)。这是由于在高速磨削时,工件材料塑性变形的传播速度远小于磨削速度而使磨粒侧面的工件材料来不及变形,这是高速磨削可减小加工表面粗糙度值的原因之一。

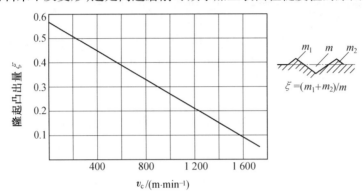

图 3.97　隆起凸出量与磨削速度的关系

(2) 单个磨粒的切削厚度

如前述,每个磨粒对切削层的作用各不相同。为便于分析,假设磨粒前后对齐,并均匀分布在砂轮的外圆表面,即将砂轮看成是一多齿铣刀,这样就可以按照铣削切削厚度的计算方法来确定单个磨粒的切削厚度。

如图 3.98 所示,砂轮上点 A 转到点 B 时,工件上点 C 就移到点 B,即工件上有 ABC 这么大面积的材料被磨掉了。此时,磨削层的最大厚度为 BD,如果参加切削的磨粒数为 $AB \times m$(m 为砂轮圆周单位长度上的磨粒数),单个磨粒的最大切削厚度 h_{Dgmax} 为

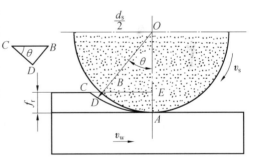

图 3.98　单个磨粒的切削厚度

$$h_{Dgmax} = BD/(AB \times m) \qquad (3.62)$$

将 BCD 近似看成一直角三角形,则

$$BD = BC\sin\theta$$

若砂轮以速度 v_s 从点 A 转到点 B(转过 θ 角)所需时间为 t,在这段时间内,工件以 v_w 移动了 BC 距离,则

$$BC/AB = (v_w t)/(v_s t) = v_w/v_s$$

$$\cos\theta = OE/OB = (d_s/2 - f_r)/(d_s/2) = (d_s - 2f_r)/d_s$$

故有
$$\sin\theta = \sqrt{1 - \cos^2\theta} = 2\sqrt{f_r/d_s - (f_r/d_s)^2}$$

通常 $d_s \gg f_r$,故可忽略 $(f_r/d_s)^2$ 一项,则得

$$\sin\theta = 2\sqrt{f_r/d_s}$$

代入式(3.62),有

$$h_{Dgmax} = \frac{2v_w}{v_s m} \sqrt{f_r/d_s} \tag{3.63}$$

如考虑砂轮宽度 B 和轴向进给量 f_a 的影响,式(3.63)变为

$$h_{Dgmax} = (2v_w f_a)/(v_s mB) \sqrt{f_r/d_s} \tag{3.64}$$

外圆磨削时 $\qquad h_{Dgmax} = (2v_w f_a)/(v_s mB) \sqrt{f_r/d_s + f_r/d_w} \tag{3.65}$

实际上,由于磨粒在砂轮表面上分布的随机性,各个磨粒的切削厚度各不相同,但对定性分析各因素对单个磨粒切削厚度的影响十分有用。

① 砂轮转速越高,工件速度越低,即磨削速度比(v_w/v_s)越小时,h_{Dgmax} 越小。

② 砂轮圆周单位长度上的磨粒数 m 越多(即砂轮的粒度号越大、组织紧密时),砂轮直径 d_s、宽度 B 越大,h_{Dgmax} 越小。

③ f_r 与 f_a 增大,均使 h_{Dgmax} 增大,但增大幅度不一样,h_{Dgmax} 分别与 f_a、$\sqrt{f_r}$ 成正比。

不难看出,h_{Dgmax} 对磨粒的工作负荷、磨削力、磨削温度和加工质量均有较大影响。当 h_{Dgmax} 增大时,单位时间内的金属切除量增多,即磨削效率提高,但将导致磨粒与砂轮过度磨损和加工表面质量下降。因此,从提高加工效率的角度看,在机床和砂轮允许的情况下,提高砂轮速度 v_s 最有利。因为 v_s 增大,使参加工作的磨粒数增加,从而使每个磨粒的磨削厚度减小,这就是高速磨削能得到广泛应用的主要原因之一。其次,在机床刚度较好的条件下,增大 f_r 可减小往复走刀次数,这就是生产中的大切深磨削法。

3. 磨削温度

(1) 磨削点温度 θ_{dot}

磨粒磨削点温度是磨粒切削刃与切削接触点的温度,是磨削中温度最高的部位,可达 1 000 ~ 1 400 ℃。该温度不但影响磨削表面质量,且与磨粒磨损和切屑熔着现象有密切关系。

(2) 磨削区温度 θ_A

砂轮磨削区温度是砂轮与工件接触区的平均温度。它影响工件表面的烧伤、裂纹和加工硬化。

(3) 工件平均温度

工件平均温度是磨削热传入工件而引起的温升,它影响工件的形状与尺寸精度。

一般所讲的"磨削温度",是指砂轮磨削区温度 θ_A,可用人工热电偶或半人工热电偶法测量。

4. 砂轮使用寿命与磨削比及磨耗比

(1) 砂轮使用寿命 T

砂轮使用寿命 T 是砂轮相邻两次修整间的纯磨削时间,单位为秒(s),也可用磨削工件数目表示。

砂轮常用合理使用寿命数值见表3.32。

表 3.32   砂轮常用合理使用寿命参考值

磨削种类	外圆磨	内圆磨	平面磨	成形磨
使用寿命 T/s	1 200 ～ 2 400	600	1 500	600

(2) 磨削比 G 与磨耗比 G_s

单位时间内磨除金属体积与砂轮消耗体积之比,称为磨削比,以 G 表示,即

$$G = Q_w/Q_s \tag{3.66}$$

式中 Q_w—— 单位时间金属切除体积,mm^3/s;

Q_s—— 单位时间砂轮消耗体积,mm^3/s。

磨耗比 G_s 为磨削比 G 的倒数,即

$$G_s = 1/G_c = Q_s/Q_w \tag{3.67}$$

粗磨时,常用磨削比来评价砂轮的磨削性能。

3.9.4   先进磨削方法简介

由于科学技术的发展,对工件加工精度和生产效率的要求越来越高,磨削技术也有了较大发展。目前,高效磨削和高精度、小粗糙度磨削是磨削技术的两个主要发展方向。

1. 高效磨削

(1) 高速磨削

普通磨削时砂轮的线速度 $v_s = 30 ～ 35\ m/s$,$v_s \geqslant 45\ m/s$ 的磨削称为高速磨削。目前,世界上实验的磨削速度已达 $200 ～ 250\ m/s$,实际应用的速度为 $80 ～ 125\ m/s$,而经济磨削速度为 $50 ～ 60\ m/s$。生产实践证明高速磨削比普通磨削可提高生产效率 30% ～ 100%。

由于高速磨削砂轮线速度的提高,单位时间内参与磨削的磨粒数大大增加,与普通磨削相比,高速磨削具有如下特点。

① 在保证加工质量的前提下,生产效率大幅度提高。因为提高后,单个磨粒切削厚度减小,为保持 h_{Dgmax} 不变,进给量就要大大提高,磨削机动时间大为缩短,从而使生产效率提高。

② 在保证相同生产效率的前提下,加工精度、表面质量和砂轮使用寿命提高。单位时间磨除量一定时,v_s 提高后,单个磨粒切削厚度变小,这不但可减小加工表面粗糙度值,而且由于磨削背向力也相应减小,可提高加工精度。此外,由于磨粒切削负荷减小,每个磨粒的磨削时间相对延长,从而使砂轮使用寿命有较大幅度增长。

(2) 缓进给大切深磨削

缓进给大切深磨削又称缓进给磨削或深磨削(强力磨削)或蠕动磨削,是继高速磨削发展起来的一种新工艺。它是以较大的径向进给量 f_r(可达 30 mm 以上) 和很低的工作台进给速度 v_w($3 ～ 300\ mm/min$)磨削工件,经一个或数个行程即可磨到所要求的尺寸和形状精度,适用于高硬度、高韧性材料(如高温合金、不锈钢及高速钢等) 的型面和沟槽磨削。

缓进给大切深磨削有如下特点:

① 生产效率高。由于缓进给大切深磨削时的磨削深度(径向进给量) 很大,可以通过一次进给将锻、铸件毛坯直接磨削成所需成品工件,大大减少了工作台往复行程次数,节省了

工作台换向时间及空磨时间;同时由于砂轮与工件的接触长度大,接触区同时工作磨粒数大为增加,使单位时间内的金属磨除量增大,可比普通磨削效率提高。

② 砂轮使用寿命长,磨削质量和精度稳定。普通磨削时,工作台速度较高,砂轮边缘与工件尖角频繁撞击,加速了砂轮磨损。缓进给磨削时,工作台进给缓慢且往复次数少,大大减轻了两者的撞击与损伤。此外,由于缓进给磨削时的单个磨粒切削厚度减小,磨粒承受的磨削负荷减轻,使砂轮能在较长时间内保持原有的廓形精度,从而增长了砂轮使用寿命,稳定了磨削精度和质量。

③ 扩大磨削应用范围,能有效地解决一些难加工材料的成形加工。如燃汽轮机的叶片材料为高温合金,叶片根圆弧槽铣削加工十分困难,刀具磨损严重。采用缓进给磨削后,生产效率提高了 3 ~ 5 倍,且加工精度和质量均显著提高。

但应用缓进给磨削应注意以下几点。

① 必须保证机床功率足够,砂轮主轴承载能力大,工作台低速运动时稳定无爬行。普通磨床只有改装后方可试验。

② 选择合适的砂轮。缓进给磨削时金属磨除率大,磨削力增大,磨削热也相应增多,因此要求砂轮有足够的容屑空间、良好的自砺性和保持廓形精度的能力。除了根据工件材料选择相应磨料外,应选用软硬度、粗粒度及组织松软(一般 12 号以上)的陶瓷结合剂砂轮,以利于排屑和冷却。

③ 必须采取措施充分有效冷却。缓进给磨削时,产生的磨削热多而不易散出,易引起工件烧伤,必须采用高压力及大流量的磨削液来冷却冲洗。采用水溶性离子型磨削液,可显著减少砂轮的粘结磨损和扩散磨损,防止工件烧伤。

(3) 砂带磨削

砂带磨削是一种很有发展前途的高效磨削方法,应用范围很广,几乎所有材料(金属和非金属)的各种型面磨削都可以采用。近年来在某些工业发达国家,砂带磨削已占磨削加工量的一半以上。

砂带磨削所需设备比较简单,一般由砂带、接触轮、张紧轮、支撑板与传送带组成,如图3.99所示。接触轮一般用钢或铸铁做芯,其上浇注硬橡胶制成,其作用是控制砂轮磨粒对工件的接触压力和切削角度。张紧轮为铁或钢制滚轮,起张紧砂带的作用,张紧力大时,磨削效率

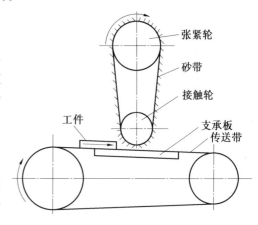

图 3.99 砂带磨削设备示意图

较高。支撑板为钢制,经过渗碳处理,用来实现工件进给。砂带由磨料、基体和粘结剂组成(见图 3.100),制造砂带的磨料多为氧化铝(Al_2O_3)、碳化硅(SiC)、氧化锆(ZrO_2),也可采用金刚石或 CBN;基体材料是布或纸;结合剂可以是动物胶(用于干磨砂带)或树脂胶(用于湿磨砂带)。

由于制造砂带的磨料预先经过精选,粒度均匀性好,并且采用静电植砂装置使磨料在高压静电场作用下以均匀的间隔直立在基体上,因此砂带的磨粒分布有一定规律、等高性好、容屑空间大,大量磨粒在加工时能同时发生切削作用,磨削发热少,加工效率高。

砂带磨削具有如下特点：

① 生产效率高。砂带磨削的工时仅为砂轮磨削的 1/5，辅助工时也较少，生产效率高是砂带磨削的最主要优点。

② 机床设备简单，通用性好，适应性强，生产成本低。

③ 应用范围广，可用来粗磨钢锭与钢板。磨削难加工材料与难加工型面，特别是磨削大尺寸薄板，大长径比的外圆与内孔(直径 25 mm 以上)、薄壁件和复杂型面更为优越。

④ 设备占用空间大，噪音大，砂带磨损后不能修复再用，这是其缺点。

目前，砂带磨削正朝着进一步提高加工精度、自动化程度及延长砂带使用寿命方向发展。

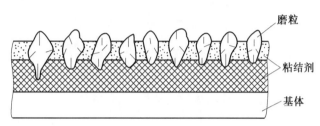

图 3.100　砂带结构示意图

2.高精度小粗糙度磨削

磨削加工的表面粗糙度是砂轮微观形貌的某种复印，因此，磨床主轴振动和砂轮表面磨粒的微刃性及等高性是影响磨削精度和表面质量的主要因素。

当采用较小的修整量精细修整砂轮时，磨粒将产生细微破碎，形成几个微细切削刃，称为微刃。磨削时，在砂轮与工件间振动很小的条件下，如果砂轮表层上磨粒的微刃数多且等高性好(即分布在同一表层上的微刃数多)，则磨粒在工件表面上能切下均匀微小的切屑；同时，在适当的磨削压力下，借助于半钝化状态的微刃对工件表面的摩擦抛光作用，可获得高精度及小粗糙度的磨削表面。

不难看出，高精度小粗糙度磨削对砂轮、磨床和磨削工艺提出了一些特殊要求：

(1) 砂轮的选择要合适

所选择的砂轮应保证在精细修整后能形成大量的等高性好的微刃。对超精密磨削($Ra = 0.01 \sim 0.04\ \mu m$)，宜选用刚玉磨料、细粒度($80^{\#} \sim 320^{\#}$)、中软硬度的陶瓷结合剂砂轮；对镜面磨削($Ra < 0.01\ \mu m$)，宜选用刚玉磨料、微细粒度(W10 ~ W14)超软硬度的树脂结合剂加石墨填料砂轮。

(2) 砂轮修整需精细

为使砂轮表面的磨粒具有良好的微刃性和等高性，需采用锐利金刚石笔对砂轮进行精细修整。修整深度 t_d 一般为 $2.5 \sim 5\ \mu m$，修整导程可取 $P_d = 0.01 \sim 0.02$ mm/r(超精密磨削)或 $P_d = 0.008 \sim 0.012$ mm/r(镜面磨削)。

(3) 对磨床有特殊要求

砂轮主轴必须有很高的回转精度和刚度，工作台应保证低速无爬行，往复速度差不超过1%，这是砂轮表面磨粒切削刃获得良好微刃性和等高性的基本要求。此外，磨削液要经过精细过滤。

（4）磨削用量要合理

微刃切削和抛光作用的充分发挥,还须靠合理的磨削用量来实现。具体参考值见表3.33。

表 3.33　高精度小粗糙度磨削用量

磨削用量	精密磨削	超精磨削	镜面磨削
$v_s/(\text{m}\cdot\text{s}^{-1})$	30	12 ~ 30	12 ~ 30
$v_w/(\text{m}\cdot\text{s}^{-1})$	0.15 ~ 2	0.1 ~ 0.12	0.1 ~ 0.12
f_r/mm	0.002 5 ~ 0.005	< 0.002 5	< 0.002 5
光磨次数	1 ~ 3	4 ~ 15	20 ~ 30

复习思考题

3.1　试画图说明切削过程的三个变形区及各产生何种变形?

3.2　切削变形的表示方法有哪些?它们之间有何关系?与切削比有何关系?

3.3　什么是剪切角?研究它有何意义?表达的关系式有哪些?

3.4　切削过程中前刀面上的摩擦有何特点?什么是积屑瘤,有何特点?对切削过程有何影响?如何抑制?

3.5　试分析影响切削变形的因素是如何影响切削变形的。

3.6　从形成机理角度看切屑分哪几类?各有何特点?可否相互转化?

3.7　从切屑处理角度如何划分切屑类型?何种情况下易产生?如何控制切屑和评价切屑的优劣?

3.8　什么是切削力?以外圆车削为例说明切削合力、分力、单位切削力与切削功率。

3.9　试分析影响切削力的因素。

3.10　切削力的理论公式和经验公式如何表示?

3.11　切削热是如何产生与传出的?哪些因素影响切削热的传出?

3.12　切削温度的含意是什么?常用什么方法测量?原理是什么?

3.13　从切削温度分布图上看刀具上切削温度的分布有什么特点?

3.14　影响切削温度的因素有哪些?如何影响?

3.15　刀具有哪几种磨损形态?各有何特点?

3.16　试分析刀具磨损的原因?通常情况下各种磨损原因所占比例有何关系?

3.17　刀具磨损过程分哪几个阶段?各阶段有何特点?

3.18　什么是刀具的磨钝标准?刀具磨钝标准制订的原则是什么?

3.19　刀具使用寿命的定义是什么?它与刀具寿命有何关系?

3.20　试论述刀具使用寿命与切削速度的关系(即 Taylor 关系式) 及各项的物理意义。

3.21　切削用量三要素对刀具使用寿命的影响有何不同?为什么?

3.22　何谓最高生产率使用寿命与最低成本使用寿命?制订刀具使用寿命的原则是什么?

3.23　什么是工件材料的切削加工性?为什么说它是相对的?衡量指标有哪些?常用指标是什么?

3.24　影响工件材料切削加工性的因素有哪些?如何影响?

3.25　改善工件材料切削加工性的途径有哪些?

3.26 切削液应具备哪些基本性能?切削液有哪几类?

3.27 切削液的选用原则是什么?

3.28 切削液的使用方法有哪些?

3.29 刀具合理几何参数含意是什么?包括哪些内容和选择原则?

3.30 前角的作用是什么?合理前角的概念及选择原则是什么?

3.31 后角的作用是什么?合理后角选择原则是什么?

3.32 主偏角的作用是什么?合理主偏角选择原则是什么?

3.33 何谓斜角切削?有何特点?

3.34 刃倾角的作用有哪些?合理刃倾角的选择原则是什么?

3.35 什么是合理切削用量?粗加工时合理切削用量的选择原则是什么?为什么?

3.36 常用磨料有哪几种?各有何特点?宜用于何种材料加工?

3.37 试述粒度概念和选用原则。

3.38 砂轮的结合剂有哪几种?各有何特点?如何选用?

3.39 何谓砂轮硬度?磨料硬度等于砂轮硬度吗?如何选择?

3.40 砂轮组织的概念是什么?如何选用?

3.41 外圆、内圆及平面磨削中各有哪些运动?

3.42 指出砂轮端面上表示砂轮特性的代表的含意:WA60KV6P300 × 30 × 75。

3.43 画图说明什么是纵向磨削、横向(切入)磨削、圆周磨削、端面磨削、逆磨与顺磨?

3.44 试说明磨削与切削相比有哪些特点。

3.45 试述单个磨粒磨削过程有何特点。

3.46 生产中常采取哪些措施来减小单个磨粒的切削厚度?试说明为什么从提高生产效率
角度看提高砂轮转速最有利。

3.47 何谓磨削区温度、点温度及工件平均温度?

3.48 何谓砂轮使用寿命和磨削比(磨耗比)?

3.49 你知道有哪些高效磨削方法?各有何特点?使用时应注意什么?

第4章

金属切削刀具基础

生产中使用的切削刀具可分为两类:一类是通用刀具,可由工艺人员和操作者选用;另一类是专用刀具,由工艺人员根据加工工件情况专门设计制造。

4.1 车 刀

车刀的种类很多,可按其用途与结构分类。

4.1.1 按用途分类

车刀按其用途可分为:外圆车刀、内孔车刀、端面车刀与螺纹车刀等,如图4.1所示。

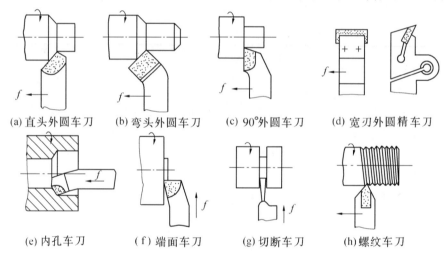

(a) 直头外圆车刀　(b) 弯头外圆车刀　(c) 90°外圆车刀　(d) 宽刃外圆精车刀

(e) 内孔车刀　　(f) 端面车刀　　(g) 切断车刀　　(h) 螺纹车刀

图4.1　常用车刀种类

4.1.2 按结构分类

车刀按其结构可分为:整体车刀、焊接车刀、装配式车刀、机夹车刀和可转位车刀等。

整体车刀是做成长条形状的整块高速钢,俗称"白钢刀",已淬硬至62～66 HRC,使用时可视其用途刃磨即可。

焊接车刀是把硬质合金刀片镶焊(钎焊)在优质碳素结构钢(45钢)或合金结构钢(40Cr)的刀杆上经刃磨而制得(图4.1(a～f))。

装配式车刀是将焊有硬质合金刀片的小刀块装配在刀杆上而成(图4.2)。主要用于重型车刀,刃磨时只需刃磨小刀块,刀杆能重复使用。

机夹车刀是将硬质合金刀片用机械夹固的方法装夹在刀杆上而成(图4.3)。刀刃位置可以调整,用钝后可重复刃磨。

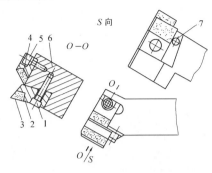

图 4.2   装配式车刀

1、5— 螺钉；2— 小刀块；3— 刀片；4— 断屑器；6— 刀杆；7— 支撑销

可转位车刀的刀片也是用机械夹固法装夹的(图 4.4),但可转位刀片为正多边形,每边都可作切削刃,用钝后只需将刀片转位,即可使新的切削刃投入切削。

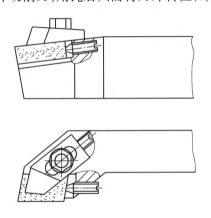

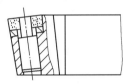

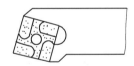

图 4.3   机夹车刀   图 4.4   可转位车刀

4.1.3   可转位车刀

1.可转位车刀特点

可转位车刀由刀杆、刀片和夹紧元件组成(图 4.5)。多边形刀片上压制出卷屑槽并经过精磨,可以转位使用;几条切削刃均用钝后,可更换相同规格的刀片,使用起来很方便。

可转位车刀的几何角度完全由刀片和刀槽的几何角度组合而成。切削性能稳定,适合于大批量生产。刀片下可装有高硬度刀垫,以保护刀槽支撑面;也允许采用厚度较薄的刀片。

由于可转位车刀几何参数和断屑槽参数是根据确定的加工条件设计的,故通用性较差。另外,尺寸小的刀具,由于结构所限不宜采用。

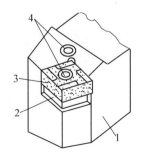

图 4.5   可转位车刀的组成

1— 刀杆；2— 刀垫；3— 刀片；4— 夹紧元件

2. 可转位车刀刀片

硬质合金可转位刀片已有国家标准(GB 2076 ～ 2080—87)。刀片形状很多,常用的有三角形、偏8°三角形、凸三角形、正方形、五角形和圆形等,如图 4.6 所示。

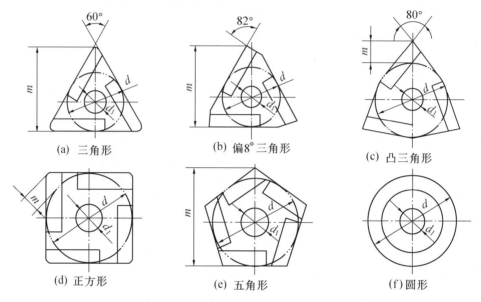

(a) 三角形　　　　　(b) 偏8°三角形　　　　　(c) 凸三角形

(d) 正方形　　　　　(e) 五角形　　　　　(f) 圆形

图 4.6　常用硬质合金可转位刀片的形状

3. 可转位车刀夹紧结构

可转位车刀大都是利用刀片上的孔进行定位夹紧。对夹紧结构的要求应是:夹紧可靠,重复定位精确,操作方便,结构简单,制造容易,而且夹紧元件不应妨碍切屑的流出。

典型夹紧结构介绍如下:

(1) 偏心式

偏心式(图 4.7) 夹紧结构是靠转轴上端的偏心实现的。转轴可为偏心销轴和偏心螺钉轴。偏心夹紧结构的主要参数是偏心量 e 及刀杆轴孔的位置。其优点是结构简单、使用方便。但由于有关零件制造有误差,因此很难使刀片夹靠在两个定位侧面上,实际上只能夹靠在一个侧面上。理论上偏心夹紧能够自锁,特别是螺钉偏心夹紧,三角螺纹更加强了自锁作用,故在一般切削振动不大的情况下,刀片夹紧是可靠的。

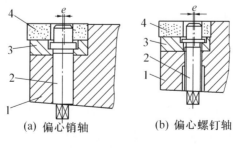

(a) 偏心销轴　　　　　(b) 偏心螺钉轴

图 4.7　偏心式夹紧结构

1— 刀杆;2— 偏心轴;3— 刀垫;4— 刀片

(2) 杠销式

杠销式夹紧结构是利用杠杆原理夹紧刀片的。在杠销下端用螺钉加力,使杠销绕支点旋转而将刀片夹紧。杠销加力的方法有两种:一是螺钉头直接顶压杠销下端(图 4.8(a));第二种是螺钉头部锥面切向加力在杠销下端(图 4.8(b))。

杠销式能实现双侧面定位夹紧,结构不算复杂,制造比较容易。

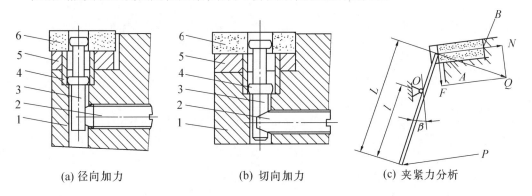

(a) 径向加力　　　　(b) 切向加力　　　　(c) 夹紧力分析

图 4.8　杠销式夹紧结构

1— 刀杆;2— 螺钉;3— 杠销;4— 弹簧片;5— 刀垫;6— 刀片

(3) 杠杆式

杠杆式(图 4.9) 夹紧结构是利用压紧螺钉旋进时带动杠杆顺时针转动将刀片夹紧的。压紧螺钉旋出时,杠杆逆时针转动而松开刀片。这种结构受力合理、夹紧可靠、使用方便,是性能较好的一种;缺点是工艺性较差、制造比较困难。

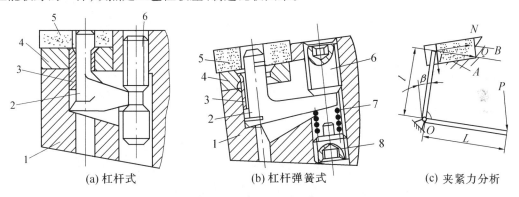

(a) 杠杆式　　　　(b) 杠杆弹簧式　　　　(c) 夹紧力分析

图 4.9　杠杆式夹紧结构

1— 刀杆;2— 杠杆;3— 弹簧套;4— 刀垫;5— 刀片;6— 紧固螺钉;7— 弹簧;8— 调节螺钉

(4) 楔销式

楔销式(图 4.10) 的刀片也是利用内孔定位。当旋紧螺钉将楔块压下时,刀片被推向销轴而将刀片夹紧;松开螺钉时,弹簧垫圈将楔块抬起来。该结构简单,使用方便,制造容易;缺点是夹紧力与刀片所受背向抗力方向相反,定位精度差。

(5) 上压式

上压式(图 4.11) 是螺钉压板结构,一般多用于带后角而不带孔刀片。夹紧时先将刀片推向刀槽两侧定位后再施力夹紧。此结构简单、可靠,缺点是压板有碍切屑流出。

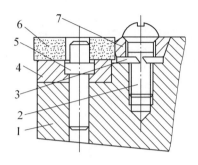

图 4.10　楔销式

1— 刀杆;2— 紧固螺钉;3— 弹簧垫圈;

4— 刀垫;5— 圆柱销;6— 刀片;7— 楔块

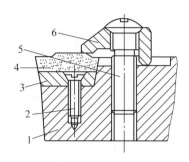

图 4.11　上压式

1— 刀杆;2— 沉头螺钉;3— 刀垫;

4— 刀片;5— 压紧螺钉;6— 压板

4. 可转位车刀几何角度设计计算

可转位车刀的角度是由刀片几何角度和刀槽几何角度组合形成的(图 4.12)。

(1) 刀槽几何角度设计

$$\kappa_{rg} = \kappa_r, \quad \lambda_{sg} = \lambda_s, \quad \gamma_{og} \approx -\alpha_o$$

$$\varepsilon_{rg} \approx \varepsilon_r, \quad \kappa'_r = 180° - \kappa_r - \varepsilon_r$$

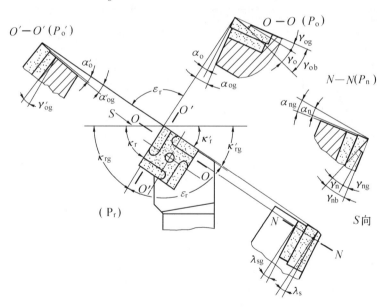

图 4.12　可转位车刀几何角度关系

(2) 后角校验

刀槽几何角度 γ_{og}、λ_{sg}、ε_{rg} 设计的依据是车刀的 γ_o、λ_s 及刀片形状(或 ε_r),此时车刀的后角 α_o 和副刃后角 α'_o 不是选择的,只能按式(4.1)和(4.2)进行校验

$$\tan \alpha_o = -\tan \gamma_{og} \mathrm{con}^2 \lambda_s \tag{4.1}$$

$$\tan \alpha'_o = -\tan \gamma'_{og} \mathrm{con}^2 \lambda'_s \tag{4.2}$$

式中

$$\tan \gamma'_{og} = -\tan \gamma'_{og} \cos \varepsilon_r + \tan \lambda_{sg} \cos \varepsilon_r \tag{4.3}$$

$$\tan \lambda'_{sg} = - \tan \gamma_{og}\sin \varepsilon_r + \tan \lambda_{sg}\cos \varepsilon_r \qquad (4.4)$$

从刀具市场买来的可转位车刀,其几何角度往往都是根据加工普通钢料需要设计的,因此当加工工件材料变化时该刀具的几何角度就不合理了。从这个意义上讲,可转位车刀并非通用,而是专用的,使用者必须根据加工现场的工件材料和加工性质进行专门设计,才能收到预期效果。

4.2   孔加工刀具

4.2.1   孔加工刀具的种类与用途

机械加工中的孔加工刀具分为两类:一类是在实体工件上加工出孔的刀具,如扁钻、麻花钻、中心钻及深孔钻等;另一类是对工件上已有孔进行再加工的刀具,如扩孔钻、锪钻、铰刀及镗刀等。

这些孔加工刀具有共同的特点,即刀具均在工件内表面切削,工作部分处于加工表面包围之中,刀具的强度、刚度、导向、容屑、排屑及冷却润滑等都比切外表面时问题更突出。

1. 扁钻

扁钻(图 4.13)是使用最早的钻孔工具。因为结构简单、刚性好、成本低、刃磨方便,近十几年来经过改进又获得了较多应用,特别是在微孔(小于 $\phi1$ mm)及大孔(大于 $\phi38$ mm)加工中更方便、经济。

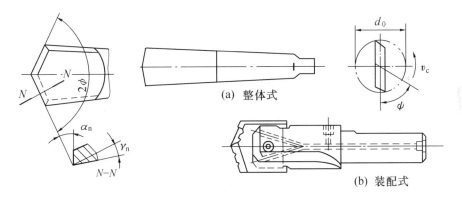

图 4.13   扁钻

扁钻有整体式和装配式两种。前者适于数控机床,常用于较小直径(小于 $\phi12$ mm)孔加工,后者适于较大直径(大于 $\phi63.5$ mm)孔加工。

2. 麻花钻

麻花钻是迄今最广泛应用的孔加工刀具。因为它的结构适应性较强,又有成熟的制造工艺及完善的刃磨方法,特别是加工小于 $\phi30$ mm 的孔,麻花钻仍为主要工具。生产中也有将麻花钻作为扩孔钻使用的。

3. 中心钻

中心钻是用来加工轴类工件中心孔的,有三种结构形式:带护锥中心钻(图 4.14(a)),无护锥中心钻(图 4.14(b))和弧型中心钻(图 4.14(c))。

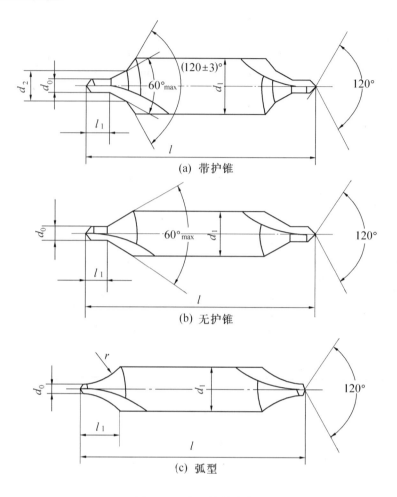

图 4.14 中心钻的种类

4.深孔钻

通常把孔深与孔径之比大于 5 ~ 10 倍的孔称为深孔,加工所用的钻头称为深孔钻。

深孔钻有很多种,常用的有:外排屑深孔钻、内排屑深孔钻、喷吸钻及套料钻等。

5.锪钻

常见的锪钻有三种:圆柱形沉头孔锪钻(图 4.15(a))、锥形沉头孔锪钻(图 4.15(b))及端面凸台锪钻(图 4.15(c))。

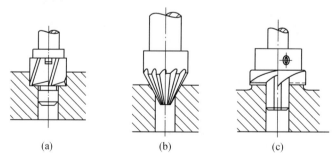

图 4.15 锪钻

6. 扩孔钻

扩孔钻专门用来扩大已有孔。它比麻花钻的齿数多($z > 3$),容屑槽较浅,无横刃,强度和刚度均较高,导向性能、切削性能较好,加工质量和生产效率比麻花钻高,精度可达 IT11 ~ IT10 级,表面粗糙度达 $Ra6.3 ~ 3.2 \mu m$。

常用的有高速钢整体扩孔钻(图 4.16(a))、高速钢镶套式扩孔钻(图 4.16(b))及硬质合金镶套式扩孔钻(图 4.16(c))等。

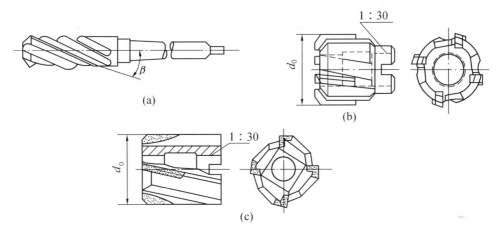

图 4.16　扩孔钻

7. 铰刀

铰刀(图 4.17)常用来对已有孔作最后精加工,也可对要求精确的孔进行预加工。加工精度可达 T11 ~ IT6 级,表面粗糙度达 $Ra1.6 ~ 0.2 \mu m$。

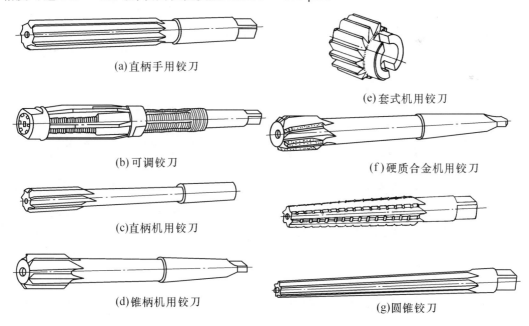

(a)直柄手用铰刀

(e)套式机用铰刀

(b)可调铰刀

(f)硬质合金机用铰刀

(c)直柄机用铰刀

(d)锥柄机用铰刀

(g)圆锥铰刀

图 4.17　铰刀的种类

8.镗刀

镗刀是对工件已有孔进行再加工的刀具,可加工不同精度的孔,精度可达 IT7 ~ IT6 级,表面粗糙度达 Ra 6.3 ~ 0.8(0.4)μm。

镗刀即是安装在回转镗杆上的车刀,可分为单刃和多刃镗刀。单刃镗刀只在镗杆轴线的一侧有切削刃(图 4.18),结构简单,制造方便,有的带有调整装置(图 4.18(a)),如采用微调装置(图 4.19),可大幅度提高调整精度。

双刃镗刀是镗杆轴线两侧对称装有两个切削刃,可消除径向力对镗孔质量的影响,多采用装配式浮动结构(图 4.20)。镗刀头有整体高速钢和硬质合金焊接结构。

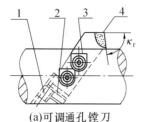

(a)可调通孔镗刀

1 — 调整螺钉; 2 — 镶块;
3 — 紧固螺钉; 4 — 镗刀头

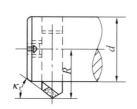

(b)通孔镗刀

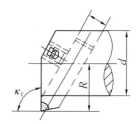

(c)盲孔镗刀

图 4.18　单刃镗刀

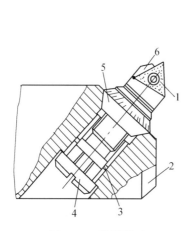

图 4.19　微调镗刀

1— 刀片;2— 镗杆;3— 导向键;
4— 紧固螺钉;5— 精调螺母;6— 刀块

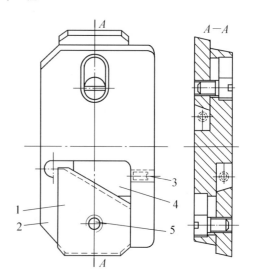

图 4.20　装配式浮动镗刀

1— 刀片;2— 刀体;3— 尺寸调整螺钉;
4— 斜面垫板;5— 刀片夹紧螺钉

4.2.2　麻花钻

麻花钻使用至今已有 100 多年的历史,不仅可在一般结构材料上钻孔,经过修磨还可在一些难加工材料上钻孔,仍是孔加工的主要刀具。

1. 结构组成及几何参数

(1) 结构组成

麻花钻由工作部分、柄部和颈部三部分组成(图 4.21(a)、(b))。

① 工作部分。工作部分包括切削部分和导向部分。切削部分承担切削工作,导向部分的作用在于切削部分切入孔后起导向作用,也是切削部分的备磨部分。为了减小与孔壁的摩擦,一方面在导向圆柱面上只保留两个窄棱面,另一方面沿轴向做出每 100 mm 长度上有 0.03 ~ 0.12 mm 的倒锥度。

为了提高钻头的刚度,工作部分两刃瓣间的钻心直径 d_c($d_c \approx 0.125\ d_0$)沿轴向做出每 100 mm 长度上有 1.4 ~ 1.8 mm 的正锥度(图 4.21(d))。

② 柄部。柄部是钻头的夹持部分,用以与机床主轴孔配合并传递扭矩。柄部有直柄(小于 ϕ20 mm 的小直径钻头)和锥柄之分。柄部末端还做有扁尾。

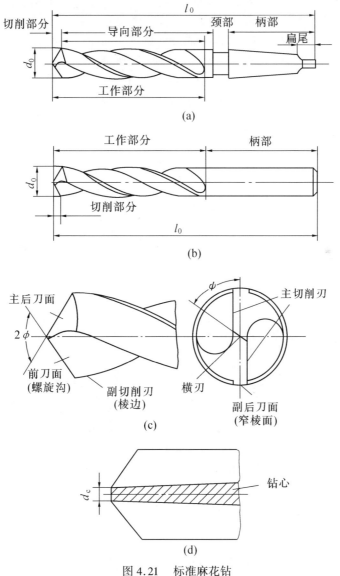

图 4.21   标准麻花钻

③ 颈部。颈部位于工作部分与柄部之间，可供砂轮磨锥柄时退刀，也是打标记之处。为了制造上的方便，直柄钻头无颈部。

（2）切削部分组成

切削部分（图 4.21(c)）由两个前刀面、两个后刀面、两个副后刀面、两条主切削刃、两条副切削刃和一条横刃组成。

① 前刀面。前刀面即螺旋沟表面，是切屑流经的表面，起容屑、排屑作用，需抛光以使排屑流畅。

② 后刀面。后刀面与加工表面相对，位于钻头前端，形状由刃磨方法决定，可为螺旋面、圆锥面和平面，手工刃磨得任意曲面。

③ 副后刀面。副后刀面是与已加工表面（孔壁）相对的钻头外圆柱面上的窄棱面。

④ 主切削刃。主切削刃是前刀面（螺旋沟表面）与后刀面的交线，标准麻花钻主切削刃为直线（或近似直线）。

⑤ 副切削刃。副切削刃是前刀面（螺旋沟表面）与副后刀面（窄棱面）的交线，即棱边。

⑥ 横刃。横刃是两个（主）后刀面的交线，位于钻头的最前端，亦称钻尖。

（3）切削部分几何角度

在研究分析几何角度之前，必须先确定切削刃选定点的坐标平面。

由图 4.22 知，钻头两条主切削刃相当于两把相反安装的镗刀刃，刃口不过轴线且相互错开，其距离为钻心直径 d_c，相当于镗刀刀刃高于工件中心。这样一来，钻头主切削刃上选定点的坐标平面及几何角度就比较容易理解。

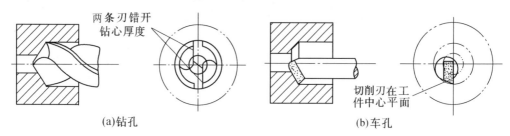

(a)钻孔　　　(b)车孔

图 4.22　钻孔与车孔

① 坐标平面。坐标平面（图 4.23）包括切削平面 P_s 和基面 P_r。主切削刃上不同点的切削平面和基面各不相同，这是回转刀具的共同特点。

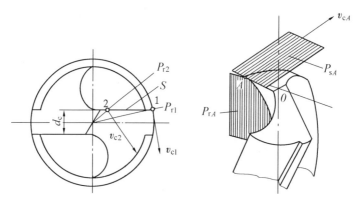

图 4.23　钻头的基面与切削平面

② 钻头的几何角度。钻头的几何角度(图 4.24) 包括螺旋角、刃倾角与端面刃倾角、顶角与主偏角、前角、后角、副刃后角、横刃前角和横刃后角。

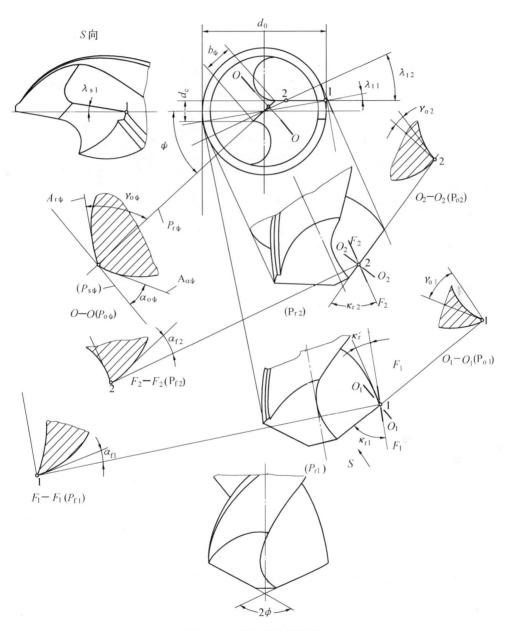

图 4.24　钻头的几何角度

前角计算式为

$$\tan \gamma_{ox} = \frac{\tan \beta_x}{\sin \kappa_{rx}} + \tan \lambda_{tx} \cos \kappa_{rx} \tag{4.5}$$

工作后角计算式为

$$\alpha_{ex} = \alpha_{fx} - u \tag{4.6}$$

$$\mu = \arctan \frac{f}{2\pi r_x} \qquad (4.7)$$

2. 钻削要素

(1) 钻削用量

钻削用量包括 v_c、f、a_p，见 2.2.2。

(2) 钻削层参数

① 钻削(层)厚度。钻削(层)厚度是指垂直于主切削刃在基面上的投影测量的切削层尺寸，以 h_D 表示

$$h_D = f_z \sin \kappa_r = \frac{f}{2} \sin \kappa_r \approx \frac{f}{2} \sin \phi \ (\text{mm}) \qquad (4.8)$$

② 钻削(层)宽度。钻削(层)宽度是指在基面内测量的主切削刃参加工作的长度(或沿主切削刃测得的切削层尺寸)，以 b_D 表示

$$b_D = \frac{a_p}{\sin \kappa_r} = \frac{d_0}{2\sin \kappa_r} \approx \frac{d_0}{2\sin \phi} \ (\text{mm}) \qquad (4.9)$$

③ 钻削(层)面积。指每个刀齿切下的切削层面积，以 A_D 表示

$$A_D = h_D b_D = f_z a_p = \frac{f d_0}{4} \ (\text{mm}^2) \qquad (4.10)$$

3. 标准麻花钻结构存在的问题

(1) 主切削刃上各点的前角是变化的且相差悬殊，外缘处为 +30°，近钻心处为 -30°，使得切削变形差别很大。

(2) 主切削刃长，钻削宽度大，整个切削刃上各点处切屑流出速度相差很大，但切屑为一条，致使切屑呈宽螺卷，内外互相牵扯，增加了变形的复杂性和排屑的困难，切削液也难于进入切削区。

(3) 横刃处前角负值太大($\gamma_{o\psi} = -(54° \sim 60°)$)，且横刃又较长($b_\psi = 0.18 \, d_0$)，会造成严重挤压，轴向力很大，切削条件很差。

(4) 副刃后角 $\alpha_{o\psi} = 0°$。副后刀面(棱面)与孔壁摩擦严重，而外缘转角处的切削速度又最高，刀尖角又较小，强度和散热条件均较差，故此处磨损严重。

(5) 横刃处的前后角 $\gamma_{o\psi}$ 是在刃磨后刀面时自然形成的，不能按需要分别控制 $\gamma_{o\psi}$、$\alpha_{o\psi}$ 与 α_o 的数值。

4. 群钻

群钻是综合运用修磨方法对麻花钻进行的修磨型式。最早是倪志福同志于 1954 年创造的，后经群钻小组不断改进，至今已有标准群钻、铸铁群钻、不锈钢群钻及薄板群钻等一系列刃磨钻型。现就标准群钻简单分析如下：

群钻的结构特点如图 4.25 所示，先磨出两条外直刃 AB，然后在两后刀面上对称磨出两条内凹弧槽 BC，再修磨横刃，使其变成两条内直刃 CD 并保留一条很窄的横刃 DO。

与标准麻花钻相比，原切削刃由 5 条变成了 9 条，钻(心)尖由 1 个变成 3 个(B、O、B)，对大于 $\phi15$ mm 的钻头，外刃上还可磨出分屑槽，以便分屑、排屑。其特点可概括为四句话：

三尖七刃锐当先，月牙弧槽分两边，一侧外刃再开槽，横刃磨低窄又尖。

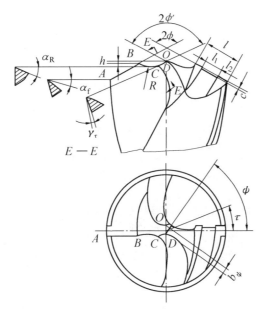

图 4.25　群钻

4.3　铣削与铣刀

　　铣削是非常广泛应用的切削加工方法之一,不仅可以加工平面、沟槽、台阶,还可以加工螺纹、花键、齿轮及各种成形表面。铣刀是多刃刀具,无空行程,铣削速度又高,故是一种高效切削加工方法。

4.3.1　铣刀的种类与用途

　　铣刀种类繁多,分类方法也较多。一般按用途分类,也可按齿背形式和结构形式分类。

1.按用途分类

(1) 圆柱铣刀

　　圆柱铣刀如图 4.26(a) 所示,切削刃成螺旋状分布在圆柱表面上,两端面无切削刃。常用来在卧式铣床上加工平面,多用高速钢整体制造,也可以钎焊硬质合金刀条。

(2) 面铣刀

　　如图 4.26(b) 所示,面铣刀切削刃分布在铣刀端面上。切削时,铣刀轴线垂直于被加工表面,多用于立式铣床上加工平面。面铣刀多采用硬质合金刀齿,故生产效率较高。

(3) 盘形铣刀

　　盘形铣刀包括槽铣刀、两面刃铣刀和三面刃铣刀。

　　槽铣刀(图 4.26(c)) 仅在圆柱表面有刀齿,为了减少端面与沟槽侧面的摩擦,两侧面做成内凹锥面,使副切削刃有 $\kappa'_r = 0°30'$ 的副偏角,参加部分切削工作。槽铣刀只用于加工浅槽。

　　两面刃铣刀(图 4.26(d)) 在圆柱表面和一个侧面上做有刀齿,用于加工台阶面。

　　三面刃铣刀(图 4.26(e)) 在两侧面上都有刀齿。错齿三面刃铣刀(图 4.26(f)) 的刀齿

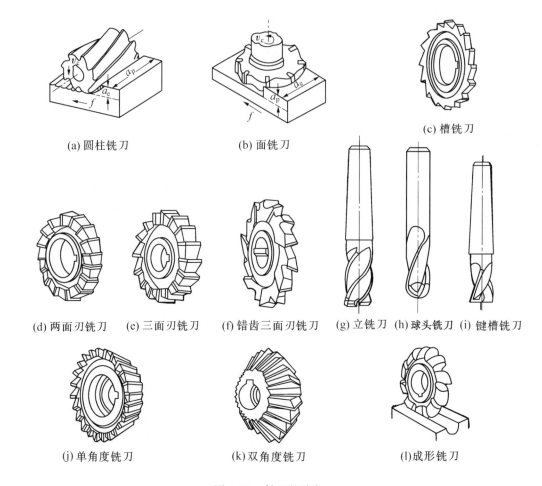

(a) 圆柱铣刀   (b) 面铣刀   (c) 槽铣刀

(d) 两面刃铣刀   (e) 三面刃铣刀   (f) 错齿三面刃铣刀   (g) 立铣刀 (h) 球头铣刀 (i) 键槽铣刀

(j) 单角度铣刀   (k) 双角度铣刀   (l) 成形铣刀

图 4.26　铣刀的种类

左、右旋交错排列,从而改善了侧刃的切削条件,常用于加工沟槽。

(4) 锯片铣刀

锯片铣刀实际上就是薄片槽铣刀,与切断车刀类似,用于切断材料或切深而窄的槽。

(5) 立铣刀

立铣刀如图 4.26(g) 所示,其圆柱面上的螺旋切削刃是主切削刃,端面上的切削刃是副切削刃。应与麻花钻头加以区别,一般不能作轴向进给,可加工平面、台阶面、沟槽等。用于加工三维成形表面的立铣刀端部做成球形,称球头立铣刀。其球面切削刃从轴心开始,也是主切削刃,可作多向进给,主要用于模具的型腔加工。

(6) 键槽铣刀

键槽铣刀如图 4.26(i) 所示,是铣制键槽的专用刀具。它仅有两个刃瓣,其圆周和端面上的切削刃都可作为主切削刃,使用时先轴向进给切入工件,然后沿键槽方向进给铣出全槽。为保证被加工键槽的尺寸精度,键槽铣刀只重磨端面刃。

(7) 角度铣刀

角度铣刀分单角度铣刀(图 4.26(i))和双角度铣刀(图 4.26(k)),用于铣削沟槽和斜面。

(8) 成形铣刀

成形铣刀如图 4.26(l) 所示,用于加工成形表面,其刀齿廓形需根据被加工工件的廓形来专门设计。

2. 按齿背形式分类

(1) 尖齿铣刀

尖齿铣刀的齿背经铣制而成,并在切削刃后磨出一条窄的后刀面,用钝后仅需重磨后刀面(图 4.27(a))。与铲齿铣刀相比,尖齿铣刀使用寿命较长,加工表面质量较好,对于切削刃为简单直线或螺旋线的铣刀,刃磨很方便,故使用广泛。图 4.26 中除(1) 为成形铣刀外,皆为尖齿铣刀。

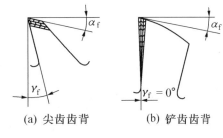

(a) 尖齿齿背   (b) 铲齿齿背

图 4.27　刀齿齿背形式

(2) 铲齿铣刀

铲齿铣刀的后刀面是铲制而成的,用钝后重磨前刀面(图 4.27(b))。当铣刀切削刃为复杂廓形时,可保证铣刀在使用过程中廓形不变。目前多数成形铣刀为铲齿铣刀,它比尖齿成形铣刀容易制造,重磨简单。铲齿铣刀的后刀面如经过铲磨加工,可保证较长的使用寿命和较好的加工表面质量。

此外,铣刀还可按刀齿疏密程度分为粗齿铣刀和细齿铣刀。粗齿铣刀刀齿数少,刀齿强度高,容屑空间大,用于粗加工。细齿铣刀刀齿数多,容屑空间小,用于精加工。

4.3.2　铣刀的几何角度

铣刀种类虽多,但基本型式是圆柱铣刀和面铣刀,前者轴线平行于被加工表面,后者轴线垂直于被加工表面。铣刀刀齿数虽多,但各刀齿的形状和几何角度相同,所以可以用一个刀齿为对象进行研究。无论是面铣刀,还是圆柱铣刀,每个刀齿都可视为一把车刀,故车刀几何角度的概念完全可应用于铣刀。

1. 坐标平面

参见图 4.28 ~ 4.30,运用车刀知识,就可搞清铣刀的坐标平面.

(1) 基面 P_r

铣刀切削刃选定点的基面,是通过该点并包含轴线的平面。

(2) 切削平面 P_s

铣刀切削刃选定点的切削平面,是通过该点并切于过渡表面的平面。

(3) 正交平面 P_o

圆柱铣刀的正交平面 P_o 与假定工作平面 P_f 重合,是垂直于轴线的端平面。端铣刀的正交平面 P_o 垂直于主切削刃在选定点的基面中的投影。

(4) 法平面 P_n

切削刃选定点的法平面 P_n 是通过该点并垂直于主切削刃的平面。与车刀一样,只有在选定点的切削平面视图中才能表示该点的法剖面。

(5) 假定工作平面 P_f 和背平面 P_p

与车刀一样,它们互相垂直,且垂直于选定点的基面。

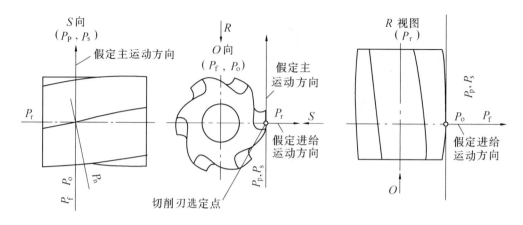

图 4.28　圆柱铣刀的静止参考系平面

2.几何角度

(1) 圆柱铣刀

圆柱铣刀的标注角度如图 4.29 所示。

圆柱铣刀刀齿只有主切削刃,无副切削刃,故无副偏角,主偏角 $\kappa_r = 90°$。

圆柱铣刀的前角 γ_n 在法平面 P_n 中测量,后角在正交平面 P_o 中测量。γ_o 与 γ_n 的换算方法与车刀相同。

圆柱铣刀的刃倾角 γ_s 就是铣刀的螺旋角 β,即是在切削平面 P_s 中测量的切削刃与基面的夹角。

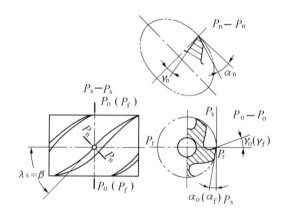

图 4.29　圆柱铣刀几何角度

(2) 面铣刀

面铣刀的标注角度如图 4.30 所示。

面铣刀的一个刀齿相当于一把普通外圆车刀,角度标注方法与车刀相同。

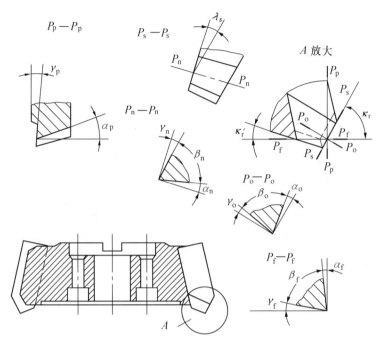

图 4.30　面铣刀几何角度

4.3.3　铣削要素

1. 铣削用量四要素

铣削用量四要素包括 v_c、v_f、a_P、a_e，见 2.2.2。

2. 铣削层参数

(1) 切削厚度 h_D

切削厚度 h_D 是在基面中测量的相邻刀齿主切削刃运动轨迹间的距离。无论是周铣还是端铣，铣削时的切削厚度都是随时变化的，如图 4.31 所示。

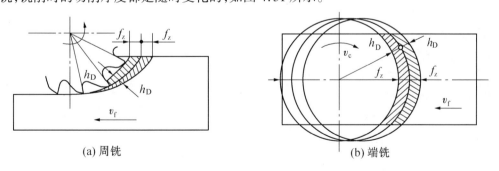

(a) 周铣　　　　　　　　　(b) 端铣

图 4.31　铣削时切削厚度的变化

① 在周铣中(图 4.32)，当 $\theta = 0°$ 时，$h_D = 0$；当 $h_D = \psi$ 时，h_D 最大。ψ 称接触角，θ 为铣刀刀齿瞬时转角。由图知

$$h_D = f_z\sin\theta \tag{4.11}$$

$$h_{Dmax} = f_z\sin\psi \tag{4.12}$$

通常以 $\theta = \psi/2$ 时的切削厚度作为平均切削厚度 h_{Dav},可表示为

$$h_{Dav} = f_z\sqrt{\frac{a_e}{d_0}} \tag{4.13}$$

② 在面铣中,对于对称铣削(图4.33),当 $\theta = 0°$ 时,h_D 为最大;当 $h_D = \psi$ 时,h_D 最小。由图4.33知

$$h_D = \overline{14} = \overline{12}\sin\kappa_r = \overline{13}\cos\theta\sin\kappa_r = f_z\cos\theta\sin\kappa_r \tag{4.14}$$

$$h_{Dav} = \frac{f_z a_e \sin\kappa_r}{d_0\psi} \tag{4.15}$$

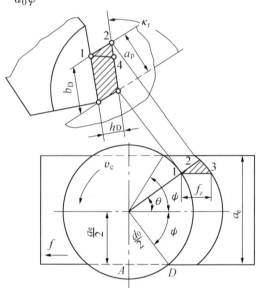

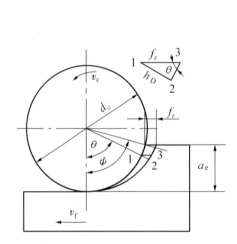

图4.32 周铣(圆柱铣刀)切削厚度计算   图4.33 面铣刀切削厚度计算

(2) 切削宽度 b_D

切削宽度是在基面中测量的铣刀主切削刃工作长度。

① 面铣刀每齿的切削宽度 b_D 与车刀情况类似,$b_D = a_p/\sin\kappa_r$。

② 螺旋齿圆柱铣刀加工时,由于刃倾角(螺旋角)的存在,具有斜角切削的特点,从切入到切出,各刀齿的主切削刃工作长度随刀齿的位置变化而变化(图4.34)。由于工作刀齿有重叠,故切削过程比较平稳。

(3) 切削面积

每个刀齿切削面积为 $A_D = h_D b_D$,铣刀总

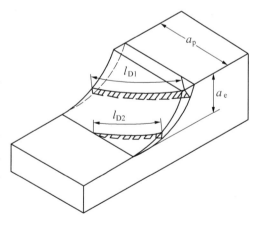

图4.34 螺旋齿铣刀切削刃的工作长度

切削面积 $A_{Dtot} = \sum_{1}^{z_e} A_D$。由于 h_D、b_D 和同时工作齿数 z_e 都随时在变化,故 A_{Dtot} 也是随时变化的。

① 面铣刀

$$A_{\text{Dtot}} = f_z a_p \sum_1^{z_e} \cos \theta \qquad (4.16)$$

② 圆柱铣刀

$$A_{\text{Dtot}} = \sum_1^{z_e} \int_0^{b_D} f_z \sin \theta \, \mathrm{d}b_D \qquad (4.17)$$

为方便起见,可计算平均切削面积 A_{Dav}

$$A_{\text{Dav}} = \frac{f_z a_e a_p z}{\pi d_0} \sum_1^{z_e} \cos \theta \ \ \text{mm}^2 \qquad (4.18)$$

4.3.4　铣削方式

铣削方式对铣刀磨损、铣刀使用寿命、加工表面质量及切削效率有着直接影响。用圆周刀齿工作的周铣可分为逆铣与顺铣(图 4.35)。在一般丝杠螺母传动机构又无间隙调整螺母的铣床上多采用逆铣;在数控铣床上多采用顺铣,因为其采用滚珠丝杠机构。

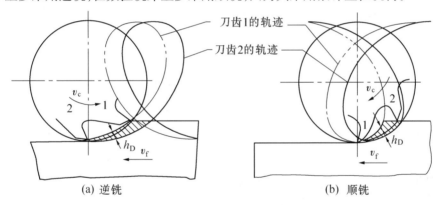

图 4.35　逆铣与顺铣

用端部刀齿工作的面铣分为对称铣削与不对称铣削(图 4.36),不对称铣削也可分为逆铣与顺铣(图 4.36(b、c))。不同工件材料应选择不同的铣削方式。

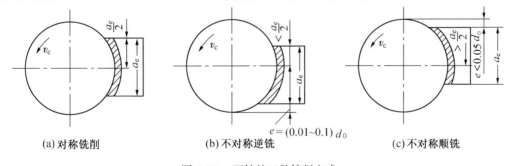

图 4.36　面铣的三种铣削方式

4.4 拉削与拉刀

4.4.1 拉削特点

拉削过程是用拉刀进行的(图 4.37)。它是靠拉刀的后一个(或一组)刀齿高于前一个(或一组)刀齿,一层一层地切除余量,以获得所需要的加工表面。

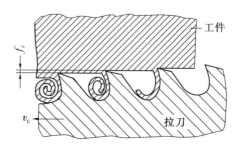

图 4.37　拉削原理

与其他切削加工方法相比较,具有以下特点:

1.生产效率高

拉削时刀具同时工作齿数多,切削刃总长度大,拉刀刀齿又分为粗切齿、精切齿和校准齿,一次行程便能够完成粗、精加工;尤其是加工形状特殊的内外表面时,更能显示拉削的优点。

2.加工精度与表面质量高

由于拉削速度较低(一般为 0.04 ~ 0.13 m/s),避开了积屑瘤生成区,拉削过程平稳,切削层厚度很薄(一般精切齿的削层厚度为 0.005 ~ 0.015 mm),因此,拉削精度可达 IT7 级,表面粗糙度达 Ra1.6 ~ 0.8 μm,甚至可达 Ra0.2 μm。

3.拉刀使用寿命长

由于拉削速度慢,切削温度低,且每个刀齿在工作行程中只切削一次,拉刀的使用寿命较长。

4.拉床结构简单

由于拉削一般只有主运动,无进给运动,因此,拉床结构简单,操作也容易。

5.封闭式容屑

拉刀切削过程中无法排出切屑,因此,在设计和使用时必须保证切削齿间有足够的容屑空间。

6.加工范围广

拉刀可加工各种形状贯通的内外表面(图 4.38)。

7.拉削力大

拉刀工作时拉削力以几十至几百 kN 计,任何切削方法均无如此大的切削力。

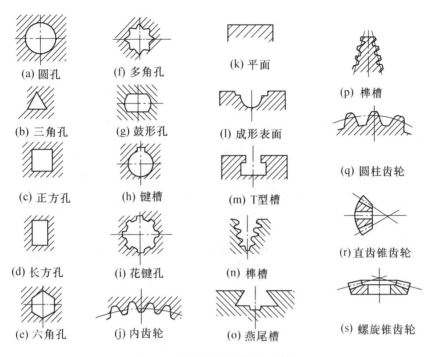

图 4.38   拉削各种内外表面举例

4.4.2   拉刀种类与用途

拉刀的种类很多,可按不同方法分类。按拉刀的结构可分为整体拉刀和组合拉刀。前者用于中小型高速钢拉刀,后者用于大尺寸或硬质合金拉刀,这样可节省贵重的刀具材料和便于更换不能继续工作的刀齿。按加工表面可分为内拉刀和外拉刀。按受力方式又可分为拉刀和推刀。

1. 内拉刀
内拉刀用于加工内表面,如图 4.39 和图 4.40 所示。

2. 外拉刀
外拉刀用于加工外表面,如图 4.41 ~ 4.43 所示。

大部分外拉刀采用组合式结构。刀体结构主要取决于拉床型式,为便于刀齿制造,一般做成长度不大的刀块。

为了提高生产效率,也可以采用拉刀固定不动,被加工工件装在链式传动带的随行夹具上作连续运动而进行拉削(图 4.42)。

生产中有时还采用回转拉刀,图 4.43 为加工直齿锥齿轮齿槽的圆拉刀盘。

3. 推刀
拉刀一般是在拉应力状态下工作,如在压应力状态下工作则被称为推刀(图 4.44)。为避免推刀在工作中弯曲,推刀齿数一般较少,长度较短(其长度与直径之比一般不超过 12 ~ 15)。主要用于加工余量较小,或者校正热处理(硬度 < HRC45)工件的变形和孔缩。

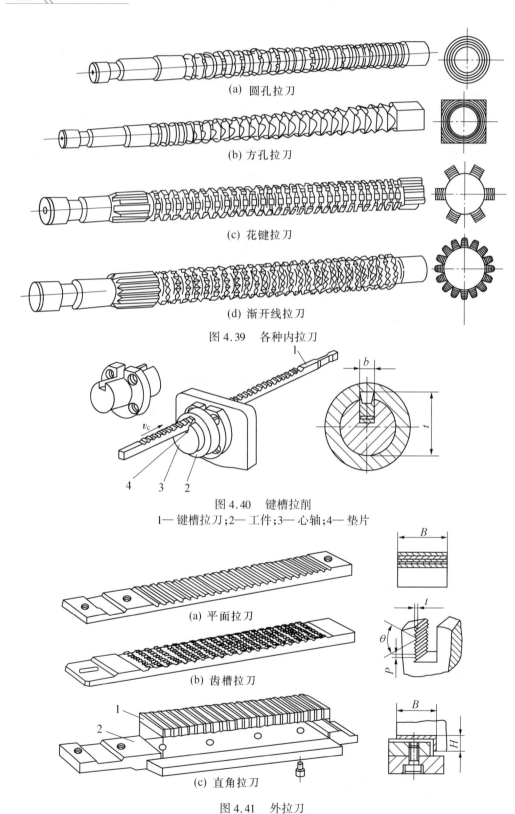

(a) 圆孔拉刀

(b) 方孔拉刀

(c) 花键拉刀

(d) 渐开线拉刀

图 4.39　各种内拉刀

图 4.40　键槽拉削

1— 键槽拉刀;2— 工件;3— 心轴;4— 垫片

(a) 平面拉刀

(b) 齿槽拉刀

(c) 直角拉刀

图 4.41　外拉刀

1— 刀齿;2— 刀体

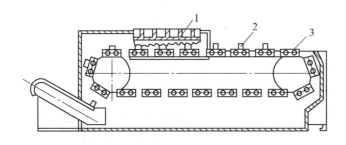

图 4.42 链式传送带连续拉削
1— 拉刀;2— 工件;3— 链式传送带

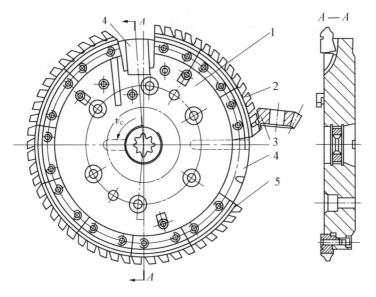

图 4.43 直齿锥齿轮拉刀盘
1— 刀体;2— 精切齿组;3— 工件;4— 装料、倒角位置;5— 粗切齿组

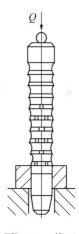

图 4.44 推刀

4.4.3 拉刀结构组成

1.拉刀的组成部分

拉刀的种类虽多,刀齿形状各异,结构也各不相同,但它们的组成部分仍有共同之处。在此以圆孔拉刀(图 4.45)为例加以说明。

(1) 柄部

柄部用于装夹拉刀、传递拉力、带动拉刀运动。

(2) 颈部

颈部是柄部与过渡锥之间的连接部分,其长度与拉床结构有关,也可供打拉刀标记。

(3) 过渡锥部

过渡锥部的作用是使拉刀便于进入工件的预制孔中。

(4) 前导部

前导部用作导向,防止拉刀进入工件预制孔后发生歪斜,并可检查拉前预制孔尺寸是否符合要求。

（5）切削部

切削部承担切除加工余量的工作，由粗切齿、过渡齿和精切齿组成。

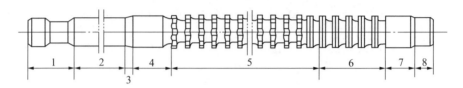

图 4.45　圆孔拉刀的组成部分

1— 头部；2— 颈部；3— 过渡锥部；4— 前导部；5— 切削部；6— 校准部；7— 后导部；8— 尾部

（6）校准部

校准部由几个直径相同的刀齿组成，起校准和修光作用，以提高工件的加工精度和表面质量，也是精切齿的后备齿。

（7）后导部

后导部用于支承工件，保证拉刀工作即将结束时拉刀与工件的正确位置，以防止工件下垂而损坏已加工表面和刀齿。

（8）尾部

尾部用在长而重的拉刀，利用与支架的相互配合，防止拉刀自重下垂，并可减轻装卸拉刀的劳动强度。

2.拉刀切削部分结构要素

拉刀切削部分结构要素如图 4.46 所示。

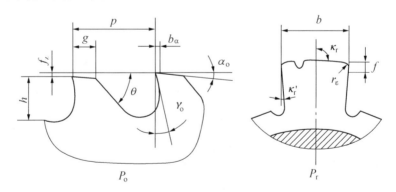

图 4.46　拉刀切削部分结构要素

（1）几何角度

① 前角 γ_o。前刀面与基面的夹角，在正交平面内测量。

② 后角 α_o。后刀面与切削平面的夹角，在正交平面内测量。

③ 主偏角 κ_r。在基面内测量的主切削刃在其内的投影与进给方向（齿升量方向）的夹角，除成形拉刀外，各种拉刀主偏角多为 $90°$。

④ 副偏角 κ_r'。在基面内测量的副切削刃在其内的投影与已加工表面的夹角。

（2）结构参数

① 齿升量 f_z。前后相邻两刀齿（或齿组）高度之差。

② 齿距 p。相邻刀齿间的轴向距离。

③ 容屑槽深度 h。从顶刃到容屑槽槽底的距离。

④ 齿厚 g。从切削刃到齿背棱线的轴向距离。

⑤ 齿背角 θ。齿背与切削平面的夹角。

⑥ 刃带宽度 $b_{\alpha 1}$。沿轴向测量刀齿 $\alpha_o = 0°$ 部分的宽度。

4.4.4　拉削图形（或拉削方式）

拉削图形是指拉削过程中，拉刀切除拉削余量的方法和顺序，也就是每个刀齿切除金属层截面的图形。它直接决定刀齿的负荷分配和加工表面的形成过程。拉削图形影响拉刀结构、拉刀长度、拉削力、拉刀磨损和拉刀使用寿命，也影响拉削表面质量、生产效率和制造成本。因此，设计拉刀时，应首先确定合理的拉削图形。

拉削图形分为分层式、分块式和综合式三种。

1. 分层式

分层式拉削是一层层切除加工余量的，切削层薄。根据加工表面形成过程的不同，又可分为成形（同廓）式（图 4.47）和渐成式（图 4.48）两种。

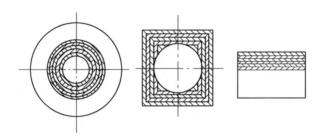

图 4.47　成形式拉削图形

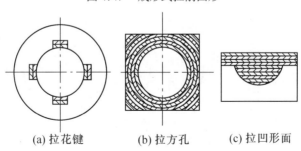

(a) 拉花键　　　　(b) 拉方孔　　　(c) 拉凹形面

图 4.48　渐成式拉削图形

由于切削厚度小，拉刀齿数多、拉刀长，拉削效率相对较低，制造（包括热处理）也较困难；单位拉削力大，拉削面积相同情况下，总拉削力大。

成形式拉刀切削刃廓形与工件廓形相同，切削厚度小，加工表面粗糙度较小（图 4.47）。渐成式则不然，因为已加工表面是靠副切削刃形成的，故加工表面粗糙度较大（图 4.48）。

2. 分块式

分块式拉削时,加工余量的每层金属都是靠一组刀齿切除的,一组中的每个刀齿仅切除每层金属的一部分。其特点是切削厚度较大,加工表面粗糙度较大;且单位切削力较小,拉削面积相同情况下总拉削力较小,拉刀齿数较少,拉刀长度较短,拉削效率相对较高。制造(包括热处理)也较容易。轮切式拉刀采用的就是分块式拉削图形(图 4.49),轮切式拉刀如图 4.50 所示。

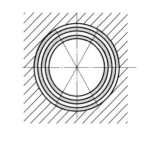

图 4.49　轮切式拉削图形

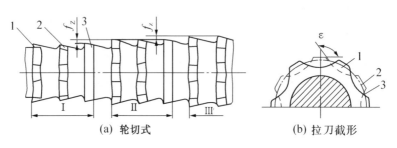

(a) 轮切式　　　　　　(b) 拉刀截形

图 4.50　轮切式拉刀

3. 综合式

综合式拉削图形集中了轮切式拉削和成形式拉削的各自优点,即粗切齿采用不分组的轮切式拉削图形,精切齿采用成形式拉削图形,既保持较高的拉削效率,又能获得较小的表面粗糙度。我国用于塑性材料拉削的圆孔拉刀多采用该种拉削图形。图 4.51 给出了综合式圆孔拉刀及其切削图形。

这种拉刀的粗切齿的第 1 个刀齿切除第 1 层的一半,余下部分留给第 2 个刀齿;第 2 个刀齿切除第 2 层本身应切除的一半之外,还要切除第 1 个刀齿留下的那部分。实际上切削层厚度增加了 1 倍;第 3 个刀齿与第 2 个刀齿一样,如此交错下去直至粗切余量全部切除。精切齿则采用成形式拉削图形,一层层逐层切除全部余量。

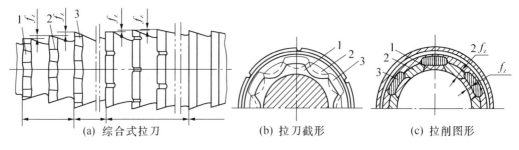

(a) 综合式拉刀　　　　(b) 拉刀截形　　　　(c) 拉削图形

图 4.51　综合式拉刀及拉削图形

4.4.5　圆孔拉刀设计要点

拉刀设计的主要内容有:拉削图形的选择;工作部分和非工作部分结构参数设计;拉刀强度和拉床拉力校验;绘制拉刀工作图等。图 4.52 为综合式圆孔拉刀工作图。

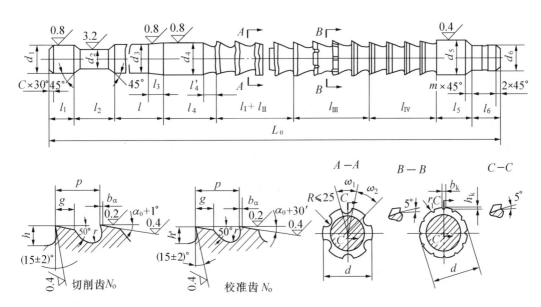

图 4.52　综合式圆孔拉刀工作图

1.拉削图形的选择

目前我国用于塑性材料的圆孔拉刀多采用综合式拉削图形,并已列为专业工具厂的产品。

2.拉刀几何参数选择

(1) 前角 γ_o。根据被加工材料的强(硬)度选择,具体数值参考相关资料。

(2) 后角 γ_o。按照切削原理后角的选择原则,切削厚度小,α_o 宜选大些。实际上内拉刀的 α_o 如选得大了,拉刀刀齿直径会减小得很快,从而缩短了拉刀的使用寿命,故内拉刀的 α_o 选得很小。粗切齿为 $2°30'$,精切齿为 $2°$,校准齿为 $1°30'$。

(3) 刃带宽度 $b_{\alpha 1}$。为便于控制拉刀刃磨时的直径,常在后刀面上做出刃带,宽度约为 $0.1 \sim 0.3$ mm。

3.容屑槽及容屑系数

拉刀是封闭式切削,切下的切屑全部容纳在容屑槽中,因此,容屑槽的形状和尺寸应保证宽敞地容纳切屑,并使切屑卷曲成较紧密的圆卷形状。为保证拉刀的强度,在相同齿距下,可以选用基本槽、深槽或浅槽,以适应不同要求。常用的容屑槽形状如图 4.53 所示。

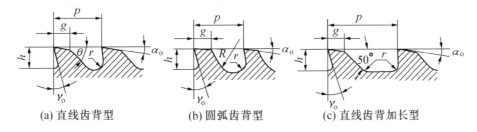

(a) 直线齿背型　　(b) 圆弧齿背型　　(c) 直线齿背加长型

图 4.53　容屑槽形状

容屑槽尺寸应满足容屑条件。由于切屑在容屑槽内卷曲不可能很紧密,为保证容屑,容屑槽的有效容积必须大于切屑所占的体积。由于切屑在宽度方向变形很小,故容屑系数可用容屑槽和切屑的纵向截面面积比来表示。

4.分屑槽

分屑槽的作用在于将切屑分割成宽度较小的窄切屑,以便于切屑的卷曲、容纳和清除。分屑槽前后刀齿上应交错磨出。分层式拉刀采用角度形分屑槽(图 4.54);分块式拉刀采用圆弧形分屑槽(图 4.55);综合式圆拉刀精切齿、过渡齿采用圆弧形分屑槽,精切齿采用角度形分屑槽。

5.拉刀强度校验

拉刀工作时,主要承受拉应力,可按式(4.19)校验

$$\sigma = \frac{F_{\max}}{A_{\min}} \leqslant [\sigma] \tag{4.19}$$

式中　　$A_{\min}$——拉刀危险截面面积,mm^2;

　　　　$[\sigma]$——拉刀材料的许用应力,MPa。

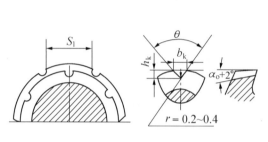

图 4.54　角度形分屑槽

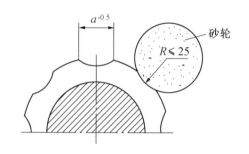

图 4.55　圆弧形分屑槽

4.5　齿轮刀具

齿轮刀具是专门用来加工齿轮齿形的刀具。由于现代工业需用齿轮的种类很多,加工方法和生产批量又不同,要求的齿轮精度也不尽相同,故所用齿轮刀具的种类很多。

4.5.1　齿轮刀具的种类与用途

1.按齿形形成原理分类

(1) 成形齿轮刀具

成形齿轮刀具的齿形或齿形的投影与被加工直齿齿轮端面齿槽相同。常用的有:盘状齿轮铣刀和指状齿轮铣刀,还有生产中大量使用的齿轮拉刀和插齿刀盘等。用盘状或指状齿轮铣刀加工斜齿轮时,刀具齿形并不与被加工齿槽任何剖面中的形状相同,被加工齿轮齿面任何一处的形状都不是由刀具的一个刀齿切成的,而是由刀具若干刀齿齿形运动轨迹包络而成,这种加工方法称为无瞬心包络法。由于其刀具结构与成形铣刀相同,故将此类齿轮加工刀具归于成形齿轮刀具中。

(2) 展成齿轮刀具

展成齿轮刀具齿形或齿形的投影,均不同于被切齿轮齿槽任何剖面的形状。切齿时,除刀具作切削运动外,还与工件齿坯作相应的啮合(展成)运动,被切齿轮齿形是由刀具齿形

运动轨迹包络而成(图4.56)。这类刀具加工齿轮的精度和
生产效率均较高,通用性好,是生产中常用的齿轮刀具。插齿
刀、齿轮滚刀、剃齿刀、花键滚刀、锥齿轮刨刀、弧齿锥齿轮铣
刀盘等均属展成齿轮刀具。

但展成法加工齿轮需专门的齿轮加工机床(如滚齿机、
插齿机等),机床调整较复杂,故只宜在成批生产中使用。

2. 按加工的齿轮齿形分类

(1) 渐开线齿轮刀具

① 加工圆柱齿轮的刀具。如齿轮铣刀、齿轮拉刀、齿轮
滚刀、插齿刀、梳齿刀(齿条刀)、剃齿刀等。

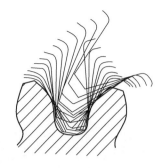
图 4.56 展成法加工齿轮

② 加工蜗轮的刀具。如蜗轮滚刀、蜗轮飞刀和蜗轮剃齿刀等。

③ 加工锥齿轮的刀具。如锥齿轮刨刀、弧齿锥齿轮铣刀盘。

(2) 非渐开线齿轮刀具

如:花键铣刀、圆弧齿轮铣刀、棘轮滚刀、链轮铣刀、摆线齿轮滚刀、花键插齿刀及展成车
刀等。

4.5.2 成形齿轮铣刀

成形齿轮铣刀是用成形法加工渐开线齿轮的,主要有盘状齿轮铣刀和指状齿轮铣刀(图
4.57)。

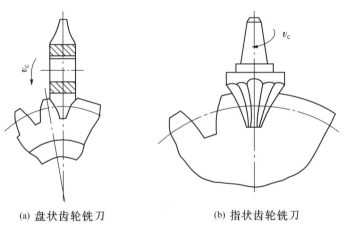

(a) 盘状齿轮铣刀   (b) 指状齿轮铣刀

图 4.57 成形齿轮铣刀

4.5.3 展成齿轮刀具 —— 插齿刀与齿轮滚刀(通用的)

1. 插齿刀

插齿刀是用展成原理加工齿轮的,是齿轮制造中应用很广泛的齿轮刀具之一。

插齿刀的形状像齿轮,它与工件齿坯的展成运动相当于平行轴间两齿轮的啮合关系。图
4.58 给出了插齿刀的工作原理。

插齿刀工作时是以内孔与端面为定位基准的(如盘形与碗形插齿刀),锥柄插齿刀是以
圆锥表面为定位基准的。

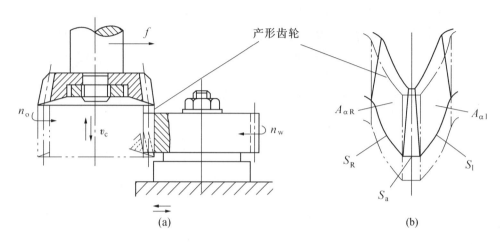

图 4.58　插齿刀的工作原理

2. 齿轮滚刀

齿轮滚刀也是齿轮制造中常用的展成刀具之一。

齿轮滚刀工作时,以滚刀内孔和端面定位。加工过程中,滚刀相当于一个螺旋角很大的斜齿轮,与被加工齿轮成空间交轴螺旋齿轮啮合。图 4.59 给出了滚刀滚切齿轮的情况,此时,滚刀轴线安装成与被加工齿轮端面倾斜一个角度。切削时,滚刀回转形成主运动,同时沿工件轴线方向移动以切出全齿长。为形成展成运动,工件应与滚刀保持一定速比回转。加工直齿轮时,滚刀转一转,工件相应转过一个齿(单头滚刀时)或数个齿(多头滚刀时),以包络出渐开线齿形;加工斜齿轮时,还应给工件一个附加转动。

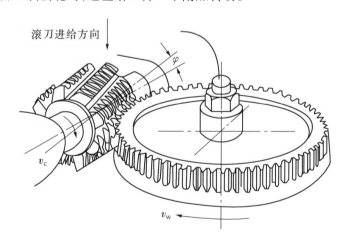

图 4.59　齿轮滚刀的滚齿情况

3. 蜗轮滚刀(专用)

蜗轮滚刀是加工蜗轮最常用的刀具,加工蜗轮的过程就是模拟蜗杆与蜗轮的啮合过程,属垂直轴平面啮合。

蜗轮滚刀滚切蜗轮所需的运动(图 4.60)与齿轮滚刀滚切齿轮时基本相同。但也有自己的特点:滚刀与被加工蜗轮的轴交角等于蜗杆与蜗轮的轴交角(一般为 90°);滚刀与蜗轮的中心距(切出所有齿时)应等于蜗杆与蜗轮的中心距;滚刀轴线应位于被加工蜗轮的中心平面内。

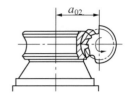

蜗轮滚刀滚切蜗轮时,可采用两种进给方式(图 4.61):径向进给和切向进给。径向进给时,滚刀每转一转,被加工蜗轮转过的齿数应等于滚刀头数以形成展成运动;同时,滚刀沿被加工蜗轮的半径方向进给,逐渐切至全齿深,即切至规定的中心距,滚刀再把被切蜗轮切几圈就包络出蜗轮的完整齿形。径向进给切蜗轮时,滚刀 图 4.60　蜗轮滚刀滚切蜗轮 每个刀齿是在相对于被切蜗轮轴线的一定位置切出齿形上某一定部位的。

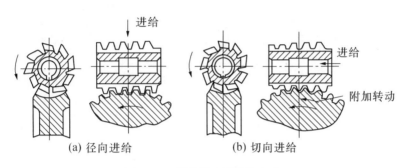

(a) 径向进给　　　　　(b) 切向进给

图 4.61　蜗轮滚刀的进给方式

4.6　自动化加工用刀具

4.6.1　自动化加工对刀具的要求

近 20 年来,数控机床(CNC)、加工中心(MC)、柔性制造单元(FMC) 和柔性制造系统(FMS) 得到日益广泛的应用,使机械制造面貌发生了很大变化。作为加工系统的一个重要组成部分,自动化加工用刀具的正确设计与合理使用,对机床及自动线的正常工作、提高生产效率及加工质量均具有重要意义。

自动化加工对刀具提出了一系列新要求:

① 高生产效率;② 高可靠性和尺寸使用寿命;③ 可靠地断屑与排屑;④ 快速(自动) 更换与尺寸预调;⑤ 刀具要标准化、系列化与通用化;⑥ 发展刀具管理系统;⑦ 有刀具磨损和破损的在线监测系统。

4.6.2　自动化加工中的快速换刀装置与工具系统

1. 快速换刀装置

为减少辅助时间,提高机床利用率,在自动化加工中需要快速换刀。快速换刀的基本方式有:换刀片、换刀具、换装好刀的刀夹或刀柄,或换装有刀具的主轴箱。

(1) 自动线中的自动换刀装置

自动线中各机床、各工序使用的刀具固定,需要按预定的时间强制换刀,可以换刀片,也可换刀具。

图 4.62 所示为车刀刀片自动更换装置。该装置由油缸、刀片挤出机构和车刀刀体三部

分组成。在刀库中的刀片借助于与油缸连接的推杆3将刀片向前推进,使排列在最前面的刀片处于工作位置,与此同时,已磨损的刀片被挤出刀体,从而完成了自动换刀片。这种方法对刀片精度的要求较高,且刀片各面均需磨制,刀片制造成本较高。

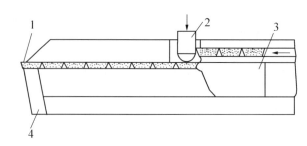

图 4.62　车刀刀片自动更换装置
1— 刀片;2— 挡块;3— 推杆;4— 刀体

图 4.63 所示为自动线中的自动换刀装置。刃磨好的车刀 1 放在刀库 2 中,到一定时间气缸将新刀推到工作位置代替已磨钝的车刀。这种换刀方式不宜柔性自动化生产中使用。

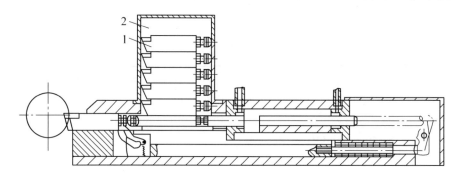

图 4.63　自动线中自动换刀装置
1— 车刀; 2— 刀库

（2）转塔式自动换刀装置

转塔式自动换刀装置主要用于数控车床和车削加工中心。图 4.64 所示为车削加工中心用的卧轴转塔头自动换刀装置。根据数控指令指定刀具转到工作位置,并进给到要求尺寸进行切削。这种方法的缺点是转塔上装刀数量有限,有时不能满足加工需要。

（3）刀库和机械手自动换刀法

镗削加工中心都配备机床刀库,刀库中储存着需要的各种刀具(从 10 多把刀到 100 多把不等),利用机床与刀库的运动实现自动换刀,如图 4.65 所示。其过程如下:当前一把刀 2 加工完毕离开工件 5,工作台快速右移,刀库 1 同时移到主轴下面;主轴箱 4 下降,将用过的刀具 2 插入刀库的空刀座中;主轴箱上升,刀库同时转位,将下一工步需要的刀具对准主轴;主轴箱下降,将所需刀具插入主轴;主轴箱上升,工作台快速左移,刀库随着复位;主轴箱下降,刀具进行切削加工。

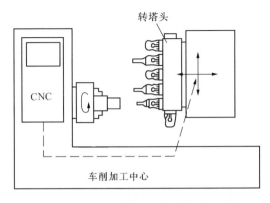

图 4.64 转塔式自动换刀装置

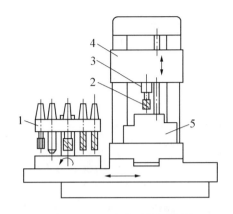

图 4.65 刀库自动换刀装置

1— 刀库;2— 刀具;3— 主轴;4— 主轴箱;5— 工件

现在常采用刀库与机械手联合动作,由机械手将刀库中的指定刀具换到机床主轴上,以提高换刀效率。图 4.66 所示为加工中心常用的几种刀库形式及换刀机械手示意图。圆盘刀库一般装刀数量不大,否则直径将很大,影响机床的总体布局;链式刀库是在环形链条上装有刀座,刀座孔中装有各种刀具,装刀数量较多;链式刀库有单排链式、多排链式、加长链式等多种结构,可根据要求的装刀数量来选择。

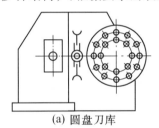

(a) 圆盘刀库

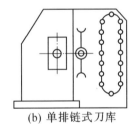

(b) 单排链式刀库

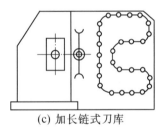

(c) 加长链式刀库

图 4.66 机床刀库及换刀机械手

机床上的换刀机械手可有多种不同结构,现在用得较多的是双头结构,一端从机床刀库中取出准备要用的刀具,另一端从机床主轴上取下已用过的刀具,机械手一旋转使两把刀互换位置,然后一端将用过的刀具装入机床刀库,另一端将要用的刀具装入机床主轴孔内。图 4.67 所示为机械手夹持刀具的情况。

(4) 更换机床主轴头换刀

在生产批量很大的 FMS 中,为提高生产效率,采用更换机床主轴头的办法。主轴头更换,使用的刀具也一同更换。这类机床都有容量较大的刀库,由换刀机械手更换各主轴头上的刀具。

(5) 用机器人换刀

机床刀库的刀具数量是有限的,不能应付工件多变的加工需要。因此在 FMS 中有时采用可移动的机器

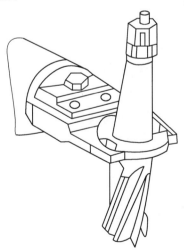

图 4.67 机械手夹持刀具情况

人或自动运输小车来实现机床刀库和中央刀库间的换刀,此时可采用装刀数量较少的机床刀库,也有的 FMS 中是用人给机床刀库换刀的。

2. 自动化加工中的刀具尺寸预调

提高自动化加工中为机床的利用率、减少停机时间,应在线外预调好刀具尺寸,装机后即可使用。

3. 快速自动换刀用刀具结构

(1) 自动化加工中的刀具结构特点

自动化加工用刀具的切削部分与普通机床使用的刀具基本相同,但刀具结构具有如下特点:

① 刀具结构中能实现快速自动换刀,便于用机械手、机器人或其他换刀机构抓取刀具。

② 刀具的径向尺寸或轴向尺寸能实现预调,装上机床后不需要调整即可切出精确合格的加工尺寸。

③ 刀柄或刀座要有通用性,可换装多种不同的刀具。

④ 有些刀具可做成模块化组合式,组装后要有很高的精度和刚度,能满足精密加工中心加工精度的要求(5 μm)。

⑤ 复合程度要高,以减少刀具品种与数量,减轻刀具管理难度。

4. 自动化加工中的工具系统

主要有车削加工中心用工具系统和镗铣加工中心用工具系统。

4.6.3 自动化加工中的刀具管理系统

由于刀具信息量甚大,调动与管理十分复杂,必须有现代化的自动刀具管理系统。

复习思考题

4.1 按结构分车刀主要有几种?特点是什么?

4.2 试述对可转位车刀夹紧结构的要求及典型结构的特点。

4.3 可转位车刀的前、后角是如何得到的?

4.4 可转位车刀、刀片、刀槽的几何参数哪些相同、哪些不同?

4.5 已知可转位车刀的前角 $\gamma_o = 12°$,刃倾角 $\lambda_s = -6°$,主偏角 $\kappa_r = 75°$,刀片为正方形,刀片前角 $\gamma_{nb} = 20°$,$\alpha_{nb} = \lambda_{sb} = 0°$,试求刀槽角度及车刀其余角度。

4.6 常见的孔加工刀具有哪些?各适用于什么情况?

4.7 试说明麻花钻的结构组成和各部分的作用。

4.8 画图说明麻花钻切削部分的组成。

4.9 画图表示钻头主切削刃靠外缘(或近钻心)处选定点 x 的标注角度 γ_{ox}、α_{fx}、λ_{tx}。

4.10 麻花钻在结构上存在哪些缺点?如何修磨麻花钻?

4.11 铣刀有哪些主要种类?用途如何?

4.12 绘图说明圆柱铣刀和端铣刀的标注角度。

4.13 何谓铣削用量四要素?

4.14 与车削相比,铣削切削层参数有何特点?

4.15 何谓顺铣与逆铣?它们各有什么优缺点?

4.16 面铣法有几种铣削方式?各应用于何种场合?

4.17 试述拉削特点和圆孔拉刀结构组成。

4.18 什么是拉削图形?比较成形式、渐成式、分块式与综合式拉削的特点。

4.19 拉刀齿升量与每齿进给量有何区别?齿升量的选择原则是什么?对拉削过程有何影响?

4.20 为什么在设计拉刀时要考虑容屑系数?容屑系数受哪些因素影响?

4.21 如果拉刀强度不够应采用什么措施?

4.22 试说明能否用现有拉刀去拉削拉削长度与原设计不同的工件?为什么?

4.23 圆孔拉刀后角常取多少?为什么选取如此小?

4.24 拉刀刀齿为什么要做有刃带?

4.25 拉塑性材料的拉刀刀齿为什么要开分屑槽?

4.26 齿轮刀具如何分类?

4.27 插齿时需要哪些运动?

4.28 滚齿时需要哪些运动?

4.29 试述蜗轮滚刀与齿轮滚刀的区别(外形、设计原理)。

4.30 自动化加工对刀具提出什么新要求?

4.31 你知道自动线加工中自动换刀装置有哪些?

4.32 快速自动换刀结构有何特点?

4.33 自动化加工中为什么要有工具系统?

第 5 章

机床夹具设计基础

5.1 概　　述

5.1.1 工件的装夹

在机床上加工工件时,为了达到工序规定的加工要求,首先要使工件相对于刀具和机床表面成形运动占据正确的位置,此过程称为定位。为使工件所获得的这一正确位置在加工过程中能得以保持,还必须把工件压紧夹牢,此过程称为夹紧。定位和夹紧的综合就是工件的装夹。

工件的装夹是否正确合理,是保证加工质量的关键之一。工件的装夹是否迅速、方便、可靠还将直接影响生产效率和操作安全。

工件的装夹一般可采用以下几种方法。

（1）直接装夹

直接装夹是将工件的定位基准面直接靠紧在机床的装夹面上,然后夹紧工件实施加工的装夹方式。如在平面磨床上采用磁力工作台装夹、磨削平板类工件表面时的情况。

（2）找正装夹

找正装夹也是将工件的定位基准面直接靠紧在机床的装夹面上,但需采用按划线或打表测定等手段来找正工件相对于刀具和机床表面成形运动的正确位置,然后夹紧工件进行加工。图 5.1 为在车床上用四爪卡盘装夹加工与外圆表面具有较高位置精度要求的内孔的示例,工件相对于表面成形运动的准确位置是通过打在定位基准面上百分表读数来确定的。

找正装夹的生产效率较低,所能获得的装夹精度受到操作者的技术水平和所使用的找正工具精度的直接影响,多适用于单件小批量生产。

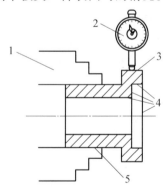

图 5.1　找正装夹
1— 四爪卡盘;2— 百分表;3— 找正面(定位基准);4— 被加工面;5— 夹持面

（3）夹具装夹

夹具是使工件迅速而准确的定位与夹紧的工艺装备。例如,欲批量加工图 5.2 所示扇形工件上的三个均布孔,如果其他表面均已加工完成,则可采用图 5.3 所示的钻铰孔夹具。

工件的定位是通过定位基准 $\phi22H7$ 孔与定位销 2 的短圆柱面配合、工件端面 A 与定位销轴 2 的大端面靠紧以及工件的右侧面靠紧挡销 3 的过程来实现的。当拧动螺母 10 时,通过

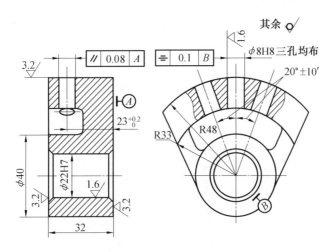

图 5.2　扇形工件简图

开口垫圈 9 即可将工件夹紧在定位销轴 2 上。件 12 是快换钻套,钻头及铰刀均由它导引来加工工件,以保证孔到端面 A 的距离、孔中心与 A 面的平行度以及孔中心与 ϕ22H7 孔中心的对称度。

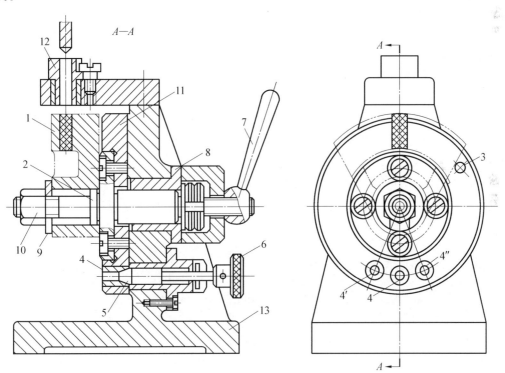

图 5.3　钻铰孔夹具

1— 工件;2— 定位销轴;3— 挡销;4— 定位套;5— 分度定位销;6— 手钮;7— 锁紧手柄;8— 衬套;
9— 开口垫圈;10— 螺母;11— 转盘;12— 快换钻套;13— 夹具体

　　三个 ϕ8H8 孔的分度是由固定在定位销轴 2 的转盘 11 来实现的。当分度定位销 5 分别插入转盘的三个分度定位套 4 时,工件获得三个位置,来保证三孔均布的精度。分度时,逆时针扳动锁紧手柄 7，可松开转盘 11，拔出分度定位销 5，拨动转盘 11 带动工件一起转过后，将定位销 5 插入另一分度定位套中，然后顺时针扳动锁紧手柄 7，将工件和转盘夹紧，完成一次分度。

可见，夹具装夹的精度较高，加工一批工件时工件精度一致性好，且有很好的生产效率，还可减轻劳动强度并降低对工人技术水平的要求，故在批量生产中得到了广泛的应用。

5.1.2 机床夹具的分类及基本组成

由前可知，机床夹具是在机床上实现工件定位夹紧的工艺装备。按其应用范围，机床夹具可分为通用夹具、专用夹具、可调整夹具、成组夹具、组合夹具及随行夹具等。夹具也可按所使用的机床分类，如钻床夹具、车床夹具、铣床夹具、数控机床夹具，等等。

机床一般都附有通用夹具，如车床的三爪卡盘、四爪卡盘，铣床的台钳、分度头等，可以用于装夹一定尺寸范围和一定外形的工件。专用夹具则是针对某个零件的某个工序专门设计制造的，不具备通用性，通常用在通用机床或专用机床上，实现中批量以上生产的工件装夹。

以图 5.3 所示的钻铰孔夹具为例，可知专用夹具一般由以下几部分组成。

(1) 定位元件或装置。用于确定工件的正确位置，图 5.3 中的定位销轴 2 和挡销 3。

(2) 夹紧装置。用于保持工件已获得的正确位置，图 5.3 中的开口垫圈 9 和螺母 10。对于非手动夹具，夹紧动力源也是夹紧装置的一部分。在成批生产中，为了减轻工人劳动强度，减少装夹的动作时间，常采用气动、液压等作为装夹的动力。

(3) 对刀导引装置。用于确定工件与刀具相互位置，图 5.3 中的钻套 12，铣床夹具中的对刀块等。

(4) 夹具体。用于将各种元件、装置连接形成一个整体，通常也是夹具与机床连接的连接件，图 5.3 中的件 13。

(5) 其他元件及装置。用于确定夹具在机床上的位置、夹具分度等专门需要，如铣床夹具在机床上安装所用的定位键、定向键等；图 5.3 中的转盘 11、分度定位套 4、分度定位销 5 等也属于此类元件。

5.1.3 夹具装夹时加工误差的组成

使用夹具装夹时，造成工件表面尺寸和相互位置的加工误差可分为以下三个部分。

(1) 工件装夹误差 Δ_{ZJ}

工件装夹误差包括定位误差 Δ_{DW} 和夹紧误差 Δ_{JJ}。其中定位误差是由于工件在夹具中定位不准确所造成的加工误差，夹紧误差是夹紧工件时引起工件和夹具变形所造成的加工误差。

(2) 夹具对定误差 Δ_{DD}

夹具对定误差包括对刀误差 Δ_{DA} 和夹具位置误差 Δ_{JW}。对刀误差是刀具相对于夹具位置不正确所引起的加工误差，而夹具位置误差是由于夹具相对于刀具成形运动位置不正确所引起的加工误差。这些加工误差的大小与夹具的制造、安装和使用密切相关。

（3）加工过程误差 Δ_{GC}

加工过程误差包括工艺系统加工过程中由于切削力引起的受力变形、切削热引起的热变形以及磨损等因素所造成的加工误差。

一般情况下，为了得到合格的产品，必须使各项加工误差的总和等于或小于规定的工件工序公差 T，即

$$\Delta_{ZJ} + \Delta_{DD} + \Delta_{GC} \leqslant T \tag{5.1}$$

式（5.1）称为加工误差不等式。在设计夹具时需要仔细分析 Δ_{ZJ} 和 Δ_{DD}，并从全局出发对其值加以控制，既要照顾到工件的安装方便可靠、夹具的制造与调整容易，又要给加工过程误差 Δ_{GC} 留有余地。通常，初步计算时，可粗略地先按三项误差平均分配，各不超过相应工序公差的 1/3 考虑，即

$$\begin{cases} \Delta_{ZJ} \leqslant \dfrac{T}{3} \\ \Delta_{DD} \leqslant \dfrac{T}{3} \end{cases} \tag{5.2}$$

给加工过程误差 Δ_{GC} 留有 $\dfrac{T}{3}$ 的误差允许值。

大多数情况下，夹紧误差较小，可忽略不计，故常用定位误差的大小作为定位方案设计是否合理的判断依据，即

$$\Delta_{DW} < \dfrac{T}{3} \tag{5.3}$$

5.2　工件在夹具中的定位

5.2.1　六点定位原理

工件在机床上或夹具中的定位问题，可以在直角坐标系中进行分析。工件在没有采取定位措施以前，其空间位置是任意的、不确定的。对一批工件来说，它们的位置将是不一致的。工件空间位置的这种不确定性，可分为如下六个独立方面（见图5.4）：

沿 x 轴位置的不确定，称为沿 x 轴的不定度，以 $\vec{x}$ 表示；

沿 y 轴位置的不确定，称为沿 y 轴的不定度，以 $\vec{y}$ 表示；

沿 z 轴位置的不确定，称为沿 z 轴的不定度，以 $\vec{z}$ 表示；

绕 x 轴转动的不确定，称为绕 x 轴的不定度，以 $\hat{x}$ 表示；

绕 y 轴转动的不确定，称为绕 y 轴的不定度，以 $\hat{y}$ 表示；

绕 z 轴转动的不确定，称为绕 z 轴的不定度，以 $\hat{z}$ 表示。

六个方面都不确定，是工件空间位置不确定的最高程度，即工件共有六个不定度。定位的任务就是要根据加工的具体要求消除（或称限制）工件的相应不定度。

如何消除工件的不定度？最典型的方法就是在夹具中设置如图5.5所示的六个支承点，只要工件每次安装都与六个支承点相接触，就可获得一个确定的位置，一批工件也就获得了相同的位置。其中三个支承点与工件的底面接触，相当于三个点决定一个平面，消除了工件

沿 z 轴、绕 x、y 轴的三个不定度,同样工件的侧面 B 与两个支承点接触,消除了工件沿 x 轴和绕 z 轴的两个不定度,而与 C 面接触的一个支承点消除了工件沿 y 轴的不定度。六个支承点分别用来消除工件六个方面的不定度,故称为六点定位。

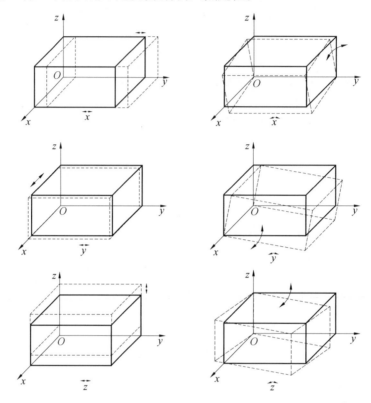

图 5.4　工件在空间的六个不定度

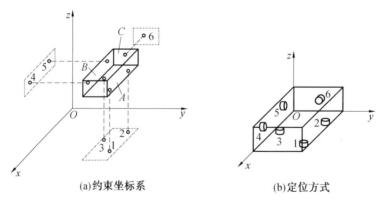

(a)约束坐标系　　　　(b)定位方式

图 5.5　长方体工件的六点定位

如图 5.6 所示盘类工件以及如图 5.7 所示的轴类工件,也可以将定位元件抽象为六个支承点,分别消除工件的六个不定度。

由上所述,工件的六个不定度需要夹具上按一定要求布置的六个支承点来限制,其中每个支承点相应的限制一个不定度,这就是六点定位原理。

需要注意的是,习惯上把工件位置的不确定性参照物体运动自由度的概念进行分析,而

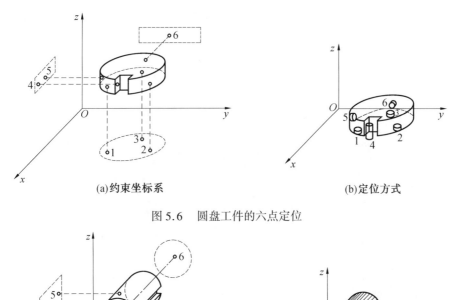

(a)约束坐标系　　(b)定位方式

图5.6　圆盘工件的六点定位

(a)约束坐标系　　(b)定位方式

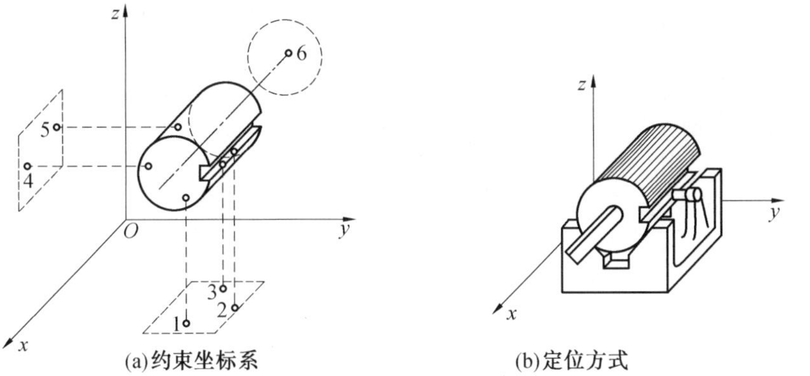

图5.7　轴类工件的六点定位

实际上工件在夹具中的位置是否确定和工件在夹具中是否可能运动是两个不同的概念。工件虽已定位,但如果不加以夹紧,则仍有运动的可能;工件虽被夹住而不能运动,但不等于其空间位置就是加工所需要的正确位置,也就是说,夹紧是不能解决工件的定位问题的。

在分析定位方案时,通常把定位基准按工件上被限制不定度的多少,依次作为第一、第二或第三定位基准。如图5.6圆盘工件的端平面和图5.7轴类工件的轴心线为第一定位基准;如图5.6圆盘工件的轴线和图5.7轴类工件的母线为第二定位基准,等等。

5.2.2　定位元件及其定位作用分析

在夹具设计中,相应的定位支承点或约束点是由定位元件来实现的。选择平面作为定位基准时,一般是支承定位,常用的定位元件有各种支承钉、支承板、自位支承和可调支承;选择圆孔为定位基准时,往往是定心定位,常用的定位元件为各种定位销及心轴;选择外圆为定位基准时,通常是支承定位或定心定位,采用的定位元件为各种定位套、支承板和V形块。

定位元件的形式多种多样,可通过相关的机械加工工艺手册或机床夹具设计手册查阅并选用。每一种定位元件可以代替哪几个支承点,消除工件的哪几个不定度,以及它们的组合可以消除的不定度,等等,则是设计者应该熟练掌握的。表5.1给出了典型定位元件的定位作用分析。

表 5.1　典型定位元件的定位作用分析

工件的定位面		夹具的定位元件			
平面	支承钉	定位情况	1个支承钉	2个支承钉	3个支承钉
		图示	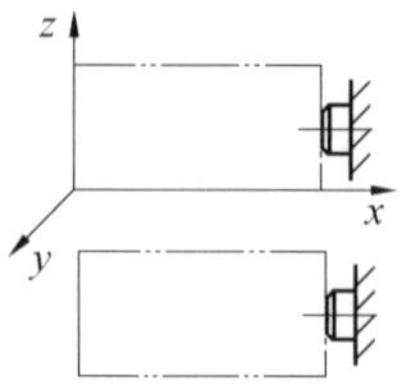	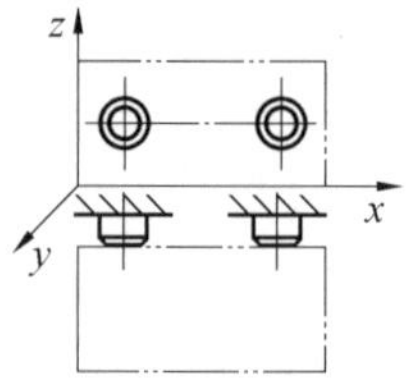	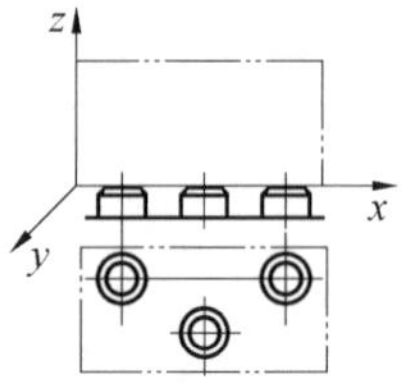
		消除的不定度	$\vec{x}$	$\vec{y}\ \vec{z}$	$\vec{z}\ \hat{x}\ \hat{y}$
平面	支承板	定位情况	1块条形支承板	2块条形支承板	1块矩形支承板
		图示	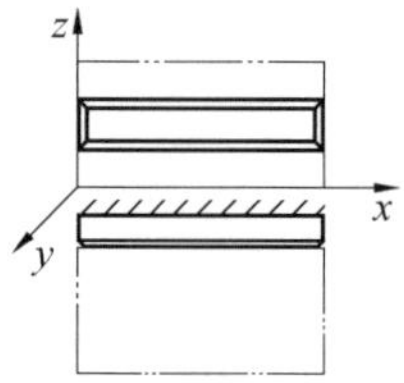	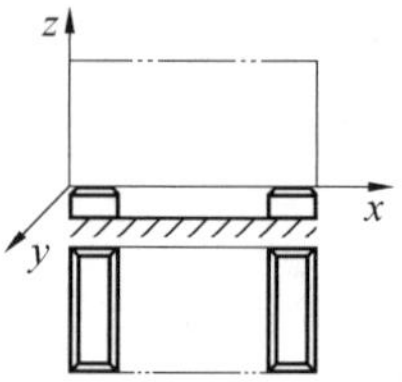	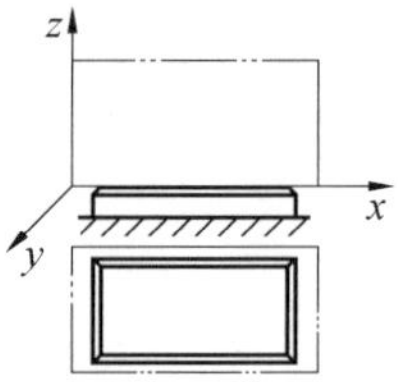
		消除的不定度	$\vec{y}\ \vec{z}$	$\vec{z}\ \hat{x}\ \hat{y}$	$\vec{z}\ \hat{x}\ \hat{y}$
圆孔	圆柱销	定位情况	短圆柱销	长圆柱销	两段短圆柱销
		图示	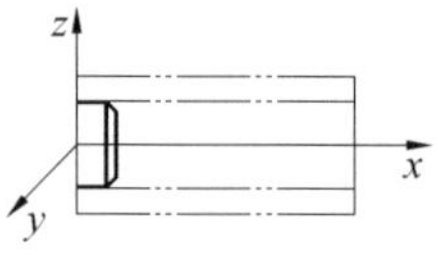	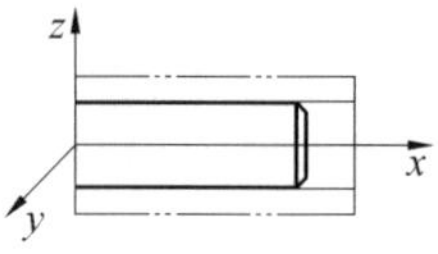	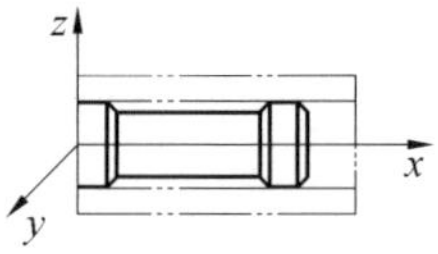
		消除的不定度	$\vec{y}\ (\vec{z})$	$\vec{y}\ \vec{z}\ \hat{y}\ \hat{z}$	$\vec{y}\ \vec{z}\ \hat{y}\ \hat{z}$
		定位情况	菱形销	长销小平面组合	短销大平面组合
		图示	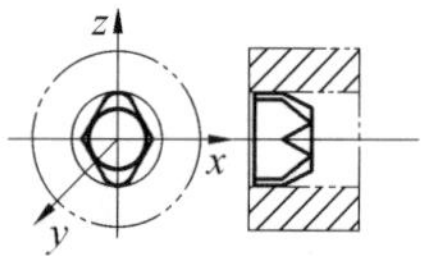	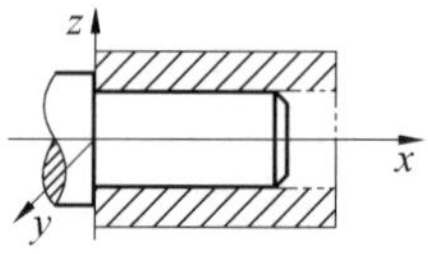	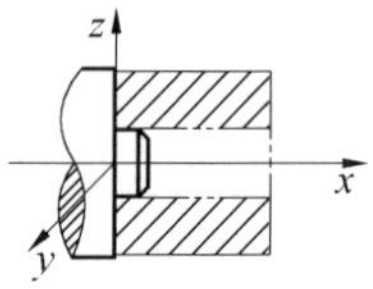
		消除的不定度	$\vec{z}\ (\vec{y})$	$\vec{x}\ \vec{y}\ \vec{z}\ \hat{y}\ \hat{z}$	$\vec{x}\ \vec{y}\ \vec{z}\ \hat{y}\ \hat{z}$

续表 5.1

工件的 定位面	夹具的定位元件			
圆孔	圆锥销	定位情况	固定锥销	浮动锥销	固定锥销与浮动锥销的组合
		图示	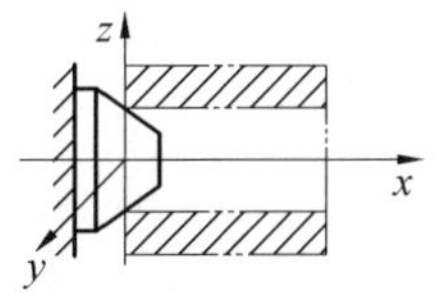	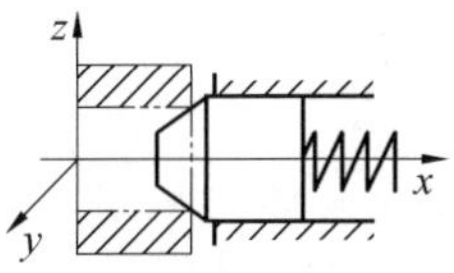	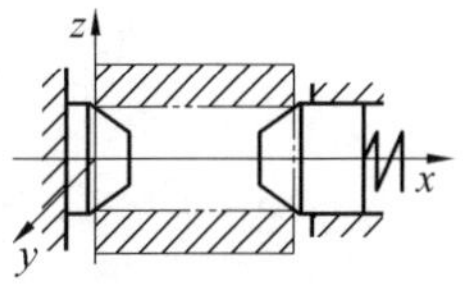
		消除的不定度	$\vec{x}\ \vec{y}\ \vec{z}$	$\vec{y}\ \vec{z}$	$\vec{x}\ \vec{y}\ \vec{z}\ \hat{y}\ \hat{z}$
	心轴	定位情况	长圆柱心轴	短圆柱心轴	小锥度心轴
		图示	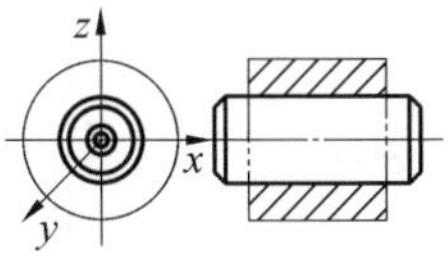	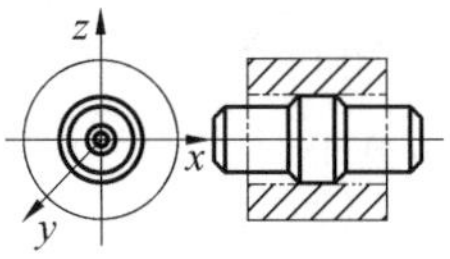	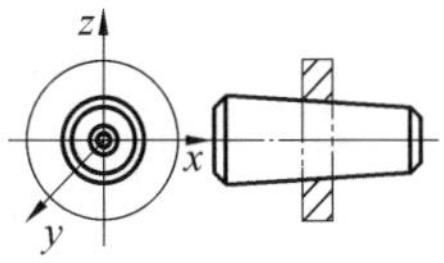
		消除的不定度	$\vec{x}\ \vec{z}\ \hat{x}\ \hat{z}$	$\vec{x}\ \vec{z}$	$\vec{x}\ \vec{z}$
外圆柱面	V 形块	定位情况	1 块短 V 形块	2 块短 V 形块	1 块长 V 形块
		图示	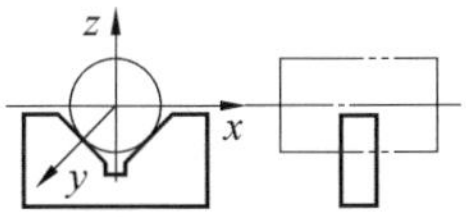	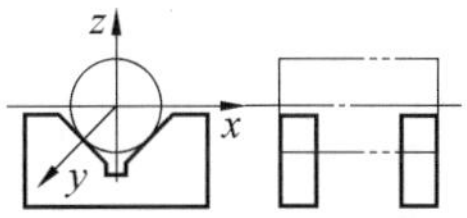	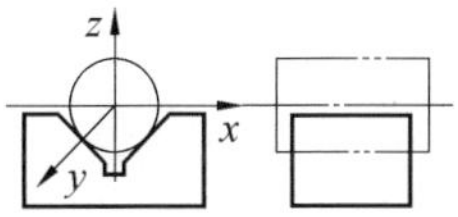
		消除的不定度	$\vec{x}\ \vec{z}$	$\vec{x}\ \vec{z}\ \hat{x}\ \hat{z}$	$\vec{x}\ \vec{z}\ \hat{x}\ \hat{z}$
	定位套	定位情况	1 个短定位套	2 个短定位套	1 个长定位套
		图示	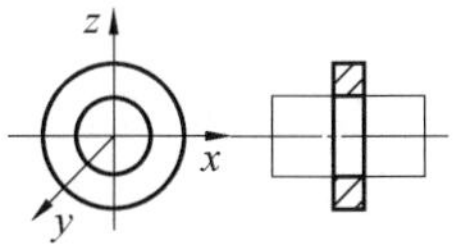	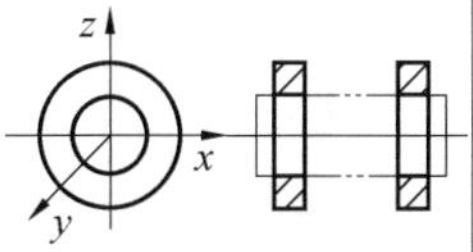	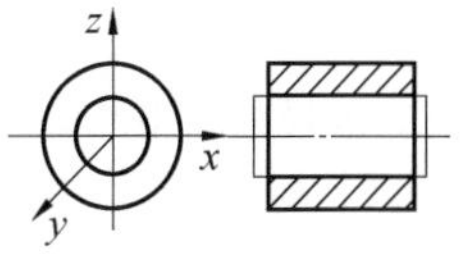
		消除的不定度	$\vec{x}\ \vec{z}$	$\vec{x}\ \vec{z}\ \hat{x}\ \hat{z}$	$\vec{x}\ \vec{z}\ \hat{x}\ \hat{z}$
圆锥孔	锥顶尖和锥度心轴	定位情况	固定顶尖	浮动顶尖	锥度心轴
		图示	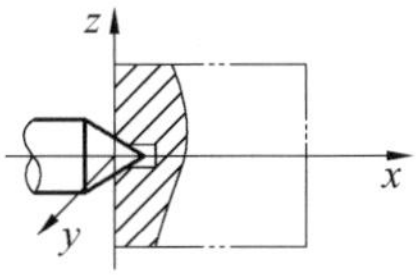	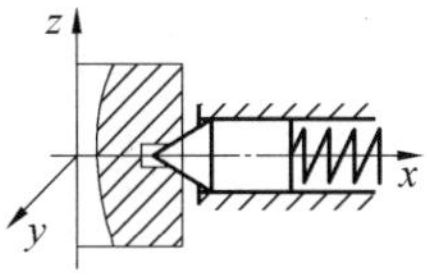	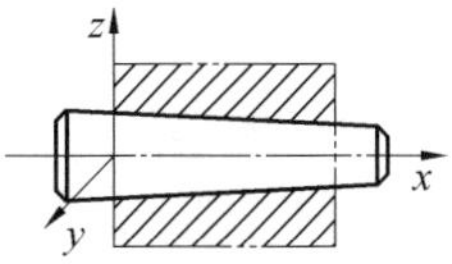
		消除的不定度	$\vec{x}\ \vec{y}\ \vec{z}$	$\vec{y}\ \vec{z}$	$\vec{x}\ \vec{y}\ \vec{z}\ \hat{y}\ \hat{z}$

5.2.3　定位方式和加工要求的关系

工件定位时需要消除哪些不定度,是根据工序的加工要求所决定的。

1. 完全定位

根据加工表面的位置要求,有时需要将工件的六个不定度全部消除(即实现六点定位),则称为完全定位。

如图5.3所示的钻铰孔夹具中,工件以端面 A 与定位销轴2的大端面靠紧消除三个不定度,以 $\phi22H7$ 孔与定位销2的短圆柱面配合消除两个不定度,以工件的右侧面靠紧挡销3消除一个不定度,共消除了工件的六个不定度,从而实现了工件的完全定位。当工件在 x、y、z 三个坐标方向上均有尺寸或位置精度要求时,一般需要采用这种定位方式。

2. 不完全定位

工件在机床或夹具上定位时,并非在任何情况下都必须消除其六个不定度。从定位的实际作用讲,一般只要消除影响工件加工精度的那些不定度就可以了。这种部分消除工件的不定度即可满足加工要求的定位方式称为不完全定位,也称部分定位。

例如在平面磨床上磨削长方体工件的上表面,只要求保证上下表面的厚度尺寸和平行度,那么此工序的定位只需消除三个不定度就可以了,这种定位就是不完全定位,其特点是需要消除的不定度都消除了,但是消除的不定度数量少于六个。有些情况是工件在加工时,只需消除部分不定度,其余的不定度不需要消除,同时也无法消除。例如,在车床上车削外圆表面,只需消除 4 个不定度,绕轴线的不定度不必消除也没办法消除。

实际加工过程中,虽然工件可以采用不完全定位,但是有时为了减小夹紧力,设计时常常使定位元件承受一部分切削力,所以经常使本来不需消除的不定度也被消除,甚至采用完全定位,这种现象既很常见,有时也很必要。这种做法往往可缩短工件的装夹时间、减少机床的调整和操作等,而且在批量生产中对于控制机床的走刀行程也有好处。

3. 欠定位

如果设置的定位支承点数少于工序加工所应消除的不定度数目,即实际上某些应该消除的不定度没有消除,使得工件定位不足,这种状态称为欠定位。欠定位属于非正常情况。

如在图 5.8 所示的工件上加工键槽,当加工如图 5.8(a) 所示的键槽时,可以 5 点定位,即底面 3 点,侧面 2 点,此时是部分定位。若加工如图 5.8(b) 所示的键槽,采用同样的 5 点定位也不消除工件沿 y 轴的不定度,则不能保证键槽的长度尺寸,所以为欠定位。欠定位是不合理的定位方式,是绝对不允许的。

4. 重复定位

如果定位支承点数多于所消除的不定度数目,则实际上有些支承点重复消除了工件的同一个不定度,这样的定位称为重复定位(也称过定位)。重复定位也属于非正常情况。

重复定位的方式是否可用应根据实际情况进行分析。一般说来,对于工件上以形状精度和位置精度很低的毛坯表面作为定位基准时,是不允许出现重复定位的;而对已加工的工件表面或精度高的毛坯表面作为定位基准时,为了提高工件定位的稳定性和刚度,在一定的条件下是允许重复定位的。

当工件刚度很弱时,加工时由于切削力的作用,工件容易在加工过程中产生变形,常采用过定位的方式来增加支承点,目的是限制变形量达到精度所要求的程度,这在实际生产中也是允许的。

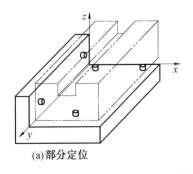
(a)部分定位

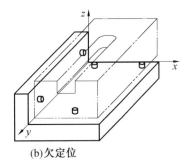
(b)欠定位

图 5.8　工件的部分定位与欠定位

必须注意的是,重复定位有时也会给加工带来很严重的后果。图 5.9 所示为连杆加工大头孔时工件在夹具中定位的情况,连杆的定位基准为端面、小头孔及一侧面。夹具上的定位元件为支承板、长销及一挡销。根据工件定位原理,支承板与连杆端面接触相当于三点定位,消除了 $\vec{z}$、$\hat{x}$、$\hat{y}$ 三个不定度;长销与连杆小头孔配合相当于四点定位,消除了 $\vec{x}$、$\vec{y}$、$\hat{x}$、$\hat{y}$ 四个不定度;挡销与连杆侧面接触,消除了 $\vec{z}$ 一个不定度。这样,三个定位元件相当于八个定位支承点,共消除了八个不定度,其中 $\hat{x}$ 及 $\hat{y}$ 被重复消除,属于重复定位。

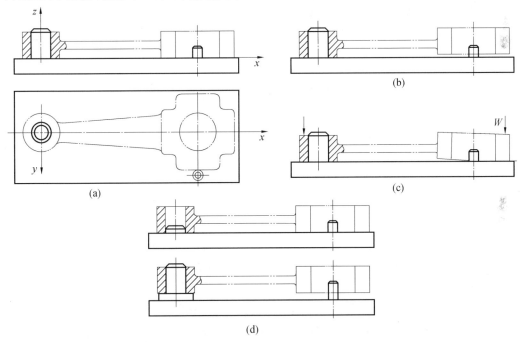

图 5.9　连杆加工大头孔时工件在夹具中的定位

若工件小头孔与端面有较大的垂直度误差,且长销与工件小头孔的配合间隙很小,则会产生连杆小头孔套入长销后,连杆端面与支承板不完全接触的情况(见图 5.9(b))。当施加夹紧力 W 迫使它们接触后,则会造成长销或连杆的弯曲变形(见图 5.9(c)),进而降低了加工后大头孔与小头孔之间的平行度精度。

为了减少或消除重复定位造成的不良后果,可采用如下措施。

(1) 改变定位元件的结构

如图 5.9(d) 所示,将长销改为短销,使其失去消除 $\hat{x}$、$\hat{y}$ 的作用以保证加工大头孔与端面的垂直度,或将支承板改为小的支承环,使其只起消除 $\bar{z}$ 的作用,以保证加工后大头孔与小头孔的平行度。

（2）撤销重复消除不定度的定位元件

图 5.10(a) 所示为加工轴承座上盖下平面的定位简图。夹具中的定位元件为 V 形块 1 及支承钉 2、3,V 形块消除了 $\bar{x}$、$\bar{z}$、$\hat{x}$ 及 $\hat{z}$ 四个不定度,两个支承钉又消除了 $\bar{z}$ 和 $\hat{y}$ 两个不定度,$\bar{z}$ 被重复消除属于重复定位。由于工件上尺寸 d 和 H 的误差,定位时工件 $\bar{z}$ 不定度或者由 V 形块 1 消除或者由支承钉 3 消除,从而造成了一批工件在夹具中位置的不一致。改进方法是将支承钉 3 改为只起支承作用而不起定位作用的辅助支承(见图 5.10(b)) 即可。

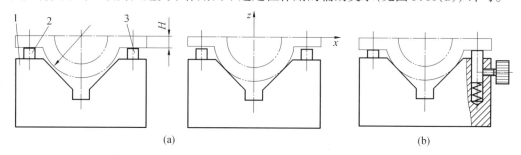

图 5.10　轴承座上盖下平面加工的重复定位及其改进

1—V 形块;2,3— 支承钉

5.2.4　定位误差的分析与计算

1.定位误差的概念及其产生原因

定位误差 Δ_{DW} 是指由于定位不准确而造成工序尺寸或位置要求方面的加工误差。对某一定位方案,经分析计算其可能产生的定位误差,只要小于工件有关尺寸或位置公差的 1/3,即认为此定位方案能满足工序加工精度要求。工件在夹具中的位置是由定位元件确定的,当工件上的定位基准与夹具上的定位元件相接触或相配合,工件的位置也就确定了。但对一批工件来说,由于工件上与定位相关联的各表面之间或表面本身的尺寸及位置均存在误差,夹具定位元件本身和各定位元件之间也具有一定的尺寸和位置误差,这样,工件虽已定位,但每个被定位工件的某些表面都会存在位置变动量,从而造成在工序尺寸和位置要求方面的加工误差。

如在图 5.11(a) 所示的盘类工件上钻一个通孔,要求保证的工序尺寸为 H_{-TH}^{0},加工时所使用的钻床夹具如图 5.11(b) 所示。被加工孔的工序基准为工件外圆 d_{-Td}^{0} 的母线 A,工件以其端面与支承垫圈 2 的端面接触,消除了三个不定度;以内孔 D_{0}^{+TD} 与短圆柱定位销 1 配合,定位基准为内孔中心线 O,消除了两个不定度。由此实现了工件的不完全定位。

若被加工的这一批工件的内孔、外圆及夹具上的定位销均无制造误差,且工件内孔与定位销又无配合间隙,则这一批被加工工件的内孔中心、外圆中心在定位后将均与定位销中心重合。此时每个工件的内孔中心线和外圆母线 A 的位置也均无变动,则加工后这一批工件的工序尺寸是完全相同的。但是,实际上工件的内孔、外圆及定位销的直径尺寸不可能制造得绝对准确,且工件内孔与定位销也不是无间隙配合,故一批工件的内孔中心线及外圆母线 A 均在一定范围内变动,加工后这一批工件的工序尺寸也必然是不相同的。

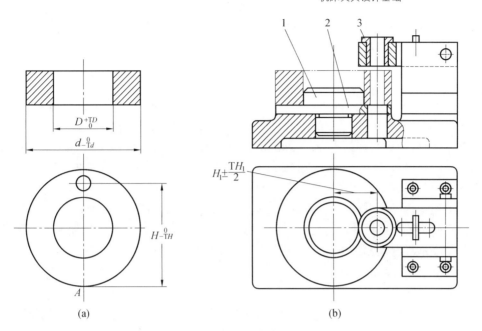

图 5.11　钻孔工序简图及钻孔夹具

1— 短圆柱定位销;2— 支承垫圈;3— 钻套

图 5.12 表示的是,当夹具上定位销尺寸按最小尺寸 $d_{1\ -Td_1}^{\ \ 0}$ 工件内孔及外圆尺寸分别按最大尺寸 $D_{\ 0}^{+TD}$ 及最小尺寸 $d_{\ -Td}^{\ 0}$ 制造,且定位销与工件内孔的最小配合间隙为 $D - d_1 = X_{\min}$ 时,一批工件定位基准 O 和工序基准 A 相对定位基准理想位置 O' 的最大变动量。其中图 5.12(a) 中的 O_1、O_2、O_3 及 O_4 为定位基准 O 最大位置变动的几个极端位置,图 5.12(b) 中的 A_1 及 A_2 表示在定位基准 O 没有位置变动时工序基准 A 的两个极端位置。

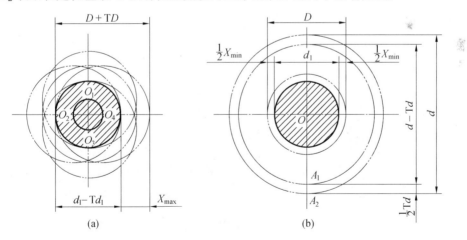

图 5.12　一批工件定位基准和工序基准相对定位基准理想位置的最大变动量

定位基准 O 的最大变动量称为定位基准的位置误差(简称基准位置误差),以 $\Delta_{WZ(O)}$ 表示。基准位置误差可由图 5.12(a) 中求得,即

$$\Delta_{WZ(O)} = O_1O_3 = O_2O_4 = TD + Td_1 + X_{\min} = X_{\max}$$

工序基准 A 相对于定位基准 O 的最大变动量称为工序基准与定位不重合误差(简称基准不重合误差),以 $\Delta_{BC(A)}$ 表示。基准不重合误差可由图 5.12(b) 中求得,即

$$\Delta_{BC(A)} = A_1A_2 = \frac{1}{2}Td$$

采用图 5.11 所示夹具加工通孔,钻头的位置由夹具上的钻套 3 确定,而钻套 3 的中心对定位销 1 的中心位置已由夹具上的尺寸 $H_1 \pm TH_1/2$ 确定。在忽略对刀误差时可以认为在加工一批工件时,钻头的切削成形面(即被加工通孔表面)中心的位置是不变的。因此,在加工通孔时造成工序尺寸 H_{-TH}^{0} 变化的原因,是由于存在着基准位置误差和基准不重合误差,从而引起一批工件加工后工序尺寸的不一致。

由上述实例分析可以进一步明确,定位误差是指一批工件采用调整法加工,仅仅由于定位不准确而引起工序尺寸或位置要求的最大可能变动范围。定位误差主要是由于基准位置误差和基准不重合误差组成的。

2.定位误差的计算方法

根据定位误差的上述定义,在设计夹具时,对任何一个定位方案均可通过一批工件定位可能出现的两个极端位置,直接计算出工序基准的最大可能变动范围,即为该方案的定位误差。现仍以已分析过的钻孔工序为例,如图 5.13 所示,在工件内孔尺寸最大而定位销尺寸最小的条件下,当工件相对定位销沿图示 OO_1 向上处于最高位置 O_1 且工件外圆尺寸最小时,这时,获得的工序尺寸为最小值 H_{min};当工件相对定位销沿 OO_2 向下处于最低位置 O_2 且工件外圆尺寸最大时,获得的工序尺寸为最大值 H_{max}。因此,采用该定位方案时,工序尺寸 H 的定位误差 $\Delta_{DW(H)}$ 为

$$\Delta_{DW(H)} = A_1A_2 = H_{max} - H_{min} = \left[BO_2 + \frac{1}{2}d \right] - \left[BO_1 + \frac{1}{2}(d - Td) \right] = O_1O_2 + \frac{1}{2}Td =$$

$$D_{max} - d_{1min} + \frac{1}{2}Td$$

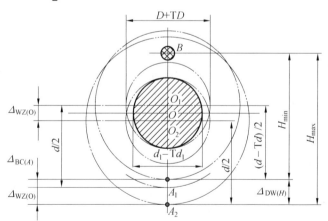

图 5.13　一批工件定位时可能出现的两个极端位置

若按定位误差的组成计算 $\Delta_{DW(H)}$,也可得到同样结果,即

$$\Delta_{DW(H)} = \Delta_{WZ(O)} + \Delta_{BC(A)} = O_1O_2 + \frac{1}{2}Td$$

3. 结论

(1) 定位误差只产生在采用调整法加工一批工件的情况下,若一批工件逐个按试切法加工,则不存在定位误差。

(2) 定位误差是由于工件定位不准确而产生的加工误差,它的表现形式为工序基准相对加工表面可能产生位置变动的最大范围。它的产生原因是工件的制造误差、定位元件的制造误差、两者的配合间隙及选用的定位基准与工序基准不重合等。

(3) 定位误差由基准位置误差和基准不重合误差两部分组成,但并不是在任何情况下这两部分都存在。若定位基准无位置变动,则 $\Delta_{WZ} = 0$;若定位基准与工序基准重合,则 $\Delta_{BC} = 0$。

(4) 定位误差的计算可按定位误差的定义,根据一批工件定位时工序基准可能获得的两个极端位置,再通过几何关系直接求得;也可按定位误差产生的原因,通过基准位置误差和基准不重合误差的合成,由公式 $\Delta_{DW} = \Delta_{WZ} \pm \Delta_{BC}$ 计算得到。但计算时应特别注意,当一批工件的定位由一种可能的极限位置变为另一种可能的极限位置时,Δ_{WZ} 和 Δ_{BC} 对定位误差的影响趋势可能相同也可能不同。若影响趋势相同,公式中取加号;若不同,则取减号。

以下通过 V 形块定位时的定位误差分析,说明利用基准位置误差和基准不重合误差合成计算定位误差的方法。

如图 5.14(a) 所示,采用 V 形块定位在一批轴类零件上铣键槽,要求键槽与外圆中心线对称,若工序尺寸分别标注为 H_1、H_2 或 H_3,试分析计算不同工序尺寸的定位误差。

采用 V 形块定位是定心定位方式的一种,且具有对中的作用,定位基准是工件外圆的中心线。当 V 形块和工件外圆都制造得非常准确时,被定位工件外圆的中心是完全确定的,并与 V 形块所确定的理想中心位置重合。一般可认为 V 形块的制造精度很高,其两个定位支承面之间的夹角的误差可以忽略不计。在这种情况下,当一批工件的外圆直径存在误差时,则在 V 形块上定位后,其中心也即定位基准,将在 V 形块的对称面内或上或下地偏离理想中心位置,由此造成了定位基准位置误差。

如图 5.14(b) 所示,图中 1 及 2 分别为最大直径工件与最小直径工件在 V 形块上定位时所占据的极限位置,O_1、O_2 分别为定位基准的两个极限位置,它们之间的距离就是定位基准的最大变动量,也即基准位置误差,其值为

$$\Delta_{WZ(O)} = O_1O_2 = O_1E - O_2E = \frac{O_1F_1}{\sin\frac{\alpha}{2}} - \frac{O_2F_2}{\sin\frac{\alpha}{2}} = \frac{O_1F_1 - O_2F_2}{\sin\frac{\alpha}{2}} = \frac{\frac{Td}{2}}{\sin\frac{\alpha}{2}} = \frac{Td}{2\sin\frac{\alpha}{2}}$$

因为 H_1 尺寸的工序基准与定位基准重合,故不存在基准不重合误差。因此,H_1 尺寸的定位误差为

$$\Delta_{DW(H)} = \Delta_{WZ(O)} = \frac{Td}{2\sin\frac{\alpha}{2}}$$

工序尺寸 H_2 的工序基准为工件外圆的上母线,与定位基准不重合,工序基准上母线 D 相对于定位基准的最大变动量为工件外圆半径的变化量 $Td/2$,所以基准不重合误差为

$$\Delta_{BC(D)} = \frac{Td}{2}$$

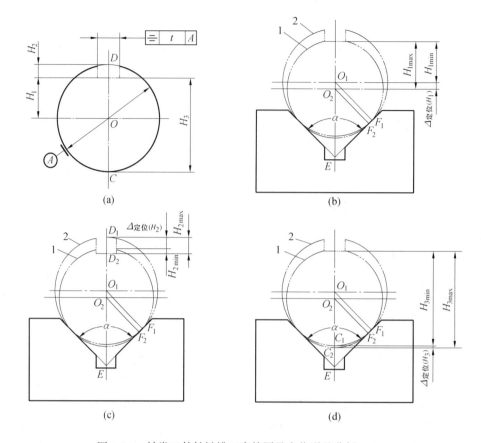

图 5.14 轴类工件铣键槽工序简图及定位误差分析

合成计算定位误差的关键是要分析清楚基准位置误差和基准不重合误差对定位误差的影响趋势。在本例中,当工件直径由小变大时,定位基准 O 的位置变动(基准位置误差)是由下向上的($O_2 \to O_1$),使得工序基准 D 也向上移动,这在调整法加工的情况下将导致工序尺寸由小变大;同样当工件直径由小变大时,假设定位基准位置不变动,仍保持在其理想位置 O,这时工序基准 D 的位置随着工件直径由小变大也由下向上,同样使得工序尺寸由小变大。所以,本例中基准位置误差与基准不重合误差对 H_2 尺寸定位误差的影响趋势是相同的,在合成时可将两者的数值相加。

因此,H_2 尺寸的定位误差为

$$\Delta_{\mathrm{DW}(H_2)} = \Delta_{\mathrm{WZ}(O)} + \Delta_{\mathrm{BC}(D)} = \frac{Td}{2\sin\dfrac{\alpha}{2}} + \frac{Td}{2} = \frac{Td}{2}\left(\frac{1}{\sin\dfrac{\alpha}{2}} + 1\right)$$

再看图 5.14(c)的情况。工序尺寸 H_3 的工序基准是工件外圆的下母线 C,与定位基准也不重合,基准不重合误差为

$$\Delta_{\mathrm{BC}(C)} = \frac{Td}{2}$$

同样按以上方法分析,当工件直径由小变大时,定位基准 O 的位置仍是由下向上的($O_2 \to O_1$),使得工序基准 C 也向上移动,导致工序尺寸由大变小;而此时工序基准 C 的位置随着工件直径由小变大而由上向下,使工序尺寸由小变大。所以,基准位置误差与基准不

重合误差对 H_3 尺寸定位误差的影响趋势是相反的,在合成时应相减。

故得,H_3 尺寸的定位误差为

$$\Delta_{DW(H_3)} = \Delta_{WZ(O)} - \Delta_{BC(C)} = \frac{Td}{2\sin\frac{\alpha}{2}} - \frac{Td}{2} = \frac{Td}{2}\left(\frac{1}{\sin\frac{\alpha}{2}} - 1\right)$$

需要强调的是,不同形状表面定位时的定位误差计算各有不同,虽然有的手册中列举了一些计算实例,但具体的问题还要根据实际情况作具体的分析和计算,这里不再赘述。

由上述分析可知,定位误差主要是由基准位置误差和基准不重合误差两部分组成,因此提高定位精度的关键是控制或消除这两项误差,其中最为重要的是应尽量选择工序基准作为定位基准,同时也要考虑尽量提高定位基准面和定位元件的制造和配合精度。

5.3　工件在夹具中的夹紧

要使已定位的工件在加工过程中仍能保持正确的位置,要通过合理的夹紧来实现。机床夹具上的这项功能是由夹紧机构完成的。本节就夹紧机构的基本设计原则,设计时应考虑的因素,以及常用的夹紧机构的结构知识等内容作基本的介绍。

5.3.1　夹紧机构设计的基本原则

1. 基本要求

(1) 夹紧必须保证定位准确可靠,而不能破坏定位。

(2) 在夹紧力的作用下工件和夹具的变形和表面损伤应该控制在允许的范围内。

(3) 夹紧机构工作可靠。夹紧机构各元件要有足够的强度和刚度,手动夹紧机构必须保证自锁,机动夹紧应有连锁保护装置,夹紧行程必须足够。

(4) 夹紧机构操作必须安全、省力、方便、迅速、符合工人的操作习惯。

(5) 夹紧机构的复杂程度、自动化程度要与生产纲领和工厂的条件相适应。

2. 确定夹紧力的主要原则

(1) 夹紧力的方向应垂直于主要定位基准面,保证工件上的定位表面与定位元件可靠接触。

(2) 夹紧力的方向应与切削力、重力的方向一致,以利于减小夹紧力。

(3) 夹紧力的作用点应能保持工件定位稳定,不会引起工件产生位移或偏转。

(4) 夹紧力应作用在工件上刚度高的部位,以减少工件的夹紧变形。

(5) 夹紧力的作用点和支承点应该尽量靠近切削部位,以提高夹紧的可靠性。

(6) 夹紧力大小一般可由实验来确定。若需计算夹紧力,可将夹具和工件均看做是刚体,在切削力的作用点、方向和大小处于最不利于夹紧时的状况下对工件进行受力分析,根据切削力、夹紧力(大工件还应考虑重力,运动速度较大时还应考虑惯性力)以及夹紧机构的具体尺寸,列出工件的静力平衡方程式,求出理论夹紧力,再乘以安全系数(一般可取 2 ~ 3),作为实际所需夹紧力。

5.3.2　常用的夹紧机构

1. 斜楔夹紧机构

图 5.15 所示是一种简单的斜楔夹紧机构。当向右推动斜楔 1 时，使滑柱 2 下降，带动摆动压板 3 向下同时压紧两个工件 4。

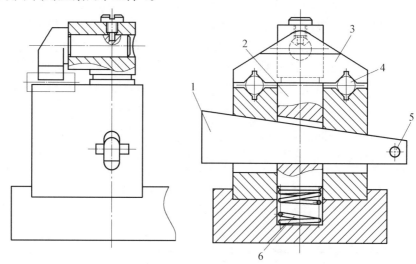

图 5.15　斜楔夹紧机构

1— 楔块;2— 滑柱;3— 压板;4— 工件;5— 挡销;6— 弹簧

斜楔的受力如图 5.16 所示。Q 为原动力，R' 为夹具体对斜楔的作用力，W' 为滑柱对斜楔的作用力，φ_1、φ_2 分别为 R' 和 W' 的摩擦角。

斜楔受 Q、W' 和 R' 共同作用，根据三力平衡有

$$W\tan \varphi_2 + W\tan(\alpha + \varphi_1) = Q$$

$$W = \frac{Q}{\tan \varphi_2 + \tan(\alpha + \varphi_1)}$$

式中　α—— 斜楔的楔角。

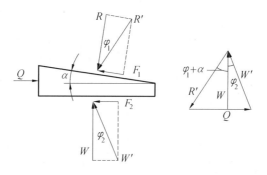

图 5.16　斜楔夹紧受力分析

可见，斜楔具有扩力作用，其扩力比为

$$i_{\mathrm{p}} = \frac{W}{Q} = \frac{1}{\tan \varphi_2 + \tan(\alpha + \varphi_1)}$$

当 $\alpha \leqslant \varphi_1 + \varphi_2$ 时,斜楔夹紧机构具有自锁性。为有足够的可靠性,一般取 $\alpha = 6° \sim 8°$。

斜楔夹紧机构是夹紧机构中最基本的形式之一,螺旋夹紧机构、偏心夹紧机构等均是斜楔夹紧机构的变形。

2. 螺旋夹紧机构

图 5.17 所示为螺旋夹紧机构的几个简单例子。

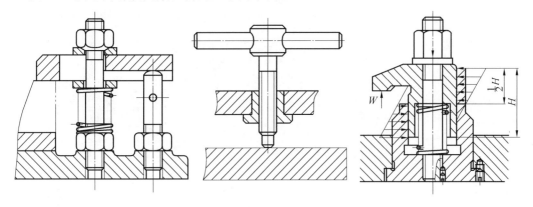

图 5.17   螺旋夹紧机构示例

3. 偏心夹紧机构

图 5.18 所示为三种偏心夹紧机构。

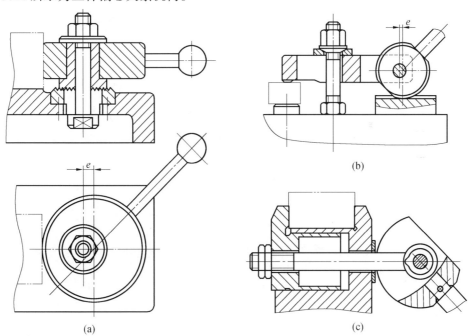

图 5.18   偏心夹紧机构

4. 铰链夹紧机构

图 5.19 所示为几种典型的铰链夹紧机构。

5. 定心、对中夹紧机构

定心、对中夹紧机构,是一种特殊的夹紧机构,工件在其上同时实现定位和夹紧。在这种

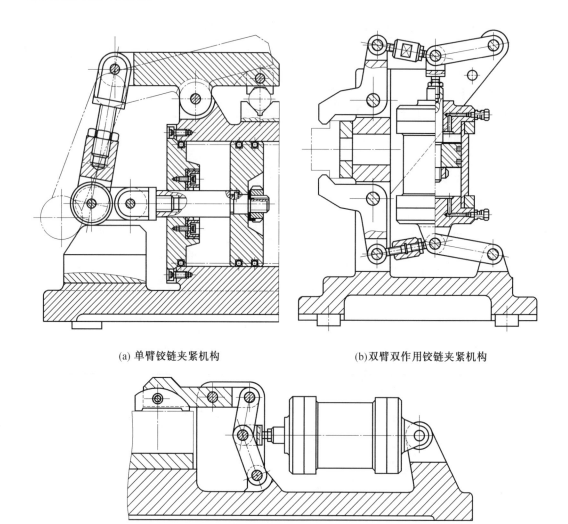

(a) 单臂铰链夹紧机构   (b)双臂双作用铰链夹紧机构

(c)双臂单作用铰链夹紧机构

图 5.19　几种铰链夹紧机构

夹紧机构上与工件定位基准面相接触的元件,既是定位元件,又是夹紧元件。

　　图 5.20 为利用夹紧元件均匀弹性变形原理实现定心夹紧的弹簧夹头。图 5.21 所示为按定位夹紧元件的等速移动或转动原理实现定心或对中夹紧的典型结构。图 5.22 为几种利用弹性变形原理实现定心夹紧的卡盘。

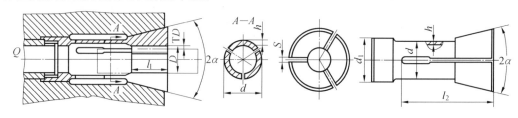

图 5.20　弹簧夹头

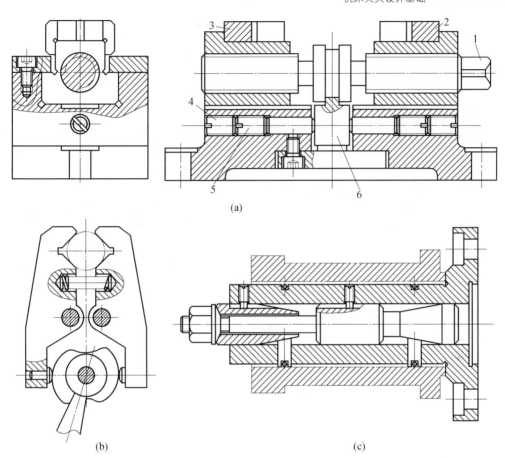

图 5.21 等速移动或转动的典型定心、对中夹紧机构

1— 螺杆；2、3—V 形块；4— 紧固螺钉；5— 螺钉；6— 叉形件

6. 联动夹紧机构

工件装夹所使用的夹具，有的需要同时有几个点对工件进行夹紧，而有的需要同时夹紧几个工件；另外，还有除了夹紧作用外还需要松开或紧固辅助支承等。这时，为了提高生产率，缩短工件装夹时间，可以采用各种联动夹紧机构。

图 5.23 所示是几种常见的多点夹紧用的浮动压头结构。

图 5.24 所示为平行式多件夹紧机构，其中 5.24(a) 为利用浮动压块对工件进行夹紧；5.24(b) 则是利用流体介质(如液体塑料) 代替浮动元件实现多件夹紧，在有的夹具结构中也可以采用小钢球代替流体介质。

其他各种类型的夹紧机构，可查阅有关机械加工工艺手册或机床夹具设计手册。

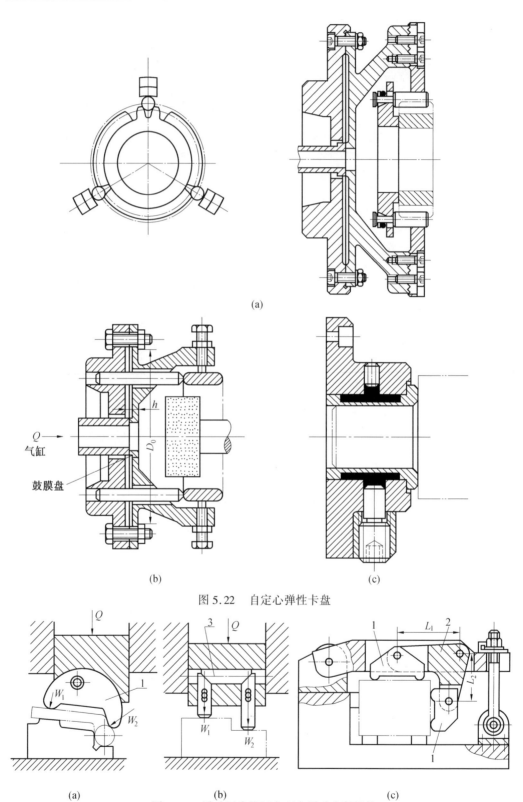

(a)

(b) (c)

图 5.22 自定心弹性卡盘

(a) (b) (c)

图 5.23 浮动压头及四点双向浮动夹紧机构

1— 浮动压头;2— 杠杆;3— 楔块

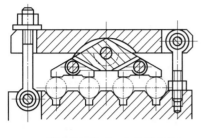
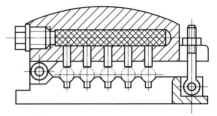

(a)用浮动压块对工件进行夹紧	(b)用流体介质代替浮动元件实现多件夹紧

图 5.24　平行式多件夹紧

5.4　夹具的对定

　　机床夹具除具有使工件定位和夹紧工件的功能以外,为保证工件对刀具及表面成形运动有正确位置,还需要使夹具与刀具对准、夹具相对于表面成形运动准确定位,有时还需要进行夹具的分度和转位。这种过程被称之为夹具的对定。

　　以下介绍几种夹具对定装置。

　　1.孔加工刀具的导引装置

　　加工孔时,需要对刀具加以导引,其目的是为了保证孔的位置精度,增加钻头或镗杆的支撑以提高其刚度,减小刀具的变形。常用的导引装置有钻套和镗套。

　　(1) 钻套

　　在钻床夹具(也称钻模)中,通常都采用钻套来导引钻头。钻套主要分为固定钻套、可换钻套、快换钻套几种类型,如图 5.25 所示。

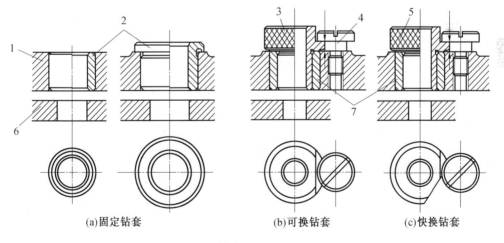

(a)固定钻套	(b)可换钻套	(c)快换钻套

图 5.25　钻套(JB/T 8045—1999)

1— 钻模板;2— 固定钻套;3— 可换钻套;4— 螺钉;5— 快换钻套;6— 工件;7— 衬套

　　图 5.25(a) 中的固定钻套 2 与钻模板 6 之间采用过盈配合(H7/r6 或 H7/n6),位置精度高,主要应用于中、小批量生产的钻模上或用来加工孔距甚小以及孔距精度要求较高的孔。

　　图 5.25(b) 所示可换钻套 3 与衬套 7 为间隙配合(H7/g6 或 h6/g5),衬套与钻模板为过盈配合。可换钻套由螺钉压紧并固定住,以防转动。钻套磨损以后,拧下螺钉 4 换上新的钻套,

即可继续使用。

图 5.25(c) 所示是快换钻套,要取下钻套时,只要将钻套逆时针转动一定角度,使得螺钉的头部刚好对准钻套削边部分,可拔出钻套,而不必松动螺钉。这种钻套常用于需要对同一孔进行多工步加工的场合,如在同一工序中进行钻、扩、铰孔的加工。

上述钻套已经标准化,可以在机械加工工艺手册或机床夹具设计手册中查到标准结构和规格。但是,对于一些特殊场合,可以根据加工条件的不同而设计特殊钻套,如图 5.26 所示为几种特殊钻套。图 5.26(a) 用于两孔间距较小的场合;图 5.26(b) 的结构使钻套更贴近工件,以改善导引效果;图 5.26(c) 为在斜面上加工孔使用的钻套。

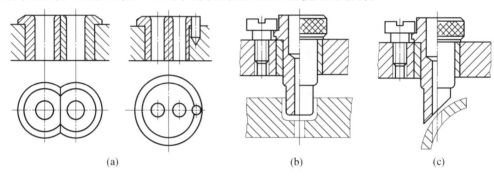

(a)　　　　　　　　　　(b)　　　　　　　　(c)

图 5.26　特殊钻套

(2) 镗套

箱体零件上的孔系加工,若采用精密坐标镗床,加工中心或具有高精度的刚性主轴的组合机床加工时,一般不需要对镗杆进行导引,孔系的位置精度由机床本身精度和精密坐标系统来保证。对于普通镗床或一般的组合镗床,为了保证孔系的位置精度,需要采用镗床夹具(也称镗模) 来导引镗杆,孔系的位置由镗模上镗套的位置来决定。

如图 5.27 所示是一种固定镗套,它适用于镗杆速度低于 20 m/min 时的镗孔。而镗杆速度高于这个速度时,为了减小镗套磨损,一般采用回转式镗套,如图 5.28 所示。

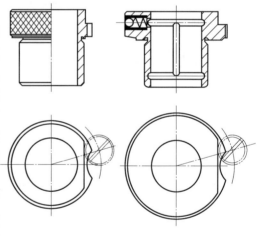

图 5.27　固定式镗套

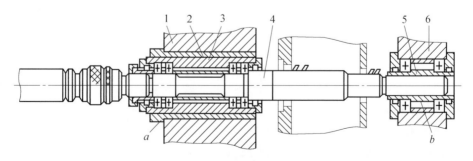

图 5.28　回转式镗套

2.铣刨刀具的对刀装置

在铣床或刨床夹具中,刀具相对于工件的位置通常是采用对刀装置来调整对准的。图5.29所示为几种常见的对刀装置。

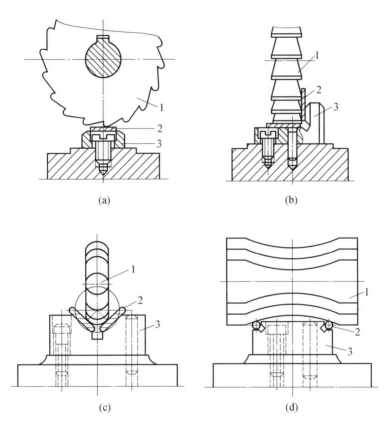

(a)　　　　　　　　　　　(b)

(c)　　　　　　　　　　　(d)

图 5.29　铣床对刀装置

1— 铣刀;2— 塞尺;3— 对刀块

采用对刀装置对刀时,移动机床工作台,使刀具靠近对刀块,并在对刀块对刀表面上加上一规定厚度的塞尺,使刀具切削刃轻轻靠紧塞尺,抽动塞尺感觉到有一定的摩擦力存在,这样刀具的位置就确定了,抽走塞尺,就可以开动机床进行加工了。

对刀块也有标准化产品可供选用,特殊形式的对刀块可以自行设计。

3.夹具的分度装置

工件上如有一些按一定角度分布的相同表面,它们需在一次装夹后加工出来,则该夹具需要分度装置。图5.30所示为一斜面分度装置。

当手柄1逆时针转动时,插销2由于斜面作用从槽中退出,并带动凸轮盘5转动,凸轮斜面推出对定销4。当插销2到达下一个分度盘槽时,在弹簧作用下插销2插入,此时手柄顺时针转动,由插销2带动分度盘及心轴转动,凸轮上的斜面脱离对定销,在弹簧作用下,对定销4插入分度盘的另一个槽中,完成一次分度。

4.夹具在机床上的定位

在进行机床夹具总体设计时,还要考虑夹具在机床上的定位、固定,才能保证夹具(含工件)相对于机床主轴(或刀具)、机床运动导轨有准确的位置和方向。夹具在机床上的定位有

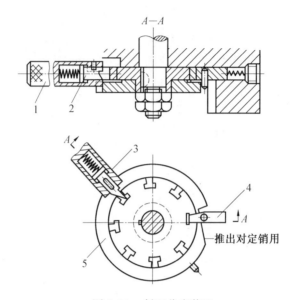

图 5.30　斜面分度装置
1— 手柄;2— 插销;3— 插销装置;4— 对定销;5— 凸轮盘

两种基本形式,一种是安装在机床工作台上,如铣床、刨床和镗床夹具等,另一种是安装在机床主轴上,如车床夹具。

铣床类夹具,其夹具体底面是夹具定位的主要基准面,要求底面经过比较精密的加工,且各定位元件相对于此底平面应有较高的位置精度要求。当在铣床上加工槽类表面或侧表面时,通常要求夹具在机床上利用定位键(见图 5.31) 或定向键(见图 5.32) 定位。夹具靠两个定位键或定向键定位在工作台面的一条 T 形槽内,再用 T 形槽螺钉固定,以保证夹具相对于切削成形运动具有准确的方向。定位键和定向键已有标准化生产,其结构、尺寸以及有关零部件之间的配合可从夹具设计手册中查阅。

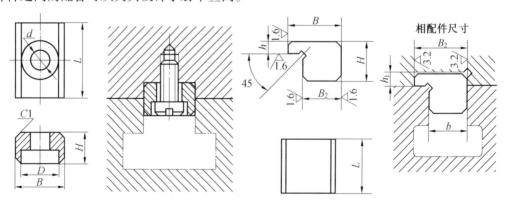

图 5.31　定位键(JB/T 8016—1999)　　　　图 5.32　定向键(JB/T 8017—1999)

车床类夹具一般安装在主轴上,关键是要了解所选用车床主轴端部的结构。当切削力较小时,可选用莫氏锥柄式夹具形式,夹具安装在主轴的莫氏锥孔内,如图 5.33(a) 所示。

图 5.33(b) 所示为车床夹具靠圆柱面 D 和端面 A 定位,由螺纹 M 连接和压板防松。这种方式制造方便,但定位精度低。

图 5.33(c) 所示为车床夹具靠短锥面 K 和端面 T 定位,由螺钉固定。这种方式不但定心

精度高,而且刚度也高,但是这种方式是过定位,夹具体上的锥孔和端面制造精度也要高,一般要经过与主轴端部的配磨加工。

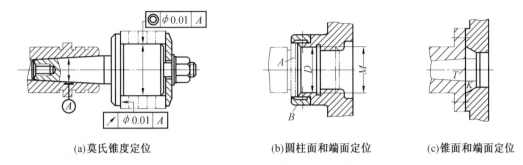

(a)莫氏锥度定位　　　　　(b)圆柱面和端面定位　　　　(c)锥面和端面定位

图 5.33　车床夹具在主轴上的安装

5.5　机床专用夹具的设计步骤

1.收集并分析原始资料,明确设计任务

根据设计任务书,分析研究工件的工作图、毛坯图,有关部件的装配图、该零件的机械加工工艺规程等资料,明确工件的结构、材料和生产纲领,了解零件在机器部件中的作用,着重了解本工序加工的技术要求以及相关工艺参数,熟悉本工序所用的设备及其他与设计夹具有关的信息资料、夹具零部件标准手册和结构图册等。

2.拟定夹具结构方案,绘制结构草图

(1) 依据定位基本原理选择工件的定位方式,设计选用相应的定位元件,计算定位误差。

(2) 确定刀具的对刀导引方案,设计选用对刀导引元件,必要时计算对刀导引误差。

(3) 确定工件的夹紧部位和夹紧方法,设计可靠的夹紧装置。对于刚度较差的工件,必要时可计算夹紧变形。

(4) 设计选用其他元件或装置的结构形式,如定位键、分度装置等。

(5) 考虑各种元件和装置的结构、尺寸及布局,设计夹具体并确定夹具的总体结构。

设计过程中应拟定出几种具体方案进行分析计算比较,从中选择或组合成最佳方案。设计人员还应广泛听取工艺部门、制造部门和夹具使用人员的意见,使夹具方案更趋完善。

3.绘制夹具装配图

夹具装配图应按国家标准尽可能 1:1 地绘制,这样具有良好的直观性。应尽量选择面对操作者的方向布置主视图,三视图要能完整清楚地表示出夹具的工作原理和结构。夹具装配图的绘制可按如下顺序进行:

(1) 用双点划线画出工件的轮廓外形和主要表面(定位面、夹紧面和待加工表面),并用网纹线表示加工余量。

(2) 把工件视为透明体,根据其形状和位置,依次画出定位元件和对刀导引元件;再按夹紧状态画出夹紧机构,必要时可用双点划线画出松开位置时夹紧元件的轮廓;最后画出夹具体和其他元件及机构,将上述各元件与夹具体的合理联结,使夹具形成一整体。

(3) 标注必要的尺寸、配合和技术条件,对零件编号,填写标题栏和零件明细表。

4.绘制夹具零件图

对夹具装配图中的非标准零件均应绘制零件图,视图尽可能与装配图上的位置一致,尺寸、形状、位置、配合、加工表面粗糙度和技术要求等要标注完整。

复习思考题

5.1　机床夹具由哪些部分组成?各部分的作用是什么?

5.2　使用夹具装夹加工工件时,产生加工误差的影响因素有哪些?

5.3　何谓"六点定位原理"?工件的合理定位是否一定要消除其在夹具中的六个不定度?

5.4　试举例说明工件在夹具中的"完全定位"、"部分定位"、"欠定位"、"重复定位"。

5.5　定位支承点不超过六个,就不会出现重复定位,这种说法对吗?举例说明之。

5.6　工件在夹具中由于受定位元件的约束而得到定位,与工件被夹紧而得到固定的位置有何不同?工件不受定位元件的约束只靠夹紧而固定在某一位置,是否也算定位了?

5.7　何谓定位误差?定位误差是由哪些因素引起的?定位误差的数值一般应控制在零件公差的什么范围之内?

5.8　对零件进行试切法加工时,是否有定位误差?为什么?

5.9　对夹紧装置的基本要求是什么?

5.10　试比较斜楔、螺旋、圆偏心和定心夹紧机构的优缺点,并举例说明它们的应用场合。

5.11　根据六点定位原理,分析题5.11图所示各定位方案中,各个定位元件分别消除了哪些不定度?

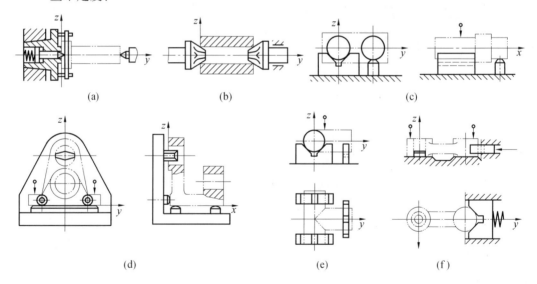

题5.11图

5.12　根据题5.12图所示各题的加工要求,试选择定位方案,并绘制草图。

(1) 在球形零件上钻一通过球心 O 的小孔 D(图(a));

(2) 在长方形零件上钻一不通孔 D(图(b));

(3) 在圆柱体零件上铣一键槽 b(图(c));

(4) 在连杆零件上钻一通孔 D(图(d));

（5）在套类零件上钻一小孔 O_1（图(e)）；

（6）在壳类零件上钻二小孔 O_1 及 O_2（图(f)）；

（7）在连接件上车轴颈 d（图(g)）。

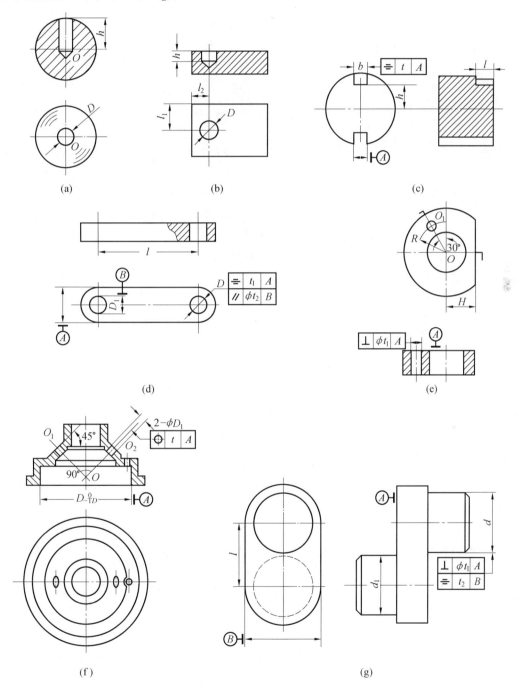

题 5.12 图

5.13　工件定位如题 5.13 图所示,试分析计算能否满足工序尺寸要求?若不能应如何改进?

5.14　题 5.14 图为在工件上加工平面 *BD* 的三种定位方案,孔 O_1 已加工,1、2、3 为三个支承钉。试分析计算各方案中工序尺寸 A 的定位误差,并提出更好的定位方案。

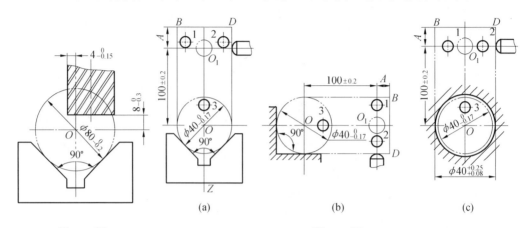

题 5.13 图　　　　　　　　　　　题 5.14 图

5.15 零件的有关尺寸如题 5.15(a) 图所示,最后工序为在其上铣一缺口。试分析题 5.15(b)、(c) 图的两种定位方案能否满足工序尺寸要求?若不能应如何改进?

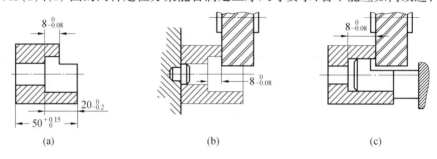

题 5.15 图

5.16 工件定位如题 5.16 图所示,试分析计算工序尺寸 A 的定位误差。

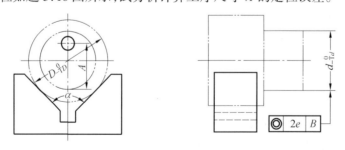

题 5.16 图

5.17 试分析题 5.17 图中所示的各种夹紧机构中有哪些错误或不合理之处,并提出改进方案。

5.18 欲在一批圆柱形工件的一端铣槽,要求槽宽与外圆中心线对称,工件外圆为 $\phi25^{-0.02}_{-0.063}$ mm。工件的装夹如题 5.18 图所示的三种方案,试分析比较三种装夹方案哪种比较合理,为什么?

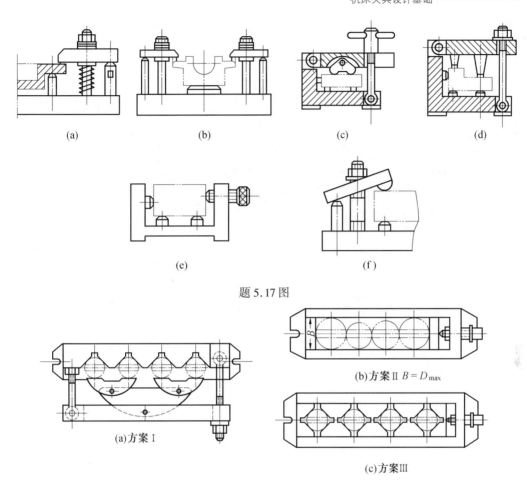

(a)   (b)   (c)   (d)

(e)   (f)

题 5.17 图

(a)方案 I

(b)方案 II $B = D_{max}$

(c)方案 III

题 5.18 图

第6章

机械加工质量的影响因素及控制

产品质量是指产品的制造与设计符合的程度。机械产品是由许多互相关联的零件装配而成,因此,机械产品的质量取决于工件的加工质量和机器的装配质量。不言而喻,工件的加工质量则成了保证产品质量的基础,为了保证这些机械产品的性能和使用寿命,就必须对工件的加工质量提出合适的要求,并在加工过程中予以控制。

6.1 概　　述

6.1.1　机械加工质量的含义

机械加工质量通常包括几何方面的质量和材料性能方面的质量,实际生产中采用加工精度和表面质量来评价机械加工质量。

几何方面的质量是指机械加工后实际表面几何形状与理想几何形状的误差,分为宏观几何形状误差和微观几何形状误差。

宏观几何形状误差也通称为加工误差,包括尺寸误差、形状误差和相互位置误差。与之对应的常用加工精度来表达,即尺寸精度、形状精度和位置精度。加工精度越高,则表明加工误差越小。

微观几何形状误差是指微观几何形状的不平程度,也称表面粗糙度。

介于宏观几何形状误差与微观表面粗糙度之间的周期性几何形状误差,常用波度(波长 λ,波高 H_λ) 来表示(见图 6.1)。

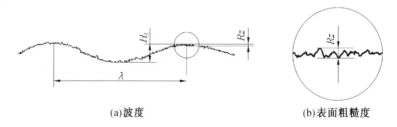

(a)波度　　　　　　　　　　　(b)表面粗糙度

图 6.1　零件加工表面的粗糙度和波度

材料性能方面的质量是指机械加工后,距表层一定深度处的物理力学性能等方面与基体相比发生变化的程度,该深度层称加工变质层,包括表面层加工硬化、表面层金相组织变化和表面层残余应力。表面粗糙度和加工变质层反映的就是机械加工表面质量。

6.1.2　机械加工精度的获得方法

机械加工精度实际上是指工件经机械加工后的实际几何参数(尺寸、形状、表面相互位置）与工件的理想几何参数相符合的程度。通常，尺寸、几何形状和位置精度间存在着一定的关系，应该相互适应。例如，确定轴的直径尺寸精度时，就必须考虑到圆柱面的圆度和圆柱度；确定两平面间距离尺寸精度时，就必须考虑到各自的平面度及相互间的平行度。一般说来，工件的尺寸精度要求高，几何形状精度和相互位置精度要求也高；形状精度应高于尺寸精度，位置精度多数情况下也应高于尺寸精度。

　　保证和提高加工精度，实际上就是限制和降低加工误差。研究加工精度的目的，就是研究如何把各种误差控制在规定的公差范围内，掌握各种因素对加工精度的影响规律，寻找降低加工误差、提高加工精度的措施。从保证产品的使用性能和降低生产成本考虑，没有必要将每个工件都加工得绝对精确，只要采用相应的加工方法，使工件的各项精度指标满足规定的公差要求即可。

　　1. 尺寸精度的获得方法

　　（1）试切法

　　用试切法加工时，先将刀具与工件的相对位置作初步调整并试切一次，测量试切所得尺寸，然后根据测得的试切尺寸与所规定尺寸之间的差值调整刀具与工件的相对位置再试切，直到试切尺寸符合要求，如图 6.2 所示。

　　试切法确定刀具与工件的相对位置需经多次试切、测量、计算和调整，生产效率低，但可以达到很高的尺寸精度，与操作工人的技术水平

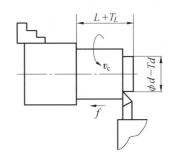

图 6.2　试切法车削轴

有关。这种方法常用于单件、小批量生产或高精度工件的加工。

　　（2）调整法

　　用调整法时先按工序规定的尺寸，预先用试切好的工件、标准样件或对刀装置调整好刀具相对于工件被加工面的位置进行加工，并在一批工件加工过程中保持这个位置不变，从而保证批量生产工件的尺寸精度。此法广泛用于成批生产和大量生产。

　　（3）定尺寸刀具法

　　这种方法是用相应形状和尺寸的刀具或组合刀具来保证加工的尺寸精度的。图 6.3(a) 所示用镗刀块加工孔径 D，图 6.3(b) 所示为拉削圆孔。

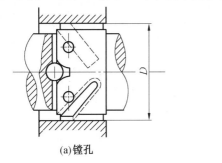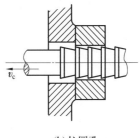

(a)镗孔　　　　　　　　　　　　(b)拉圆孔

图 6.3　用定尺寸刀具法加工例

　　用定尺寸刀具法加工，生产效率高，加工尺寸精度也较稳定，几乎与操作者技术水平无关，常用来加工孔、槽面、成形表面，适用于成批生产。

（4）自动控制法

这是用由尺寸测量装置、进给装置和控制系统组成的自动化加工控制系统,在加工过程中自动完成尺寸测量、刀具补偿调整和切削加工以保证尺寸精度的方法。例如采用具有自动测量功能的自动机床、数控机床和加工中心等进行的加工。实际上,此法就是自动化了的试切法。

2.形状精度的获得方法

（1）成形运动法

这种方法是使刀具相对于工件做有规律的成形运动,从而获得所要求的工件表面形状,常用于加工圆柱面、圆锥面、平面、球面、曲面、回转曲面、螺旋面和齿面等。成形运动法包括轨迹法、仿形法、成形刀具法和展成法。

① 轨迹法。轨迹法靠刀尖与工件的相对运动轨迹获得要求的加工表面几何形状。刀尖的运动轨迹精度取决于机床使刀具相对于工件运动的轨迹精度。图 6.4 为利用工件作回转运动和刀具作直线运动获得圆锥面的示例。

② 仿形法。仿形法是刀具按照仿形装置进给对工件进行加工的一种方法。如图 6.5 所示是在仿形车床上利用靠模和仿形刀架加工阶梯轴,其形状精度主要取决于靠模精度。

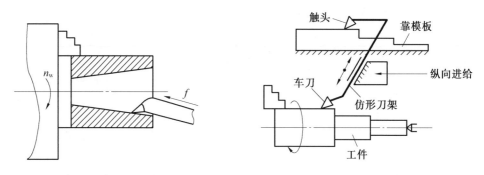

图 6.4　车锥孔　　　　　　　　　　　图 6.5　仿形车削

③ 成形刀具法。成形刀具法是用成形刀具(车刀或铣刀) 加工工件成形表面的方法。图 6.6 是成形车刀在加工工件,其廓形是按加工工件的成形表面廓形专门设计的,工件精度完全取决于成形车刀切削刃廓形精度。

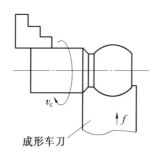

图 6.6　成形车削

④ 展成法。展成法是利用工件和刀具作展成运动进行加工的方法。滚齿、插齿加工均属此法。齿轮齿形是靠齿轮滚刀或插齿刀与被加工齿轮间的展成运动轨迹的包络线形成的(图

4.56)。加工精度主要取决于展成运动的精度和刀具精度。

（2）非成形运动法

非成形运动法是通过对加工表面的多次检测、修整逐渐获得形状精度的加工方法，也是获得表面形状精度的最原始方法，效率较低，但要求形状精度很高而现有的机床设备又不能达到要求时常采用此法。例如，0 级平板的加工，就是通过三块平板配刮法保证平面度要求的。有的形状比较复杂且有一定精度要求的表面，也可用非成形运动法加工。

3. 位置精度的获得方法

（1）一次装夹法

一次装夹法是指在一次装夹中工件有关表面之间的相互位置精度，是由各刀具相对于工件的成形运动位置关系来保证的加工方法。例如，轴类工件车削时外圆与端面的垂直度，箱体工件孔系加工时各孔间的同轴度、垂直度、平行度等，均可在一次装夹中加工予以保证。

（2）多次装夹法

多次装夹法包括直接装夹法、找正装夹法和夹具装夹法，详见第 5 章概述。

（3）非成形运动法

非成形运动法是指利用人工，而不是依靠机床精度，对工件的相关表面进行反复的检测和加工，使之达到工件位置精度要求的方法。

6.1.3　机械加工表面质量及其对使用性能的影响

1. 机械加工表面质量

任何机械加工表面，实际上都不可能是绝对理想的表面。所说不理想，是指前述机械加工质量的后两项内容，即机械加工表面粗糙度和加工变质层。

加工变质层可用图 6.7 所示的雷德（H. Rether）模型来表示。最外层生有氧化膜或化合物并吸收渗进的某些气体、液体或固体粒子，称为吸附层。往里是结晶组织变化层，该层是由切削力造成的塑性变形区或称压缩区，此区最外层为纤维化层，是由刀具与切削层间的摩擦挤压造成的，还有切削热造成的表面层的强化或弱化等。如从应力变化的角度讲，该层也称应力变质层，存在着由塑性变形、切削热及金相组织变化引起的残余应力。加工变质层的构成情况见表 6.1。

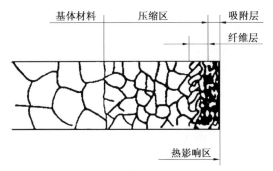

图 6.7　加工变质层模型

表 6.1　加工变质层的构成情况

变质层	构成	厚度	成因
吸附层	污染层、物理化学吸附层、化合物层、异物嵌入层（积屑瘤碎片、磨粒嵌入）	8 μm	外界因素
结晶组织变化层（压缩区）	非晶质层、微细结晶层、位错密度升高层、孪晶层、表面合金化层、纤维化层、相变层、再结晶层	几十至几百微米	切削力引起的塑性变形
应力变质层	残余应力层		

综上所述，加工变质层可归结为表层的加工硬化、结晶组织变化和在一定深度内的残余应力。由于表面层的结晶组织变化（晶格扭曲、晶格拉长、晶格破碎及纤维化、硬化、非晶质化等）的最终结果已体现在加工硬化和残余应力的两项内容中，故加工变质层可主要考虑加工硬化和残余应力。

近年来，人们提出了机械加工表面完整性的概念，它涉及表面形貌，如表面粗糙度及波度；表面缺陷，指宏观缺陷如表面裂纹等；表面层的微观组织及化学特性，指表面层的金相组织、化学性质、微裂纹等；表面层的物理力学性能；表面层的其他工程技术特性，如对光的反射、表面带电性质等。

因此，机械加工表面质量（或者说机械加工表面完整性）可认为主要包括表面粗糙度、加工硬化及残余应力三项内容。

2.机械加工表面质量对使用性能的影响

实践证明，表面粗糙度和加工变质层会对零件乃至机器的使用性能和寿命产生很大影响。包括耐磨性能、耐疲劳性能、耐腐蚀性能及配合质量等。

（1）影响耐磨性

粗糙度值大的表面结合时，由于实际接触面积小，接触应力大，易磨损，耐磨性差（见图6.8）。这种零件装配后，由于接触刚度小，会影响整台机器的工作精度，甚至不能正常工作。一般认为，粗糙度值小，实际接触面积大，耐磨性好。但并非粗糙度值越小越好，因其过小可能发生分子粘接，并会破坏润滑油膜，造成干摩擦而引起剧烈磨损。因此，就磨损而言，存在一最优表面粗糙度值，此值与工件的工作载荷有关。如机床导轨面的粗糙度值，一般以 $Ra1.6 \sim 0.8 \ \mu m$ 为好。

加工硬化了的表面，硬化到一定程度能使耐磨性有提高，但硬化程度再大反会使结晶组织出现过度变形，甚至产生裂纹或剥落，使磨损加剧，耐磨性反而降低（见图6.9）。

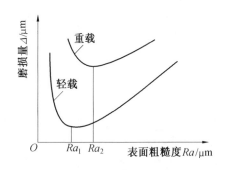

图 6.8　磨损量与 Ra 关系

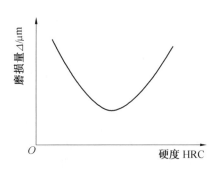

图 6.9　磨损量与硬化关系

（2）影响疲劳强度

交变载荷作用时,表面粗糙度、划痕及微裂纹等均会引起应力集中,从而降低疲劳强度;加工表面粗糙度的纹路方向对疲劳强度也有较大影响,当纹路方向与受力方向垂直时,疲劳强度明显降低。一般加工硬化则可提高疲劳强度,但硬化过度则会所得其反。

残余应力对疲劳强度影响也较大:残余应力为压应力时,可部分抵消交变载荷施加的拉压力,阻碍和延缓裂纹的产生或扩大,从而提高疲劳强度;但为拉应力时,则会大大降低疲劳强度。

有些加工方法,如滚压加工,可减小粗糙度值、强化表面层,使表层呈压应力状态,从而有利于防止产生微裂纹,提高疲劳强度。如中碳钢工件经滚压加工后,其疲劳强度可比只经精车的提高 30% ~ 80%。

（3）影响耐腐蚀性

表面粗糙度值大的表面,腐蚀性物质(气体、液体)容易渗透到表面的凸凹不平处,从而产生化学或电化学作用而被腐蚀。

表面微裂纹处容易受腐蚀性气体或液体的侵蚀,如工件表面有残余压应力,能阻止微裂纹的扩展,从而可在一定程度上提高工件的耐蚀性。

（4）影响配合质量

影响配合质量的最主要因素是表面粗糙度。对于间隙配合表面,经初期磨损后,间隙会有所增大,表面粗糙度值越大,初期磨损量越大,严重时会影响密封性能或导向精度。对于过盈配合,表面粗糙度值越大,两配合表面的凸峰在装配时易被挤掉,造成过盈量减小,从而可能影响过盈配合的连接强度。

此外,表面质量对运动平稳性和噪音等也有影响。

6.2　机械加工精度的影响因素及控制

6.2.1　机械加工工艺系统的原始误差

1.原始误差

机械加工中,机床、刀具、夹具、工件构成了一个机械加工工艺系统,简称工艺系统。工件的尺寸、几何形状和表面间相对位置的形成,取决于工件和刀具在切削运动过程中的相互位置关系。因此,加工精度问题牵涉到整个工艺系统的精度问题。加工误差主要是由于引起工艺系统各部分位置变化的各种因素,使工件与刀具在切削过程中相互位置不能达到理论要求而产生的。这些误差因素称为工艺系统原始误差。

工艺系统的原始误差可分为两类:一类是工件加工前工艺系统本身具有的、与切削负载无关的某些误差因素,称为工艺系统原有误差,也称工艺系统静误差,如原理误差、工艺系统几何误差和测量误差等;另一类是在加工过程中受力、热、磨损等因素的影响,工艺系统原有精度受到破坏而产生的附加误差因素,称为工艺过程原始误差,或工艺系统动误差,如工艺系统受力变形、受热变形和刀具磨损等。

2. 误差敏感方向

切削加工过程中,由于各种原始误差的影响,会破坏刀具和工件间正确的几何关系,引起加工误差。值得注意的是,不同方向的原始误差,对加工误差的影响程度是不同的,且差别很大。

下面以外圆车削为例进行说明。图 6.10 所示车削时工件的回转轴心是 O,刀尖正确位置在 A,设某一瞬时刀尖相对于工件回转轴心 O 的位置发生变化,移到 A'。即为原始误差 ΔY,由此引起工件加工后的半径由 R_0 变为 $R = \overline{OA'}$。在 $\triangle OAA'$ 中,有如下关系式

$$\Delta Y^2 = R^2 - R_0^2 = (R_0 + \Delta R)^2 - R_0^2 = 2R_0\Delta R + \Delta R^2 \tag{6.1}$$

由于 ΔR 很小,ΔR^2 可以忽略不计。因此,刀尖在 Y 方向上的位移 ΔY 引起工件半径上(即工序尺寸方向上)的加工误差 ΔR 为

$$\Delta R = \frac{\Delta Y^2}{2R_0} \tag{6.2}$$

如果在 X 方向存在对刀误差 ΔX,这时引起的半径上(即工序尺寸方向上)的加工误差为

$$\Delta R = \Delta X \tag{6.3}$$

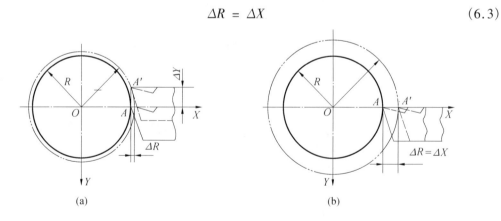

(a)　　　　　　　　　　　　(b)

图 6.10　误差的敏感方向

由此不难看出,工艺系统不同方向的原始误差(如本例中的 ΔX 和 ΔY)所引起加工尺寸的变化量(本例中的半径 ΔR)差别却很大。当原始误差在加工表面的法线方向时,引起的加工误差最大;当原始误差在加工表面的切线方向,引起的加工误差最小,一般可以忽略。通常把工艺系统原始误差对加工精度影响最大的方向,称为误差敏感方向。

6.2.2 机械加工工艺系统原有误差的影响与控制

1.原理误差

原理误差是由于加工中采用了近似的成形运动或近似的刀具廓形而产生的误差。如:生产中多采用阿基米德齿轮滚刀(即端面廓形投影面为阿基米德曲线)滚切渐开线齿轮、在数控机床上常用直线插补或圆弧插补方法加工复杂曲面和在普通公制丝杠的车床上加工英制螺纹等,都会由于原理误差造成工件的表面形状误差。

在实际生产中,采用理论上完全准确的方法进行加工往往会使机床结构复杂,刀具制造困难,加工效率降低。而采用近似加工方法,常常可使工艺装备简单,生产成本降低,故在满足产品精度要求的前提下,一定的原理误差是允许的。再比如用模数铣刀加工渐开线齿轮时(图 6.11),理论上铣刀廓形应与被加工齿轮齿槽廓形完全相同,加工不同模数不同齿数的齿轮均应有相对应的模数铣刀,需要备有大量不同规格的铣刀,这给铣刀的制造与管理造成很大麻烦。故实际生产中是按精度要求,将同一模数下的齿轮按齿数分若干组,组内的齿轮均用一把齿轮铣刀来加工,即将齿轮铣刀分号。一个号的铣刀对组内其他齿数的齿轮齿形加工则会出现齿形误差,但限制在一些误差范围之内是允许的。原理误差是不能通过提高机床和刀具的制造精度消除的。

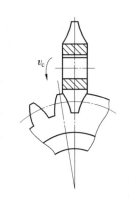

图 6.11 用模数铣刀铣齿轮

2.量具及其测量误差

精确的测量是保证工艺系统各部分间正确位置的基础,也是判定零件合格与否的依据。测量精度与量具、量仪、测量方法和测量时的环境条件及操作者的技术经验有关。而测量条件中,温度和测量力的影响最明显。测量误差一般应控制在零件公差的 $1/10 \sim 1/6$ 以内。计量器具误差主要是示值误差、示值稳定性、回程误差和灵敏度四方面综合起来的极限误差,它会对被测零件的测量精度产生直接影响。

除量具本身误差外,测量者的视力、判断能力、测量经验、相对测量或间接测量中所用的对比标准、数学运算精确度、单次测量判断的不准确等因素都会引起测量误差。

3.机床误差

机床误差是工艺系统误差的主要成分,对加工精度有显著影响。机床误差主要来自机床本身的制造、安装和磨损三个方面,其中尤以机床本身制造误差影响最大。衡量一台机床制造精度的主要项目是主轴误差、导轨误差以及成形运动间的相关误差,为此,着重对这三项误差进行讨论。

(1) 机床主轴回转精度

机床主轴是决定工件或刀具的位置基准和运动基准,它的误差直接影响工件的加工精度。对于主轴精度要求,最主要的就是在回转时能保持轴线位置稳定不变,即主轴回转精度。

实际加工中,由于主轴制造误差和受力、受热及磨损的存在,使主轴回转轴线的空间位置,在每一瞬间都是变动的,即存在回转误差。为便于研究,可以将主轴回转轴线的运动误差分离抽象为径向圆跳动、端面圆跳动和倾角摆动三种基本型式,如图 6.12 所示。图6.12(a)为纯径向跳动误差,又称径向飘移,是主轴实际回转轴线相对理想轴线位置在横截面上的平移变动范围。图 6.12(b) 为纯轴向跳动误差,是主轴实际回转轴线沿理想轴线方向位置的变动量。图 6.12(c) 为纯角度摆动误差,是主轴实际回转轴线与理想轴线位置的角度偏移量。

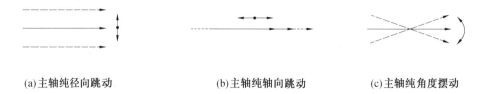

(a)主轴纯径向跳动 　　(b)主轴纯轴向跳动 　　(c)主轴纯角度摆动

图 6.12　主轴回转误差的基本形式

不同形式的主轴运动误差对加工精度影响不同,同一形式的主轴运动误差在不同的加工方式中对加工精度影响程度也不同。

① 在镗床上加工内孔时,主轴径向跳动误差可以引起工件的圆度误差和圆柱度误差,但对工件端面加工无直接影响。

② 当主轴存在轴向跳动时,在车床上对孔和外圆加工并无大影响,但在加工端面和螺纹时有明显影响,车出的端面会出现凸凹不平,车削螺纹螺距产生周期误差。

③ 在图 6.13 所示车外圆时,由于纯角度摆动误差,得到一个锥体而不是圆柱体,镗床上镗出的孔将是椭圆形锥孔。

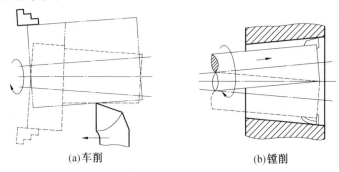

(a)车削　　　　　　　　　(b)镗削

图 6.13　角度摆动对车削和镗削加工的影响

实际上,主轴工作时回转轴线的运动是上述三种运动的合成,在轴线某一横截面上表现出径向跳动及轴线摆动或轴向跳动,既影响工件圆柱面的几何形状精度,又影响端面的形状精度。

主轴回转轴线运动误差主要与主轴部件的制造精度有关,包含轴承误差、轴承间隙、与轴承配合零件的误差等,同时还和切削过程中主轴受力、受热变形有关。

当机床主轴用滑动轴承支承时,如图 6.14(a) 所示,对工件回转类机床,如车床,主轴的受力方向基本稳定,主轴轴颈被压向轴承表面的某一位置,主轴轴颈的圆度误差将直接传给工件,从而造成工件的圆度误差。而轴承孔本身的误差,则对加工精度影响较小。对于刀具回转类机床,如镗床,主轴所受切削力的方向随镗刀旋转而变化,箱体轴承孔的圆度误差将

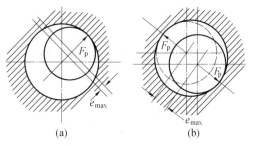

图 6.14　轴与套圆度误差引起径向跳动

传给工件,而轴颈误差对加工精度影响较小,如图 6.14(b) 所示。

当主轴用滚动轴承支承时,影响因素更复杂。主轴的回转精度不仅取决于滚动轴承精度,很大程度上还和轴承的配合件有关。图 6.15 分别所示的轴承孔与滚道有同轴度误差、滚道圆度误差、滚道波度和滚动体误差等,都可能影响主轴的回转精度。

主轴轴承间隙对回转精度也有影响,如轴承间隙过大,会使主轴工作时油膜厚度增大,刚度降低。

由于轴承的内外座圈或轴套很薄,因此与之配合的轴颈或箱体轴承孔的圆度误差,会使轴承的内座圈或外座圈发生变形而引起主轴回转误差。

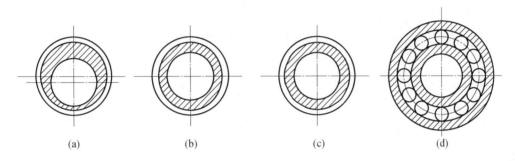

图 6.15　滚动轴承几何形状误差

为了提高主轴的回转精度,在滑动轴承结构中可以采用静压轴承和动压轴承,也可以选用高精度的滚动轴承及提高主轴轴颈和与主轴配合零件的有关表面加工精度。为了减少加工误差,也可采取一定的措施使主轴回转误差不反映到工件上去,从而提高加工精度。如在卧式镗床上镗孔时,工件安装在镗模夹具中,镗杆支承在镗模夹具支承孔上,镗杆的回转精度完全取决于镗模支承孔的形状误差及同轴度误差,因镗杆与机床主轴是浮动连接,故机床主轴精度对加工无影响。又如,轴类工件精密磨削时采用双顶尖定位,由此主轴回转精度对加工精度的直接影响很小,工件的形状精度主要取决于工件顶尖孔的形状精度。此时需要注意的是,必须对顶尖孔进行及时修整以保证其精度。

(2) 机床直线运动精度

床身导轨是确定机床主要部件相对位置和运动的基准,所以,机床成形运动中的直线运动精度主要取决于导轨精度,它的各项误差将直接影响工件的加工精度。机床导轨误差对刀具或工件的直线运动精度有直接影响,它将导致刀尖相对于工件加工表面的位置变化,对工件加工精度,主要是形状精度产生影响。

以车床为例,其导轨误差主要包括:水平面内直线度误差;垂直平面内直线度误差;两导轨间的平行度误差,如图 6.16 所示。

① 导轨在垂直平面内直线度误差。如图 6.16(a) 所示,使刀尖产生 ΔY 的位移,造成工件半径方向上产生误差为 $\Delta R \approx \dfrac{\Delta Y^2}{2R}$,即工件直径误差为 $\Delta D \approx \dfrac{\Delta Y^2}{R}$。

② 导轨在水平面内直线度误差。如图 6.16(b) 所示,使刀尖在水平面内产生处于误差敏感方向上的位移 ΔX,造成工件在半径方向上的误差 ΔR。因 $\Delta R = \Delta X$,所以工件在直径上的加工误差为 $\Delta D = 2\Delta X$。

③ 两导轨间平行度误差。机床导轨发生了扭曲,产生两导轨间有平行度误差,如图

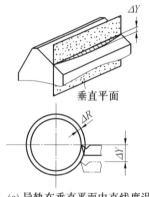

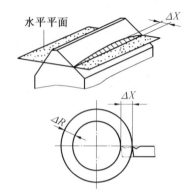
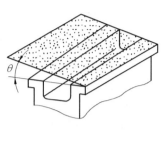

(a) 导轨在垂直平面内直线度误差　　(b) 导轨在水平平面内直线度误差　　(c) 两导轨间有平行度误差

图 6.16　导轨误差

6.16(c) 所示。这一误差使刀尖相对于工件在水平和垂直两方向上发生偏移。图 6.17 所示车床中心高为 H，导轨宽度为 B，若导轨在某处扭曲角度为 α（或导轨扭曲量 δ），将引起刀尖分别在水平和垂直面内偏离其理想位置，造成工件在该处的直径变化；如果导轨纵向各处扭转角度不同，将可能使工件产生圆柱度误差。

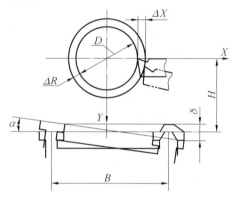

　　平面磨削时，工作台导轨在垂直面内的直线度误差及两导轨间在垂直方向的平行度误差是影响表面形状精度的主要因素，几乎 1∶1 地反映为被加工表面的平面度误差。

图 6.17　导轨扭曲引起的加工误差

　　机床导轨的几何误差，除取决于机床制造精度外，还与机床的安装、调整和磨损有很大关系。尤其是对大重型机床，因导轨刚性较差，床身在自重作用下易变形。因此，为减少导轨误差对加工精度的影响，除提高导轨制造精度外，还应注意减少机床安装和调整误差，并提高导轨耐磨性。

　　(3) 成形运动间的相互关系精度

　　机床的成形运动精度是保证加工精度的主要因素，不仅是独立的成形运动自身精度，还有各成形运动间的位置精度及速度关系（传动误差）等，都会对加工精度产生直接影响。

　　① 成形运动间的位置关系。机床的成形运动往往是由几个独立运动复合而成的，各成形运动间的位置关系精度对工件的形状精度有很大影响，所引起的加工误差可根据系统中的几何关系进行分析计算。

　　例如在车床上加工外圆柱面，若刀具的直线运动在 ZX 平面内与工件回转运动轴线不平行，则加工所得为圆锥面，如图 6.18(a) 所示；若刀具的直线运动与工件回转运动轴线不在同一平面内（空间交错），则加工出的为双曲面，如图 6.18(b) 所示。后种情况由于刀尖位移发生在非误差敏感方向，对加工误差影响较小。

　　车削端平面时，刀具直线运动应与工件回转运动轴线保持垂直，否则车削后的端面会产生外凸和内凹，如图 6.19 所示。其平面度误差为

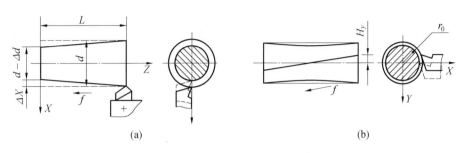

图 6.18　成形运动间位置误差对外圆车削的影响

$$\Delta z = \frac{d}{2} \tan \alpha \tag{6.4}$$

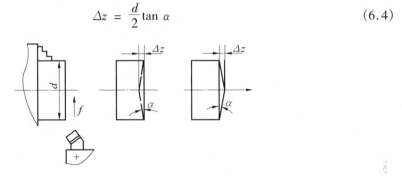

图 6.19　成形运动间位置误差对端面车削的影响

卧式镗床镗削时,镗杆回转轴线应与工件直线进给运动方向平行,否则将造成镗削内孔呈椭圆形,如图 6.20 所示,圆度误差 Δ 为

$$\Delta = \frac{d_c}{2}(1 - \cos \alpha) \tag{6.5}$$

式中　d_c—— 刀尖回转直径;

　　　α—— 镗杆回转轴线与工件直线进给运动方向的夹角。

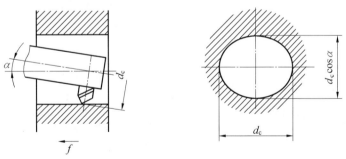

图 6.20　成形运动间位置误差对卧镗内孔的影响

因为 α 很小,所以有

$$\cos \alpha \approx 1 - \frac{\alpha^2}{2} \tag{6.6}$$

可得

$$\Delta = \frac{\alpha^2}{4} d_c \tag{6.7}$$

立式铣床上用端铣刀对称铣削平面时,如图 6.21 所示。若铣刀回转轴线对工作台直线进给运动不垂直,即 $\alpha \neq 0$,加工后造成加工表面下凹的形状误差 Δ 为

$$\Delta = b\sin\alpha = \left[\frac{d_c}{2} - \sqrt{\left(\frac{d_c}{2}\right)^2 - \left(\frac{B}{2}\right)^2} \right]\sin\alpha = \frac{d_c}{2}\left[1 - \sqrt{1 - \left(\frac{B}{d_c}\right)^2} \right]\sin\alpha \quad (6.8)$$

式中　B——工件宽度。

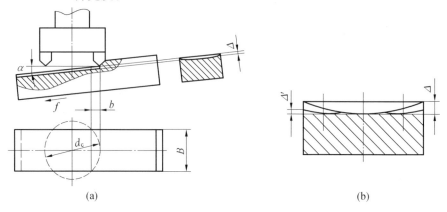

图 6.21　对称铣削时的平面度误差

② 成形运动间的速度关系。一般加工不需要严格要求各成形运动间的速度关系,但车螺纹、滚齿、插齿、磨齿等加工,为保证获得要求的成形表面,除要求机床各成形运动间有正确的几何位置关系外,还必须要求刀具与工件间有严格精确的速度关系。

如车螺纹时,要求刀具的直线进给速度和工件螺纹中径处的圆周速度间保持一定的速比关系,工件转一转刀具正好移动一个导程。又如用单头齿轮滚刀滚切齿轮时,要求滚刀转一转,工件必须转过一个齿。这种正确的成形运动关系是由传动副组成的传动链保证的。如果传动链中的传动副,由于加工、装配的误差以及在使用过程中磨损而产生的误差,将会传给工件造成加工误差,这样的误差称为传动误差。

各传动元件在传动链中的位置不同,对加工误差的影响也不同。图 6.22 所示的精密滚齿机的传动系统图,设滚刀轴匀速旋转,若齿轮 z_1 具有转角误差 $\Delta\varphi_1$,工作台或工件(传动链末端元件) 的转角误差 $\Delta\varphi_{g1}$ 为

$$\Delta\varphi_{g1} = \Delta\varphi_1 \times \frac{80}{20} \times \frac{23}{23} \times \frac{28}{28} \times \frac{28}{28} \times \frac{42}{56} \times i_c \times \frac{e}{f} \times i_x \times \frac{1}{84} = K_1\Delta\varphi_1 \quad (6.9)$$

式中的 K_1 称为误差传递系数,它反映齿轮 z_1 的转角误差对末端工作台传动精度的影响程度。同理,若第 j 个传动元件有转角误差 $\Delta\varphi_j$,则转角误差通过相应的传动链传递到末端工作台上的转角误差为

$$\Delta\varphi_{gj} = K_j\Delta\varphi_j \quad (6.10)$$

式中　K_j——第 j 个传动件的误差传递系数。

因此,各传动件传动误差对工件精度影响的误差总和 $\Delta\varphi_\Sigma$ 为

$$\Delta\varphi_\Sigma = \sum_{j=1}^{n} \Delta\varphi_{gj} = \sum_{j=1}^{n} K_j\Delta\varphi_j \quad (6.11)$$

式(6.11) 说明,当传动副为升速时, $K_j > 1$,即转角误差被扩大;为降速时, $K_j > 1$,转角误差被缩小。不难理解,当有几对降速传动时,这一转角误差对工件精度的影响将被逐步缩小。末端传动副的降速比越大,其他传动元件的误差对被加工工件的影响越小。因此,实际加工中使用的机床在满足成形运动速度要求的条件下,从减小加工误差的角度考虑,尽量采用

降速传动链,使末端传动副采用大降速比,以实现提高加工精度的目的。

综之,为了减少机床传动误差对加工精度的影响,可采取以下措施:

① 采用降速传动链,使末端传动副采用大降速比。

② 减少传动链中的元件数,缩短传动链。

③ 提高末端传动元件的制造精度和装配精度。

④ 采用误差校正机构或自动补偿系统。图6.23 所示的传动链中增加了一个机构,使其产

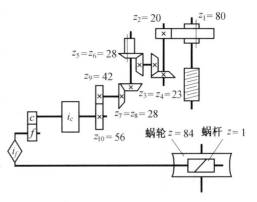

图 6.22 Y3180E 滚齿机的滚切传动链

生一个与原传动链产生的传动误差大小相等、方向相反的误差,以抵消传动链本身的误差。在此,传动链误差的准确测量是采用此措施的关键。

(4) 夹具误差与装夹误差

夹具误差包括制造误差和磨损造成的误差,将会影响工件的加工精度。图 6.24 所示的钻床夹具中,钻套轴线 e 至夹具定位面 c 间的距离误差,会影响工件孔 a 至端面 b 尺寸 L 的精度;钻套轴线 e 与夹具定位心轴轴线之间的垂直度误差,会影响工件孔轴线 a 与工件定位长孔之间的垂直度;夹具定位面 c 与夹具体底面 d 的垂直度误差,会影响工件孔轴线 a 与端面 b 间的尺寸精度和平行度;钻套孔的直径误差亦将影响工件孔 a 至端面 b 的尺寸精度和平行度。

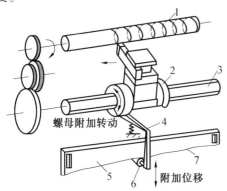

图 6.23 丝杠加工误差补偿装置

1— 工件;2— 螺母;3— 母丝杠;4— 杠杆;
5— 校正尺;6— 触头;7— 校正曲线

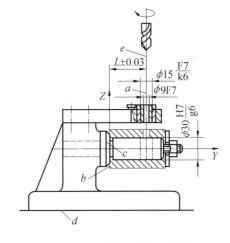

图 6.24 工件在夹具中装夹

夹具磨损将使夹具误差增大,使工件的加工误差也相应增大。为了保证工件的加工精度,除了严格保证夹具的制造精度外,必须提高夹具易磨损件(如钻套、定位销等)的耐磨性。磨损到一定限度须及时更换。

装夹误差及其影响因素已在第 5 章进行了分析,不再赘述。

(5) 刀具及其调整误差

刀具的尺寸、几何形状和相互位置误差会使工件产生加工误差。刀具误差对加工精度的

影响随刀具种类的不同而异。当采用定尺寸刀具(如钻头、铰刀、键槽铣刀、拉刀等)加工时，刀具制造不准确和刀具磨损会带来加工误差，刀具的尺寸精度将直接影响工件的加工精度。采用成形刀具(如成形铣刀与车刀、成形砂轮等)加工，刀刃的几何形状和尺寸有制造误差及刀具安装位置不正确，都会造成加工表面的几何形状误差或尺寸误差。用展成法加工时，刀刃的几何形状和尺寸因制造或重磨有误差，同样会产生加工误差。刀具安装调整不正确，也会产生加工表面的几何形状误差。采用调整法加工时，刀尖与工件的相互位置调整不准确产生的刀具调整误差，会直接造成加工的尺寸误差。

精密切削时，精密刃磨获得足够的刀具锋利度至关重要。由切削原理知，刀具切削刃钝圆半径直接影响微量切削的效果。采用钝圆半径小的刀具材料，并对其进行精细研磨，提高淬火硬度，均有利于实现微薄切削，从而获得高尺寸精度。对于精密磨削加工，除选择适当的磨料、粒度和硬度的砂轮外，砂轮的精细修整也很重要。在分度转位加工时，还应注意减少分度误差对加工精度的影响。

6.2.3　机械加工过程因素的影响与控制

在机械加工过程中，工艺系统可能受到力、热、磨损及工件或某些零部件残余应力重新分布引起变形的影响，从而影响加工精度。本节主要分析工艺系统受力变形和受热变形情况。

1.工艺系统受力变形的影响与控制

(1)工艺系统刚度及其对加工精度的影响

工艺系统在加工过程中由于切削力、夹紧力、传动力、重力、惯性力等外力作用会产生变形而破坏已调整好的刀具和工件间的相对位置，造成它们之间的相对位移。同时工艺系统各环节相互连接处，由于存在间隙等原因还会产生相对位移。这两部分位移总称为工艺系统变形位移。变形位移必然会破坏刀具切削刃与工件表面间已调整好的位置，使工件产生加工误差。图6.25所示车床上采用前后顶尖支承车削细长轴，由于工件受法向切削力作用产生轴线弯曲变形，加工后变形恢复将出现中间大、两头小的鼓形误差。图6.26所示为内圆磨床磨孔时，由于砂轮轴的受力变形，使磨出的孔出现锥度误差。

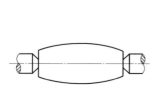
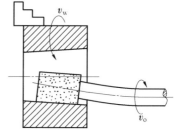

图6.25　细长轴加工时工件受力变形　　　　图6.26　磨削内孔时砂轮轴的变形

①工艺系统刚度。工艺系统在外力作用下产生变形的大小与其抵抗外力变形的能力有关，这种能力称为工艺系统刚度。

工艺系统是由机床、夹具、刀具和工件等多个环节组成，各部在切削加工过程中，由于受到各种外力作用，会产生不同程度的变形，使刀具和工件的相对位置发生变化，从而产生加工误差。

为充分反映工艺系统刚度对加工精度的影响,现将工艺系统刚度用加工误差敏感方向上所受外力 F_n 与变形量(或位移量)Δ_n 之比值来表示,即

$$K_s = \frac{F_n}{\Delta_n} \ (\text{N/mm})\tag{6.12}$$

要注意,系统在加工误差敏感方向上的变形 Δ_n 是系统在各种力作用下的综合反映。

② 工艺系统受力变形对加工精度的影响。现以车床两顶尖间加工光轴为例进行分析,如图 6.27 所示,工艺系统受力变形对加工精度的影响存在下列几种情况:

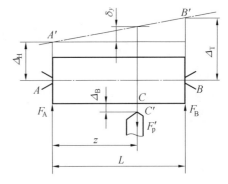

i.机床刚度影响。假定机床床身刚度及工件和刀具的刚度很大,受力后变形忽略不计,则机床总变形将是机床的床头箱、床尾及刀架等部件变形的综合反映。

当刀尖切至如图 6.27 所示位置(与床头顶

图 6.27　工艺系统变形随受力点变化规律

尖距离为 z)时,在切削力作用下,床头顶尖由 A 移至 A',尾座顶尖由 B 移至 B',刀尖由 C 移至 C',位移分别为 Δ_H、Δ_T、Δ_B。此时,工件轴线由原来 AB 位置移至 $A'B'$,在切削点处刀尖相对于工件轴线的位移 Δ_z 为

$$\Delta_z = \Delta_H + \Delta_y + \Delta_B\tag{6.13}$$

由于 $\Delta_y = (\Delta_T - \Delta_H)\dfrac{z}{L}$,所以

$$\Delta_z = \Delta_H + (\Delta_T - \Delta_H)\frac{z}{L} + \Delta_B\tag{6.14}$$

设 F_A、F_B 为 F_p 所引起的床头顶尖和尾座顶尖处的作用力,则

$$F_A = \frac{F_p(L - z)}{L} \qquad F_B = \frac{F_p z}{L}$$

又 $\Delta_H = \dfrac{F_A}{K_H}$,$\Delta_T = \dfrac{F_B}{K_T}$,$\Delta_B = \dfrac{F_p}{K_B}$,代入式(6.14)可得总位移 Δ_z 为

$$\Delta_z = F_p\left[\frac{1}{K_B} + \frac{1}{K_H}\left(\frac{L - z}{L}\right)^2 + \frac{1}{K_T}\left(\frac{z}{L}\right)^2\right]\tag{6.15}$$

这时,工艺系统刚度为

$$K_s = \frac{F_p}{\Delta_z} = \frac{1}{\dfrac{1}{K_B} + \dfrac{1}{K_H}\left(\dfrac{L - z}{L}\right)^2 + \dfrac{1}{K_T}\left(\dfrac{z}{L}\right)^2}\tag{6.16}$$

可见,工艺系统刚度随受力点在工件轴线方向上的位置不同而变化,使得工件在各横截面上的直径尺寸不同,从而产生了形状和尺寸误差。

加工盘类工件时,通常不用尾顶尖,工艺系统刚度可表示为

$$K_s = \frac{1}{\dfrac{1}{K_B} + \dfrac{1}{K_H}}\tag{6.17}$$

ii.工件刚度影响。加工刚度低工件,如细长轴,此时机床、刀具的受力变形可忽略不计,可认为工艺系统的变形完全取决于工件在切削分力 F_p 作用下沿误差敏感方向的变形。参照

图 6.27 中切削点的位置关系,工件变形可根据有关公式计算

$$\Delta_{\mathrm{w}} = \frac{F_{\mathrm{p}}}{3EI} \frac{(L-z)^2 z^2}{L}$$

可知,不同切削点位置工件刚度 K_w 的相应关系为

$$\frac{1}{K_{\mathrm{w}}} = \frac{(L-z)^2 z^2}{3EIL}$$

式中 E——工件材料的弹性模量,N/mm^2;

   I——工件截面惯性矩,mm^4。

可知,当 $z=0$ 和 $z=L$ 时,工件变形 $\Delta_{\mathrm{w}}=0$;当 $z=\frac{L}{2}$ 时,工件变形最大,即

$$\Delta_{\mathrm{wmax}} = \frac{F_{\mathrm{p}}L^3}{48EI}$$

综合以上两种情况,如同时考虑机床及工件变形对加工精度的影响,刀具位于不同切削位置时,刀尖相对于工件轴线的位移 Δ_z 为

$$\Delta_z = F_{\mathrm{p}}\Big[\frac{1}{K_{\mathrm{B}}} + \frac{1}{K_{\mathrm{H}}}\Big(\frac{L-z}{L}\Big)^2 + \frac{1}{K_{\mathrm{T}}}\Big(\frac{z}{L}\Big)^2 + \frac{(L-z)^2 z^2}{3EIL}\Big] \tag{6.18}$$

若忽略刀具变形,此时工艺系统的总刚度则为

$$K_{\mathrm{s}} = \frac{F_{\mathrm{p}}}{\Delta_z} = \frac{1}{\frac{1}{K_{\mathrm{B}}} + \frac{1}{K_{\mathrm{H}}}\Big(\frac{L-z}{L}\Big)^2 + \frac{1}{K_{\mathrm{T}}}\Big(\frac{z}{L}\Big)^2 + \frac{(L-z)^2 z^2}{3EIL}} \tag{6.19}$$

可见,工艺系统刚度在工件轴线方向各个位置是不同的,除受各组成部分的刚度影响外,还会随着切削过程受力点位置的变化而变化,由此将引起加工工件在各横截面上的直径尺寸发生变化,使工件产生轴向的形状误差。

iii.刀具刚度影响。一般刀具在切削力作用下所产生的变形,对加工精度影响并不显著。通常,车刀沿工件法线方向变形很小,对加工精度影响忽略不计。图 6.28 所示为用镗杆进给镗孔时的情况,镗杆可认为是一悬臂梁,镗刀处的刚度 K 与镗杆的伸出长度 L 有关,为

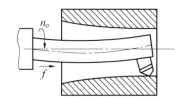

$$K = \frac{3EI}{L^3}$$

图 6.28   刀杆变形对加工精度的影响

可以看出,随着镗杆的伸长,刚度急剧下降,加工后孔为喇叭形。因此,在这种情况下镗削精度较高的孔时,除尽量加粗镗杆外,还可用镗模或用镗床后立柱上的导套来支承镗杆缩短悬臂长度,从而增加刚度。

(2) 切削力变化对加工精度的影响

切削过程中,毛坯余量和材料硬度的变化将会引起切削力变化,工艺系统受力变形也相应变化,刀具相对于工件的位置发生变化,因而产生工件的尺寸误差和形状误差。例如,圆柱毛坯的截面形状是图 6.29 所示的椭圆形,且车削前将车刀调整至图中双点划线位置,然后进行加工。由于工艺系统刚度有限,在工件的每转中,由于毛坯的形状误差使得背吃刀量 a_{p} 在不断变化,背吃刀量大时切削力大,变形也大;背吃刀量小时切削力小,变形也小。这样,车

削过程中刀尖受切削力影响将会移至图中工件
外形的实线位置,所以加工后工件仍然呈椭圆
形状。这种将加工前毛坯误差 Δ_B 以类似的形状
反映到加工后工件上造成加工误差 Δ_W 的现象
称为误差复映。

由图知

$$\Delta_B = a_{p1} - a_{p2}$$

为表达方便,背向力 F_p 可写为

$$F_p = \lambda F_c$$

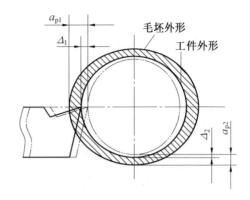

图 6.29   误差复映现象

式中 λ—— 背向力与主切削力的比值,在此
取 $\lambda = 0.75$。

(因为 λ 与刀具几何参数、刀具的刃磨与磨损、切削用量及切削液等情况有关,如车削中
碳钢常取 $\gamma_o = 15°, \lambda_s = -6°, \kappa_r = 75°$,其他条件均固定,查表 4.5 可得 $\lambda = \dfrac{0.62}{0.92} \times \dfrac{0.85}{0.95} \times$
$\dfrac{1.25}{1.0} = 0.75$。)

因为外圆车削时

$$x_{F_p} \approx 1.0$$

所以 1 点和 2 点处的切削力 F_p 可分别写成指数形式

$$F_{P_1} = \lambda F_{c_1} = \lambda C_{F_c} a_{p_1} f^{y_{F_c}}$$

$$F_{P_2} = \lambda F_{c_2} = \lambda C_{F_c} a_{p_2} f^{y_{F_c}}$$

则引起的工艺系统变形分别写成

$$\Delta_1 = \frac{F_{P_1}}{K_s} = \frac{\lambda C_{F_c} f^{y_{F_c}}}{K_S} a_{p_1}$$

$$\Delta_2 = \frac{F_{P_2}}{K_s} = \frac{\lambda C_{F_c} f^{y_{F_c}}}{K_s} a_{p_2}$$

$$\Delta_W = \Delta_1 - \Delta_2 = \frac{\lambda C_{F_c} f^{y_{F_c}}}{K_s}(a_{p1} - a_{p2}) = \frac{\lambda C_{F_c} f^{y_{F_c}}}{K_s} \Delta_B \tag{6.20}$$

$$\varepsilon = \frac{\Delta_W}{\Delta_B} = \frac{\lambda C_{F_c} f^{y_{F_c}}}{K_s} \tag{6.21}$$

ε 称为误差复映系数,它定量地反映了毛坯误差经该工艺系统加工后减小的程度。由式
(6.21) 可知,误差复映系数与工艺系统刚度成反比,即工艺系统刚度越大,复映在工件上的
误差越小;也可通过减小进给量的方法来减小误差复映。在成批或大量生产中用调整法加工
一批工件时,毛坯尺寸的不一致将由于误差复映的作用造成加工后该批工件尺寸的分散。

一般地说,复映系数 ε 是小于 1 的,表明工艺系统对于毛坯误差有一定的修正能力。若
某一工件表面分为几道工序或几次走刀加工,且每道工序或每次走刀的复映系数分别为
$\varepsilon_1, \varepsilon_2, \varepsilon_3, \cdots, \varepsilon_n$,则总的误差复映系数为它们的乘积。对于毛坯误差较大的工件,就可依此
使加工误差逐步降低到允许范围内了。

（3）惯性力变化引起的加工误差

由于结构原因,有些夹具或工件可能在加工过程中由于旋转不平衡而产生离心力,它对加工精度的影响是很大的。由于离心力在一转中不断地改变方向,因此,在 x 方向上的分力有时和背向力 F_p 方向相同,有时则相反,从而引起工艺系统某些环节受力变形发生变化,造成加工误差。当离心力和背向力同向时,工件被推离刀具,增加了实际切深;反向时,工件被推向刀具,减小了实际切深。总的结果使工件产生圆度误差,如图 6.30 所示。

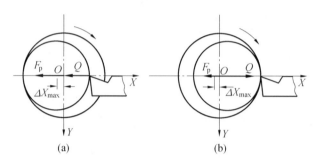

(a)　　　　　　　(b)

图 6.30　惯性力变化引起的加工误差

$$R_{pmax} = F_p + Q; \quad R_{pmin} = F_p - Q$$

式中　　R_p——合力;

Q——离心力。

由于交变力 R_p 的作用产生的变形 ΔX 为

$$\Delta X = \frac{R_p}{K_p} = \frac{F_p \pm Q}{K_p} = \frac{F_p \pm \dfrac{W}{g}\rho\omega^2}{K_p}$$

故工件径向产生的加工误差为

$$\Delta X_{max} - \Delta X_{min} = \frac{F_p + \dfrac{W}{g}\rho\omega^2}{K_p} - \frac{F_p - \dfrac{W}{g}\rho\omega^2}{K_p} = \frac{2\dfrac{W}{g}\rho\omega^2}{K_p} \tag{6.22}$$

式中　　W——不平衡质量;

ρ——不平衡质量至旋转中心的距离;

ω——角速度;

g——重力加速度。

可看出,转速越高,离心力越大,加工误差越大。为消除惯性力对加工精度的影响,可采用"配重平衡"的方法,必要时,还应降低转速。

（4）提高工艺系统刚度的措施

① 提高工件加工时的刚度。对于刚性较差工件,夹紧力引起加工误差不容忽视,要采取措施提高工件加工时的刚度。应根据结构特点,尽量采用有利于减少加工中工件受力变形的装夹方案,控制工件变形,减少加工误差。

例如在三爪卡盘上装夹薄壁套筒工件 1 进行镗孔,夹紧后套筒孔产生弹性变形,虽然该孔镗削时是圆形,但松开卡盘后,套筒弹性变形恢复使孔呈三棱圆形(图 6.31(a))。夹紧变形引起的工件形状误差不仅取决于夹紧力的大小,且与夹紧力的作用点及分布有关。为了减少套筒因夹紧变形造成的加工误差,可采用开口过渡环 2(图 6.31(b))或圆弧面卡爪 3(图

6.31(c))均匀夹紧等方法,使夹紧力均匀分布。

加工细长轴类工件时,可采用中心架、跟刀架或前后支承架等方法,或采用大进给反向切削(向尾座方向)的方法,改善工件受力状态,达到减少工件弯曲变形的目的。

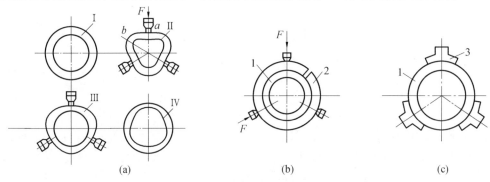

图 6.31　夹紧变形引起的加工误差
Ⅰ—毛坯;Ⅱ—夹紧后;Ⅲ—镗孔后;Ⅳ—松开后

② 提高刀具切削时的刚度。合理选择刀具材料,增大前角和主偏角,对工件进行合理的热处理改善加工性能等,都可使切削力减小,间接地增大工艺系统刚度,减小工艺系统受力变形。对于刀具刚度较差的钻孔和镗孔加工,可采用钻套和镗套等辅助支承及具有对称切削刃的刀具提高刀具切削时的刚度。

③ 提高机床和夹具的刚度。在设计机床和夹具时,要合理设计各零件结构和断面形状,避免由于个别零件刚度不足使整体刚度下降影响加工,同时,还要注意刚度平衡,防止有局部低刚度环节出现。对于一些支承零件,如机床床身、立柱、横梁和夹具体等,它们的静刚度对整个工艺系统刚度影响较大,为提高其刚度,除适当增加截面积外,必须改进结构和截面形状,尽可能减轻质量,如采用空心截面、加大空心结构尺寸、减小壁厚(图 6.32)。在设计大型零件时,应尽量使截面封闭,这样可得较大刚度。此外,在适当部位处增添加强筋和隔板,也能取得良好效果。图 6.33 六角车床增加辅助支撑也是提高刚度的有效方法。

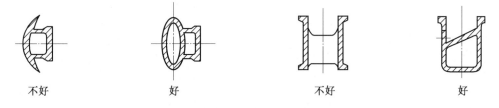

不好　　　　　好　　　　　不好　　　　　好

图 6.32　零件结构刚度比较

在机床设计中尽量减少连接面数,尽量提高相关配合面的形状精度、减小表面粗糙度、增大接触面积、减少接触变形。因部件刚度大大低于同外形的零件刚度,所以提高接触刚度是提高工艺系统刚度的关键,特别是对机床设备。为此,提高机床导轨的刮研质量、提高顶尖锥体和主轴及尾座套筒锥孔的接触质量、多次修研中心孔等都是提高接触刚度的措施。

此外,采用预加载荷,使机床或夹具的有关零件在装配时产生预紧力,以消除配合面间的间隙,增加实际接触面积,提高接触刚度。通常在机床主轴组件中的滚动轴承都采用预紧装置。

图 6.34 所示为大型立式车床横梁及刀架自重引起的横梁导轨变形,它影响刀架垂直进

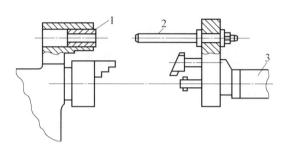

图6.33 六角车床增加辅助支撑提高刚度

1— 支撑座;2— 加强杆;3— 刀架

给的准确性,造成工件几何形状误差。采用如图6.35所示方法,刀架重量主要由在附加横梁
2上运动的小车1承担,可使横梁导轨3不因刀架重量发生受力变形而具有高的导轨精度,
附加横梁2的变形对加工精度没有影响,从而大大减少加工误差。

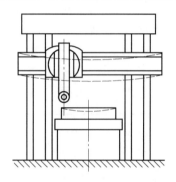

图6.34 龙门机床横梁变形造成工件加工误差

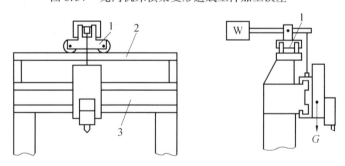

图6.35 龙门机床横梁重力转移

1— 小车;2— 附加横梁;3— 横梁

2.工艺系统热变形的影响及控制

（1）工艺系统热源

机械加工过程中常有大量热传入工艺系统,使之产生复杂变形,破坏工件与刀具相对运
动的准确性,引起加工误差。工艺系统热变形对加工精度的影响很大。据统计,精密加工中,
由热变形引起的加工误差约占总误差的40% ～ 70%,热变形不仅严重降低加工精度,而且
影响生产效率。因此,工艺系统热变形已成为机械加工技术进一步发展的重要研究课题。传
入工艺系统的热源分为内部热源和外部热源两类。

①内部热源。机床消耗功率中,约有30% ～ 70% 转变为热,主要是切削热和传动过程中

的摩擦热,如图 6.36 所示。

内部热源包括切削热源和来自于机械、液压及电器的热源。切削过程中的切削热要通过刀具、工件、切屑及周围介质传导出去,但不同加工方式传入各部分的比例大不相同。如车削时,50% ~ 86% 的热量由切屑带走,传给刀具和工件的热量并不多。钻削和卧式镗削时,因有大量切屑留在工件孔内,故传给工件的热量较高(约占 50% 以上)。磨削时,传给工件的热量就更多了,约占 80% 左右。由此可见,切削热是引起工艺系统热变形的主要热源。传动过程中轴承副、齿轮副、离合器、导轨副等的摩擦热及动力源(如电机、液压系统)能量损耗的发热等,也将引起机床热变形,其中摩擦热是主要热源。

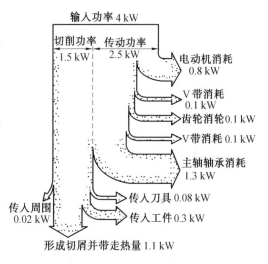

图 6.36 车床消耗功率分配

② 外部热源。外部热源是指以热辐射和热传导方式由外界环境传给系统的热源。它来自周围环境,通过空气对流及日光、灯光、加热器等产生的辐射热,有些情况对机床热变形也有很大影响。例如加工精密大齿轮,需几昼夜连续加工才能完成,由于昼夜温差大,结果使齿面产生波纹度。当机床导轨顶面或侧面受到阳光照射时,也会使导轨顶部凸起或扭曲。

(2) 工艺系统热变形对加工精度的影响

① 机床热变形的影响。切削过程中,机床在热源影响下,各部分温度将发生变化,由于热源分布不均匀及机床结构和工作条件的复杂性,产生机床热变形的形式是多种多样的。机床热变形对加工精度的影响,主要是指主轴部件、床身、导轨及两者相对位置等的热变形对加工精度的影响。如车床热变形的热源主要是主轴轴承的摩擦热和主轴箱中油池发热,它们使主轴箱及床身局部温度升高,变形情况如图 6.37 所示。温升使主轴抬高和倾斜,油池的温升通过箱底传到床身,使床身上下面产生温差,造成床身弯曲而中凸,并进一步使主轴抬高和倾斜。

铣、镗床热变形的热源也是主轴箱发热,除了使主轴箱变形外,还将使立柱倾斜,使主轴对机床工作台产生位移和倾斜,如图 6.38 所示。

机床各部件的热变形不同程度地破坏了加工系统原有的精度,由此造成了加工误差。

② 工件热变形的影响。切削过程中工件的热变形主要来自切削热、精密工件及某些大型工件,还会因周围环境温度的变化和局部受到日光等热源的辐射热产生热变形。

不同的加工方法使工件产生的热变形情况也不同。如车削时,传给工件的热量少(约 10%),工件的热变形也就小;钻孔时,因传给工件热量多(约 50%),则工件的热变形大。此外,工件热变形还会因受热体积(尺寸)不同而不同,如薄壁件和实心件,即使是同样的热量,温升和热变形也是不同的。

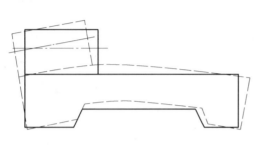

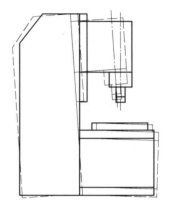

图 6.37　车床受热变形　　　　　图 6.38　立式铣床受热变形

从工件的受热情况看,均匀受热与不均匀受热,两者引起的变形情况也不同。

i.均匀受热引起的变形。车削外圆时,设测得的工件温升为 Δt,热伸长量(直径上和长度上)可按式(6.23)计算

$$\Delta L = \alpha L \Delta t \tag{6.23}$$

式中　　α———工件材料热膨胀系数,钢材为 12×10^{-6},铸铁为 11×10^{-6};

　　　　L———工件热变形方向的尺寸。

一般情况下,工件热变形对加工精度的影响主要表现在精加工中,尤其是长而精度要求较高的工件。如磨削丝杠,若丝杠长 3 m,磨一次温度升高约 3 ℃,丝杠的伸长量为 $\Delta L = 3\ 000 \times 12 \times 10^{-6} \times 3 = 0.1$ mm,而机床常用 6 级丝杠的螺距累积误差全长上不允许超过 0.02 mm,可见热变形影响的严重性。

ii.不均匀受热引起的变形。刨削或磨削平面时,工件单面受热,上下表面会因温差而变形,冷却后造成几何形状误差。图 6.39 中工件长度为 L,厚度为 S,受热上下表面温差为 $\Delta t = t_1 - t_2$,工件变形成上凸。如以 Δf 表示工件中点的变形量,因中心角 φ 甚小,故可认为中性层弦长近似为原长 L,于是有

$$\Delta f = \frac{L}{2}\tan\frac{\varphi}{4} \approx \frac{L}{2}\cdot\frac{\varphi}{4} = \frac{L\varphi}{8} \tag{6.24}$$

可得　　　　　　　　$(R + S) - R\varphi = \alpha\Delta t L(R$ 为圆弧半径)

所以　　　　　　　　　　　$\Delta f = \alpha\Delta t\frac{L^2}{8S} \tag{6.25}$

可见,热变形 Δf 随 L 的增大急剧增大。因为 L、S 均为不变量,故若减小 Δf,必须减小 Δt,即减少传入的切削热。

③ 刀具热变形的影响。使刀具产生热变形的热源也是切削热,尽管传给刀具的热量占总热量的百分比很小,但因刀具体积小、热容量小,因此刀具会热到很高温度。

图 6.40 中是车刀热伸长量 Δ 与切削时间 t 的关系,其中 A 是车刀连续切削时的热伸长曲线。开始时刀具的温升和热伸长较快,随后趋于缓慢,最后达到热平衡(热平衡时间为 t_b)。切削停止刀具温度开始下降较快,以后逐渐减缓(见曲线 B)。曲线 C 为加工一批短小轴件的刀具伸长曲线,刀具在切削时间 t_m 内伸长至 a,装卸工件时间 t_s 内冷缩到 b,加工过程中逐渐趋于热平衡。

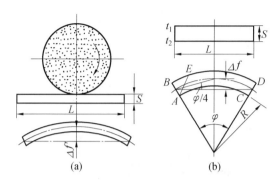

图 6.39　平面加工的热变形

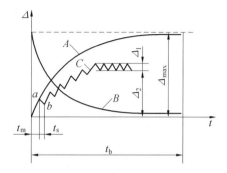

图 6.40　刀具热伸长量与切削时间的关系

加工大型工件时,刀具热变形往往造成工件的几何形状误差。如车削长轴时,可能由于刀具热伸长而加工成锥体。

(3) 工艺系统热变形的控制措施

① 减小机床热变形的影响。i.减少机床热源。用低粘度润滑油改善轴承的润滑条件,提高齿轮副的传动精度并配以油雾润滑,从而减少传动副发热,用强制式风冷增加机床内部的电机和变速系统的散热。此外,将热源分离到机床外部或移到通风较好位置,如将立式机床的主电机安装在主轴箱顶部,将液压系统置于床身外部等。

ii.使机床零部件的温升均匀化。利用机床发热来均衡机床重要部分温升较低部位,使机床处于热平衡稳定状态,热变形就会减小,如图 6.41 所示。另外注意结构对称性设计,在主轴箱内部,注意传动元件(轴、轴承及齿轮)对称安放,可有效均衡箱壁温升、减小变形。

iii.采取隔热措施。在发热部件和重要大件之间加装隔热材料,以阻隔热辐射和热对流的热交换对支撑大件的加热,可以较好的减小机床热变形,如图 6.42 所示。

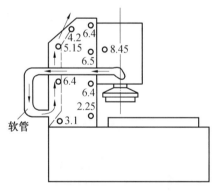

图 6.41　均衡机床立柱温度场

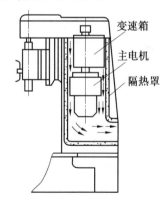

图 6.42　采取隔热罩减少热变形

iv.改进工艺措施。采取工艺措施减小热变形对加工的影响。例如精加工前,先让机床空转一段时间,待机床达到近于热平衡状态后再进行加工。在顺序加工一批工件的间断时间内不停车或尽量减少停车时间,以免破坏热平衡,这样可保持已调整好的位置。严格控制切削用量,减少工件发热。

v.采用恒温措施。控制环境温度变化,使机床热变形稳定。主要方法是采用恒温措施,例如磨床、坐标镗床、螺纹磨床、齿轮磨床等精密机床都要安装在恒温车间(室) 内使用,以减少环境温度变化对加工精度的影响。恒温精度根据加工精度要求而定。

ⅵ.采用热变形自动补偿系统。该方法是在加工过程中测量出热变形数值,然后采取在线修正或程序数字控制方式来补偿变形量,以保持加工精度不受影响。精密加工中心已采用这种热变形补偿系统。

② 减小工件热变形的措施。为减小工件热变形对加工精度的影响,可采取以下措施:

ⅰ.在切削区施加充分冷却液。

ⅱ.提高切削速度或进给量,使传入工件的热量减少。

ⅲ.工件精加工前使其充分冷却。

ⅳ及时刃磨刀具和修整砂轮,以免刀具和砂轮变钝产生过多的切削热。

ⅴ.采用弹性后顶尖,使得工件受热后也能自由伸缩。

③ 减小刀具热变形。减小刀具伸出长度,改善散热条件,选择刀具合理几何角度减少切削热,选择合理切削用量并使用性能好的切削液及冷却方式。

6.3 加工误差的统计分析

6.3.1 加工误差的统计性质

加工过程中影响加工误差的因素是错综复杂的,各种原始误差会造成性质不同的加工误差。按照加工一批工件时误差产生的规律,将其分为系统误差和随机误差两类。

1. 系统误差

在相同工艺条件下加工一批工件时,大小和方向不变或按一定规律变化的误差称为系统误差。前者称为常值系统误差,后者称为变值系统误差。

加工原理误差,机床、刀具、夹具的制造误差与调整误差,量具误差等均与加工时间无关,其大小和方向在一次调整中也基本不变,因此,都是常值系统误差。例如钻头直径大于规定直径 0.01 mm,则钻出孔的平均直径比规定的要大 0.01 mm。机床、刀具未达到热平衡时的热变形及刀具磨损等引起的加工误差,是随加工时间有规律变化的,故属于变值系统误差。

2. 随机误差

在相同工艺条件下加工一批工件时,大小或方向无变化规律的加工误差称为随机误差。它是工艺系统中随机因素引起的,是许多相互独立的工艺因素的随机微量变化和综合作用的结果,但它有一定的统计规律。如毛坯余量大小不一致或硬度不均匀,将引起切削力变化,工艺系统受力变形导致的加工误差就带有随机性,属于随机误差。此外,定位误差、夹紧误差、多次调整误差、残余应力引起的工件变形误差等都属于随机误差。

必须指出,对于某一具体加工误差,必须根据实际情况来判定是属于何种误差。如切削液温度对精磨工件尺寸精度的影响,当温度不定时,磨削尺寸也随着变化,此时引起的误差属于随机误差;如果采取措施,使切削液温度处于某一恒定值,则温差引起的尺寸误差就为系统误差。

6.3.2 加工误差的分布规律

研究加工误差时,常应用数理统计中一些理论分布曲线近似代替实验分布曲线,以简化误差分析过程。

1. 正态分布

采用调整法加工一批工件,首先测量出每个工件尺寸,并按照尺寸大小把整批工件分成若干组,每组中工件的尺寸处于一定范围内。同尺寸间隔的工件数称为频数,频数与该批工件总数之比称为频率。以尺寸间隔为横坐标,以频率为纵坐标,可得若干点,连接这些点可得到一条折线(图 6.43)。例如,磨削 100 根轴颈,图纸规定的轴颈尺寸为 $\phi 80^{0}_{-0.03}$ mm,磨好后逐个进行测量,并按尺寸大小分组,如规定每组的尺寸间隔为 0.002 mm,作出图 6.43 所示的折线。可以看出,一部分工件超出了公差范围(斜剖线部分)成了废品,这批工件的尺寸分散范围为 0.022 mm,小于公差带 0.03 mm,如通过调整刀具将尺寸分散范围中心左移 0.014 mm 到公差中点,工件就全部合格了。

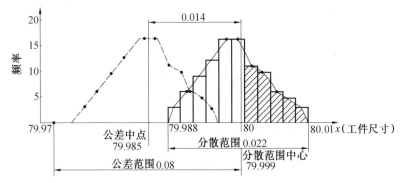

图 6.43 零件尺寸实际分布曲线图

若所取工件数增多,尺寸间隔取小,所作连线非常接近于曲线。不同的加工条件,统计作图为不同形状曲线,但都呈现出正态分布。实践表明,正常条件下加工一批工件,尺寸分布情况常和上述曲线相似,符合数理统计中的正态分布。

概率论已经证明,相互独立的大量微小随机变量,其总和的分布符合正态分布。大量实验表明,用调整法加工一批工件,当不存在明显的变值系统误差时,加工后工件尺寸近似于正态分布。正态分布曲线如图 6.44 所示。

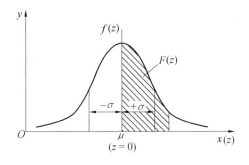

图 6.44 正态分布曲线

2. 偏态分布

当工艺系统存在显著热变形时,由于热变形在开始阶段较快,以后逐渐减弱,直至达到热平衡状态,在这种情况下分布曲线呈不对称状态。又如用试切法加工一批工件时,由于主观上不希望出现废品,给修复留有余地,孔加工时宁小勿大,外圆加工时宁大勿小,这种人为因素会造成加工孔类工件尺寸偏小的多、轴类工件尺寸偏大的多,从而使尺寸分布呈不对称偏态,如图 6.45(a) 所示。

3.平顶分布

当刀具或砂轮磨损显著时,所得一批工件的尺寸分布如图 6.45(b) 所示。工件尺寸在一段时间内呈正态分布曲线,但随着刀具或砂轮的磨损,尺寸分布曲线的平均尺寸产生了变化,整批工件的尺寸呈平顶形分布曲线。

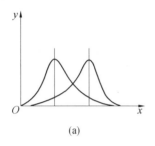 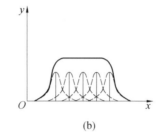 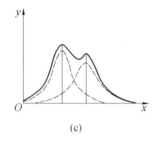

(a)　　　　　　　　　(b)　　　　　　　　　(c)

图 6.45　加工误差非正态分布

4.双峰分布

在同一条件下加工一批工件,尺寸分布一般属于正态分布曲线。但如果将分别在两次调整条件下加工的工件混在一起,尽管每次调整加工的工件尺寸分布呈正态分布曲线,由于两次调整的平均尺寸及工件数可能不同,于是尺寸分布曲线可能呈图 6.45(c) 所示的双峰曲线。

6.3.3　加工误差的统计分析方法

前面对影响加工精度的各种因素进行了分析,但这属于单因素分析方法。实际生产中加工精度的影响是多因素的、错综复杂的。生产中常采用数理统计方法,即通过对一批工件进行检查测量,将测得数据进行处理分析,从中找出加工误差的规律及产生的原因,提出解决问题的办法,这就是加工误差统计分析法。常用的统计分析法有分布图分析法和点图分析法两种。

1.分布图分析法

研究加工误差时,常用数理统计学中一些"理论分布曲线"近似代替实际分布曲线,从而较方便地研究加工精度问题。正态分布曲线则是最为广泛应用的理论分布曲线。

(1)理论分布曲线

正态分布曲线如图 6.46 所示,其方程式为

$$y = \frac{1}{\sigma \sqrt{2\pi}} e^{\frac{-(x-\bar{x})^2}{2\sigma^2}} \qquad (6.26)$$

当采用正态分布曲线代替实际分布曲线时,上述方程式各个参数分别为

x——工件尺寸;

$\bar{x}$——工件平均尺寸(算术平均尺寸)即

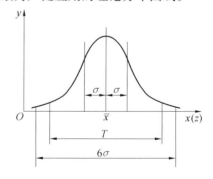

图 6.46　正态分布曲线

$$\overline{x} = \frac{x_1 + x_2 + x_3 + \cdots\cdots + x_n}{n} = \frac{\sum\limits_{i=1}^{n} x_i}{n} \tag{6.27}$$

式中　　x_i —— 第 i 个工件尺寸；

　　　　σ —— 均方根误差(标准差)，是表示尺寸分散状况的指标，其值为

$$\sigma = \sqrt{\sum_{i=1}^{n} (x_i - \overline{x})^2 / n} \tag{6.28}$$

　　　　n —— 样本工件总数。

正态分布曲线具有以下特点：

① 算术平均尺寸 $\overline{x}$ 决定了正态分布曲线的中心位置。$\overline{x}$ 不同，即一批尺寸分散范围相同的工件分散的尺寸段不同，但左右是对称的。为研究方便，把纵坐标移至 $\overline{x}$ 位置，即 $\overline{x} = 0$，如图 6.47 所示，此时正态分布曲线方程式为

$$y = \frac{1}{\sigma\sqrt{2\pi}} e^{-\frac{x^2}{2\sigma^2}} \tag{6.29}$$

式中　　e —— 自然对数(e = 2.718 3)。

② 均方根误差 σ 是决定曲线形状的参数。由图 6.48 所示的曲线可看出：当 $x = \overline{x} = 0$ 时，出现的概率最大，这时 $y_{max} = \dfrac{1}{\sigma\sqrt{2\pi}}$。

说明 σ 越大，y_{max} 越小，即曲线越矮胖，因为曲线与横坐标所包围的面积，即全部工件出现的概率是常数。相反，σ 越小，y_{max} 越大，曲线越瘦高，如图 6.48 所示。σ 的物理意义在于它表明了一批工件精密度的高低。

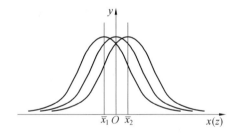

图 6.47　不同 $\overline{x}$ 值的分布曲线 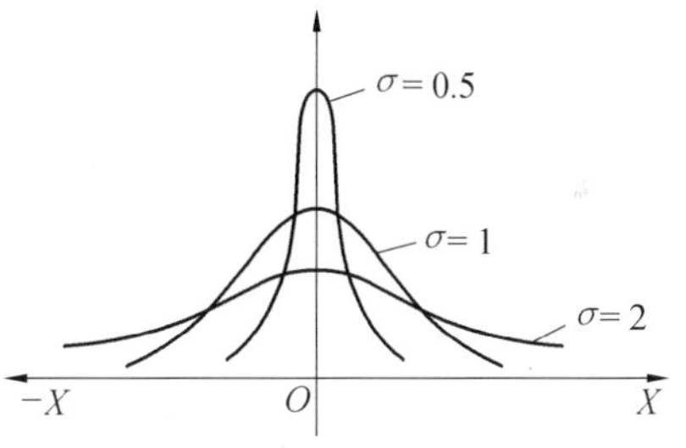　　　　图 6.48　不同 σ 值的正态分布曲线

③ 正态分布曲线与横坐标轴没有交点。只有当 $x = \pm\infty$ 时，$y = 0$，实际上工件尺寸分布是有一定范围的，故 y 不可能为零。

④ 任一尺寸范围的工件出现的概率，即是由横坐标上任意两点作铅垂线与分布曲线相交所围部分的面积。

图 6.49 中阴影部分面积 $\Delta F = y\Delta x$，即包围在分布曲线与横坐标之间全面积，等于各小条面积之和，即代表一批工件的全部，其面积等于 1。

(2) 分布曲线的计算

也可只计算分布曲线与横坐标之间某一部分面积，以确定在某段尺寸范围内工件出现的概率。如图 6.50 所示阴影部分的面积 F_1 的计算式为

$$F_1 = \int_0^{x_1} y\,dx = \frac{1}{\sigma\sqrt{2\pi}} \int_0^{x_1} e^{-\frac{x^2}{2\sigma^2}}\,dx \tag{6.30}$$

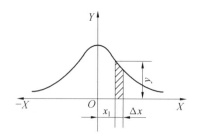

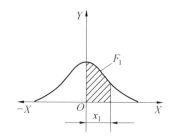

图 6.49　零件在 Δx 尺寸范围出现概率　　　　图 6.50　零件在 x_1 尺寸范围出现概率

对同一曲线, x 不同,面积就不同。x 越大,包围的面积就越大,即所包含的工件数越多。对于不同曲线(σ 值不同),虽 x 值相同,但同一尺寸范围内的面积大小是不同的,因此,面积 F 可看成是 x/σ 的函数。

设 $\dfrac{x}{\sigma} = z$,则

$$F = \phi(z) = \frac{1}{\sqrt{2\pi}}\int_0^z e^{-\frac{z^2}{2}}\mathrm{d}z \tag{6.31}$$

z 的函数 $\phi(z)$ 见表 6.2。

表 6.2　$\phi(z)$ 值

z	$\phi(z)$	z	$\phi(z)$	z	$\phi(z)$	z	$\phi(z)$
0.0	0.000 0	0.80	0.288 1	1.80	0.464 1	2.80	0.497 4
0.05	0.019 9	0.90	0.315 9	1.90	0.471 3	2.90	0.498 1
0.10	0.039 8	1.00	0.341 3	2.00	0.477 2	3.00	0.498 65
0.15	0.059 6	1.10	0.364 3	2.10	0.482 1	3.20	0.499 31
0.20	0.079 3	1.20	0.384 9	2.20	0.486 1	3.40	0.499 66
0.30	0.117 9	1.30	0.403 2	2.30	0.489 3	3.60	0.499 841
0.40	0.155 4	1.40	0.419 2	2.40	0.491 8	3.80	0.499 928
0.50	0.191 5	1.50	0.433 2	2.50	0.493 8	4.00	0.499 968
0.60	0.225 7	1.60	0.445 2	2.60	0.495 3	4.50	0.499 997
0.70	0.258 0	1.70	0.455 4	2.70	0.496 5		

可知:当 $z = 3$,即 $x = \pm 3\sigma$ 时,$2\phi(z) = 0.997\,3$。也就是说,在 $x = \pm 3\sigma$ 范围内,差不多包括了该批工件的全部。所以一般情况下,应使所选择加工方法的标准差 σ 与公差带 T 之间具有以下关系

$$6\sigma \leqslant T$$

(3) 分布图法的应用

① 计算合格率和废品率。利用分布曲线,可对一批加工后工件进行合格率和废品率的计算。

【例 6.1】　已知一批工件加工后测得 $\sigma = 0.005$ mm,如公差带 $T = 0.02$ mm 且对称于尺寸分散范围中心,求此时工件的废品率。

解　由题知,$x = 0.01$ mm,则 $z = \dfrac{x}{\sigma} = \dfrac{0.01}{0.005} = 2$

查表 6.2,当 $z = 2$ 时,$2\phi(z) = 0.954\,4$

故此时的废品率为:$1 - 2\phi(z) = 1 - 0.954\,4 = 4.6\%$

【例 6.2】 车一批轴的外圆尺寸为 $\phi 20_{-0.1}^{0}$ mm,根据测量结果,此工序的尺寸按正态分布,$\sigma = 0.025$ mm,曲线的顶峰位置尺寸大于公差带中点尺寸 0.03 mm。试求这批工件的合格率和废品率。

解 作尺寸分布图 6.51,合格率可由 A 和 B 两部分计算,

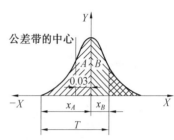

$$z_A = \frac{x_A}{\sigma} = \frac{0.5T + 0.03}{\sigma} = \frac{0.5 \times 0.1 + 0.03}{0.025} = 3.2$$

$$z_B = \frac{x_B}{\sigma} = \frac{0.5T - 0.03}{\sigma} = \frac{0.5 \times 0.1 - 0.03}{0.025} = 0.8$$

查表 6.2,当 $z_A = 3.2$,则 $\phi(z_A) = 0.499\,31$

$z_B = 0.8$,则 $\phi(z_B) = 0.288\,1$,故

图 6.51　轴径尺寸分布图

合格率为:$(0.499\,31 + 0.288\,1) \times 100\% = 78.741\%$

废品率为:$(0.5 - 0.288\,1) \times 100\% = 21.2\%$

另由图 6.51 可知,虽然有废品存在,但它们的轴径尺寸均大于工件的上限尺寸。对于外尺寸(如轴)加工,尺寸大于公差带上限的工件可以通过再加工使之成为合格件,因此这部分废品属于可修复废品。显见,对于内尺寸(如孔)加工,尺寸大于公差带上限的工件则属于不可修复废品。

② 判别加工误差性质。如果加工过程中没有变值系统误差,尺寸分布应服从正态分布,实际分布曲线与正态分布曲线基本相符。此时再根据 $\bar{x}$ 是否与公差带中心重合与否来判断是否存在常值系统误差,如果不重合说明存在常值系统误差。

③ 判断工序的工艺能力能否满足加工精度要求。所谓工艺能力是指处于控制状态的加工工艺可能加工出合格产品的能力,可用工序尺寸分散范围来表示。大多数加工工艺的尺寸分布都接近于正态分布,其分散范围为 6σ,故一般取工艺能力为 6σ。

判断工序的工艺能力是否满足加工精度要求,只需将规定的公差 T 与工艺能力 6σ 作比较,其比值称工序能力系数,用 $C_p = T/6\sigma$ 来表示。根据工序能力系数 C_p 的大小,可将工序能力分为五个等级,见表 6.3。

$C_p \geqslant 1$ 表示该工序具备了不出不合格产品的必要条件;$C_p < 1$ 则表示该工序产生不合格产品是不可避免的。一般情况下,工序能力不应低于二级,即要求 $C_p > 1$。

表 6.3　工序能力等级

工序能力系数	工序等级	说　　明
$C_p > 1.67$	特级	工序能力过高,可以允许有异常波动,不经济
$1.67 \geqslant C_p > 1.33$	一级	工序能力足够,可以允许有一定的异常波动
$1.33 \geqslant C_p > 1.00$	二级	工序能力勉强,需密切注意
$1.00 \geqslant C_p > 0.67$	三级	工序能力不足,会出现少量不合格品
$C_p \leqslant 0.67$	四级	工序能力很差,必须加以改进

④ 分析减少废品的措施。通过对尺寸分布关系的分析,为减少废品首先应该考虑的是消除系统误差。对于工序能力较差的加工工艺,应设法提高加工的精度。也可通过重新调刀,

把不可修复废品转化为可修复废品进行再加工,以减少废品率。

例如,图 6.52 所示孔加工的尺寸分布曲线情况,对于尺寸过大的工件是不可修复废品。若通过调刀将尺寸分布中心调整到小于公差带中心 0.01 mm 的位置,就不会出现不可修复废品,只有尺寸过小的有待进一步加工的可修复废品。

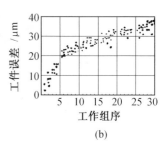

图 6.52　尺寸调整前后的不合格品率

2.点图分析法

用分布图法研究加工误差时,分布曲线所反映的是对一定样本范围内工件总体的尺寸分布情况,并不能反映样本工件加工的先后顺序。因此,这种方法不能将加工误差按照一定规律变化的系统误差和随机误差区分开,也不能在加工过程中提供控制工艺过程的资料。为克服这些不足,更利于批量生产的工艺过程质量控制,点图分析法在生产中得到了广泛应用。

(1)单值点图与平均值点图

如果按加工顺序逐个测量一批工件的尺寸,并以横坐标代表工件的加工顺序,纵坐标代表工件的尺寸误差,就可作出如图 6.53(a)所示的单值点图。

如果将一批工件依次按 m 个进行分组,并以横坐标代表分组顺序号,纵坐标代表一组工件的平均尺寸误差,作出如图 6.53(b)所示的平均值点图,则点图的长度可大大缩短,且可明显观察到尺寸分散情况。

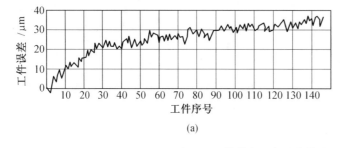

图 6.53　单值点图与平均值点图

(2)$\bar{x} - R$ 点图

为了能更直接反映出变值系统误差和随机误差随加工时间的变化趋势,生产中常采用 $\bar{x} - R$ 点图(平均值 – 极差点图)。$\bar{x} - R$ 点图是由小样本均值 $\bar{x}$ 点图和小样本极差 R 点图组成,横坐标是按时间先后采集的小样本组序号,纵坐标分别是小样本均值 $\bar{x}$ 和极差 R,如图 6.54 所示。

在 $\bar{x}$ 图上,$\bar{\bar{x}}$ 是样本平均值的均值线,UCL、LCL 是样本均值 $\bar{x}$ 的上、下控制线。在 R 点图上,$\bar{R}$ 是样本极差 R 的均值线,U_R 是样本极差的上控制线。其中

$\bar{x}$ 图中心线

$$\bar{\bar{x}} = \frac{\sum\limits_{i=1}^{k} \bar{x}_i}{k}$$

(6.32)

R 图中心线

$$\overline{R} = \frac{\sum_{i=1}^{k} \overline{R}_i}{k} \quad (6.33)$$

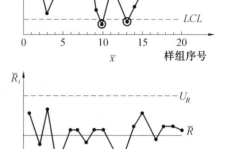

$\overline{x}$ 图上控制线

$$UCL = \overline{\overline{x}} + A\overline{R} \quad (6.34)$$

$\overline{x}$ 图下控制线

$$LCL = \overline{\overline{x}} - A\overline{R} \quad (6.35)$$

R 图上控制线

$$U_R = D\overline{R} \quad (6.36)$$

R 图的下控制线通常取为 0。

式中　　k——组数;

　　　　$\overline{x}_i$——第 i 组的平均值;

　　　　R_i——第 i 组的极差。

图 6.54　$\overline{x} - R$ 图

一般组数 k 取 4 或 5,各式中 A 和 D 的数值根据数理统计原理按表 6.4 选取。

表 6.4　A 与 D 系数值

每组个数	A	D
4	0.73	2.28
5	0.58	2.21
6	0.48	2.00

6.4　机械加工表面质量的影响因素及控制

由 6.1.1 知,机械加工表面质量包括表面粗糙度和加工变质层。要研究机械加工表面质量,有必要了解切削加工表面的形成过程。

6.4.1　切削加工表面的形成过程

3.1 节已讲述了切削层金属经过第 I、II 变形区流出形成了切屑,而经过第 III 变形区后则形成了已加工表面,但此分析是建立在理想化刀具——切削刃绝对尖锐且无磨损的基础之上的。

实际上刀具再尖锐,切削刃也会存在如图 6.55 所示的钝圆半径 r_n。r_n 值的大小主要由刀具材料的晶粒结构及刃磨质量决定,通常情况下,高速钢刀具 r_n 值为 10 ~ 18 μm,最小可达 5 μm;硬质合金刀具 r_n 值为 18 ~ 32 μm,如果刃磨合适,最小可达 3 ~ 6 μm。刀具前角 γ_o 和后角 α_o 越大、刃磨质量越好,r_n 值会越小;刀具磨损后,r_n 值会增大。

另外,在相邻刃口的后刀面部分经过切削后要磨损,会形成宽度为 VB 的窄棱面,相应部分的后角变为零度,已加工表面受到切削刃钝圆部分和后刀面挤压和摩擦,造成表层金属纤维化和加工硬化,使得第 III 变形区的变形更加复杂化。

由于刀具 r_n 的存在,刀具就不能把切削层厚度 h_D 全部切下来,会留下一薄层 h_D,即当

切削层 h_D 经过 O 点时，O 点以上部分经前刀面流出形成切屑，以下部分则在刃口的作用下产生严重的挤压和摩擦后的塑性变形，直至完全脱离后刀面，此时，O 点可以认为是切削金属的分流点。又因其新形成的已加工表面深处基体的弹性变形产生了弹性恢复 Δh，并保留在加工表面上。

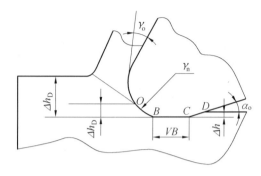

图 6.55　已加工表面形成过程

在此过程中，加工表面除了 VB 段与后刀面接触外，由于弹性恢复 Δh，又增加了 CD 段的接触，从而增大了后刀面与加工表面间的挤压摩擦，加剧了加工表面的塑性变形，引起表层纤维化和加工硬化等。

6.4.2　加工表面粗糙度

1.概述

经过切（磨）削加工后的表面总会有微观几何形状的不平度，其高度称粗糙度。粗糙度包括进给方向的粗糙度和切削（速度）方向的粗糙度（见图 6.56）。通常所说的粗糙度多指进给方向的粗糙度。

粗糙度分为理论（理想）粗糙度和实际粗糙度。

把刀具切削刃看成纯几何线时，切削刃相对于工件运动所形成表面的微观不平度称理论（理想）粗糙度，其数值取决于残留面积的高度。

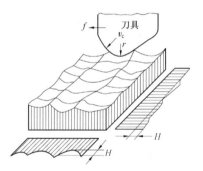

图 6.56　表面粗糙度

生产中实际粗糙度要远远大于理论粗糙度。只有高速切削塑性材料时，加工表面的实际粗糙度才比较接近理论粗糙度，因为切削过程中的积屑瘤、鳞刺及振动等因素的影响结果都会叠加在理论粗糙度之上，使得实际粗糙度加大。

2.产生的原因及控制措施

（1）切削加工表面粗糙度产生的原因及控制措施

切削加工表面的实际粗糙度可能是由理论粗糙度、积屑瘤、鳞刺、振动、刀具前后刀面及切削刃的刃磨质量、磨损情况、排屑情况、冷却润滑情况、机床工艺系统刚度等原因造成的。

① 残留面积的高度——理论粗糙度。下面以外圆车削为例研究理论粗糙度的大小及影响因素，如图 6.57 所示。

当刀尖圆弧半径 $r_\varepsilon = 0$ 时，残留面积的高度 R_Y 为

$$R_Y = \frac{f}{\cot \kappa_r + \cot \kappa_r'} \tag{6.37}$$

当刀尖圆弧半径 $r_\varepsilon \neq 0$ 时，残留面积的高度 R_Y 为

$$R_Y = \frac{f^2}{8r_\varepsilon} \tag{6.38}$$

可见,增大刀具的 r_ε,减小刀具的 κ_r、κ_r',减小 f 均可使 R_Y 减小。

通过式(6.37)、(6.38) 计算得到的理论粗糙度,还要受到切削过程中的刀具刃磨情况、积屑瘤、鳞刺、振动、切屑流动以及机床工艺系统的刚度、冷却润滑等因素的影响,使得实际测得的表面粗糙度比理论粗糙度大得多。

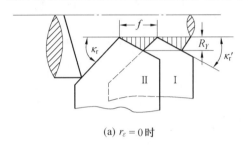
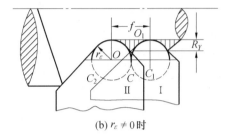

(a) $r_\varepsilon = 0$ 时　　　　　　　　　　(b) $r_\varepsilon \neq 0$ 时

图 6.57　残留面积的高度

② 积屑瘤的影响。由 3.1.5 知:

i.积屑瘤的生成－脱落可在加工表面的切削速度方向和进给方向产生深浅、宽窄不断变化的犁沟,使得加工表面变得高低不平,从而增大了表面粗糙度。

ii.积屑瘤的周期性生长－脱落使得刀具由于粘结产生了磨损,使得加工表面粗糙度加大。

③ 鳞刺的影响。由 3.1.5 知:鳞刺可在积屑瘤生长前期形成,甚至在无积屑瘤期也能形成,即可在各种速度下产生,可见对精加工表面粗糙度的影响很大。

④ 振动的影响。切削过程中如有振动产生,表面粗糙度就会加大。背向力 F_p 大、工艺系统刚度差,会引起振动,振幅越大,表面粗糙度越大。

⑤ 其他因素。主要包括刀刃是否圆滑平整、前后刀面的表面粗糙度、后刀面磨损、流屑排屑情况、冷却润滑情况等。

综上所述,可从刀具方面、工件材料方面与切削条件方面控制切削加工表面粗糙度。

① 刀具方面。

i.减小刀具的主偏角和副偏角及增大刀尖圆弧半径,可减小残留面积高度,使理论粗糙度减小。

ii.增大前角,使塑性变形减小,有利于抑制积屑瘤和鳞刺产生,减小对表面粗糙度的影响。

iii.采用宽刃刨刀或车刀及带修光刃的端铣刀,均能减小残留面积高度。

iv.提高刀具刃磨质量,减小与加工表面间的摩擦,可减小表面粗糙度。

v.控制刀具磨损和切削刃破损,特别是后刀面磨损和边界磨损,并及时换刀。

② 工件材料方面。一般认为,材料塑性越大,塑性变形越大,加工表面粗糙度就越大。切削塑性较小的材料较易达到表面粗糙度的要求,塑性大的材料可通过适当的热处理减小塑性。

③ 切削条件方面。

i.切削中碳钢时可采用减低切削速度($v_c < 5$ m/min)或提高切削速度($v_c > 30$ m/min),

以避开积屑瘤生长速度区。

ⅱ.减小进给量,可减小残留面积高度,同时还减小刀－屑接触区的法向应力,防止刀屑粘结,从而抑制积屑瘤和鳞刺的产生与生长。

ⅲ.使用性能好的切削液,减小摩擦,也可抑制积屑瘤和鳞刺的生长。

ⅳ.通过加大刀具主偏角 κ_r、减小刀尖圆弧半径 r_ε 和背吃刀量 a_p 等措施,均可减小背向力 F_p,使机床和工艺系统振动振幅减小,从而减小表面粗糙度。

(2) 磨削表面粗糙度及其控制措施

磨削表面粗糙度一般是指垂直于磨削速度方向的理论粗糙度,沿磨削速度方向的粗糙度为多刃切削的残留面积高度,可忽略不计。

此时,外圆磨削的

$$R_Y = \left(\frac{v_w}{2v_s me}\right)^{2/3}\left(\frac{R_s + R_w}{2R_s R_w}\right)^{1/3} \tag{6.39}$$

平面磨削的

$$R_Y = \left(\frac{v_w}{2v_s me}\right)^{2/3}\left(\frac{1}{2R_s}\right)^{1/3} \tag{6.40}$$

式中 v_s—— 砂轮速度,m/s;

v_w—— 工件速度,m/s;

R_s—— 砂轮半径,mm;

R_w—— 工件半径,mm;

m—— 砂轮圆周单位长度的磨粒数;

e—— 磨削宽度与磨削厚度之比,$e = B/f_a$。

控制磨削表面粗糙度 R_Y 可从砂轮方面、磨削用量方面和冷却润滑方面入手。

① 砂轮方面。

ⅰ.砂轮粒度越细,磨痕越小,R_Y 越小。但过细,磨屑会堵塞砂轮,反而加大 R_Y。

ⅱ.砂轮越硬,钝化磨粒不易脱落,会使砂轮与工件表面摩擦加剧,使 R_Y 加大。但砂轮过软,砂轮形状不易保持。

ⅲ.砂轮直径 $d_s(= 2R_s)$ 加大,会使 v_s 提高,R_Y 减小;砂轮宽度 B 加大,会使单颗磨粒最大切削厚度 h_{Dgmax} 减小($h_{Dgmax} = \frac{2v_w f_a}{v_s mB}(\frac{f_r}{d_s} + \frac{f_r}{d_w})$),使 R_Y 减小。

ⅳ.提高砂轮修整质量,会使 R_Y 减小。实践证明:砂轮修整用金刚石工具越锋利、修整导程越小、修整深度越小,修整后的磨粒微刃越细、等高性越好,故 R_Y 越小。

② 磨削用量。

ⅰ.提高砂轮速度 v_s、降低工件进给速度 v_w,即 v_s/v_w 比值增大,可使 R_Y 减小。因为 v_s 提高,切削变形减小,可使隆起凸出量减小(图 3.95)。

ⅱ.减小轴向进给量 f_a,可使 R_Y 减小。

ⅲ.减小径向进给量 f_r,可使磨削速度方向表面粗糙度 R_Y 减小。

③ 磨削液。选用冷却润滑性能好的磨削液及浇注方法,可减小摩擦、降低磨削温度,及时清除磨削区磨屑,使 R_Y 减小。

6.4.3　加工表面变质层

由 6.1.3 知,加工表面变质层包括加工表面的加工硬化和残余应力。

1.加工硬化

(1)概念

切削加工过程中产生的塑性变形,使晶格扭曲、错位、畸变,晶粒间产生滑移,晶粒被拉长等,这些都会使表层硬度增加。这种不经过热处理,由于切(磨)削加工造成的表面硬度远高于基体硬度的现象,称加工硬化。其硬度常常比基体硬度高出 1～2 倍,硬化层深度可达几十微米至几百微米。

从硬化情况观察可知,在已加工表面形成过程中,塑性变形已达到表层以下相当深度,越接近加工表面,硬化越严重。加工表面硬化程度与深度关系如图 6.58 所示。

加工表面的硬化评定参数主要以硬层深度 Δh_{d} 及表层的显微硬度 H 来表示。硬化程度 N 为

$$N = \frac{H}{H_0} \times 100\% \qquad (6.41)$$

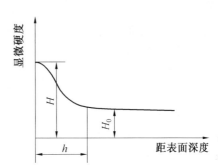

图 6.58　加工硬化与表面层深度关系

式中　H_0——材料基体硬度。

一般硬化程度 N 和硬化层深度 Δh_{d} 与工件材料、加工方法有关,见表 6.5。

表 6.5　不同加工方法表面的硬化程度 N 与硬化层深度 Δh_{d}

加工方法	硬化程度 $N/\%$		硬化层深度 $\Delta h_{\mathrm{d}}/\mu m$	
	平均值	最大值	平均值	最大值
车　削	120～150	200	30～50	200
精　车	140～180	220	20～60	
端　铣	140～160	200	40～100	200
周　铣	120～140	180	40～80	110
钻扩孔	160～170		180～200	250
拉　孔	150～200		20～75	
滚插齿	160～200		120～150	
外圆磨低碳钢	160～200	250	30～60	
磨未淬硬中碳钢	140～160	200	30～60	
平面磨	150		16～35	
研　磨	112～117		3～7	

这种硬化表面,虽然由于硬度的提高使耐磨性得到了提高,但脆性增加使冲击韧性降低,同时也为后续加工带来困难,还增加了刀具磨损,使刀具寿命减少了。

硬化程度主要取决于切削力、切削温度及塑性变形速度。当温度在 $(0.25～0.3)t_{\mathrm{R}}$(t_{R} 为熔点温度)范围内要产生再结晶,表面层硬化消失。

（2）影响因素及控制措施

① 刀具几何参数。

i. 刀具前角 γ_o 越大，切削变形越小，加工硬化程度 N 和硬化层深度 Δh_d 均减小；后角 α_o 越大，工件与后刀面的摩擦越小，加工硬化越小；切削刃钝圆半径 r_n 越小，挤压摩擦越小，硬化层深度 Δh_d 越小。

ii. 后刀面磨损 VB 加大后，与加工表面的摩擦加剧，加工硬化增大。

iii. 刀具刃磨质量好，切削变形小，挤压摩擦也小，加工硬化越小。

② 工件材料。工件材料硬度低、塑性大，加工硬化程度 N 和硬化层深度 Δh_d 越大。例如，切削软钢时，$N = 140\% \sim 200\%$。

③ 切削用量。切削速度对加工硬化的影响是力和热综合作用的结果。切削速度增大，刀具与工件的作用时间减少，使塑性变形的扩展深度减小，加工硬化减小。但切削速度增大，切削热在工件表面的作用时间也缩短了，又使加工硬化增大了。因此，应综合考虑 v_c 的影响，选择合理的 v_c。

进给量增大，切削力增大，表层金属的塑性变形加剧，加工硬化增大。但进给量太小，反会加剧刀具与加工表面间的摩擦，使加工硬化加剧。

切削深度对加工硬化的影响不大。

④ 切削条件。使用性能好的冷却润滑液可减小加工硬化。

2. 残余应力

（1）概念

当切削力的作用取消后，工件表面保持平衡而存在的应力称残余应力。残余应力有大小和方向之分。残余应力对精密零件的正常工作极为不利，压应力有时能提高零件的疲劳强度，但拉应力则会产生裂纹，使疲劳强度下降；另外，应力分布不均匀会使零件产生变形，从而影响零件的精度保持性，甚至影响正常工作。

切削加工后残余应力产生的机理，目前尚不能作定量的解释。但产生残余应力的原因可归纳为下述三种：

① 切削温度引起的热应力。切削时，由于强烈摩擦与塑性变形，使已加工表面层温度很高，而里层温度很低，因而形成不均匀的温度分布。温度高的表层，体积膨胀将受到里层金属的阻碍，使表层金属产生热应力，当热应力超过材料屈服极限时，将使表层金属产生压缩塑性变形。切削后冷却至室温时，表层金属体积的收缩又受到里层金属的牵制，故而表层金属产生残余拉应力。

② 塑性变形引起的应力。金属经塑性变形后体积将胀大，由于受到里层未变形金属的牵制，故表层呈残余压应力，里层呈残余拉应力。

已加工表面形成过程中，刃口前方的晶粒一部分随切屑流出，另一部分留在已加工表面上。晶粒在刃口分离处的水平方向受压，在垂直方向受拉。表层金属与后刀面挤压摩擦时产生拉伸塑性变形，与刀具脱离接触后，在里层金属的弹性恢复作用下，表层呈残余压应力。

③ 相变引起体积应力。切削时，若表层温度高于相变温度，则表层组织可能发生相变；由于各种金相组织的体积不同，从而产生残余应力。如高速切削碳钢时，刀具与工件表面接触区温度可达 $600 \sim 800\ ℃$，而碳钢的相变温度在 $720\ ℃$，此时表层就可能发生相变，由珠光体转变成奥氏体，冷却后又转变为马氏体。而马氏体的体积比奥氏体大，故而表层金属膨胀，

但要受到里层金属的阻碍,才使得表层金属受压,即产生压应力,里层金属受拉,即产生拉压力。当加工淬火钢时,若表层金属产生烧伤退火,马氏体转变为屈氏体或索氏体,此两种金相组织体积也比马氏体小,因而表层金属体积减小,但受到里层金属的牵制,从而表层会呈现残余拉应力。

已加工表面呈现的残余应力,是上述诸因素综合作用的结果,最终结果则由起主导作用的因素所决定。

还需指出,已加工表面不仅沿切削速度 v_c 方向会产生残余应力 σ_v,在进给方向也会产生残余应力 σ_f,但往往表现为 $\sigma_v > \sigma_f$。

切削碳钢时,无论是切削速度方向还是进给方向,一般常呈残余拉应力。

(2) 影响因素及控制措施

影响表层金属残余应力的主要因素有刀具几何参数及磨损、切削用量和工件材料等。

① 刀具几何参数。刀具几何参数中对残余应力影响最大的是刀具前角。当采用硬质合金刀具切削 45 钢时,当 γ_o 由正变为负时,表层残余拉应力逐渐减小。这是因为 γ_o 减小,r_n 增大,刀具对加工表面的挤压与摩擦作用加大,从而使残余拉应力减小;当 γ_o 为较大负值且切削用量合适时,甚至可得到残余压应力。

② 刀具磨损。后刀面磨损 VB 值增大,使后刀面与加工表面摩擦增大,切削温度升高,从而由热应力引起的残余应力的影响增强,使加工表面呈残余拉应力,同时使残余拉应力层深度加大。

③ 工件材料。工件材料塑性越大,切削加工后产生的残余拉应力越大,如工业纯铁、奥氏体不锈钢等。切削灰铸铁等脆性材料时,加工表面易产生残余压应力,原因在于后刀面挤压与摩擦使得表面产生拉伸变形,待与后刀面脱离接触后在里层的弹性恢复作用下,使得表层呈残余压应力。

④ 切削用量。切削用量三要素中的切削速度 v_c 和进给量 f 对残余应力的影响较大。因为 v_c 增加,切削温度升高,此时由切削温度引起的热应力逐渐起主导作用,故随着 v_c 增加,残余应力将增大,但残余应力层深度减小。进给量 f 增加,残余拉应力增大,压应力向里层移动。背吃刀量 a_p 对残余应力的影响不显著。

3. 磨削烧伤与裂纹及其控制措施

(1) 磨削烧伤

在磨削过程中,磨削消耗的功率绝大部分都转化为热量,传入工件的热量使加工表面温度升高,当达到金相组织相变点时,就会产生金相组织变化。对切削加工尚达不到相变温度,而对磨削加工,切除单位体积金属所消耗的能量,即磨削的比能耗,远远大于车削的比能耗,平均高达 30 倍。产生的热量多,传入工件的热量比例又较大,又集中在加工表面很小面积上,从而造成工件表面局部高温,有时可达熔化温度,引起表面金相组织变化,即磨削烧伤。

磨削烧伤在磨削表面层生成氧化膜,膜厚不同,对光的反射情况也不同,烧伤表面层可看到浅黄、黄、褐、紫、青、淡青的颜色。这些颜色即可表示烧伤的程度。由实验知,烧伤颜色与砂轮磨削点的最高温度的关系如图 6.59 所示,烧伤颜色与表面变质层深度的关系如图 6.60 所示。

磨削淬火钢时,由于磨削区温度和冷却效果的不同会产生三种磨削烧伤形式。

① 回火烧伤。工件表面温度未超过相变临界温度 A_{c3}(中碳钢为 720 ℃),但超过马氏体

转变温度(中碳钢为 300 ℃),工件表面将生成回火组织,硬度比原来回火马氏体低,称为回火烧伤。

② 淬火烧伤。工件表面温度超过相变临界温度,再加充分冷却液,表面急冷形成二次淬火马氏体,硬度高于回火马氏体,但只有几微米厚,下层由于冷却较慢出现了比回火马氏体硬度低的组织,称为淬火烧伤。

③ 退火烧伤。工件表面温度超过了相变临界温度,又无冷却液,表面硬度急剧下降被退火,称为退火烧伤。

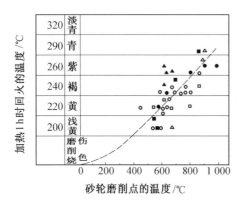

图 6.59　烧伤颜色与磨削点最高温度关系

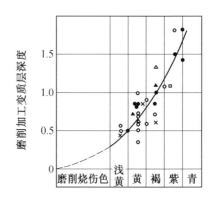

图 6.60　烧伤颜色与变质层关系

(2) 磨削裂纹

被磨削工件表面,当温度超过工件材料的相变临界温度时,金相组织发生变化,显微硬度也相应变化,并伴随产生残余应力。因为磨削温度很高,所以残余应力常常是由磨削温度引起的热应力和金相组织相变引起的体积应力占主导地位而产生,这种应力通常为拉应力,如果超过了工件材料的抗拉强度时,磨削表面就会产生裂纹,这种裂纹称为磨削裂纹。

一般情况下,磨削表面多呈残余拉应力。磨削淬火钢、渗碳钢及硬质合金工件时,常在垂直于磨削方向上产生微小龟裂,严重时发展成龟壳状微裂纹,有的不在工件外表面,而在表层下且肉眼又无法发现。裂纹方向常与磨削方向垂直或呈网状,且与烧伤同时出现,其危害是降低零件的疲劳强度,甚至出现早期断裂。

(3) 磨削烧伤与裂纹的控制措施

磨削烧伤和裂纹产生的主要原因是磨削区的高温,因此必须设法减少磨削热的产生,加速磨削热的传出。

① 合理选择磨削用量。研究结果表明,碳钢磨削区的平均温度可表示成

$$\theta \propto f_r^{0.63} v_w^{0.26} v_s^{0.24} \tag{6.42}$$

不难看出:径向进给量 f_r(或磨削深度 a_p)对 θ 的影响最大,因为 f_r 的增大会使砂轮与工件接触区增大;v_s、v_w 对 θ 的影响小于 f_r。此外,轴向进给量 f_a、工件材料的强(硬)度、塑性等的提高,均会使 θ 提高。故减小 f_r、v_s、v_w 和工件材料的强(硬)度、塑(韧)性,均可减少生热,使 θ 降低。

从加速热量传出的角度出发,应减少砂轮与工件的接触时间,提高 v_s,使得传给工件的热量会相对减少,这些均会减少磨削烧伤和裂纹。生产中采用高速超高速磨削的原因就在于此。

② 提高冷却润滑效果。采用性能好的磨削液及改进浇注方法,可采用高压大流量法,也可安装带空气挡板的喷嘴(图 6.61) 及用内冷却砂轮(图 6.62) 和开槽砂轮。

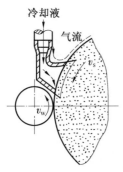

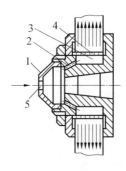

图 6.61　带空气挡板的冷却喷嘴　　　　图 6.62　内冷却砂轮结构
1— 锥形盖;2— 主轴法兰套;
3— 砂轮中空腔;4— 壁套;5— 冷却液入口

③ 正确选择砂轮。包括正确选择磨料、结合剂、粒度、硬度与组织,详见第 3 章。

6.5　机械加工过程中的振动及控制

6.5.1　概述

通常,机械加工过程中的振动是一种破坏正常切削过程极其有害的现象。振动发生时,加工表面质量恶化,产生明显振痕;振动严重时,会引起崩刃现象,使加工无法进行,不得不降低切削用量,机床、刀具的性能得不到充分发挥,影响了生产率的提高;振动还加速了刀具及砂轮的磨损,使机床过早丧失加工精度,影响刀具和机床的使用寿命;另外,振动产生噪声污染。

随着科学技术和生产的不断发展,对加工质量及生产率的要求越来越高。因此,需要对机械加工中的振动机理,提高工艺系统的动态特性和寻求合理的消振、减振措施等做深入研究。

机械加工过程中的振动与其他机械振动一样,分为自由振动、强迫振动和自激振动三类。据统计,机械加工中的强迫振动约占 30%,自激振动约占 65%,自由振动所占比例很小。

6.5.2　强迫振动

强迫振动是系统在外界周期性干扰力的作用下所引起的不衰减振动。

1. 强迫振动的成因

一般情况下,机械加工过程中机床电机的振动,包括转子旋转不平衡、电及磁力不平衡引起的振动;机床回转工件不平衡,如砂轮、皮带轮和传动轴的不平衡;运动传递过程中引起的周期性干扰力、齿轮啮合冲击、皮带张紧力变化、滚动轴承滚子及尺寸误差引起力变化;机床往复运动部件的工作冲击、液压系统的压力脉动、切削负荷不均匀引起切削力的变化,如断续切削、周期性余量不均匀等;从机床外部地基等传来的冲击,都可能产生强迫振动。

2. 强迫振动的特点

① 强迫振动是在外界周期性干扰力作用下产生的, 但振动本身并不能引起干扰力变化。如作用在系统上的干扰力是简谐激振力 $F = F_0 \sin(\omega t)$, 强迫振动的稳态过程也是简谐振动, 只要这个干扰力(或称激振力)存在, 振动就不会被阻尼衰减掉。

② 不管系统本身的固有频率多大, 强迫振动的频率总与外界干扰力的频率相同或成倍数关系。

③ 强迫振动振幅的大小在很大程度上取决于干扰力的频率 ω 与系统固有频率 ω_0 的比值 $\dfrac{\omega}{\omega_0}$, 当 $\dfrac{\omega}{\omega_0} = 1$ 时, 振幅达最大值, 此现象称"共振"。

④ 振幅大小除与 $\dfrac{\omega}{\omega_0}$ 有关外, 还与干扰力、系统刚度及阻尼系数有关。

3. 消除与控制强迫振动的措施

(1) 减少或消除工艺系统中回转件的不平衡

工艺系统中高速回转的工件、机床主轴部件、电机及砂轮等不平衡都会产生周期性干扰力。为了减少这种干扰力, 对一般回转件应作静平衡, 对高速回转件应作动平衡。砂轮除作静平衡外, 由于磨削过程中砂轮磨损不均匀或吸附在砂轮表面磨削液分布的不均匀, 仍会引起新的不平衡, 因此精磨时, 要安装自动或半自动平衡器。

结构设计中应尽量减少高速回转件质量分布的不均匀(或不对称), 以防止不均匀引起干扰力。

(2) 提高系统传动件精度

机床传动中的齿轮、滚动轴承、皮带等, 在高速传动时会产生冲击, 解决方法是提高零件的制造精度和装配精度。

(3) 提高系统动态特性

增加系统刚度, 加大阻尼可以减少系统振动。此外, 合理安排机器结构的固有频率, 避开共振区。

(4) 隔振

为了减小干扰力的作用, 在振动的传递路线中设置障碍, 使振源不能传到刀具或工件上。由强迫振动的幅频特性知, 振幅与干扰力的频率有关, 当干扰力频率大于系统固有频率时, 虽然干扰力的大小不变, 但振幅减小, $\dfrac{\omega}{\omega_0}$ 比值越大, 振幅越小。可以采用图 6.63 所示的隔振装置。

振源来自机床外部, 干扰力是经地基传到机床上的, 可采用隔振方法把机床用橡胶、软木、泡沫塑料等与地基隔开。

(5) 消振

在系统中安装附加装置, 该附加装置能提供与干扰力的大小相等、方向相反、频率相同的抗干扰力。图 6.64 所示的车刀消振器就是一例。

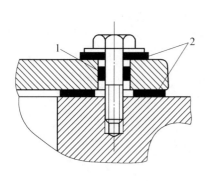

图 6.63　隔振装置

1— 橡胶圈;2— 橡胶垫

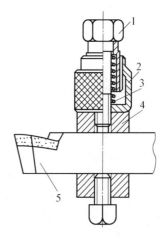

图 6.64　车刀消振器

1— 调整螺钉;2— 质量块;

3— 弹簧;4— 壳体;5— 刀具

6.5.3　自激振动

1. 概述

自激振动就是系统通过初始振动将持续作用能源转换成某种力的周期变化,这种力的周期变化反过来又使系统周期性地获得能量补充,从而弥补由于阻尼作用引起的能量消耗,以维持系统振动。因切削过程中的这种振动频率较高,故称颤振。

切削过程中产生自激振动是十分有害的,既影响加工表面质量,又是提高生产率的主要障碍。

大多数情况下,自激振动频率与系统固有频率相近。由于维持振动所需的交变切削力是由系统本身产生的,所以系统本身运动停止,交变切削力也就随之消失,自激振动也就停止。图 6.65 给出了机床自激振动的闭环系统。

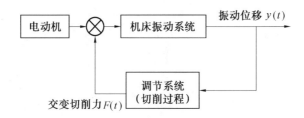

图 6.65　机床自激振动闭环系统

如果切削过程很平稳,即使系统存在产生自激振动的条件,也因切削过程没有交变切削力而不会产生自激振动。但加工过程中,偶然性的外界干扰(工件材料硬度不均、加工余量不均等) 总是存在的,这种偶然性的外界干扰所产生的切削力变化就会作用在系统上,使系统产生振动,这种振动又将引起工件与刀具间相对位置的周期性变化,从而导致切削过程产生维持振动的交变切削力。如果系统不存在产生自激振动的条件,由偶然性外界干扰引发的强迫振动将因系统存在阻尼而逐渐衰减;如果系统存在产生自激振动的条件,就可能会使系统产生持续的振动。

2. 自激振动的特点

① 自激振动是一种不衰减的振动。振动过程本身能引起某种力的周期变化。

② 自激振动的频率等于或接近系统的固有频率,即自激振动的频率由系统本身参数决定。

③ 自激振动的形成和持续是由切削过程产生的,如停止切削过程,自激振动就停止了。

④ 自激振动能否产生及振幅的大小,决定于每一振动周期内系统所获得能量与所消耗能量的对比情况。如图 6.66 所示,若振动周期中,能量输入曲线($+E$) 和能量消耗曲线($-E$) 相交于 Q 点,对应振幅为 B,这时系统处于稳定状态。当振幅小于 B 而为 A 时,由于输入能量大于消耗能量,则多余的能量使振幅不断加大,直到二者相等为止;而另一瞬时振幅大于 B 而为 C 时,由于消耗能量大于输入能量,迫使振幅不断减小,也直到二者相等为止。如果振幅为任意数值时,获得能量小于消耗能量,自激振动根本不会发生。

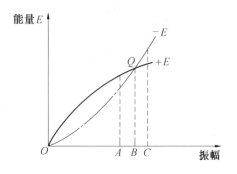

图 6.66　自激振动能量关系

3. 自激振动的产生机理

对于切削过程的自激振动产生机理,迄今已有许多学者进行了大量研究,并提出了不同的学说。现介绍两种比较公认的理论:

(1) 再生自激振动机理

在稳定的切削过程中,由于偶然的扰动,如刀具碰上硬质点、加工余量不均匀、运动部件偶然一次冲击等,使刀具与工件发生相对振动,从而在切削表面留下振纹,如果进给量不大,第二次走刀就与第一次走刀有重叠部分,刀具将在有振纹的表面上切削。重叠的大小可用重叠系数 μ 来表示。如图 6.67 所示是磨外圆示意图,设砂轮宽度为 B,如果工件每转进给量为 f,则重叠系数 μ 为

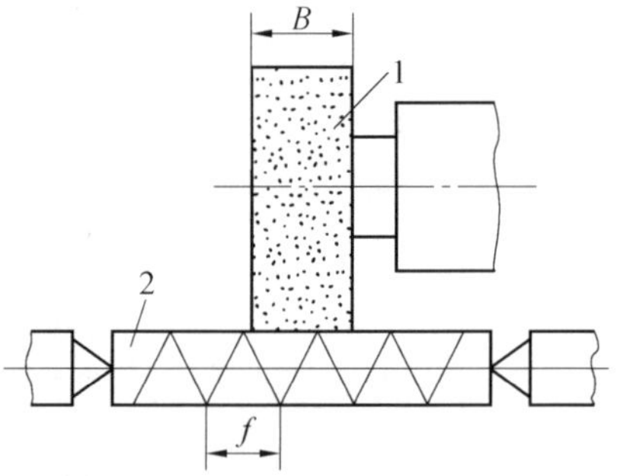

图 6.67　重叠系数 μ 示意图

$$\mu = \frac{B - f}{B} \qquad (6.43)$$

由此,对于切断及横向进给磨削时 $\mu = 1$;车螺纹时 $\mu = 0$,一般情况下 $0 < \mu < 1$。如果 $\mu > 0$,即说明有重叠部分存在,则工件一转中留有振纹,就会引起下一转切削厚度周期变化,必然引起切削力的周期变化,从而有可能引起系统振动。这个振动又引起工件表面产生振纹,使得切削厚度发生变化,导致切削力作周期性地变化。这种由振纹引起切削厚度变化而使切削力变化的效应称再生效应,由此产生的自激振动称再生自激振动。

以下通过图 6.68 所示的再生自激振动原理,进一步探讨工艺系统在怎样条件下才能激

发起自激振动。

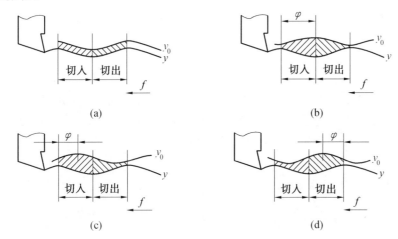

图 6.68　再生自激振动原理图

在再生自激振动系统中,若能引起自激振动,在每个振动周期中,应向系统输入一定的能量,以弥补系统中阻尼所消耗的能量。如图 6.68(a) 表示前一次走刀振纹 y_0 与后一次走刀振纹 y 无相位差,即 $\varphi = 0°$,切入和切出的半个周期内平均切削厚度是相等的,故切出时切削力所作的正功(获得能量) 等于切入时所作负功(消耗能量),系统无能量获得。图 6.68(b)表示 y_0 与 y 相位差 $\varphi = \pi$ 时,切入与切出的半周期内平均切削厚度仍相等,系统仍无能量获得。图 6.68(c) 表示 y 超前于 y_0,即 $0° < \varphi < \pi$,此时切出半周期中的平均切削厚度比切入半周期的小,所作正功小于负功,系统也不会有能量获得。图 6.68(d) 中 y 滞后于 y_0,即 $0° > \varphi > -\pi$,此时切出比切入半周期中的平均切削厚度大,正功大于负功,系统有了能量获得,便产生了自激振动。不难看出,y 滞后于 y_0 是产生再生自激振动的必要条件。

(2) 振型耦合机理

当纵车方螺纹时,刀具与加工表面不存在重叠切削,这样就排除了产生再生振动的条件,但当切削深度加大到一定程度,仍能产生自激振动。这一现象引起了一些学者对切削时两自由度振动系统的研究,提出了振型耦合自激振动机理。

对单一自由度振动系统而言,即对切削速度方向的振动系统或对垂直于切削速度方向的振动系统而言,可用再生自激振动机理予以解

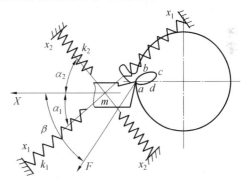

图 6.69　车床刀架振型耦合模型

释。而实际生产中,系统一般是具有不同刚度和阻尼的弹性系统,具有不同方向性的各弹性系统复合在一起,满足一定的组合条件就会产生自激振动,这种复合在一起的自激振动机理称为振型耦合自激振动机理。图 6.69 给出了车床刀架的振型耦合模型。在此,把车床刀架系统简化为两自由度振动系统,并假设系统中只有刀架振动,其等效质量 m 用相互垂直的等效刚度分别为 k_1、k_2 的两组弹簧支持着。弹簧轴线 x_1、x_2 称刚度主轴,分别表示系统的两个自由度方向。x_1 与切削点的法向 X 成 α_1 角,x_2 与 X 成 α_2 角,切削抗力 F 与 X 成 β 角。如果系

统在偶然因素干扰下,使质量 m 在 x_1、x_2 两方向都产生振动,刀尖合成运动轨迹为

① 当 $k_1 = k_2$ 时,则 x_1 与 x_2 无相位差,轨迹为一直线;

② 当 $k_1 > k_2$ 时,则 x_1 超前于 x_2,轨迹为一椭圆,运动是逆时针方向,即 $dcba$;

③ 当 $k_1 < k_2$ 时,则 x_1 滞后于 x_2,轨迹仍为一椭圆,运动是顺时针方向,即 $abcd$。

从能量的获得与消耗的观点看,刀尖沿椭圆轨迹 $abcd$ 作顺时针方向运动时,因 x_1 为低刚度主轴,且位于切削抗力 F' 与法向 X 的夹角 β 之内,切入半周期内(abc)的平均切削厚度比切出半周期内(cda)的小,所以此时有能量获得,振动能够维持。而刀尖沿 $dcba$ 作逆时针方向运动或作直线运动时,系统不能获得能量,因此不可能产生自激振动。

4. 自激振动的控制措施

(1) 减小切削或磨削的重叠系数

图 6.67 和式(6.43)为磨削时重叠系数计算。图 6.70 为车削时重叠情况,重叠系数的计算可以表示为

$$\mu = \frac{b_d}{b} \qquad (6.44)$$

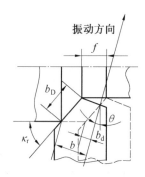

图 6.70　车削时重叠情况

通过分析可以清楚看出重叠系数 μ 直接影响再生自激振动,它取决于加工方式、刀具几何参数和切削用量等。对于车床车削三角螺纹和使用主偏角 $\kappa_r = 90°$ 车刀车削外圆时,$\mu = 0$,一般情况下不会产生再生自激振动;对于 $\kappa_r = 0° \sim 90°$ 的车刀车削外圆时,$\mu = 0 \sim 1$,能否产生再生自激振动,取决于具体切削条件;切断车刀切断时,$\mu = 1$,易于产生再生自激振动,应设法控制。

(2) 调整低刚度主轴的位置

根据振型耦合机理,合理选择系统刚度及切削力方向即可抑制自激振动。图 6.71 给出了削扁镗杆的情况。图 6.71(c) 中的 x_1 轴即为低刚度主轴,其方位角 α_1 不落在切削抗力 F' 与 X 轴间夹角 β 的范围内,此时可比圆镗杆提高抗振性能 100% ~ 200%。但镗杆削扁以 0.7 ~ 0.8 倍镗杆直径 d 为宜,过多则易使镗刀"啃入"工件,不但不能防振反会引起更强烈振动。此法是靠调整两组弹性系统的弹性系数 k_1 与 k_2 的比值实现的。

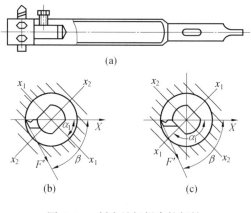

图 6.71　削扁镗杆提高抗振性

(3) 提高系统刚度

提高系统刚度包括提高机床结构的静刚度;增大机床各零件和部件的阻尼;增加零件和部件的质量;提高系统薄弱环节刚度,可有效提高系统稳定性;改善机床的制造及装配质量及采取特殊结构等,如减小机床主轴的径向间隙,甚至在机床主轴轴承上施加一定的预紧力,对提高机床刚度有显著效果。提高刀具及刀具支承件的抗振性,包括:增大刀具及刀杆的弯曲及扭转刚度;采用具有高阻尼系数的刀具材料;合理安排刀杆截面尺寸及在刀杆中部增

加支承套和导向套等以增加刚度;提高工件及工件夹紧系统的抗振性,包括:加工细长轴时,用跟刀架、中心架等来提高系统刚度;改善夹紧结构,如用固定顶尖代替活动顶尖等;前角增大,切削力减小,振动也小;主偏角 κ_r 增加能减小径向切削力 F_p,故可以减小振动。

(4) 增加系统阻尼

适当减小刀具后角 α_o,可加大工件和刀具后刀面之间的摩擦阻尼,一般取 $\alpha_o = 2° \sim 3°$ 为宜。必要时还可在后刀面上磨出带有 $-5° \sim -10°$ 负后角的消振棱,如图 6.72 所示。

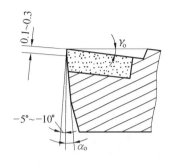

图 6.72　车刀消振棱

系统阻尼还与工件材料的内阻尼、结合面上的摩擦阻尼及其他附加阻尼有关。材料内摩擦产生的阻尼称内阻尼。不同材料的内阻尼不同,铸铁的内阻尼比钢大,故机床床身、立柱等大型支承件一般用铸铁制造。除选用内阻尼较大材料制造零件外,还可将大阻尼材料附加到内阻尼较小材料上以增大零件的内阻尼(见图 6.73)。

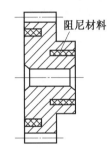 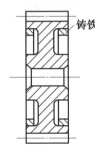 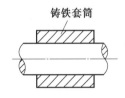

图 6.73　在零件上加入阻尼材料

零件结合面上的摩擦阻尼是机床阻尼的主要来源,应通过各种途径加大结合面间的摩擦阻尼。对机床的活动结合面应注意调整其间隙,必要时可施加预紧力以增大摩擦阻尼。

(5) 采用减振装置

图 6.74 给出了安装在滚齿机上的固体摩擦式减振器。它是靠飞轮 1 与摩擦盘 2 之间的摩擦垫 3 来消耗振动能量的,减振效果取决于螺母 4 调节弹簧 5 压力的大小。

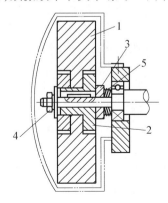

图 6.74　滚齿机用固体摩擦式减振器
1— 飞轮;2— 摩擦盘;3— 摩擦垫;4— 螺母;5— 弹簧

图 6.75 所示为冲击式减振镗刀及减振镗杆。冲击式减振器是由一个与系统刚性连接的壳体和一个在壳体内自由冲击的质量所组成。当系统振动时,由于自由质量反复冲击壳体而消耗了振动能量,故可显著衰减振动。它的结构简单、体积小、重量轻,在一定条件下减振效果良好,适用频率范围也较宽,故应用较广。冲击式减振器特别适于高频振动的减振,但冲击噪声较大是其弱点。

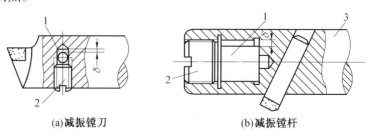

(a)减振镗刀   (b)减振镗杆

图 6.75   冲击式减振镗刀与减振镗杆
1— 冲击块;2— 紧定螺钉;3— 镗刀杆

复习思考题

6.1   机械加工质量的概念是什么?

6.2   何为机械加工精度和加工误差?

6.3   通常所说的机械加工表面质量包含哪些内容?

6.4   机械加工表面质量对工件使用性能有哪些影响?

6.5   加工误差敏感方向是如何定义的?

6.6   工艺系统原始误差包括哪些主要内容?

6.7   简述车床水平面内的直线度误差比垂直面内的直线度误差要求小的原因。

6.8   试述加工误差复映规律基本原理,并说明影响误差复映系数大小的因素。

6.9   机械加工工艺系统刚度是如何定义的?影响因素有哪些?

6.10   工艺系统受热变形的控制措施有哪些?

6.11   机械加工误差是怎样分类的?其分布形式有几种?

6.12   说明加工误差分布曲线法与点图法进行加工误差综合分析的特点与异同。

6.13   简述机械加工表面粗糙度概念和产生的原因以及控制方法。

6.14   什么是加工硬化?产生原因与评定参数是什么?

6.15   何为机械加工的残余应力和金相组织变化?如何控制?

6.16   什么是磨削烧伤?有哪些种类?有哪些常用控制方法?

6.17   机械加工中通常存在哪类振动?对加工有何影响?

6.18   何谓机械加工中的强迫振动?其特点是什么?如何消除与控制?

6.19   什么是机械加工中的自激振动?其特点是什么?防止和减小自激振动的措施有哪些?

6.20   试述解释机械加工中的自激振动产生和维持的两种基本原理。

6.21   在三台不同车床上,分别加工三批工件的外圆表面,加工后经测量发现三批工件各自产生了如题 6.21 图所示的形状误差,试分析说明这些误差产生的主要原因。

6.22   顺序加工一批工件,其尺寸公差要求 $T = 0.05$ mm,测量后得知 $\sigma = 0.006$ mm,计算尺寸分散范围 $\sigma = 0.036$ mm,能否判断该批工件一定合格?并说明其理由。

6.23   在外圆磨床上磨削工件的外圆表面时,如果磨床前后顶尖不等高,工件将产生什么

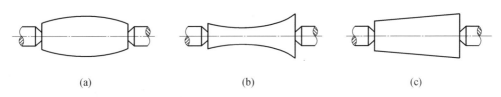

题 6.21 图

样的几何形状误差?

6.24 在车床或磨床上加工相同尺寸和精度的内、外圆柱表面工件时,加工内圆柱表面的走刀次数往往比加工外圆柱表面的走刀次数多,试分析其原因。

6.25 为了测定某机床刚度,选取一阶梯轴,其毛坯尺寸为 $d_1 = 100$ mm, $d_2 = 96$ mm, $L_1 = 100$ mm, $L_2 = 50$ mm,安装方法如题 6.25 图所示。如将工件视为刚体,当车削一刀后,测量其直径为 $d'_1 = 94.12$ mm, $d'_2 = 94.04$ mm。已知 $C_{F_p} f^{y_{F_p}} = 2\ 000$ N/mm,试求出该机床的刚度。

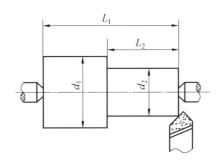

题 6.25 图

6.26 在车床上半精镗一工件上的孔,已知镗孔前工件的圆度误差为 0.04 mm,机床刚度 $K_H = 40\ 000$ N/mm,刀架刚度 $K_B = 3\ 000$ N/mm,若选用进给量为 $f = 0.05$ mm/r,且 $C_{F_p} = 1\ 000$ N/mm², $y_{F_p} = 0.75$,试计算需要几次走刀可以使加工后孔的圆度误差控制在 0.01 mm 以下。若想一次走刀到达上述圆度误差要求时,应选用多大的进给量?

6.27 加工一批工件的内孔的设计尺寸为 $\phi 30^{+0.034}_{0}$ mm,加工后测量发现内孔尺寸服从正态分布,其均方根偏差为 0.004 mm,曲线顶峰位置与公差带中心重合。试绘出分布曲线,说明加工后该批工件是否合格?并计算该批工件尺寸在 $\phi 30.021 \sim \phi 30.025$ mm 范围内的工件数量占这批工件总数的多少?

6.28 一批圆柱小轴类工件的设计尺寸为 $\phi 80^{-0.01}_{-0.03}$ mm,加工后测量发现轴径尺寸服从正态分布,其均方根偏差为 0.004 mm,曲线顶峰位置偏离公差带中心向右 0.002 mm。试绘出分布曲线并求出合格率和废品率;如有废品,试分析能否修复?可修复废品率为多少?最后分析产生废品的原因和减少废品率的措施。

6.29 在车床上车削一批销轴,整批工件尺寸服从正态分布,其中不可修复废品为 2.3%,实际尺寸大于允许尺寸而需修复加工的工件数占 24.2%,若销轴直径公差 $T = 0.162$ mm,试求该加工方法的均方根差 σ 为多少?

第7章

机械加工工艺规程制订

7.1 概 述

7.1.1 机械加工工艺规程及其作用

机械加工工艺过程是将铸、锻件毛坯或钢材经机械加工方法,改变它们的形状、尺寸、表面质量,使其成为合格零件的过程,通常由一系列工序、安装、工位和工步等组成,如图7.1所示。

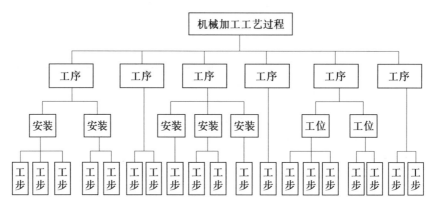

图 7.1 工艺过程的组成

以文件的形式确定下来的机械加工工艺过程就形成了机械加工工艺规程,它规定了零部件制造的加工过程和操作方法等工艺内容,一般包括:零件加工的工艺路线及所经过的车间和工段、采用的机床和工艺装备、各工序的具体加工内容、切削用量和工时定额等。

这类技术文件根据不同的需要有多种形式,如描述零件机械加工过程的工艺过程卡、说明每道工序内容以指导工人操作的机械加工工序卡、说明并指导成批或大量生产的重要检验工作的检验工序卡、为大批量生产中的调整工提供机床调整依据参数的机床调整卡等,具体格式可参阅有关机械加工工艺手册。

机械加工工艺规程的作用有如下三个方面。

(1) 机械加工工艺规程是指导生产的主要技术文件,是车间中一切从事生产的人员都要严格、认真贯彻执行的工艺技术文件,按照它组织和进行生产,就能做到各工序科学地衔接,实现优质、高产和低消耗。

(2) 机械加工工艺规程是生产准备和计划调度的主要依据。在产品投入生产之前,可以根据机械加工工艺规程进行一系列的准备工作,如原材料和毛坯的供应、新设备的购置、旧设备的改装调整、专用工艺装备(如专用夹具、刀具和量具)的设计与制造、生产作业计划的编排、劳动力的组织以及生产成本的核算等。根据机械加工工艺规程,制订所生产产品的进度计划和相应的调度计划,可使生产均衡、顺利地进行。

(3) 机械加工工艺规程是新建或扩建工厂、车间的基本技术文件。在新建或扩建工厂、车间时,只有根据机械加工工艺规程和年生产纲领,才能准确确定生产所需机床的种类和数量、工厂或车间的面积、机床的平面布置和生产工人的工种、等级、数量,以及各辅助部门的安排等。

7.1.2 制订机械加工工艺规程的原则和步骤

制订工艺规程要遵循的原则是:在一定的生产条件下,以最快的速度、最少的消耗和最低的费用,可靠地加工出符合图样要求的零件。即在保证产品质量的前提下,追求最好的效益,要兼顾到技术先进性、经济合理性和良好的劳动条件等各个方面。

制订机械加工工艺规程所依据的原始资料主要有:① 产品装配图和零件图;② 产品验收的质量标准;③ 生产纲领;④ 零件毛坯及其生产情况;⑤ 现有加工设备与生产条件;⑥ 国内外工艺技术的发展情况;⑦ 有关的工艺手册与图册资料。

搜集掌握了原始资料并确定了生产类型和生产组织形式后,即可着手制订工艺规程,一般遵循以下步骤:① 分析被加工零件的工艺性;② 确定毛坯种类及其制造方法;③ 设计机械加工工艺过程,包括划分工艺过程的组成、选择定位基准、选择加工方法、安排加工顺序和组合工序等;④ 工序设计,包括选择加工设备及工艺装备,确定加工余量、工序尺寸、切削用量及计算工时定额等;⑤ 技术经济分析;⑥ 填写工艺文件。

7.2 零件的工艺性分析及毛坯的选择

7.2.1 零件的工艺性分析

制订零件机械加工工艺规程首先应对该零件的工艺性进行分析,零件的工艺性分析包括以下两方面内容。

1. 了解零件的各项技术要求

分析产品的装配图和零件图,其目的是熟悉该产品的用途、性能及工作条件;明确零件在产品中的位置和作用;了解零件制造的各项技术要求,特别是关键性的技术要求,以便在拟订工艺规程时采取适当的工艺措施加以保证。

2. 审查零件图

从加工的角度审查零件图,其主要内容包括以下 3 方面。

(1) 检查图样的完整性和正确性

例如,是否有足够的视图,尺寸、公差和技术要求是否标注齐全等。若有错误或遗漏,应提出修改意见。

(2) 审查技术要求和材料选择的合理性

产品设计应当遵循经济性原则,即在不影响使用性能的前提下,尽量降低对加工制造的要求。因此,应由工艺技术人员审查零件的技术要求是否过高,在现有生产条件下是否能够达到,以便同设计人员共同研究探讨通过改进设计的方法达到经济合理。同样,材料选择上不仅考虑使用性能及材料成本,还要考虑加工需要。

如果材料选用得不合理,可能使整个工艺规程的安排发生问题。如图 7.2 所示的方头销,方头部分要淬硬以 55 ~ 60 HRC,零件上有个 $\phi2H7$ 的孔,装配时和另一个零件配作。选用的材料为 T8A(碳素工具钢)。因 $\phi2H7$ 孔是配作,不能预先加工好。如用 T8A 的材料淬火,因零件很短,总长仅 15 mm,淬硬头部时,势必全部被淬硬,以致 $\phi2H7$ 孔难以用普通钻削加工。若改用 20Cr 局部渗碳,在 $\phi2H7$ 处镀铜保护(或用其他方法保护),这样就比较合理。

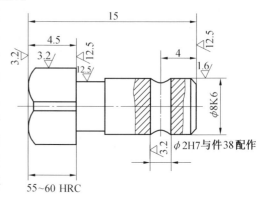

图 7.2   方头销

(3) 审查零件机械加工的结构工艺性

零件的结构对其机械加工工艺过程的影响很大。使用性能完全相同而结构不同的两个零件,它们的加工难易和制造成本可能有很大差别。所谓良好的结构工艺性,首先是这种结构便于机械加工,即在同样的生产条件下能够采用简便和经济的方法加工出来。此外,零件结构还应适应生产类型和具体生产条件的要求。

图 7.3 为一些机械加工的结构工艺性的示例。有的是能否加工(见图 7.3(a)、(b))的问题;有的是是否便于加工(见图 7.3(c)、(d));还有的是降低加工成本,提高生产效率的问题。图 7.3(e) 为减少加工面积;图 7.3(f) 为统一加工尺寸减少换刀次数;图 7.3(g)、(h) 则是减少安装次数的示例。

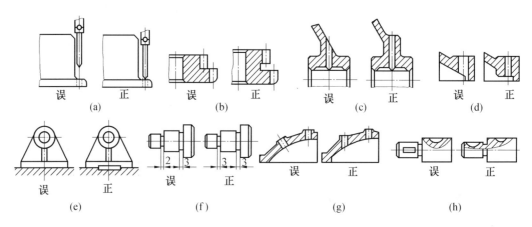

图 7.3   零件机械加工结构工艺性示例

7.2.2   毛坯的选择

毛坯的种类及其质量直接影响零件的机械加工质量、加工方法、材料利用率和机械加工劳动量。机械加工中常用的零件毛坯及其使用范围如下:

① 铸件,适用于做形状复杂的零件毛坯。

② 锻件,适用于要求强度较高、形状比较简单的零件。

③ 型材,热轧型材的尺寸较大、精度低,多用做一般零件的毛坯。冷拉型材尺寸较小、精度较高,多用于制造毛坯精度要求较高的中小型零件,适宜于自动机加工。

④ 焊接件,对于大件来说,焊接件简单方便,特别是单件小批量生产,可以大大缩短生产周期,但焊接的零件毛坯变形较大,需要经过时效处理后才能进行机械加工。

⑤ 冷冲压件,适用形状复杂的板料零件,多用于中小尺寸零件的大批、大量生产。

7.3 机械加工工艺过程设计

机械加工工艺过程设计是工件加工的总体方案设计,主要包括选择定位基准和拟订工艺路线两大部分。

7.3.1 定位基准的选择

定位基准选择是否合理,不仅对保证零件的加工精度、合理安排加工顺序有很大影响,而且还决定了工艺装备设计、制造的周期和费用,必须予以高度重视。

在机械加工的最初工序中,只能选择未经加工的毛坯表面作为定位基准,这种表面称为粗基准。在后续工序中如用加工过的表面作为定位基准,则称这种表面为精基准。

1.粗基准的选择

粗基准的选择通常会影响各加工面的余量分配以及加工表面与不需加工表面之间的位置精度。这两方面的要求常常是相互矛盾的,因此在确定粗基准时,必须分清主次,依据如下原则选择。

(1)"相互位置要求"原则

如果必须首先保证工件上加工表面与不加工表面之间的位置要求,则应以不加工表面作为粗基准;如果在工件上有很多不需加工的表面,则应以其中与加工表面的位置精度要求较高的表面作粗基准。

如图 7.4(a) 所示的法兰盘零件,其毛坯的制造难免有外圆和内孔偏心的现象。如要保证加工后零件的不加工外圆表面 1 与内孔 2 之间的壁厚均匀(或质量均布),则应选外圆表面 1 作粗基准。如图 7.4(b) 所示,虽然在切削过程中可能加工余量不均匀,但如用三爪卡盘定位夹紧工件,则加工后外圆和内孔的同轴度是比较好的,从而易于保证壁厚的均匀性。

(2)"余量均匀"原则

如果必须首先保证工件某重要表面的余量均匀,应选择该表面作粗基准。

例如机床床身导轨面的加工,不仅精度要求高,而且导轨表面要有均匀的金相组织和较高的耐磨性,这就要求导轨面的加工余量较小而且均匀(因为铸件表面不同深度处的耐磨性

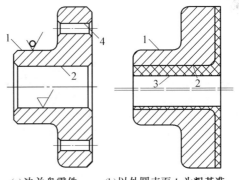

(a)法兰盘零件 (b)以外圆表面 1 为粗基准

图 7.4　工件以不加工面为粗基准
1— 外圆表面(不加工);2— 内孔加工面;
3— 内孔毛面;4— 均布孔

相差不多)。为此,首先应以导轨面作为粗基准加工床身的底平面,然后再以床身加工过的底平面为精基准加工导轨面,如图 7.5(a) 所示。反之,如果以未加工的床身底平面为粗基准,如图 7.5(b) 所示,则将会由于床身铸件底平面和导轨面之间较大的平行度误差造成导轨面加工余量很不均匀,使加工后导轨面的材料性能不能满足设计要求。

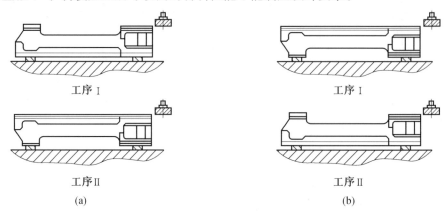

图 7.5   床身加工的粗基准选择

(3)"粗基准不重复使用"原则

由于粗基准未经过加工,其表面的平整程度差,如果在工件的多次装夹中使用这个定位基准,将可能产生较大的定位基准位置误差。在这种情况下,粗基准应避免重复使用。

(4)"便于装夹"原则

选作粗基准的表面,应尽可能平整、光洁,且有足够大的尺寸,以利于工件的可靠装夹。

2.精基准的选择

选择精基准应重点考虑如何保证加工精度和装夹准确方便,一般应遵循如下原则。

(1)"基准重合"原则

尽量用设计基准作为精基准,以便消除基准不重合误差。

如图 7.6(a) 所示零件,其孔间距(20 ± 0.04)mm 和(30 ± 0.03)mm 有很严格的要求,而ϕ30H7孔与 B 面的距离(35 ± 0.1)mm 却要求不高。当ϕ30H7孔和 B 面按设计要求加工好后,在加工 ϕ18 mm 孔时,如果如图 7.6(b)那样以 B 面作为精基准,夹具虽然比较简单,但由于定位基准与设计基准不重合所带来的基准不重合误差,将使孔间距(20 ± 0.04)mm 很难保证,除非把尺寸(35 ± 0.1)mm 的制造严格控制到(35 ± 0.03)mm 以内。但如果改用图 7.6(c)所示的夹具,直接以两个孔 ϕ18 mm 的设计基准 ϕ30H7 的中心线作为精基准,虽然夹具较复杂,但很容易保证尺寸(20 ± 0.04)mm 和(35 ± 0.03)mm 的要求。

(2)"基准统一"原则

当工件以某一组精基准定位可以较方便地加工其他各表面时,应尽可能在多数工序中采用此组精基准定位。

选作统一基准的表面,一般都应是面积较大、精度较高的平面、孔以及其他距离较远的几个面的组合。例如:① 箱体零件用一个较大的平面和两个距离较远的孔作精基准(没有孔时用大平面及两个与大平面垂直的边作精基准,或者专门加工出两个工艺孔);② 轴类零件用两个顶尖孔作精基准;③ 圆盘类零件(如齿轮等)用其端面和内孔作精基准。

使用统一基准并不排斥个别工序采用其他基准,特别当统一的基准与设计基准不重合

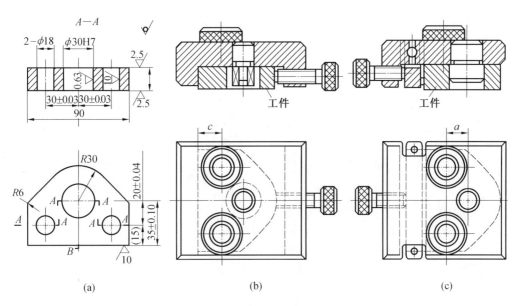

图 7.6   基准重合原则的示例

时,可能因基准不重合误差过大而超差,这时应直接用设计基准作为定位基准。

(3)"互为基准"原则

当两个加工表面(A 面和 B 面)相互位置精度要求较高时,可以用 A 面为精基准加工 B 面,再以 B 面为精基准加工 A 面,这样反复加工,不断提高定位基准的精度,进而提高两加工面 A 和 B 之间的位置精度。

例如精密齿轮高频淬火后,为了消除淬火变形和提高齿面及支承轴孔的精度,保证表面淬硬层深度均匀一致,并要求去除的淬硬层很薄,在进行磨削精加工时,常以齿面为基准磨内孔,然后再以孔为基准磨齿面,这样可以保证齿面与装配基面较高的位置精度。

(4)"自为基准"原则

有些精加工或光整加工工序要求余量小而均匀,以保证加工表面的质量,此时应选择加工表面自身作定位基准。

例如磨削床身导轨面时,以导轨面本身为基准来找正。常用的找正方法是在导轨磨床的磨头上装上百分表找正导轨面。此外,如浮动铰刀铰孔、圆拉刀自由拉削圆孔、无心磨削外圆表面等,都是以加工表面本身作为定位基准进行加工的。

(5)"便于装夹"原则

精基准的面积与被加工表面相比,应有较大的长度和宽度,且具有相当的精度,使得工件定位准确、夹紧可靠。

7.3.2   工艺路线的拟订

工艺路线直接影响到工件的加工质量、生产效率、经济性和工人劳动强度等各方面,因此应在充分掌握资料和实际生产条件的基础上,要进行多个方案的比较分析,确定最优的工艺过程。

1.加工方法的选择

按照我国现行的行业标准"JB/T 5992—92 机械制造工艺方法分类与代码",切削加工可划分为刃具切削(车、铣、刨、插、钻、镗、拉、刮、剃削等)、磨削(砂轮、砂带、珩、研磨等)和钳加工(手工锯削、锉削、手工刮削、手工打磨等)等不同的方法。加工方法的选择,与生产规模、零件的材料和硬度、零件的结构形状、加工表面的尺寸等诸多因素有关,但最根本的是取决于各加工表面的技术要求。长期生产实践的总结,对于各类加工表面的不同精度等级的技术要求,已经形成了比较固定的加工路线,并以表格的形式编录在工艺设计手册中。当明确了各加工表面的技术要求后,即可据此选择能保证该要求的最终加工方法,从而得出各前导工序的加工方法。

但是,按这种方法确定的加工路线可能不是唯一的,这是因为达到同一精度要求所采用的加工方法是多种多样的,还必须考虑下列因素以最终确定表面的加工方法。

(1) 加工经济精度

事实上,任何一种加工方法能获得的加工精度和表面粗糙度都有一个相当大的范围。在正常加工条件下(使用符合质量标准的设备、工艺装备和标准等级的工人、合理的工时定额)所能达到的加工精度和表面粗糙度,就是加工经济精度。在选择某一表面加工方法时,应选择能获得加工经济精度的加工方法。例如,公差为 IT7 级和表面粗糙度 Ra 为 0.4 的钢件外圆表面加工,尽管精心车削可以达到此精度要求,但不如采用磨削加工更为经济。

(2) 工件材料的性质

对淬火钢应采用磨削加工;但对有色金属,如采用磨削加工将会因材料过软而堵塞砂轮,则一般采用金刚镗或高速精细车削加工。

(3) 工件的结构形状和尺寸大小

回转工件上的孔可以用车削或磨削等方法加工,而箱体上 IT7 级公差的孔,一般就不宜采用车削或磨削,而通常采用镗削或铰削加工。孔径小的宜用铰孔,孔径大或长度较短的孔则宜用镗孔。

(4) 生产效率和经济性要求

大批大量生产时,应采用高效率的先进工艺,如平面和孔的加工采用拉削代替普通的铣、刨和镗孔等加工方法,甚至可以改变毛坯的制造方法,以减少机械加工的劳动量。

(5) 工厂或车间的现有设备情况和技术条件

选择加工方法时,应充分利用现有设备,挖掘企业潜力,发挥工人的积极性和创造性;但也应考虑不断改进现有的加工方法和设备,采用新技术和提高工艺水平;此外还应考虑设备负荷的平衡。

2. 加工阶段的划分

工件加工时,往往不是依次加工完各个表面,而是将各表面的粗、精加工分开进行,以更好地保证零件加工的优质、高效、低成本。一般情况下,按加工性质和作用的不同,可将零件加工的整个工艺过程划分为几个加工阶段。

(1) 粗加工阶段

这阶段的主要作用是切去大部分加工余量,为半精加工提供定位基准,因此主要是提高生产效率问题。

(2) 半精加工阶段

这阶段的作用是进一步减少粗加工表面的误差,为工件主要表面的精加工做好准备(达到一定的精度和表面粗糙度,保证一定的精加工余量),并完成一些次要表面的加工(如钻孔、攻丝、铣键槽等)。

(3) 精加工阶段

对于零件上精度和表面粗糙度要求高(精度在 IT7 级或以上,表面粗糙度小于 $Ra\ 0.8\ \mu m$)的表面,还要安排精加工。这阶段的任务主要是提高加工表面的各项精度和减小表面粗糙度,以达到零件图规定的质量要求。

(4) 精密和超精密加工阶段

对零件上精度和表面粗糙度要求特别高的表面,还应在精加工后进行精密加工甚至超精密加工,如珩磨、研磨、金刚石车削等,以进一步提高加工精度、减小表面粗糙度。

有时由于毛坯余量特别大,表面十分粗糙,在粗加工前还需要有去黑皮的加工阶段,称为荒加工阶段。为了及时发现毛坯的缺陷和减少运输工作量,通常把荒加工放在毛坯车间中进行。

划分加工阶段的原因有以下几点:

① 利于保证加工质量。粗加工时切去的余量较大,因此产生的切削力和切削热都较大,功率的消耗也较多,所需要的夹紧力也大,从而在加工过程中工艺系统的受力变形、受热变形和工件的残余应力变形都大,不可能直接达到高的加工精度和表面质量,需要有后续的加工阶段逐步减少切削用量,逐步修正工件的原有误差。粗、精加工阶段分开还有利于避免精加工表面受到损伤。此外,各加工阶段之间的时间间隔相当于提供了自然时效,有利于使工件消除残余应力和充分变形,以便在后续加工阶段中得到修正。

② 便于合理使用设备和安排工人。粗加工阶段要求使用功率大而精度一般的高效率设备,对工人的技术要求不高;而精加工阶段中则需要使用相应的精密机床和技术水平高的工人。粗、精加工分开既可发挥机床设备各自的性能特点,又可延长高精度机床的使用寿命,还可更合理地安排操作工人。

③ 可及时发现毛坯缺陷。粗加工去除大量余量后,容易发现毛坯的缺陷,以便及时修补或报废,防止其进入精加工阶段而造成更大损失。

④ 便于组织生产。粗、精加工分开有利于经济合理地集中考虑生产环境(如洁净、恒温、隔振等)条件建设。此外,零件的工艺过程中如需插入必要的热处理工序,则自然地工艺过程划分为几个各具不同特点和目的的加工阶段。例如,粗加工后应进行消除残余应力的时效处理;热处理插在精加工之前,有利于通过精加工消除热处理后的变形等。

值得注意的是,工艺过程划分加工阶段是指工件加工的整个过程而言,不能以某一表面的加工和某一工序的加工来判断。例如,有些定位基准面,在半精加工阶段甚至在粗加工阶段就需加工得很准确;而某些钻小孔的粗加工工序,往往又被安排在精加工阶段等。

3. 工序集中与分散

在选定加工方法和划分加工阶段后,就应考虑如何合理地组成工序。工序的集中或分散是拟订工艺路线时确定工序数目的两个不同的原则。工序集中就是在每个工序中加工内容很多,尽可能在一次安装中加工多个表面,或尽量在同一台设计上连续完成较多的加工要求。这样,可使零件工艺过程的工序少,工艺路线短。工序分散则相反,每个工序安排的加工内容很少,工序多,工艺路线长。

(1) 工序集中的特点

① 有利于采用高效的专用设备和工艺装备,大大提高生产效率。

② 由于工件装夹次数少,不仅可减少辅助时间,缩短生产周期,而且可以在一次安装中加工许多表面,易于保证它们的位置精度。

③ 工序数目少,可以减少机床数量,相应的减少了操作工人人数和生产面积,并可简化生产计划和生产组织工作。

④ 机床设备和工艺装备的成本高,调整、维修困难,生产准备时间长、工作量大。

(2) 工序分散的特点

① 机床设备及工艺装备比较简单,容易调整。生产准备工作量小,容易适应产品更换,也易于平衡工序时间及组织流水生产。

② 对工人的技术要求较低。

③ 有利于选用最合理的切削用量,减少基本时间。

④ 设备数量多,操作工人多,生产面积大,工艺路线长。

工序的集中与分散各有特点。在制订工艺规程时,应根据生产类型、零件的结构特点和技术要求、机床设备等具体情况,通过综合经济技术分析后决定采用哪种工艺路线。一般来说,工序分散在较大批量生产时采用,生产批量较小时,多采用工序集中。随着数控机床以及柔性制造系统的技术进步,现代生产工艺多趋于采用工序集中方式。

4. 加工顺序的安排

一个零件上往往有多个表面需要加工,这些表面不仅本身有一定的精度要求,而且各表面间还有一定的位置要求。实际上,各表面的加工顺序受到了定位基准选择和转换的制约,是不能随意安排的。

(1) 机械加工顺序的安排原则

① 先基准,后其他。作为精基准的表面应首先加工,以便为后续工序提供可靠的定位基准面。

② 先粗后精,粗精分开。总体上讲,先安排粗加工工序,后安排精加工工序。对技术要求高的主要表面而言,则应按粗、半精、精、超精的顺序安排加工。

③ 先主后次。先对主要表面进行加工,后安排次要表面加工。主要表面是指装配基面、工作表面等;次要表面是指键槽、紧固用的通孔和螺纹孔等。由于次要表面的加工工作量比较小,而且它们又往往和主要表面有位置精度的要求,因此,一般都放在主要表面的主要加工结束之后,但在最后粗加工或光整加工之前。

④ 先面后孔。较大的平面往往作为主要的定位基准,应先行安排加工。特别是对于孔和平面有较高位置精度要求时,应先加工平面,后加工孔和其他表面。

(2) 热处理及表面处理工序的安排

热处理工序在零件加工工艺过程中的安排,主要是根据工件的材料和热处理的目的。

① 预备阶段热处理。在机械加工前对毛坯进行的热处理工艺,其目的是改善工件的切削性能,常采用的方法是退火或正火。对于高碳钢材料采用退火,以降低硬度;对低碳钢则用正火提高硬度。

② 调质处理。调质使钢的强度和韧性之间有良好的匹配,有较好的综合机械性能,并消除工件的残余应力。通常安排在粗加工之后和半精加工之前。

③ 时效处理。有人工和自然两种时效方式,目的都是为了消除毛坯制造中和机械加工中产生的残余内应力,以稳定加工精度。对于铸件,特别是形状复杂的大型铸件,应安排在铸

造之后或者安排在粗加工之后、精加工之前进行。对于精度要求较高的工件,一般是在粗加工后和半精加工后,分别安排时效处理。对于精度和精度稳定性要求很高的零件,则应安排多次时效处理。

④ 最终阶段热处理。这一阶段的热处理通常安排在半精加工后、精加工(如磨削)前,目的是提高材料的机械性能(如强度、表面硬度和耐磨性)。常用的热处理方法有调质、淬火、渗碳淬火等。为获得更高的疲劳强度、表面硬度和耐磨性,有的零件还需在磨削之后、超精加工之前进行氮化处理。

⑤ 表面处理。某些零件为了进一步提高表面的抗蚀能力,增加耐磨性,使表面美观光泽,常采用表面处理工艺,使零件表面覆盖金属镀层(铬、锌、镍、铜、金、银、铂)、非金属涂层(油漆、磷化)和氧化膜(钢的发蓝、发黑、钝化,铝合金的阳极氧化处理)等。表面处理工序通常安排在加工工艺过程的最后。此外,零件表面的强化工序(如滚压)也安排在精加工之后进行。

(3) 检验与辅助工序的安排

检验工序有加工质量检验和特种检验两种。加工质量检验除自检以外,一般在粗加工全部结束后、精加工之前、送往外车间加工前后或重要工序前后安排专门检验工序,以便及时控制质量,避免废品流入后续工序。特种检验,如 X 射线检查、超声波探伤一般安排在加工初始阶段的工件内部质量检查;荧光检查、磁力探伤通常安排在精加工阶段的工件表面(层)质量检查;此外,还有工件的平衡等重要检验一般安排在加工最后阶段进行。

清洗、涂防锈油等辅助工序一般排在工艺过程的最后。

7.3.3 拟订工艺路线的示例

图 7.7 为压缩机活塞杆的零件图,该工件为小批量生产。现以该工件为例,说明工艺规程编制的步骤、内容和方法。

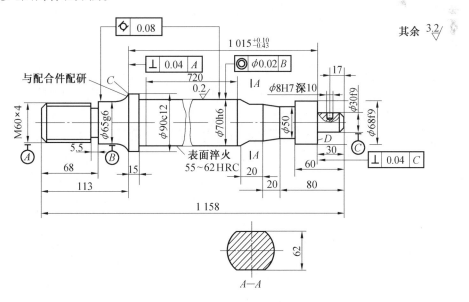

图 7.7 压缩机活塞杆的零件图

1.零件结构特点和技术要求的分析

从加工观点来看,活塞杆属于轴类零件,该轴长径比约等于12,已属细长轴,而且是多阶梯的实心轴,轴上还有螺纹、小孔和退刀槽,轴上多处端面都是用于装配其他零件的基准面。该零件的主要技术要求如下:

① 轴颈的加工精度。轴颈精度分两档:高档处为 IT6 级,圆度、圆柱度 7 级;其他部分 9 级。

② 轴向尺寸精度。轴向尺寸要求不高,其中只有 $1\ 015^{+0.10}_{-0.43}$ mm 标有公差要求。

③ 位置精度。关键的位置精度要求是 ϕ65g6 对 ϕ70h6 圆柱面的同轴度误差不大于 ϕ0.02 mm。还有 C 和 D 两支承端面对活塞杆轴心线的垂直度误差不大于 0.04 mm。

④ 表面粗糙度。Ra 值要求为 0.2 ~ 3.2 μm。

⑤ 热处理。ϕ70h6 外圆在长度为 720 mm 上进行表面淬火,其硬度为 55 ~ 62 HRC,不得存在裂纹。

总的来看,该工件既要保证关键的轴颈尺寸和表面粗糙度,又要满足较高的形状和位置精度。制订工艺规程时,应主要考虑这些技术要求。

2.毛坯选择

由于活塞杆在工作过程中将受很大的拉力和压力,要求有较高的强度,所以采用 45 钢锻造毛坯。

活塞杆的锻造比,用钢锭时应小于 2.5,用轧制钢材时不小于 1.3,直径及两端留加工余量不小于 8 ~ 10 mm。同时,在必要时,毛坯的一端还应留出 80 mm 长,以备做机械性能检查。

3.定位基准的选择

(1) 精基准选择

按基准选择原则,凡有位置精度要求的各表面,最好能在一次安装中进行加工,以利于保证达到技术要求中提出的各项位置精度要求。由于本零件 ϕ70h6 与 ϕ65g6 之间有 ϕ90c12 的凸缘,以外圆定位无法在一次安装中加工出有位置精度要求的有关表面,所以考虑采用双顶尖定位装夹。这样,可做到车削和磨削时的基准统一,也有利于各表面的加工。这就要求在车削前,增加打中心孔的工序(或工步)。

(2) 粗基准选择

考虑所有表面均需加工,可选择靠近两轴端部的外圆作为粗基准来平端面打中心孔。

4.工艺路线的拟订

按照外圆表面加工路线,实现活塞杆主要表面的尺寸精度和表面粗糙度的加工过程是:粗车 → 半精车 → 粗磨 → 精磨。

由于 ϕ70h6 中的一段需要进行表面淬火处理,同时因零件主要表面加工精度及表面粗糙度要求较高,将加工分为粗、半精和精三个阶段。在粗磨之前安排表面淬火工序,最终加工以精磨达到设计技术要求。

由于该零件的生产类型属于小批量生产,工件体积较大,工序间的运输及装夹等过程均需起重设备,故在划分加工阶段进行加工的前提下,工艺路线的安排以工序集中方案为好。

技术条件中规定零件表面不得有裂纹,故应在主要表面加工后,进行磁力探伤。为减少因探伤不合格零件报废所带来的加工损失,将精车工序和车螺纹、钻小孔等次要表面的加工均安排在磁力探伤工序之后。

综上分析,可制订活塞杆的机械加工工艺过程见表 7.1。

表 7.1　活塞杆机械加工工艺过程

序号	工序内容	定位基准	机床设备	序号	工序内容	定位基准	机床设备
1	平毛坯两端面	两端外圆	铣床	7	精磨 $\phi70$ 外圆	中心孔	外圆磨床
2	打中心孔,粗车各部外圆	两端外圆	普通车床	8	磁力探伤		专用设备
3	半精车 $\phi70$、$\phi30$、$\phi50$、$\phi68$ 及 $\phi90$ 外圆	中心孔	普通车床	9	精车 $\phi68f9$、$\phi30f9$、$\phi65g$ 及 C、D 两端面,车螺纹 $M60\times4$	中心孔	普通车床
4	表面淬火($\phi70h6$ 处,长 720)			10	铣 $\phi70h6$ 外圆上两平面至尺寸 62	中心孔	卧式铣床
5	修研中心孔	$\phi70$ 外圆	中心孔磨床	11	钻 $\phi8H7$ 孔底孔	$\phi30$ 外圆和右端面	立式钻床
6	粗磨 $\phi70$ 外圆	中心孔	外圆磨床	12	手铰 $\phi8H7$ 孔		钳工台

7.4　机械加工工序设计

机械加工工序是工件工艺路线的主要组成部分,其设计内容主要是为每一道机械加工工序选择机床与工艺装备、确定加工余量及工序尺寸和公差、选择切削用量、制定工时定额等。

7.4.1　机床与工艺装备的选择

1.机床的选择原则

(1) 机床的加工范围应与工件的外廓尺寸相适应。

(2) 机床的精度应与工序加工要求的精度相适应。

(3) 机床的生产效率应与零件的生产纲领相适应。

单件小批量生产一般选择通用机床,大批大量生产中则广泛采用专用机床和组合机床。

2.工艺装备的选择

工艺装备包括夹具、刀具和量具,其选择原则如下。

(1) 夹具的选择

在单件小批量生产中,应尽量选用通用夹具和组合夹具。在中批生产和大批大量生产中,则应根据工序加工要求设计制造专用夹具。采用成组工艺时,应设计使用成组夹具。

(2) 刀具的选择

主要取决于工序所采用的加工方法、加工表面的尺寸、工件材料、所要求的加工精度和表面粗糙度、生产效率及经济性等。在选择时,一般应尽可能采用标准刀具,必要时可采用高生产效率的复合刀具和其他一些专用刀具。

(3) 量具的选择

主要是根据生产类型和要求检验的精度进行选择。一般的,单件小批量生产尽量采用通用量具量仪,而在大批大量生产中,则应采用各种专用量规和高生产效率的专用检验仪器和检验夹具等。

7.4.2 加工余量及工序尺寸的确定

1.加工余量与工序尺寸的概念

(1) 设计尺寸、工艺尺寸和工序尺寸

工件在机械加工工艺过程中,各个加工表面本身的尺寸及各个加工表面相互之间的距离尺寸和位置关系,在每一道工序中往往是不相同的,它们随着工艺过程的进行而不断改变,一直到工艺过程结束,达到所规定的设计要求。零件图上所标注的尺寸称为设计尺寸,它是工件加工的最终要求,在工艺规程设计中是已知参数。根据加工的需要,在工艺附图或工艺规程中所给出的尺寸称为工艺尺寸。在工艺过程中,某工序加工应达到的尺寸称为工序尺寸。

工序尺寸的正确确定不仅与设计尺寸有关,还与加工工艺过程和各工序的工序余量有关系。

(2) 加工余量

加工余量是指使被加工表面达到加工质量要求所应切除的金属层厚度,分工序余量和加工总余量(毛坯余量)两种。相邻两工序的工序尺寸之差称为工序余量。毛坯尺寸与零件图的设计尺寸之差称为加工总余量(毛坯余量),其值等于各工序的工序余量总和。

因各工序尺寸都有公差,故实际切除的余量大小不等,就产生了工序余量的最大值和最小值。因此,加工余量又有基本余量 Z、最大余量 Z_{max} 和最小余量 Z_{min} 之分。在工艺过程设计中,可依据试切加工原理(极值法)或误差复映原理(调整法)计算工序余量的最大值和最小值。

由于加工表面的形状不同,加工余量又有单边余量和双边余量两种。如平面加工,加工余量为单边余量,即实际切除的金属层厚度;轴和孔的回转面加工,加工余量为双边余量,实际切除的金属层厚度为加工余量的一半。

(3) 工序余量与工序尺寸的关系

以平面和回转面加工为例,工序余量和工序尺寸的关系如图 7.8 所示,其中图 7.8(a)、(c) 为外表面加工,图 7.8(b)、(d) 为内表面加工。

若设定:

$A_a(d_a、D_a)$——上工序的基本尺寸;

$A_b(d_b、D_b)$——本工序的基本尺寸;

$A_{amax}(d_{amax}、D_{amax})$——上工序的最大极限尺寸;

$A_{amin}(d_{amin}、D_{amin})$——上工序的最小极限尺寸;

$A_{bmax}(d_{bmax}、D_{bmax})$——本工序的最大极限尺寸;

$A_{bmin}(d_{bmin}、D_{bmin})$——本工序的最小极限尺寸;

$TA_a(Td_a、TD_a)$——上工序的工序尺寸的公差;

$TA_b(Td_b、TD_b)$——本工序的工序尺寸的公差;

$Z_b、Z_{bmax}、Z_{bmin}$——本工序的工序基本余量、工序最大余量、工序最小余量;

TZ_b——本工序余量的公差。

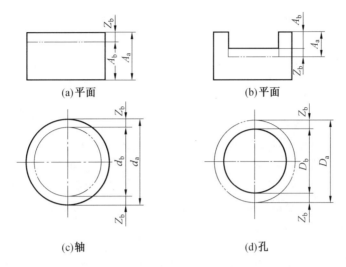

(a)平面　　　　　　　　　　(b)平面

(c)轴　　　　　　　　　　(d)孔

图 7.8　平面和回转面加工时的工序余量

① 如果依据试切加工原理(极值法)计算,则外表面加工时:

本工序的基本余量　　$Z_b = A_a - A_b$

本工序的最大余量　　$Z_{bmax} = A_{amax} - A_{bmin}$

本工序的最小余量　　$Z_{bmin} = A_{amin} - A_{bmax}$

本工序余量的公差　　$TZ_b = Z_{bmax} - Z_{bmin} = TA_a + TA_b$

内表面加工时:

本工序的基本余量　　$Z_b = A_b - A_a$

本工序的最大余量　　$Z_{bmax} = A_{bmax} - A_{amin}$

本工序的最小余量　　$Z_{bmin} = A_{bmin} - A_{amax}$

本工序余量的公差　　$TZ_b = Z_{bmax} - Z_{bmin} = TA_a + TA_b$

可见,如按极值法计算,无论是外表面加工还是内表面加工,本工序余量的公差总是等于上工序与本工序两尺寸公差之和。

② 如果依据误差复映原理(调整法)计算,则外表面加工时:

本工序的基本余量　　$Z_b = A_a - A_b$

本工序的最大余量　　$Z_{bmax} = A_{amax} - A_{bmax}$

本工序的最小余量　　$Z_{bmin} = A_{amin} - A_{bmin}$

本工序余量的公差　　$TZ_b = Z_{bmax} - Z_{bmin} = TA_a - TA_b$

内表面加工时:

本工序的基本余量　　$Z_b = A_b - A_a$

本工序的最大余量　　$Z_{bmax} = A_{bmin} - A_{amin}$

本工序的最小余量　　$Z_{bmin} = A_{bmax} - A_{amax}$

本工序余量的公差　　$TZ_b = Z_{bmax} - Z_{bmin} = TA_a - TA_b$

可见,如按调整法计算,无论是外表面加工还是内表面加工,本工序余量的公差总是等于上工序与本工序两尺寸公差之差。

以上计算结果表明,极值法计算的工序最大余量偏大,工序最小余量偏小,使得工序余量波动较大,工序余量的公差过大。所以,在制订机械加工工艺规程中,单件或小批量生产时多用极值法计算,较大批量生产和生产稳定时也可用调整法计算,这样可节省毛坯材料、降低加工成本。

为了便于加工时控制尺寸和检验时使用通用量具,工序尺寸一般按"基轴制"或"基孔制"标注极限偏差。对于外表面的工序尺寸取上偏差为零,而对于内表面的工序尺寸取下偏差为零。

2. 加工余量的确定方法

加工余量的大小,对工件的加工质量和生产效率以及经济性均有较大的影响。余量过大将增加金属材料、动力、刀具和劳动量的消耗,并使切削力增大而引起工件的变形较大。余量过小则不能很好地修正前一工序的误差,可能造成局部切不到的情况,影响加工质量。确定加工余量的基本原则是在保证加工质量的前提下尽量减少加工余量。

加工余量的确定方法有经验法、查表法、分析计算法。

(1) 经验法

这种方法是根据工厂的加工经验确定的。为了保证不出废品,余量选得往往偏大,故一般多用于单件小批量生产。

(2) 查表法

这种方法是查阅有关工艺设计手册中的加工余量表格来加以确定,是目前工厂中广泛应用的方法。

(3) 分析计算法

这种方法是在了解和分析影响加工余量基本因素的基础上,加以综合计算来确定余量的大小。

影响加工余量的主要因素有上工序加工后的表面粗糙度 Ra_a,上工序加工后产生的表面缺陷层厚度 $T_{缺a}$,上工序加工后形成的表面形状及空间位置误差 ρ_a 和本工序工件的装夹误差 ε_b。每次加工都应保证至少能将具有这些缺陷和误差的金属层切去,即为最小加工余量。由于应在本工序予以修正的各种形位误差,如弯曲度、平面度、同轴度、平行度和垂直度等是空间向量值,装夹误差也是向量值,故最小余量 Z_{bmin} 的计算式应为

$$Z_{bmin} = (Ra_a + T_{缺a}) + | \rho_a + \varepsilon_b |$$

上述 Ra_a 及 $T_{缺a}$ 等值可以查阅有关手册。虽然分析计算法最为经济合理,但受到数据资料精准性和计算复杂性的限制,其应用并不多。

3. 工序尺寸的确定

(1) 工艺尺寸链及其组成环、封闭环

从尺寸链原理可知,机械加工的工艺尺寸链是在加工过程中互相关联的各有关工艺尺寸所组成的尺寸链,其中的每一个工艺尺寸称为环。在加工过程中,最后形成的一环称为封闭环,它必然依附于其他工艺尺寸的形成而最后形成。在工艺尺寸中对封闭环有影响的全部环称为组成环,且分为增环和减环两类。

机械加工工艺尺寸链简图的作法是先从封闭环开始,按照各有关尺寸在工序图上的原有位置和顺序依次首尾相接作出代表各有关尺寸的线段(大致按比例画),直到尺寸线段的终端加到封闭环尺寸线段的起端而形成一个封闭的图形。

图 7.9(a) 所示的零件图中,标注了 $A_1 = (60 \pm 0.2)$mm 及 $A_0 = (25 \pm 0.3)$mm 两个设计

尺寸。而在实际加工时，A_0 尺寸是通过 A_1 和 A_2 两个尺寸加工以后间接获得的。这三个尺寸就形成了相互关联的工艺尺寸链，如图 7.9(b) 所示，其中 A_0 是封闭环，A_1 及 A_2 是组成环，由进一步分析可知，A_1 为增环，A_2 为减环。

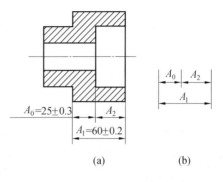

图 7.9　工艺尺寸链示例

（2）工艺尺寸链的计算式

工艺尺寸链的计算方法有两种，即极值法和概率法。目前，在计算机械加工工艺尺寸时广泛采用的是极值法，基本计算式为

$$TA_0 = \sum_{k=1}^{n-1} TA_k \tag{7.1}$$

$$A_{0n} = \sum_{i=1}^{m} A_{in} - \sum_{j=m+1}^{n-1} A_{jn} \tag{7.2}$$

$$A_{0max} = \sum_{i=1}^{m} A_{imax} - \sum_{j=m+1}^{n-1} A_{jmin} \tag{7.3}$$

$$A_{0min} = \sum_{i=1}^{m} A_{imin} - \sum_{j=m+1}^{n-1} A_{jmax} \tag{7.4}$$

$$ESA_0 = \sum_{i=1}^{m} ESA_i - \sum_{j=m+1}^{n-1} EIA_j \tag{7.5}$$

$$EIA_0 = \sum_{i=1}^{m} EIA_i - \sum_{j=m+1}^{n-1} ESA_j \tag{7.6}$$

式中　A_{0n}、A_{0max} 和 A_{0min}——封闭环的基本尺寸、最大极限尺寸和最小极限尺寸；

A_{in}、A_{imax} 和 A_{imin}——组成环中增环的基本尺寸、最大极限尺寸和最小极限尺寸；

A_{jn}、A_{jmax} 和 A_{jmin}——组成环中减环的基本尺寸、最大极限尺寸和最小极限尺寸；

ESA_0、ESA_i 和 ESA_j——封闭环、增环和减环的上偏差；

EIA_0、EIA_i 和 EIA_j——封闭环、增环和减环的下偏差；

TA_0、TA_k——封闭环、组成环的公差；

m——尺寸链中的增环数；

n——尺寸链中的总环数。

为了计算方便，也可将工艺尺寸链中各环的基本尺寸改用平均尺寸标注，且公差改为对称分布的形式。这时，增环的平均尺寸 A_{iM} 和减环的平均尺寸 A_{jM} 分别为

$$A_{iM} = \frac{A_{imax} + A_{imin}}{2} = A_i + \frac{ESA_i + EIA_i}{2} \tag{7.7}$$

$$A_{jM} = \frac{A_{jmax} + A_{jmin}}{2} = A_j + \frac{ESA_j + EIA_j}{2} \tag{7.8}$$

则，封闭环的平均尺寸 A_{0M} 为

$$A_{0M} = \frac{A_{0max} + A_{0min}}{2} = A_0 + \frac{ESA_0 + EIA_0}{2} = \sum_{i=1}^{m} A_{iM} - \sum_{j=m+1}^{n-1} A_{jM} \tag{7.9}$$

采用平均尺寸后，各环尺寸及其偏差即可标注成如下形式：

封闭环为 $A_{0M} \pm \dfrac{TA_0}{2}$；增环为 $A_{iM} \pm \dfrac{TA_i}{2}$；减环为 $A_{jM} \pm \dfrac{TA_j}{2}$

（3）简单工序尺寸的确定

对于简单的工艺尺寸，可以通过设计尺寸或根据各工序余量就可以直接算出各工序尺寸。

① 一次加工即可达到要求的情况。有些零件的表面加工要求不高，可以只用一道工序即可达到要求。此时如果工序基准与设计基准重合，该道工序的工序尺寸可以直接给出，即是零件图上所对应的设计尺寸。

② 同一表面需要经过多次加工时的工序尺寸计算。加工精度和表面粗糙度要求较高的外圆、内孔和平面等，往往都要经过多次加工。若各次加工时的工序基准不变，则工序尺寸计算比较简单。在确定了各工序余量和所能达到的精度后，不必列出尺寸链，就可以由最后一道工序开始直接向前推算出各个工序的工序尺寸。

【例 7.1】　加工某一个钢制工件上的一个孔，其设计尺寸为 $\phi 72.5^{+0.03}_{0}$ mm，表面粗糙度 Ra 为 0.4 μm。现经过粗镗、半精镗、精镗、粗磨和精磨五次加工，试标注各次加工的工序尺寸。

解　首先确定各工序的双边工序余量，经查表分别为：精磨 0.2 mm，粗磨 0.3 mm，精镗 1.5 mm，半精镗 2.0 mm，粗镗 4.0 mm，总余量 8.0 mm。

由此，从最后一道工序推算即可得到各工序的基本尺寸。

精磨后应达到零件设计要求的基本尺寸 $\phi 72.5$ mm；粗磨应为精磨留有足够余量，所以粗磨工序的基本尺寸为 $\phi(72.5 - 0.2) = \phi 72.3$ mm；以此类推，精镗后基本尺寸为 $\phi(72.3 - 0.3) = \phi 72$ mm；半精镗后为 $\phi(72 - 1.5) = \phi 70.5$ mm；粗镗后为 $\phi(70.5 - 2) = 68.5$ mm；毛坯孔为 $\phi(68.5 - 4) = \phi 64.5$ mm。

精磨工序的公差按零件设计要求给定，其他各工序尺寸的公差按不同加工方法的经济精度确定。

综上可得，该孔加工各工序尺寸为：精磨工序尺寸为 $\phi 72.5^{+0.03}_{0}$ mm；粗磨按 IT8 级加工为 $\phi 72.3^{+0.045}_{0}$ mm；精镗按 IT9 级为 $\phi 72^{+0.074}_{0}$ mm；半精镗按 IT10 级为 $\phi 70.5^{+0.12}_{0}$ mm；粗镗按 IT12 级为 $\phi 68.5^{+0.3}_{0}$ mm；毛坯尺寸为 $\phi 64.5 \pm 1$ mm。

根据计算结果可作出单边工序余量、工序尺寸及其公差的分布图，如图 7.10 所示。

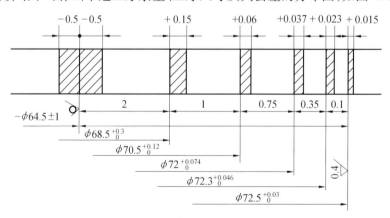

图 7.10　孔的单边工序余量、工序尺寸及其公差的分布图

4.用工艺尺寸链原理解算工艺尺寸

当工件在加工过程中需多次转换工艺基准或工艺尺寸需从尚待继续加工的表面标注等较为复杂的情况时,就应利用工艺尺寸链原理来分析计算。

(1) 基准不重合时的工序尺寸计算

① 定位基准与设计基准不重合的情况。当采用调整法加工一批工件,若所选的定位基准与设计基准不重合,那么该加工表面的设计尺寸就不能由加工直接得到。这时,就需进行有关的工序尺寸计算,以保证设计尺寸的精度要求,并将计算的工序尺寸标注在该工序的工序图上。

【例 7.2】　如图 7.11(a) 所示工件的加工,镗孔是最后一道工序。为便于装夹,选 A 面为定位基准,加工时镗刀铅垂位置按 A 面调整。试计算并标注工序尺寸 A_3。

解　按题意,A、B 和 C 面在镗孔前都已加工完毕,可作出工艺尺寸链如图 7.11(b) 所示。

尺寸 A_1 和 A_2 在本工序中是已有的尺寸,而尺寸 A_3 将是本工序加工直接得到的尺寸,因此这三个尺寸都是尺寸链中的组成环,A_2 和 A_3 是增环,A_1 是减环。A_0 是本工序最后得到的尺寸,是封闭环。为了计算方便,可将各尺寸换算成平均尺寸。

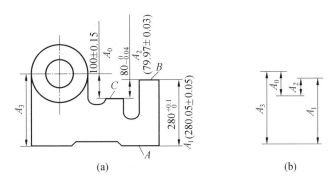

图 7.11　定位基准与设计基准不重合时的工序尺寸计算

根据前述计算式,有

$$A_{0M} = A_{2M} + A_{3M} - A_{1M}$$
$$TA_0 = TA_1 + TA_2 + TA_3$$

得

$$A_{3M} = A_{0M} + A_{1M} - A_{2M} = 100 + 280.05 - 79.97 = 300.08 \, (\text{mm})$$
$$TA_3 = TA_0 - TA_1 - TA_2 = 0.3 - 0.10 - 0.06 = 0.14 \, (\text{mm})$$

因此

$$A_3 = 300.08 \pm 0.07 = 300^{+0.15}_{+0.01} (\text{mm})$$

有些情况下,按上述方法计算出的某一组成环的公差为零或负值,这在实际上是不可能实现的,其原因就是各组成环的公差总和等于或超过了封闭环的公差。就上例而言,如果零件图规定的设计尺寸 A_0 变为 (100 ± 0.08) mm,此时 $TA_3 = 0$,这是不允许的。解决的办法之一是压缩其他组成环的公差,也就是要增加一些尺寸加工难度。如将尺寸 A_1 的公差从 0.1 mm 压缩为 0.06 mm,并取其为上偏差 + 0.06 mm;尺寸 A_2 的公差从 0.06 mm 压缩为 0.04 mm,并取其为下偏差 - 0.04 mm,此时可算得

$$A_{3M} = A_{0M} + A_{1M} - A_{2M} = 100 + 280.03 - 79.98 = 300.05 \text{（mm）}$$
$$TA_3 = TA_0 - TA_1 - TA_2 = 0.16 - 0.06 - 0.04 = 0.06 \text{（mm）}$$

因此

$$A_3 = 300.05 \pm 0.03 = 300^{+0.08}_{+0.02} \text{（mm）}$$

② 测量基准与设计基准不重合的情况。在加工或检查工件的某个表面时,有时不便按设计基准直接进行测量,就要选择另外一个合适的表面作为测量基准,以间接测量来检验设计尺寸。为此,需要进行有关工序尺寸的计算。

【例 7.3】　如图 7.12(a) 所示工件,设计尺寸为 $10^{\ 0}_{-0.36}$ mm 和 $50^{\ 0}_{-0.17}$ mm。因尺寸 $10^{\ 0}_{-0.36}$ mm 不便测量,拟改测尺寸 x。请分析确定尺寸 x 的数值和公差。

解　尺寸 $10^{\ 0}_{-0.36}$ mm、$50^{\ 0}_{-0.17}$ mm 和 x 构成一个直线尺寸链。由于尺寸 $50^{\ 0}_{-0.17}$ mm 和 x 是直接测量得到的,因而是尺寸链的组成环。尺寸 $10^{\ 0}_{-0.36}$ mm 是间接得到的,是封闭环。由极值法可求得

$$x = 40^{+0.19}_{0} \text{ mm}$$

如果测量尺寸 x 为 40 ~ 40.19 mm,即可证实加工是符合设计尺寸 $10^{\ 0}_{-0.36}$ mm 要求的,没有超差。

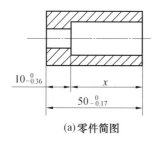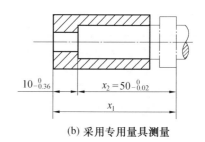

(a)零件简图　　　　　　　　　　(b) 采用专用量具测量

图 7.12　测量尺寸链示例

在实际生产中可能会出现这样的情况:虽然 x 的测量值超出了 $40^{+0.19}_{0}$ mm 的范围,但尺寸 $10^{\ 0}_{-0.36}$ mm 不一定超差。例如,测得 x 为 40.36 mm,超出测量尺寸允许范围,似乎尺寸 $10^{\ 0}_{-0.36}$ mm 不能合格了。但如果此时尺寸 $50^{\ 0}_{-0.17}$ mm 刚好加工成所允许的最大值 50 mm,则可算得尺寸 $10^{\ 0}_{-0.36}$ mm 实际为 10 mm,并未超差。这就是出现了"假废品"。

分析可知,只要测量尺寸 x 的超差量小于或等于其他组成环公差之和,就可能出现假废品。此时,需要对零件进行复查,看其是否真正超差,从而加大了检验工作量。

为了减小假废品出现的可能性,有时可采用专用量具,如图 7.12(b) 所示,通过测量尺寸 x_1 间接检验尺寸 $10^{\ 0}_{-0.36}$ mm。此时,专用量具尺寸可以做得比较精密,例如 $x_2 = 50^{\ 0}_{-0.02}$ mm,则由尺寸链可求出

$$x_1 = 60^{-0.02}_{-0.36} \text{ mm}$$

由此可见,采用适当的专用量具可使测量尺寸获得较大的公差,并使出现假废品可能性大为减小。

(2) 工件加工过程中的中间工序尺寸计算

在工件的机械加工过程中,凡与前后工序尺寸有关的工序尺寸属于中间工序尺寸,这类工序尺寸的计算又可分为几种不同类型。

① 与加工余量有关的中间工序尺寸计算。

【例7.4】 某阶梯轴的设计尺寸如图7.13(a)所示。工件已钻好顶尖孔,其轴向尺寸的机械加工过程为:第1序,车外圆及端面3,保证尺寸A_1;第2序,车平面1至尺寸$80_{-0.2}^{0}$ mm(直接测量),车小直径外圆至A_a(直接测量);第3序,磨端面2至尺寸$30_{-0.14}^{0}$ mm(直接测量)。试计算确定工序尺寸A_a。

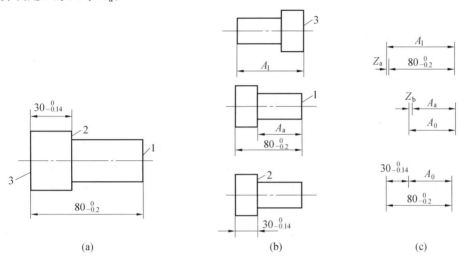

图7.13 阶梯轴及其工序简图和工艺尺寸链

解 由所设定的工艺过程,可作各工序简图和各尺寸链如图7.13(b)、(c)所示。

第1道工序尺寸A_1仅根据设计尺寸$80_{-0.2}^{0}$ mm及第2道工序1面的工序余量即可直接推算出,此处略去不作讨论。

第2序加工尺寸A_a的确定与第3序磨端面后得到的尺寸A_0直接有关,只相差端面余量Z_b,属于中间工序尺寸,需通过A_0计算获得。

在尺寸$80_{-0.2}^{0}$ mm、$30_{-0.14}^{0}$ mm 和 A_0 所组成的工艺尺寸链中,由于尺寸$80_{-0.2}^{0}$ mm 和 $30_{-0.14}^{0}$ mm 均为直接加工得到的,故 A_0 为该三者组成尺寸链的封闭环。由此可计算

$$A_{0max} = 80 - 29.86 = 50.14 \ (mm)$$
$$A_{0min} = 79.8 - 30 = 49.8 \ (mm)$$

得 $$A_0 = 50_{-0.20}^{+0.14} \ mm, \quad TA_0 = 0.34 \ mm$$

为进一步求出A_a,先查表得$Z_{bmin} = 0.5$ mm,并取$TA_a = 0.4$ mm($> TA_b$),然后再利用前述利用极值法计算内表面加工时工序尺寸和工序余量的关系式计算。

由 $$Z_{b \ min} = A_{b \ min} - A_{a \ max} = A_{0 \ min} - A_{a \ max}$$
得 $$A_{amax} = A_{0min} - Z_{bmin} = 49.80 - 0.5 = 49.30 \ (mm)$$
又 $$A_{amin} = A_{amax} - TA_a = 49.30 - 0.4 = 48.90 \ (mm)$$
故 $$A_a = 40_{-0.10}^{+0.30} \ mm$$

② 工序基准是尚待继续加工的设计基准时的中间工序尺寸计算。

【例7.5】 加工具有键槽的内孔,其机械加工工艺过程(见图7.14(a))为:第1序,镗孔至$\phi39.6_{0}^{+0.10}$ mm;第2序,插键槽,工序基准为镗孔后的内孔母线,工序尺寸为A;第3序,磨内孔至$\phi40_{0}^{+0.05}$ mm,同时保证$43.6_{0}^{+0.34}$ mm的设计尺寸。试计算工序尺寸A。

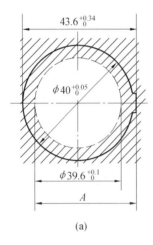

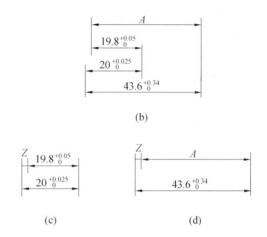

图 7.14   内孔及键槽加工及其工艺尺寸链

解   为了计算尺寸 A，以孔中心线为起点，按加工工艺过程作工艺尺寸链如图 7.14(b) 所示。图中尺寸 $19.8^{+0.05}_{0}$ mm 是工序 1 镗孔所得到的半径尺寸，是直接尺寸，即组成环；尺寸 $20^{+0.025}_{0}$ mm 是在工序 3 磨孔时直接得到的尺寸，也是组成环；图中尺寸 A 则是工序 2 中加工直接得到的尺寸，所以也是组成环；剩下的尺寸 $43.6^{+0.34}_{0}$ mm 则是在磨孔工序中间接得到的尺寸，所以是封闭环。根据工艺尺寸链计算公式

$$A_{0n} = 43.6 = 20 + A_n - 19.8$$

$$ESA_0 = 0.34 = 0.025 + ESA - 0$$

$$EIA_0 = 0 = 0 + EIA - 0.05$$

得 $A_n = 43.4$ mm，$ESA = 0.315$ mm，$EIA = 0.05$ mm

于是插键槽工序的工序尺寸为

$$A = 43.4^{+0.315}_{+0.05} \text{ mm} = 43.45^{+0.265}_{0} \text{ mm}$$

本题也可以通过磨孔余量来计算中间工序尺寸 A，为此作两个工艺尺寸链如图 7.14(c)、(d) 所示。

在图 7.14(c) 中，余量 Z 是由镗孔得到的尺寸和磨孔得到的尺寸所形成的，是封闭环，尺寸 $19.8^{+0.05}_{0}$ mm 和 $20^{+0.025}_{0}$ mm 是组成环，经计算得

$$Z = 0.2^{+0.025}_{-0.05} \text{ mm}$$

在图 7.14(d) 中，余量 Z 和尺寸 A 都是组成环，尺寸 $43.6^{+0.34}_{0}$ mm 是由该两个组成环所形成的尺寸，所以是封闭环。于是

$$A = 43.4^{+0.315}_{+0.05} \text{ mm} = 43.45^{+0.265}_{0} \text{ mm}$$

两种算法的结果是一致的。

(3) 有表面处理时的工序尺寸计算

当有些零件需要进行表面处理时，在其加工工艺设计过程中，往往也要计算有关的工序尺寸。

零件表面处理方法有渗入(渗氮、渗碳等) 和镀层(镀铬、镀锌等) 两大类，以下分别对这两种情况进行分析。

【例 7.6】   如图 7.15(a) 所示的轴颈衬套，内孔 $\phi 145^{+0.04}_{0}$ 需表面渗氮，且要求在加工后

保留有渗层厚度为 0.3 ~ 0.5 mm。内孔表面的加工过程是:磨内孔到尺寸 $\phi 144.76^{+0.04}_{0}$ mm → 渗氮(厚度为 δ) → 磨内孔到设计要求 $\phi 145^{+0.04}_{0}$ mm。试计算渗氮工序的渗层厚度 δ。

解 作工艺尺寸链如图 7.15(b) 所示,图中各尺寸用半径的平均尺寸表示。由于零件设计要求保证的渗层厚度 (0.4 ± 0.1) mm 是在磨削内孔后间接获得的,是封闭环。由此经计算得渗氮工序时的渗层厚度为

$$\delta = (0.52 \pm 0.08) \text{mm}$$

【**例 7.7**】 图 7.16(a) 所示圆环零件的外圆表面要求镀铬,其工艺过程是:磨削工件外圆至尺寸 ϕA → 镀铬控制镀层厚度双边为 0.05 ~ 0.08 mm,并获得设计尺寸 $\phi 30^{0}_{-0.045}$ mm。试计算磨削工序尺寸 ϕA。

解 按单边尺寸建立尺寸链如图 7.16(b) 所示。由加工工艺过程可知,镀层厚度是镀铬时直接控制的,在尺寸链中是组成环,可写成 $0.04^{0}_{-0.015}$;而零件设计尺寸 $\phi 30^{0}_{-0.045}$(单边尺寸为 $15^{0}_{-0.0225}$)是镀后间接保证的,是封闭环。可解得

$$A_{\max}/2 = 15 - 0.04 = 14.96 \text{ (mm)}$$
$$A_{\min}/2 = (15 - 0.022\,5) - (0.04 - 0.015) = $$
$$14.952\,5 \text{ (mm)}$$

故

$$\phi A = \phi 29.92^{0}_{-0.015} \text{ mm}$$

在分析零件表面处理问题时要注意,对于仅为美观或防锈需要,镀层没有精度要求时,不需进行相应工序尺寸的换算。

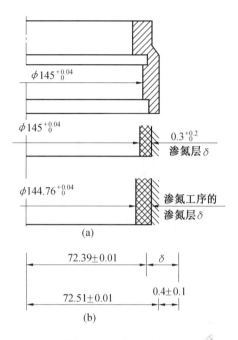

图 7.15 轴颈衬套及保证渗层厚度的工艺尺寸链

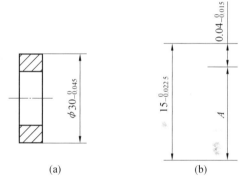

图 7.16 圆环零件及其工艺尺寸链

(4) 工序尺寸计算综合例题

如图 7.17 所示箱体零件,在中批量生产中,其顶面、底面及主轴支承孔的加工过程如下:

① 粗铣顶面 R,以主轴支承孔为基准,保证尺寸 A_1;

② 粗铣底面 M,以顶面 R 为定位基准,保证尺寸 A_2;

③ 磨顶面 R,以底面 M 为定位基准,保证尺寸 A_3,磨削余量为 $Z_3 = 0.35$ mm;

④ 镗主轴支承孔,以顶面 R 为基准,保证尺寸 A_4,同轴度为 $\delta = 0 \pm 0.5$ mm;

⑤ 磨底面 M,以顶面 R 为基准,保证尺寸 A_5,该尺寸亦即零件图上的设计尺寸 (335 ± 0.05) mm;同时间接得到设计尺寸 (205 ± 0.1) mm,磨削余量 $Z_5 = 0.25$。

根据图 7.17 所示各工序的尺寸联系,从后向前逐步解算出各道工序的工序尺寸。

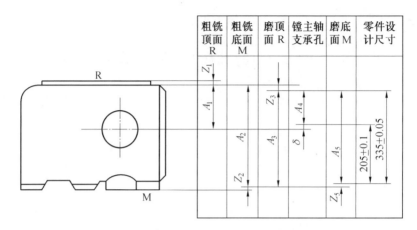

图 7.17   箱体工件部分工艺过程尺寸联系图

解算步骤如下：

① $A_5 = (335 \pm 0.05)$mm(设计尺寸)；

② A_4 可按图 7.18(a) 所示尺寸链求出，这里(205 ± 0.1)mm 尺寸是封闭环，可求得
$$A_4 = (130 \pm 0.05)\text{mm}$$

③ A_3 是磨削 R 面后所获得尺寸，再去掉余量 Z_5 即得到 A_5。因是中批量生产，可按误差复映原理外表面余量公式计算，由
$$Z_{5\min} = 0.25 = A_{3\min} - A_{5\min} = A_{3\min} - 334.95$$
求得
$$A_{3\min} = 0.25 + 334.95 = 335.20 \ (\text{mm})$$

按 IT10 规定 A_3 公差等级，有 $TA_3 = 0.23$ mm，则 $A_{3\max} = 335.43$ mm，因此
$$A_3 = 335.43^{\ 0}_{-0.23} \text{ mm}$$

④ A_2 与 A_3 计算类似，由 $Z_{3\min} = 0.35 = A_{2\min} - A_{3\min} = A_{2\min} - 335.20$，得 $A_{2\min} = 335.55$ mm。

按 IT11 规定 A_2 的公差，有 $TA_2 = 0.36$ mm，则 $A_{2\max} = 335.91$ mm，因此
$$A_2 = 335.91^{\ 0}_{-0.36} \text{ mm}$$

⑤ A_1 所涉及的尺寸较多，相关尺寸组成的尺寸链如图7.18(b)所示，其中 δ 为所镗孔实际中心与理论中心的偏差值。在 A_2、A_3、A_4 已确定的情况下，A_1 的大小决定了 δ 值，因此 δ 为封闭环。如用平均尺寸形式表示，有
$$\delta_M = A_{1M} - A_{4M} + A_{3M} - A_{2M}$$

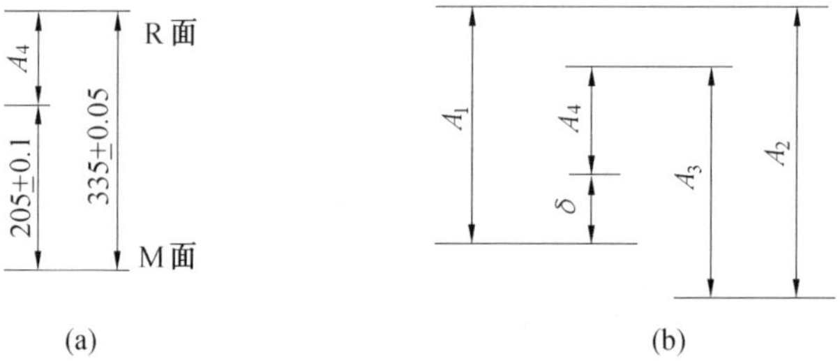

(a)   (b)

图 7.18   计算 A_4 和 A_1 的工艺尺寸链

得 $\quad A_{1M} = A_{2M} - A_{3M} + A_{4M} + \delta_M = 335.73 - 335.315 + 130 + 0 = 130.415$（mm）

若用 $T\delta$ 表示同轴度公差，则有 $T\delta = TA_1 + TA_2 + TA_3 + TA_4$，故

$$TA_1 = T\delta - TA_2 - TA_3 - TA_4 = 1 - 0.36 - 0.23 - 0.1 = 0.31 \text{（mm）}$$

所以 $\quad A_1 = (130.415 \pm 0.155)\text{mm}$

7.4.3 合理切削用量选择原则及工时定额计算

1. 合理切削用量的选择

合理切削用量的选择原则与方法见 3.8 节。

2. 工时定额 t_w 计算

在一定条件下，规定一件产品或完成一道工序所需的时间，称为工时定额，用 t_w 表示。工时定额是安排生产计划、成本核算、确定设备、厂房和人员配置的主要依据。合理的工时定额能促进工人的生产技能和技术熟练程度的不断提高、调动工人的积极性，从而不断促进生产发展和不断提高生产效率。

工时定额由以下几部分组成。

（1）机动时间 t_m

机动时间是直接改变生产对象的尺寸、形状、相对位置、表面状态或材料性质等工艺过程所消耗的时间，用 t_m 表示，包括刀具的趋近、切入切出、切削加工等时间。

（2）辅助时间 t_{ot}

辅助时间是为实现工艺过程所必须进行的各种辅助动作所消耗的时间，用 t_{ot} 表示，包括装卸工件、启动和停开机床、改变切削用量、测量工件等所消耗的时间。

机动时间和辅助时间的总和（$t_m + t_{ot}$）称为作业时间，即直接用于制造产品零、部件所消耗的时间。

（3）布置工作地时间 t_s

布置工作地时间指为使加工正常进行，工人照管工作地（如更换刀具、润滑机床、清理切屑、收拾工具等）所消耗的时间，用 t_s 表示。t_s 很难精确估计，一般按作业时间（$t_m + t_a$）的百分数 α（为 2 ~ 7）来计算。

（4）休息与生理需要时间 t_r

休息与生理需要时间指工人在工作班内为恢复体力和满足生理上的需要所消耗的时间，用 t_r 表示，也按作业时间（$t_m + t_a$）的百分数 β（一般取 2）来计算。

（5）准备与终结时间 t_e

准备与终结时间是工人为了生产一批产品和工件，进行准备和结束工作所消耗的时间，用 t_e 表示。它包括熟悉工艺文件、领取毛坯、安装刀具和夹具、调整机床以及在加工一批零件终结后所需拆下和归还工艺装备、发送成品等所消耗的时间。

准备与终结工作对一批工件而言只需要一次，工件批量 N 越大，分摊到每个工件上的准备与终结时间就越少，在大量生产中计算工时定额时则可忽略不计。

由此，成批生产时的工时定额为

$$t_w = t_m + t_a + t_s + t_r + \frac{t_e}{N} = (t_m + t_a)\left(1 + \frac{\alpha + \beta}{100}\right) + \frac{t_e}{N} \tag{7.10}$$

大量生产时的工时定额为

$$t_w = (t_m + t_a)\left(1 + \frac{\alpha + \beta}{100}\right) \tag{7.11}$$

7.5 数控加工工艺

数控加工工艺是伴随着数控机床的产生、发展而逐步形成与完善的应用技术,是对大量数控加工实践的经验总结。

7.5.1 数控加工及其特点

数控加工与普通机床加工在方法和内容上有许多相似之处,不同点主要表现在控制方式上。一些在普通机床上加工需要工作人员考虑和操作的内容和动作,如主轴的启停、切削液的开关、工步的划分与顺序、走刀路线和位移量、主轴转速、进给量、切削深度等,在数控加工前要按照规定的数码形式编制成程序。在加工时,控制系统按程序进行运算和控制,并不断地向机床的伺服机构发送信号,再由传动机构驱动机床的相关部件做预定的运动,完成所要求工件的自动加工。

数控加工与使用人工控制的普通机床或利用凸轮、靠模、挡块等装置控制的传统自动化机床加工相比,具有如下优点:

① 加工精度高且质量稳定,可用于加工在普通机床上难以保证精度,甚至无法加工的复杂工件。

② 柔性好,适合于品种多、批量小以及新产品试制等工件更换频繁的场合。

③ 工序集中,多轴联动的数控加工还可在工件一次装夹下完成铣、镗、钻、铰、攻螺纹等多种方式的加工。

④ 机床利用率高,操作自动化,辅助时间少,生产效率高。

⑤ 便于实现计算机辅助设计与制造。

但由于数控机床设备投资大、加工费用高、技术复杂,其使用也受到一定的局限。在实际工作中,要协调合理地选用数控机床加工和普通机床加工。考虑到生产效率和经济效益,有些工件的加工不适合使用数控机床,如:① 生产批量大的工件(不排除可能有个别工序采用数控加工);② 装夹困难或完全靠找正定位来保证加工精度的工件;③ 加工余量波动很大,且在数控机床上无在线检测系统可自动调整工件坐标位置的工件。

7.5.2 数控加工工艺过程设计

数控加工工艺过程设计是对工件进行数控加工的前期工艺准备工作,是数控编程的必要依据。工艺人员需要经过严密细致的考虑和准确无误的编程,才能有效避免在数控加工中出现差错和失误。

1.数控加工工艺特点

数控机床加工与普通机床加工相比,在许多方面都遵循着基本一致的原则,在工艺方法上也有很多相似之处。由于数控加工自动化程度高,全部工艺过程、工艺参数在加工前都编制在数控程序中,所以数控加工工艺过程设计比普通加工工艺具体、详细,如工件在机床或夹具上的装夹位置、工步的安排、各部件运动次序、刀具的选用、走刀路线等,都必须在工艺设计中认真考虑和明确规定。

2.数控加工工艺过程设计的主要内容

① 综合考虑加工质量、生产效率和经济效益各方面,合理选择并决定工件上的数控加工内容。

② 分析零件图的数控工艺性。

③ 设计数控加工的工艺路线。

④ 数控加工的工序设计。

3.数控加工工艺过程设计中需注意的问题

数控加工工艺过程设计的原则和内容在许多方面与普通加工相同,以下针对需注意的主要不同点进行简要说明。

(1) 工件的数控工艺性分析

数控加工的工艺性问题设计内容很多,仅从加工的可能性与方便性考虑,在分析审查零件图时应注意以下主要内容。

① 尺寸标注方法。数控机床加工精度及重复定位精度都很高,适合数控加工的尺寸标注方法是以同一基准引注尺寸或直接给出坐标尺寸,这样便于尺寸之间的相互协调和编程。

② 轮廓的几何元素。如果零件设计者考虑不到或不周,可能会出现构成零件轮廓的几何元素的条件不充分或模糊不清。如圆弧与直线、圆弧与圆弧是相切还是相交,要与根据图样给出的尺寸计算结果相符,否则编程将无法进行。

工件内腔和外形的几何类型和尺寸应尽量统一,以利于减少刀具数量和换刀次数,便于编程,提高生产效率。

此外,从刀具加工能力和生产效率等方面考虑,工件上内槽圆角半径决定了刀具直径,不宜设计得过小;需用铣削加工工件槽底平面时,槽底圆角不能过大,否则将影响刀具端刃切削的能力,使工艺性更差。

③ 定位基准。数控加工工艺特别强调定位加工,尤其是正反两面都采用数控加工的工件,其定位基准的统一十分必要,否则很难保证两次装夹加工后两个面上的轮廓位置及尺寸协调。如果工件上没有合适的基准,可以考虑在工件上专门设置定位用的工艺孔;也可考虑增加工艺凸台作为定位基准,在加工完成后再将其去除。

(2) 数控加工工艺路线设计

数控加工工艺路线并不一定是工件加工的整个工艺过程,可能仅仅是几道数控加工工序的概括。因此,数控加工工艺路线设计要与工件加工的整个工艺过程相协调,并应主要注意以下两点。

① 工序的划分。采用数控加工,工序可以比较集中,力争在一次装夹中尽可能完成大部分或全部加工任务。在划分工序时,一定要视零件的结构、技术要求与工艺性、数控加工内容及其多少、装夹方式、机床的功能、本厂生产条件等具体情况综合处理,一般可按如下方法划分。

i.按安装次数划分。以一次安装完成的那一部分工艺过程为一道工序,适用于加工内容不多的工件,加工完成后就能达到待检状态。

ii.按用刀情况划分。以同一把刀具完成的那一部分工艺过程为一道工序。例如,在专用数控机床和加工中心上加工时,为减少换刀次数和空程时间,应尽可能在一次装夹中用一把刀具加工出可能加工的所有部位,然后再换刀加工其他部位。

iii. 按粗、精加工划分。对于结构刚度较差、加工质量要求较高的零件,应按粗、精加工划分成工序,不允许在一次装夹中将零件的某一部分表面加工完毕,再加工其他部分。

iv. 按结构特点划分。以完成相同型面的那一部分工艺过程为一道工序。对于加工表面多而复杂的零件,可按其各类结构特点(内形、外形、曲面、平面等)划分成多道工序。

② 数控加工工序与普通加工工序的衔接。在工件的整个加工工艺过程中,数控加工工序一般都是穿插在普通加工工序之间,因此在数控加工工艺路线设计中一定要兼顾普通加工工序的安排,使两者在整个过程中相互协调。

如果某普通加工工序作为数控加工工序的前序时,则要完成好数控加工对工件毛坯尺寸、形状等方面的要求;如果某数控加工工序以后还安排有常规的精加工工序,则要为后序加工留出适当的加工余量;各工序都要为下道工序准备好具有足够精度的定位基准。为此,负责该工件加工的各类工艺人员和编程人员应对相关工艺文件进行互审、会签,集思广益,以保证整个加工工艺规程的可行性和先进性。

(3) 数控加工的工序设计

数控加工的工序设计和普通机床加工工序设计的任务基本相同,但有其特殊性。以下仅介绍有关的主要问题。

① 装夹方案及夹具。根据数控加工的特点,在确定工件的装夹方案时要力求设计基准、工艺基准与编程原点统一,以减少基准不重合误差和数控编程的计算工作量;要设法减少装夹次数,尽可能在一次装夹后能加工出全部或大部分待加工表面;要避免占机人工调整,以充分发挥数控加工效率。

数控机床使用的夹具,一般只需要"定位"和"夹紧"两项功能。对其提出的基本要求是,既要保证夹具的坐标方向与机床的坐标方向相对固定,又能协调工件与机床坐标系的尺寸,还要注意夹具元件和机构不能妨碍刀具换刀、走刀的动作,夹具的使用方便、高效。

单件小批量生产时,优先选用组合夹具、可调整夹具和其他通用夹具;成批生产时,要采用结构尽量简单的专用夹具,数控机床夹具要求工件的装卸快速、方便,以缩短机床的停顿时间。批量较大的工件加工可以采用多工位、气动或液压夹具。

② 走刀路线。走刀路线是刀具在整个工序中相对于工件的运动轨迹,它不但包括了工步的内容,而且反映了工步的顺序,是编写程序的依据之一。确定走刀路线应注意以下几点。

i. 加工路线应保证加工精度和表面粗糙度。合理选择精加工余量,并在最终轮廓加工时应安排一次连续走刀加工。

ii. 在保证加工质量前提下,尽量缩短走刀路线,减少空行程,提高生产效率,尤其对于点位加工。

iii. 数控加工非直线轮廓的旋转体工件时,由于毛坯多为棒料或锻料,加工余量大且不均匀,加工路线可先用直线和斜线程序去除粗加工余量,再用圆弧程序经加工成形。

iv. 应尽量避免沿工件内、外廓曲线的法向切入(切出),而应从其延长线的切向切入(切出),以防在切入(切出)处产生刻痕。

v. 对于位置精度要求高的孔系加工,要注意安排孔的加工顺序和走刀路径,以免将机床传动副的反向间隙带入进给运动,影响孔的位置精度。

ⅵ.型腔加工时的走刀路线一般有三种,如图 7.19 所示,其中图 7.19(a) 为行切法走刀,效果较差;图 7.19(b) 为环切法加工的走刀路线;图 7.19(c) 为先用行切,最后用环切光整轮廓表面的走刀路线,不仅走刀路径短,而且有利于保证加工精度,是最好的一种走刀路线。

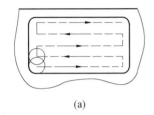 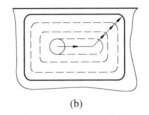 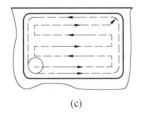

(a)　　　　　　　　　　　(b)　　　　　　　　　　　(c)

图 7.19　型腔加工的走刀路线

③ 对刀点与换刀点。对刀点是数控加工时刀具相对于工件运动的起始点,也是程序运行的起点。确定了对刀点,也就确定了机床坐标系和工件坐标系之间的相互位置关系。对刀点找正的准确度直接影响加工精度。对刀点的选择应使对刀方便、找正容易,便于数学处理和简化程序编制,应尽量选择在零件的设计基准或定位基准上。

换刀点是指刀架转位是的位置,应根据工序内容来选择,通常设在工件或夹具的外部,要防止换刀时刀具碰伤工件及其他部件。

7.6　机械加工工艺过程的生产效率与经济性分析

在制订机械加工工艺规程时,必须妥善处理好生产效率与经济性问题,要力求达到优质、高产、低成本。

生产效率是指一个工人在单位时间内生产出的合格产品的数量,也可用完成单件产品或单个工序所耗费的时间来表示。机械加工的经济性,则是研究如何用最少的消耗生产出合格的机械产品。

7.6.1　提高生产效率的工艺途径

提高生产效率不单纯是机械加工技术问题,而且还与产品设计、生产组织与管理工作有关,是个系统工程的问题。这里主要讨论与机械加工工艺有关的提高生产效率的途径。

合理地利用高生产效率的机床和工艺装备,采用先进的工艺方法,进而达到缩减各个工序的单件生产时间,是提高生产效率的主要途径。

1.缩减机动时间

缩减机动时间的工艺措施主要有以下 4 种。

（1）提高切削用量

增大切削速度、进给量和背吃刀量(切削深度),都可以缩减基本工时,从而减少单件工时,是机械加工中广泛采用的提高生产效率的有效方法。但提高切削用量会使工艺系统的弹性变形加大、切削温度升高、刀具磨损增大以及增加振动,从而影响加工精度和表面质量。因此,切削用量的增加受到了限制。采用先进刀具材料和优化刀具几何参数,改进机床、提高刚度和驱动功率,可以突破增加切削用量所受到的限制。

（2）减少切削行程

工件上需要进行加工的长度一般已由零件设计图纸所决定。但实际加工，仍可以采取措施设法缩短切削行程。例如，用多把刀具同时切削，改纵向进给为横向进给，宽砂轮做切入磨削等。

（3）采取复合工步和多件加工

采用复合工步，可使各工步基本工时全部或部分重合，减少了工序的基本工时。多件装夹一次加工，也是减少基本工时的有效方法。

（4）采用新工艺与新技术

在大批生产中，可用拉削、滚压代替铣、铰、磨削；在中小批量生产中，可用精刨或精磨、金刚镗等代替刮研；用线切割加工冲模，以减少钳工工作量等，都可以大大提高生产效率。

2. 缩减辅助时间

缩减辅助时间的主要工艺措施如下：

（1）采用先进的上下料装置和夹具，缩短装卸和装夹工件的时间。

（2）使装卸工件的辅助时间与基本工时重合。如采用转位夹具、转位工作台、往复式工作台等，在一个工件被加工的同时，装卸另一工件，如图7.20(a) 所示。

（3）采用连续加工，工件连续递进，装卸工件不需停机，使机床空程明显缩短。图7.20(b)是在有连续回转工作台的铣床上对工件依次进行粗、精加工的示例。

（4）采用主动检测或数字显示自动测量装置，减少加工过程停机测量时间。

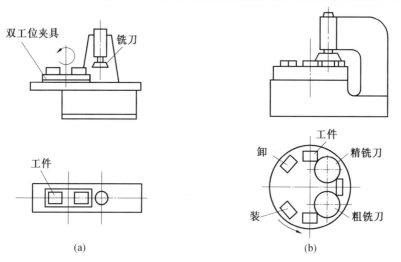

图7.20 辅助时间与基本工时重合的示例

3. 缩短布置工作地时间

采用各种快速换刀、自动换刀装置，减少换、调刀时间，如采用快速夹头，不重磨可转位刀片等。采用新刀具材料和制备工艺，提高刀具使用寿命。

4. 缩减准备与终结时间

在批量不大时，准备与终结时间对生产效率影响较大，可从以下几方面考虑。

（1）在中小批量生产中可采用成组工艺和成组夹具。

（2）在数控加工中采用离线编程和加工过程仿真技术，避免占用机床时间。

（3）使夹具和刀具调整通用化，操作快捷、简便。

7.6.2 工艺方案的经济性分析

对同一工件的加工，可能会有不同的加工工艺方案，并且都可满足零件的技术要求。但不同的加工方案，经济性可能大不相同。合理制订工艺规程所追求的，则是在满足质量要求和给定生产条件下的最为经济的工艺方案，经济性最好是指生产成本最低。

生产成本是制造一个零件或一个产品所必需的一切费用的总和，这种生产费用又分为与工艺过程有关和与工艺过程无关两类。通常，与工艺过程有关的费用称为工艺成本，占生产成本的 60% ~ 75%。对工艺方案进行经济性分析时，只需对前一类费用（即工艺成本）进行分析。

1. 工艺成本

工艺成本由可变费用（V）和不变费用（S）组成。可变费用是与年产量有关并与之成正比例的费用，包括材料费、人工费、机床使用费、设备及工艺装备维修费、刀具消耗费等。不变费用是与年产量变化没有直接关系的费用，一般包括专用机床折旧、夹具、量具、辅具等费用。

全年的工艺成本（C）可表示为

$$C = S + V \cdot N \tag{7.12}$$

式中　N——零件年产量。

单件工艺成本（C_s）为

$$C_s = C/N = \frac{S}{N} + V \tag{7.13}$$

2. 工艺方案比较

根据上述工艺成本公式，可对不同工艺方案的经济性进行分析比较。

图 7.21 给出了两种不同工艺方案的工艺成本与年产量之间的关系，两条直线交汇于临界年产量 N_c 处。

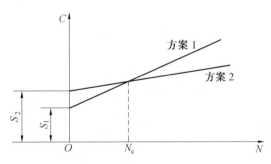

图 7.21　两种工艺方案的比较

在图 7.21 关系中 N_c 处有

$$C = S_1 + V_1 N_c = S_2 + V_2 N_c$$

得临界年产量为

$$N_c = \frac{S_2 - S_1}{V_1 - V_2}$$

显见，当产品或零件的年产量少于 N_c 时，宜采用工艺方案 1；当年产量多于 N_c 时，宜采用工艺方案 2。

　　应当指出,在进行经济分析比较时,还应全面考虑改善劳动条件,提高生产效率,以及促进生产技术发展等问题。

复习思考题

7.1　设计机械加工工艺规程时应遵循哪些原则?

7.2　不同生产类型对毛坯的要求有什么不同?

7.3　选择精基准时为什么要遵循"基准重合"的原则?试举例说明。

7.4　选择粗基准时应遵循的根本原则是什么?

7.5　试选择题 7.5 图所示三个工件的粗、精基准。其中图(a)是齿轮,$m = 2, z = 37$,毛坯为热轧棒料;图(b)是液压油缸,毛坯为铸铁件,孔已铸出;图(c)是飞轮,毛坯为铸件,均为批量生产。图中除了有不加工符号的表面外,均为粗加工。

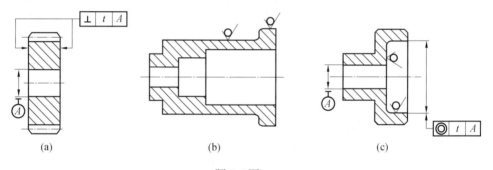

题 7.5 图

7.6　选择表面加工方法的依据是什么?

7.7　为什么对加工质量要求较高的零件在拟定工艺路线时要划分加工阶段?

7.8　工序的集中或分散各有什么优缺点?目前的发展趋势是哪一种?

7.9　为什么有时在零件的工艺过程中要安排时效处理?通常安排在什么时候?调质和渗碳淬火又通常安排在什么时候?

7.10　什么是毛坯余量?影响工序余量的因素有哪些?确定余量的方法有哪几种?抛光、研磨等光整加工的余量如何确定?

7.11　今加工一批直径为 $\phi 25_{-0.021}^{0}$ mm、$Ra0.8\ \mu m$、长度为 55 mm 的光轴的工件,材料为 45钢,毛坯直径为 $\phi 28 \pm 0.3$ mm 的热轧棒料,试确定其在大批量生产中的工艺路线以及各工序的工序尺寸、工序公差及其偏差。

7.12　如题 7.12 图所示:(a) 为一轴套工件,尺寸 $38_{-0.1}^{0}$ mm 和 $8_{-0.05}^{0}$ mm 已加工好;(b)、(c)、(d) 为钻孔加工时三种定位方案的简图。试计算各种定位方案的工序尺寸 A_1、A_2 和 A_3。

7.13　加工题 7.13 图所示一批零件,有关的加工过程如下:

(1) 以 A 面及 $\phi 60$ 外圆定位,车 $\phi 40$ 外圆及端面 D、B,保证尺寸 $\phi 30_{-0.20}^{0}$;

(2) 调头,以 D 面及 $\phi 40$ 外圆定位,车 A 面,保证零件总长为 A_{0}^{+TA};钻 $\phi 20$ 通孔,镗 $\phi 25$孔,用测量方法保证孔深为 $25.1_{0}^{+0.15}$ mm;

(3) 以 D 面定位磨削 A 面,用测量方法保证 $\phi 25$ 孔深尺寸为 $25_{0}^{+0.10}$ mm,加工完毕。求尺寸 A_{0}^{+TA}。

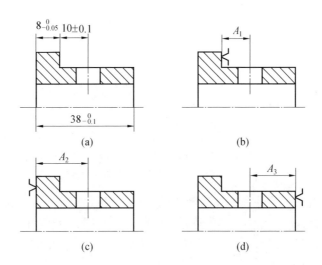

题 7.12 图

7.14 加工题 7.14 图所示一轴及其键槽，图纸要求轴径为 $\phi30_{-0.032}^{0}$ mm，键槽深度尺寸为 $26_{-0.2}^{0}$ mm，有关的加工过程如下：

(1) 半精车外圆至 $\phi30.6_{-0.1}^{0}$ mm；

(2) 铣键槽至尺寸 A_1；

(3) 热处理；

(4) 磨外圆至 $\phi30_{-0.032}^{0}$ mm，加工完毕。

求工序尺寸 A_1。

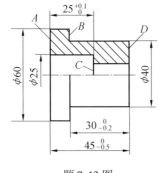

题 7.13 图

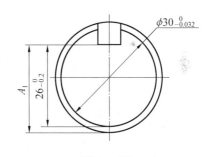

题 7.14 图

第8章

机器的装配工艺

8.1 概　　述

任何机器都是由许多零件和部件装配而成。装配是机器制造中的最后阶段,包括装配、调整、检验、试验等。机器的质量最终是通过装配保证的,装配质量在很大程度上决定机器的最终质量。通过机器的装配过程可以发现机器设计和零件加工质量等所存在的问题,并加以改进,以保证机器的质量。

1. 机器装配的基本概念及装配工艺过程

组成机器的最小单元是零件,无论多么复杂的机器都是由许多零件所构成。为了便于装配,通常将机器分成若干个独立的装配单元。图8.1所示为机器装配工艺系统示意图,在图上可以看出装配单元通常可划分为五个等级,即零件、套件、组件、部件和机器。

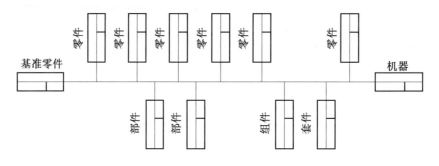

图8.1　机器装配系统示意图

零件是组成机器的基本元件,通常不直接装入机器,而是预先装配成套件、组件或部件后,再进入总装。

在一个基准零件上,装上一个或若干个零件构成的部分称为套件,为此进行的装配工作称为套装,它是装配的最小单元。每个套件只有一个基准零件,起到连接相关零件和确定各零件的相对位置的作用。套件可以是若干个零件永久性的连接(焊接或铆接等),也可以是连接在一个基准零件上的少数零件的组合。套件组合后,有的可能还需要加工,例如发动机连杆小头孔压入衬套后需要再经精镗孔。图8.2(a)所示为套件的一个示例,其中蜗轮属于基准零件。

在一个基准零件上,装上一个或若干个套件和零件就构成一个组件。每个组件只有一个基准零件,它连接相关零件和套件,并确定它们的相对位置。为形成组件而进行的装配称为组装。有时组件中没有套件,由一个基准零件和若干零件所组成,它与套件的区别在于组件在以后的装配中可拆,而套件在以后的装配中一般不再拆开,可作为一个零件参加装配。图8.2 (b) 为一个组件示例,其中蜗轮和齿轮合件是先前准备好的一个套件,阶梯轴为基准零

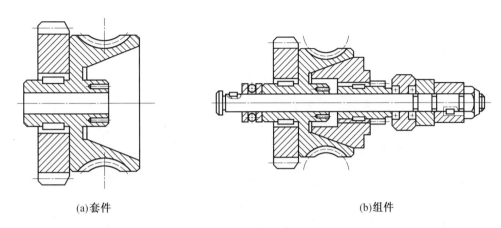

(a)套件   (b)组件

图 8.2   套件和组件示例

件。图 8.3(a) 所示为组件装配系统图。

在一个基准零件上装上若干个组件、套件和零件就构成了部件。同样,一个部件只能有一个基准零件,由它来连接各个组件、套件和部件,决定它们之间的相对位置。为形成部件而进行的装配工作称为部装。图 8.3(b) 所示为部件装配系统图。

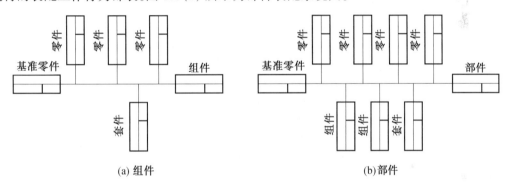

(a) 组件   (b)部件

图 8.3   组件和部件装配单元系统示意图

在一个基准零件上,装上若干个部件、组件、套件和零件就成为机器,或称产品。同样,一台机器也只能有一个基准零件,其作用与上述相同。为形成机器而进行的装配工作称为总装。如一台车床就是由主轴箱、进给箱、溜板箱等部件和若干组件、套件、零件所组成,而床身就是基准零件。

图 8.1 所示的机器装配系统图表明,装配过程由基准零件开始,沿水平线自左向右进行装配,一般将零件画在上方,把套件、组件、部件画在下方,其排列的顺序就是装配的顺序。图中的每一方框表示一个零件、套件、组件或部件。每个方框分为三个部分,上方为名称、下左方为编号,下右方为数量。有了装配系统图,整个机器的结构和装配工艺就很清楚。因此装配系统图是一个很重要的装配工艺文件。

2. 装配精度

装配精度不仅影响产品的质量,而且还影响制造的经济性,它是确定零部件精度要求和制订装配工艺规程的一项重要依据。

在设计产品时,可根据用户提出的要求,结合实际,用类比法确定装配精度。某些重要的精度要求,还可采用试验法。对于一些系列化、标准化的产品,如减速机和通用机床等,可根据国家标准或部颁标准确定其装配精度。

归纳起来,机床装配精度的主要内容包括:零部件间的尺寸精度、相对运动精度、相互位置精度和接触精度。

零部件间的尺寸精度包括配合精度和距离精度,其中配合精度是指配合面间达到规定的间隙或过盈的要求。

相对运动精度是指有相对运动的零部件在运动方向和运动位置上的精度。运动方向上的精度包括零部件相对运动时的直线度、平行度和垂直度等。

接触精度是指两配合表面、接触表面间达到规定的接触面积大小与接触点分布情况,它影响接触刚度和配合质量的稳定性。

机器、部件、组件等由零件装配而成,因而零件的有关精度直接影响到相应的装配精度。例如滚动轴承游隙的大小,是装配的一项最终精度要求,它由滚动体的精度、轴承外圈内滚道的精度及轴承内圈外滚道的精度来保证。这时就应严格地控制上述三项有关精度,使三项误差的累积值等于或小于轴承游隙的规定值。又如尾座移动相对溜板移动的平行度要求,主要取决于溜板用导轨与尾座用导轨之间的平行度,如图 8.4 所示,也与导轨面间的配合接触质量有关。

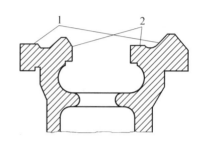

图 8.4　车床导轨截面图
1— 溜板用导轨;2— 尾座用导轨

一般情况下,装配精度由有关组成零件的加工精度来保证。对于某些装配精度要求高的项目,或组成零件较多的部件,装配精度如果完全由有关零件的加工精度直接保证,则对各零件的加工精度要求很高,这会给加工带来困难,甚至无法加工。此时,常按加工经济精度来确定零件的精度要求,使之易于加工,而在装配时采用一定的工艺措施(如修配、调整、选配等)来保证装配精度。这样做虽然增加了装配的劳动量和装配成本,但从整个机器的制造来说,仍是经济可行的。

可见,要合理地保证装配精度,必须从机器的设计、零件的加工、机器的装配以及检验等全过程来综合考虑。在机器设计过程时,应合理地规定零件的尺寸公差和技术条件,并设计、校核零、部件的配合尺寸及公差是否协调。在制订装配工艺、确定装配工序内容时,应采取相应的工艺措施,合理地确定装配方法,以保证机器性能和重要部位装配精度要求。

本书对装配工艺研究的主要内容有:装配尺寸链、保证装配精度的工艺方法和装配工艺规程的设计。

8.2　装配尺寸链

8.2.1　装配尺寸链的概念

装配尺寸链是以某项装配精度指标(或装配精度要求)作为封闭环,查找所有与该项目精度指标(或装配要求)有关零件的尺寸(或位置要求)作为组成环而形成的尺寸链。

图 8.5 所示为装配尺寸链的例子。图中小齿轮在装配后要求与箱壁之间保证一定的间

隙 A_0，与此间隙有关零件的尺寸为箱体内壁尺寸 A_1、齿轮宽度 A_2 及 A_3，这组尺寸 A_1、A_2、A_3、A_0 即组成一装配尺寸链，A_0 为封闭环，其余为组成环。组成环分为增环和减环。本例中 A_1 为增环，A_2、A_3 为减环。

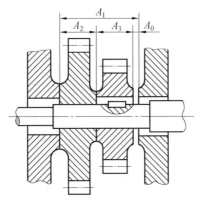

图 8.5　装配尺寸链举例

8.2.2　装配尺寸链的种类及其建立步骤

装配尺寸链可以按各环的几何特征和所处空间位置分为长度尺寸链、角度尺寸链、平面尺寸链及空间尺寸链。

1. 长度尺寸链

图 8.5 所示全部环为长度尺寸的尺寸链就是长度尺寸链，像这样的尺寸链一般能方便地从装配图上直接找到，但一些复杂的多环尺寸链就不易迅速找到。下面通过实例说明建立长度尺寸链的方法。

图 8.6 所示为某减速器的齿轮轴组件装配示意图。齿轮轴 1 在左右两个滑动轴承 2 和 5 中转动，两轴承又分别压入左箱体 3 和右箱体 4 的孔内。装配精度要求齿轮轴台肩和轴承 2 端面间的轴向间隙为 0.2 ~ 0.7 mm，试建立以轴向间隙为装配精度的尺寸链。

一般建立尺寸链的步骤如下：

（1）确定封闭环

装配尺寸链的封闭环是装配精度要求，本例中 $A_0 = 0.2 ~ 0.7$ mm。

（2）查找组成环

装配尺寸链的组成环是相关零件的相关尺寸。相关尺寸是指相关零件上的相关设计尺寸，它的变化会引起封闭环的变化。本例中的相关零件是齿轮轴 1、左滑动轴承 2、左箱体 3、右箱体 4 和右滑动轴承 5。确定相关零件以后，以它们的相关尺寸作为组成环，本例中的相关尺寸是 A_1、A_2、A_3、A_4 和 A_5，它们是以 A_0 为封闭环的装配尺寸链中的组成环。

在查找组成环时，应遵循装配尺寸链组成的最短路线原则。由尺寸链的基本理论可知，在给定装配精度的条件下，如果对该精度有影响的零件数目越多，则各零件所分配到的制造公差值就越小，这就意味着加工难度和生产成本增加。因此，一方面在机器结构设计时应考虑使相关零件尽量少；另一方面在结构已定的装配关系中，组成装配尺寸链的每个相关零、部件只能有一个尺寸作为组成环列入，即一件一环，这就是装配尺寸链的最短路线原则。

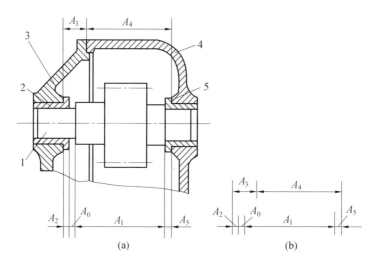

图 8.6　齿轮轴组件的装配示意图及尺寸链

1— 齿轮轴;2— 左滑动轴承;3— 左箱体;4— 右箱体;5— 右滑动轴承

(3) 画尺寸链图,并确定组成环的性质

将封闭环和所找到的组成环画出尺寸链图,如图 8.6(b) 所示。组成环中与封闭环箭头方向相同的环是减环,即 A_1、A_2 和 A_5 是减环;组成环中与封闭环箭头方向相反的环是增环,即 A_3 和 A_4 是增环。

上例尺寸链的组成环都是长度尺寸,有时长度尺寸链中还会出现形位公差环和配合间隙环。

如图 8.7 所示普通车床床头和尾座两顶尖对床身平导轨面等高度要求的装配尺寸链。按规定,当最大工件回转直径为 $D_a \leqslant 400$ mm 时,前后两顶尖的等高要求为 0 ~ 0.06 mm(只许尾座顶尖高)。

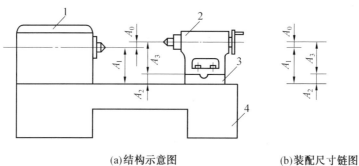

(a)结构示意图　　　　　　　　　(b)装配尺寸链图

图 8.7　普通车床床头和尾座两顶尖的等高度要求示意图

1— 主轴箱;2— 尾座;3— 底板;4— 床身

以下分析如何建立其装配尺寸链。

① 确定封闭环。装配尺寸链的封闭环是装配精度要求 $A_0 = 0$ ~ 0.06 mm(只许尾座高)。

② 查找组成环。从图 8.7(a) 所示的结构示意图中,用相关部件或组件代替多个相关零件,有利于减少尺寸链的环数。由此,按照装配基准为联系的方法查找到相关零件是尾座底板 3 和床身 4,相关部件为主轴箱 1 和尾座 2,成为尺寸链的组成环。

相关零、部件确定后,进一步确定相关尺寸。本例中各相关零件的装配基准大多是圆柱面(孔和轴)和平面,因而装配基准之间的关系大多是轴线间位置尺寸和形位公差,如同轴度、平行度和平面度等以及轴和孔的配合间隙所引起的轴线偏移量。若轴和孔是过盈配合,则可认为轴线偏移量等于零。

本例中,由于前后顶尖和两锥孔都是过盈配合,故它们的轴线偏移量等于零。因此可以把主轴锥孔的轴线和尾座套筒的轴线作为前后顶尖的轴线。同样主轴轴承的外环和主轴箱体的孔也是过盈配合,故主轴轴承外环的外圆轴线和主轴箱体孔的轴线重合。

同时,考虑到前顶尖中心位置的确定是取其跳动量的平均值,即主轴回转轴线的平均位置,它就是轴承外环内滚道的轴线位置。因此,前顶尖前后锥的同轴度、主轴锥孔对主轴前后轴颈的同轴度、轴承内环孔和内环外滚道的同轴度,以及滚柱的不均匀性等都可不计入装配尺寸链中。此时,尺寸链中虽仍有 A_1 和 A_3 尺寸,但它们的含义已不是部件尺寸,而是相应零件的相关尺寸。

③ 画尺寸链图。由以上分析画出尺寸链如图 8.8 所示,图中的组成环有:

A_1—— 主轴箱体的轴承孔轴线至底面尺寸;

A_2—— 尾座底板厚度;

A_3—— 尾座体孔轴线至底面尺寸;

e_1—— 主轴轴承外环内滚道(或主轴前锥孔)轴线与外环外圆(即主轴箱体的轴承孔)轴线的同轴度;

e_2—— 尾座套筒锥孔轴线与其外圆轴线的同轴度;

e_3—— 尾座套筒与尾座体孔配合间隙所引起的轴线偏移量;

e_4—— 床身上安装主轴箱体和安装尾座底板的平导轨面之间的平面度。

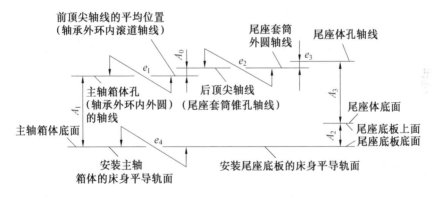

图 8.8　车床两顶尖等高度的装配尺寸链
(兼有长度尺寸、形位公差和配合间隙等环)

2. 角度尺寸链

全部环为角度的尺寸链称为角度尺寸链。

(1) 建立角度尺寸链的步骤

建立角度尺寸链的步骤和长度尺寸链一样,也是先确定封闭环,再查找组成环,最后画出尺寸链图。

图 8.9 所示是立式铣床主轴回转轴线对工作台面的垂直度在机床的横向垂直平面内为 $0.025/300\ \text{mm}(\beta_0 \leqslant 90°)$ 的装配尺寸链。图中所示字母的含义为:

β_0——封闭环,主轴回转轴线对工作台面的垂直度(在机床横向垂直平面内);

β_1——组成环,工作台台面对其导轨面在前后方向的平行度;

β_2——组成环,床鞍上、下导轨面在前后方向上的平行度;

β_3——组成环,升降台水平导轨面与立导轨面的垂直度;

β_4——组成环,床身大圆面对立导轨面的平行度;

β_5——组成环,立铣头主轴回转轴线对立铣头回转面的平行度(组件相关尺寸)。

(2) 判断角度尺寸链组成环性质的方法

常见的形位公差环有垂直度、平行度、直线度和平面度等,它们都是角度尺寸链中的环。其中,垂直度相当于角度为90°的环,平行度相当于角度为0°的环,直线度或平面度相当于角度为0°或180°的环。下面介绍几种常用的判别角度尺寸链组成环性质的方法。

① 直观法。直接在角度尺寸链的平面图中,根据角度尺寸链组成环相关参数的增加或减少,来判别其对封闭环的影响,从而确定其性质的方法称为直观法。

以图8.9所示的角度尺寸链为例,具体分析各组成环性质的方法。

垂直度增加或减少的影响能从尺寸链图中明显看出,所以判别垂直度环的性质比较方便。本例中的垂直度环 β_3 属于增环。

由于平行度的基本角度为0°,因而该环在任意方向上的变化,都可以看成角度在增加。为了判别平行度环的性质,必须先要有一个统一的准则来规定平行度环的增加或减少。统一的准则是把平行度看成角度很小的环,并约定角度顶点的位置。一般角顶取在尺寸链中垂直环角顶较多的一边。本例中平行度环 β_1、β_2 的角

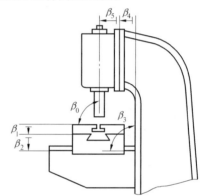

图8.9　立式铣床主轴回转轴线对工作台面的垂直度的装配尺寸链

度顶点取在右边,β_5、β_4 的角度顶点取在下边。根据这一约定,可判别 β_1、β_2、β_5、β_4 是减环,β_3 是增环,得角度尺寸链方程式为

$$\beta_0 = \beta_3 - (\beta_1 + \beta_2 + \beta_4 + \beta_5)$$

② 公共角顶法。公共角顶法是把角度尺寸链的各环画成具有公共角顶形式的尺寸链图,进而再判别其组成环的性质。

由于角度尺寸链一般都具有垂直度环,而垂直度环都有角顶,所以常以垂直度环的角顶作为公共角顶,尺寸链中的平行度环也可以看成角度很小的环,并约定公共顶角作为平行度环的角顶。

现以图8.9所示的角度尺寸链为例,介绍具有公共角顶形式的尺寸链的绘制方法。首先取垂直度环 β_0 的角顶为公共角顶,并画出 $\beta_0 \approx 90°$,接着按相对位置依次以小角度画出平行度环 β_1 和 β_2(往下方向)以及平行度环 β_4 和 β_5(往右方向),最后用垂直度环 β_3 封闭整个尺寸链图,从而形成图8.10所示的具有公共角顶形式的尺寸链图,其中 β_3 是增环,β_1、β_2、β_4 和 β_5 是减环。

用类似长度尺寸链的方法写出角度尺寸链方程式为

$$\beta_0 = \beta_3 - (\beta_1 + \beta_2 + \beta_4 + \beta_5)$$

图 8.9 所示的角度尺寸链中的垂直度环都在同一象限(第二象限),因而具有公共角顶的角度尺寸链图就能封闭。当两个垂直度环不在同一象限时,可借助于一个 180° 角进行转化。

③ 角度转化法。直观法和公共角顶法都是把角度尺寸链中的平行度环转化成小角度环,再判别组成环的性质。但是,在实际测量时,常和上述情况相反,是用直角尺把垂直度转化成平行度来测量的。这样把尺寸链中的垂直度都转化成平行度,就能画出平行度关系的尺寸链图。

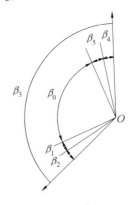

图 8.10　具有公共角顶点的尺寸链图

图 8.11(a) 所示为立式铣床主轴回转轴线对工作台面的垂直度要求的装配尺寸链和装配示意图,在工作台、床鞍和升降台上各放置一直角尺后,就能把原角度尺寸链中的垂直度环 β_0 和 β_3 转化成平行度环。同时,为了使尺寸链中所有环都能按同方向的平行度环来处理,故也把原角度尺寸链小的平行度环 β_1 和 β_2 也转过 90°,最后形成如图 8.11(b) 所示的全部为平行度环的尺寸链图。

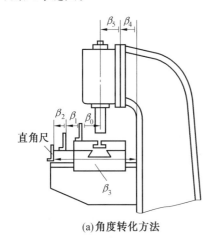

(a) 角度转化方法　　　　　　　　(b) 角度转化后的尺寸链图

图 8.11　立式铣床主轴回转轴线对工作台面垂直度要求用角度转化法建立尺寸链

(3) 角度尺寸链的线性化

以上介绍的判别组成环性质的方法都是希望用类似长度尺寸链的方法解决角度尺寸链问题。一般将角度尺寸链中常见的垂直度和平行度用规定长度上的偏差值来表示,如规定在 300 mm 长度上,偏差不超过 0.02 mm 或公差带宽度为 0.02 mm,即用"0.02 mm/300 mm"表示,而且全部环都用同一规定长度,那么角度尺寸链的各环都可直接用偏差值或公差值进行计算,最后在计算结果上再注明统一的规定值。这样处理的结果,把角度尺寸链的计算也变为同长度尺寸链一样方便。在实际生产中,常用角度尺寸链线性化的方法。

3. 平面尺寸链

平面尺寸链是由成角度关系布置的长度尺寸构成,且处于同一或彼此平行的平面内。如

图 8.12(a)、(b) 所示分别为保证齿轮传动中心距 A_0 的装配尺寸联系示意图及尺寸链图。

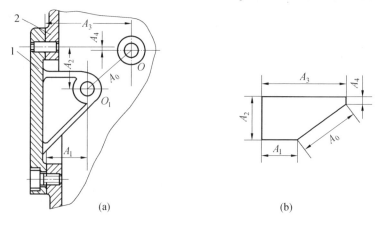

图 8.12   平面尺寸链示例
1— 盖板;2— 支架

8.2.3   装配尺寸链的计算方法

装配尺寸链的计算方法有极值解法和概率解法两类。

极值解法的优点是简单可靠,但由于它是根据各尺寸的极限情况推导出来的封闭环与组成环的关系式,所以在封闭环为既定值的情况下,计算所得的组成环公差过于严格。特别是当封闭环精度要求高,组成环数目多时,计算出的组成环公差甚至无法用机械加工来保证。在大批量生产下,组成环数目又较多时可用概率解法来计算尺寸链,这样可扩大零件的制造公差,降低制造成本。

这两类计算方法将结合以下具体的装配方法予以介绍。

8.3   保证装配精度的方法

选择装配方法的实质,就是在满足装配精度要求的条件下选择相应的经济合理的解算装配尺寸链的方法。在生产中常用的保证装配精度的方法有:互换装配法、选择装配法、修配装配法与调整装配法。

8.3.1   互换装配法

按互换程度的不同,互换装配法分为完全互换装配法与大数互换装配法。

1. 完全互换装配法

在全部产品中,装配时所有组成环零件不需挑选或改变其大小或位置,装入后即能达到封闭环的公差要求,这种装配方法称为完全互换装配法。选择完全互换装配法时,采用极值公差公式计算。

(1) 正计算(验算过程)

当所有零部件加工完成后,需要对之进行装配,为了保证零部件装配后能满足装配精度指标要求,尺寸链中封闭环的极值公差应小于或等于封闭环的公差要求值。已知与装配精度

有关的各零、部件的尺寸,求解装配精度要求尺寸的过程称为正计算过程或验算过程。若装配可以满足设计要求,则存在:

$$TA_{0L} \leqslant TA_0 \tag{8.1}$$

因为

$$TA_{0L} = \sum_{k=1}^{n-1} | \xi_k | TA_k$$

所以有

$$\sum_{k=1}^{n-1} | \xi_k | TA_k \leqslant TA_0$$

式中　　TA_{0L}——封闭环的极值公差;

　　　　TA_0——封闭环公差要求值(精度指标要求值);

　　　　TA_k——第 k 个组成环公差;

　　　　ξ_k　——第 k 个组成环传递系数;

　　　　n　——装配尺寸链总环数。

对于线性尺寸链,$| \xi_k | = 1$,则此时尺寸链中各环公差之间的关系应满足

$$\sum_{k=1}^{n-1} TA_k \leqslant TA_0 \tag{8.2}$$

(2) 反计算(设计过程)

在完全互换法的计算中,已知装配精度指标要求,求解与之有关的各零、部件尺寸的过程,称为反计算或设计过程。反计算主要用于产品的设计过程。

当遇到反计算问题时,可按"等公差"原则先求出各组成环的平均极值公差$T_{M,L}$,对于线性尺寸链($| \xi_k | = 1$)反计算:

$$T_{M,L} = \frac{TA_0}{n-1} \tag{8.3}$$

再根据生产经验,考虑到各组成环尺寸的大小和加工难易程度在$T_{M,L}$基础上进行适当调整(亦称之为公差分配)。但调整后的各组成环公差之和仍不得大于封闭环的公差。

在各零件尺寸计算和公差分配时可参照如下原则:

① 当组成环是标准件尺寸时(如轴承环或弹性挡圈的厚度等),其公差大小和分布位置在相应的标准中已有规定,为已定值,直接按国标或部标选取,不需计算。

② 某一组成环是几个装配尺寸链的公共环时,其公差大小和公差带分布位置应由对其要求最严的那个尺寸链先行确定;而对其余尺寸链,该环尺寸已是定值。

③ 当分配待定的组成环公差时,一般可按经验视各环尺寸加工难易程度加以分配。其分配方法是:尺寸大小相近,加工方法相同,则取其公差相等;难加工或难测量的组成环,其公差取较大值;易加工或易测量的组成环,其公差取较小值。

在公差分配过程中,如果各组成环公差完全根据经验分配,则组成环公差之和往往不能满足装配精度指标要求,亦即不满足式(8.2),这是不能允许的。为保证装配精度的可靠实现,需要从各组成环中选出一个组成环,用来协调因其他组成环进行公差分配时与封闭环的装配关系,从而使组成环公差分配后仍能满足装配精度指标要求。这个组成环称为协调环A_x。协调环应是:易加工或易测量的组成环;非标准件;非公共环。

当公差分配完毕后,在确定除协调环以外各组成环的极限偏差(公差分布位置)时,一般可按"入体原则"确定。即组成环为包容面时,按基孔制(H)决定其上偏差;组成环为被包

容面时,按基轴制(h)决定其下偏差;若组成环是中心距,则按对称分布 $\pm\dfrac{TA_k}{2}$ 选取。

必须注意的是,协调环的公差及极限偏差不能通过公差分配和按"入体原则"来标注,要通过计算获得。

协调环 A_x 公差的计算公式为

$$TA_x = TA_0 - \sum_{k=1}^{n-2} TA_k \qquad (8.4)$$

协调环极限偏差按极值法解算尺寸链的公式进行计算。

除采用上述"等公差"方法外,也可采用"等精度"法将装配精度要求分配给各组成环。该法使各组成环都按同一精度等级制造,由此求出平均公差等级系数,再按尺寸查出各组成环的公差值,最后仍需适当调整各组成环的公差。由于"等精度"法计算比较复杂,计算后仍要进行公差调整,故"等精度"法用得不多。

2. 大数互换装配法

大数互换装配法是指在产品装配中,绝大多数组成环零件不需挑选或改变其大小或位置,装入后即能达到封闭环公差要求的装配方法。大数互换装配法采用统计公差公式计算。为保证绝大多数产品的装配精度要求,尺寸链中封闭环的统计公差应小于或等于封闭环的公差要求值。

很显然,大数互换装配法的尺寸链问题也分为正计算与反计算两个方面。

(1) 正计算(验算过程)

大数互换装配法的正计算与完全互换法类似。因是大数互换,故要求尺寸链中封闭环的统计公差应小于或等于封闭环的公差要求值,即要求

$$TA_{0S} \leqslant TA_0 \qquad (8.5)$$

因为

$$TA_{0S} = \frac{1}{\kappa_0}\sqrt{\sum_{k=1}^{n-1} \xi_k^2 \kappa_k^2 TA_k^2}$$

所以

$$\frac{1}{\kappa_0}\sqrt{\sum_{k=1}^{n-1} \xi_k^2 \kappa_k^2 TA_k^2} \leqslant TA_0$$

式中　　TA_{0S}——封闭环统计公差;

ξ_k——第 k 个组成环传递系数;

κ_0——封闭环的相对分布系数;

κ_k——第 k 个组成环的相对分布系数。

对于直线尺寸链,当各组成环及封闭环均呈正态分布时,则 $k_0 = k_k = |\xi_k| = 1$,因此

$$TA_{0S} = \sqrt{\sum_{k=1}^{n-1} TA_k^2} \leqslant TA_0 \qquad (8.6)$$

(2) 反计算(设计过程)

在大数互换装配法的反计算过程中,也可按"等公差"原则进行,先求出各组成环的平均统计公差 $T_{M,S}$。对于直线尺寸链,当各组成环及封闭环均呈正态分布时,则有

$$T_{M,S} = \frac{TA_0}{\sqrt{n-1}} \qquad (8.7)$$

比较式(8.3)和式(8.7)可知;当封闭环公差 TA_0 相同时,组成环的平均统计公差 $T_{M,S}$ 大

于平均极值公差 $T_{M,L}$。由此可见,大数互换装配法的实质是使各组成环的公差比完全互换装配法所规定的公差大 $\sqrt{n-1}$ 倍,从而使组成环的加工比较容易,降低加工成本。但是,这样做的结果会使一些产品装配后超出现定的装配精度要求,从而出现少量的废品。在此,可用统计公式计算其超差的数量。

在大数互换装配法的计算过程中,其组成环公差与极限偏差的计算以一定的置信水平为依据。置信水平 P 代表装配后合格产品所占的百分数,$(1-P)$ 代表超差产品的百分数。通常,封闭环趋近正态分布,取置信水平 P 为 99.73%,这时相对分布系数 $\kappa_0 = 1$,产品中有 $(1-P) = 0.27\%$ 的超差产品,实际生产中可近似认为无超差产品。在某些生产条件下,要求适当放大组成环公差时,可取较低的 P 值。产品中有大于 0.27% 的超差产品,P 与 κ_0 相应数值见表 8.1。

表 8.1 置信水平 P 与相对分布系数 κ_0 的关系

置信水平 $P/\%$	99.73%	99.5%	99%	98%	95%	90%
相对分布系数 κ_0	1	1.06	1.16	1.29	1.52	1.82

与完全互换装配法同理,当求出平均统计公差后,大数互换装配法需要将封闭环公差对各组成环公差进行分配和调整,并按"入体原则"对除协调环以外的组成环尺寸进行标注,然后求解协调环尺寸。

为了用概率法计算方便,可将工艺尺寸链中各环的基本尺寸改用平均尺寸标注,且公差改为对称分布的形式。由第 7 章式(7.7) ~ 式(7.9)知,增环的平均尺寸 A_{iM} 和减环的平均尺寸 A_{jM} 分别为

$$A_{iM} = \frac{A_{imax} + A_{imin}}{2} = A_i + \frac{ESA_i + EIA_i}{2}$$

$$A_{jM} = \frac{A_{jmax} + A_{jmin}}{2} = A_j + \frac{ESA_j + EIA_j}{2}$$

封闭环的平均尺寸 A_{0M} 为

$$A_{0M} = \frac{A_{0max} + A_{0min}}{2} = A_0 + \frac{ESA_0 + EIA_0}{2} = \sum_{i=1}^{m} A_{iM} - \sum_{j=m+1}^{n-1} A_{jM} \tag{8.8}$$

采用平均尺寸后,各环尺寸及其偏差即可标注成如下形式:

$$\text{封闭环为 } A_{0M} \pm \frac{TA_0}{2} \text{;增环为 } A_{iM} \pm \frac{TA_i}{2} \text{;减环为 } A_{jM} \pm \frac{TA_j}{2}$$

显见,式(8.8)中含有协调环的平均尺寸 A_{xM} 项,可用来在确定了其他组成环尺寸以后进行计算。然后,再按统计公式计算协调环的公差 TA_x:

$$TA_x = \sqrt{TA_0^2 - \sum_{k=1}^{n-2} TA_k^2} \tag{8.9}$$

式中 TA_k —— 各组成环公差。

综上可得到协调环尺寸并标注为

$$A_{xM} \pm \frac{TA_x}{2}$$

以上是使用极限尺寸进行的计算。根据尺寸链原理,也可通过中间偏差计算,这里不再赘述,将在后续的示例中进行介绍。

3. 互换装配法应用举例

(1) 检查核对封闭环(验算过程)

【例 8.1】 图 8.13(a) 所示为水泵的一个部件,其支架一端面距气缸一端面的尺寸 $A_1 = 50_{-0.62}^{0}$ mm;气缸内孔长度 $A_2 = 31_{0}^{+0.62}$ mm,活塞长度 $A_3 = 19_{-0.52}^{0}$ mm,螺母内台阶的深度 $A_4 = 11_{0}^{+0.43}$ mm,支架外台阶 $A_5 = 40_{-0.62}^{0}$ mm。试求活塞行程长度 A_0,并判断该水泵用互换法装配后是否满足要求?技术条件要求 $TA_0 < 3$ mm。

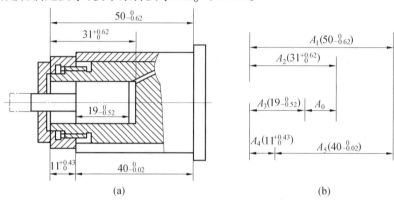

图 8.13 水泵部件图及其装配尺寸链图

解 首先绘出尺寸链简图如图 8.13(b) 所示,活塞行程 A_0 为封闭环,A_2、A_4、A_5 为增环,A_1、A_3 为减环。

封闭环的基本尺寸 A_{0n} 为

$$A_{0n} = \sum A_i - \sum A_j = (31 + 11 + 40) - (50 + 19) = 13 \text{ (mm)}$$

以下分别给出极值解法和概率解法的计算示例。

(1) 若采用完全互换法装配,用极值法计算

① 计算封闭环的上、下偏差 ESA_0、EIA_0,即

$$ESA_0 = \sum ESA_i - \sum EIA_j = (0.62 + 0.43 + 0) - (-0.62 - 0.52) = 2.19 \text{ (mm)}$$

$$EIA_0 = \sum EIA_i - \sum ESA_j = (-0.62 + 0 + 0) - (0 + 0) = -0.62 \text{ (mm)}$$

② 封闭环的尺寸及公差分别为

$$A_0 = 13_{-0.62}^{+2.19} \text{(mm)}$$

$$TA_0 = ESA_0 - EIA_0 = 2.81 \text{ mm} < 3 \text{ mm}$$

因此,该部件可用完全互换法装配。

(2) 若采用大数互换法装配,先用概率法通过极限尺寸计算

① 求封闭环的平均尺寸,即

$$A_{0M} = \sum_{i=1}^{m} A_{iM} - \sum_{j=m+1}^{n-1} A_{jM} = 13.835 \text{ (mm)}$$

② 计算封闭环的统计公差 TA_{0S}

$$TA_{0S} = \sqrt{\sum_{k=1}^{n-1} TA_k^2} = \sqrt{(0.62)^2 + (0.62)^2 + (0.52)^2 + (0.43)^2 + (0.62)^2} = 1.268 \text{ (mm)}$$

满足 $TA_0 < 3$ mm 的技术条件要求。

③ 综上得封闭环的尺寸为

$$A_0 = A_{0M} \pm \frac{TA_{0S}}{2} = 13.835 \pm 0.634 \ (\text{mm})$$

用概率法通过中间偏差的计算步骤如下：

① 求封闭环的基本尺寸 A_{0n}。与前方法同，有 $A_{0n} = 13 \ \text{mm}$。

② 求封闭环的中间偏差 ΔA_0。

由尺寸链计算原理知，各组成环的中间偏差为 $\Delta A_k = \dfrac{\text{ES}A_k + \text{EI}A_k}{2}$，故可得

$$\Delta A_0 = \sum_{i=1}^{m} \Delta A_i - \sum_{j=m+1}^{n-1} \Delta A_j = (0.31 + 0.215 - 0.31) - (-0.31 - 0.31) = 0.835 \ (\text{mm})$$

③ 计算封闭环的统计公差 TA_{0S}，与通过极限尺寸计算时同，有 $TA_{0S} = 1.268 \ \text{mm}$。

④ 综上得封闭环的尺寸为

$$A_0 = (A_{0n} + \Delta A_0) \pm \frac{TA_{0S}}{2} = 13.835 \pm 0.634 \ (\text{mm})$$

可见，两种计算方法的结果相同。

（2）计算组成环尺寸（设计过程）

【例8.2】 如图 8.14 所示箱体，根据使用要求，齿轮轴肩与轴承端面间的轴向间隙应为 $1 \sim 1.75 \ \text{mm}$，若已知各零件基本尺寸为 $A_{1n} = 101 \ \text{mm}$，$A_{2n} = 50 \ \text{mm}$，$A_{3n} = A_{5n} = 5 \ \text{mm}$，$A_{4n} = 140 \ \text{mm}$。试用极值法和概率法确定这些尺寸的公差及偏差。

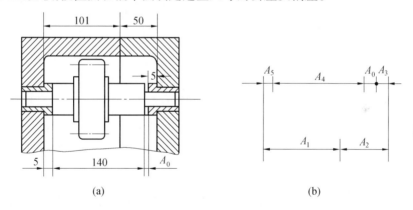

(a)　　　　　　　　　　　　(b)

图 8.14　齿轮箱部件图及其尺寸链图

解　建立装配尺寸链如图 8.14(b) 所示，其中 A_1、A_2 为增环，A_3、A_4 为减环，间隙 A_0 为封闭环。由题意，$A_{0\max} = 1.75 \ \text{mm}$，$A_{0\min} = 1 \ \text{mm}$，且可求得封闭环基本尺寸为

$$A_{0n} = \sum_{i=1}^{m} A_{in} - \sum_{j=m+1}^{n-1} A_{jn} = 1 \ \text{mm}$$

即 $A_0 = 1^{+0.75}_{0} \ \text{mm}$。

（1）极值法

① 按等公差分配封闭环公差，计算各组成环的平均公差为

$$T_{M,L} = \frac{TA_0}{n-1} = \frac{0.75}{6-1} = 0.15 \ (\text{mm})$$

② 根据加工条件及尺寸大小调整公差，并选出协调环，求出其公差。

由于 $A_3 = A_5$,尺寸小又易加工,可取 $TA_3 = TA_5 = 0.1$ mm;又因 A_1、A_2 尺寸较大,且为箱体尺寸,加工较难,适当放大公差为 $TA_1 = TA_2 = 0.2$ mm。选 A_4 为协调环,可得其公差为

$$TA_4 = TA_0 - (TA_1 + TA_2 + TA_3 + TA_5) = 0.15\,(\text{mm})$$

③ 确定除协调环外其他组成环的公差及分布位置(按"入体原则"进行)。A_1、A_2 为包容尺寸,则有 $A_1 = 101^{+0.2}_{0}$ mm,$A_2 = 50^{+0.2}_{0}$ mm;A_3、A_5 为被包容尺寸,则有 $A_3 = A_5 = 5^{0}_{-0.1}$ mm。

④ 求协调环的极限偏差。由 $\mathrm{EIA}_0 = \sum\limits_{i=1}^{m} \mathrm{EIA}_i - \sum\limits_{j=m+1}^{n-1} \mathrm{ESA}_j$,求得 $\mathrm{ESA}_4 = 0$ mm,故

$$A_4 = 140^{0}_{-0.15}\,(\text{mm})$$

至此,各组成环尺寸均求解完毕。

(2) 概率法

① 仍按等公差分配封闭环公差,计算各组成环的平均公差为

$$T_{\text{M,S}} = \frac{TA_0}{\sqrt{n-1}} = \frac{0.75}{\sqrt{6-1}} = 0.34\,(\text{mm})$$

② 根据加工条件及尺寸大小调整公差,并选出协调环,求出其公差。

按以上相同考虑,取 $TA_3 = TA_5 = 0.16$ mm;适当放大公差,取 $TA_1 = TA_2 = 0.46$ mm。仍选尺寸 A_4 为协调环,求其公差为

$$TA_4 = \sqrt{TA_0^2 - (TA_1^2 + TA_2^2 + TA_3^2 + TA_5^2)} = 0.43\,(\text{mm})$$

这里需要注意的是,在保留小数位时,只宜舍弃,不能进位,否则可能破坏封闭环公差与组成环公差之间的数值关系。

③ 确定除协调环外其他组成环的公差及分布位置(按"入体原则"进行)。A_1、A_2 为包容尺寸,则有 $A_1 = 101^{+0.46}_{0}$ mm,$A_2 = 50^{+0.46}_{0}$ mm;A_3、A_5 为被包容尺寸,则有 $A_3 = A_5 = 5^{0}_{-0.16}$ mm。

④ 求协调环尺寸。

$$\Delta A_0 = \sum\limits_{i=1}^{m} \Delta A_i - \sum\limits_{j=m+1}^{n-1} \Delta A_j$$

得 $\Delta A_4 = 0.185$ mm,故

$$A_4 = (A_{4n} + \Delta A_4) \pm \frac{TA_4}{2} = 140 + 0.185 \pm \frac{1}{2} \times 0.43 = 140^{+0.40}_{-0.03}\,(\text{mm})$$

比较上例两种计算结果可知:采用大数互换装配法时,各组成环公差远大于完全互换法时各组成环的公差,本例中 $\dfrac{T_{\text{M,S}}}{T_{\text{M,L}}} = \dfrac{0.34}{0.15} = 2.27$,由于零件平均公差扩大 2 倍多,使加工精度由 IT9 降为 IT10,可有效地降低加工成本。

8.3.2 选择装配法

选择装配法是将尺寸链中组成环的公差放大到经济可行的程度,使零件可以比较经济地加工出来,然后选择合适的零件尺寸进行装配,以保证装配精度要求的方法。这种方法可以分为直接选择装配法、分组装配法和复合选配法三种形式。

1. 直接选择装配法

直接选择装配法是由装配工人凭经验,直接挑选合适的零件进行装配,其优点是能达到

很高的装配精度,缺点是装配精度依赖于装配工人的技术水平和经验,装配时间不易控制,因此不宜用于生产节拍要求较严的大批大量生产中。

2. 分组装配法

在某些关键零部件的装配过程中,当尺寸链环数不多且对封闭环的公差要求很严时,采用互换装配法会使组成环的加工很困难或很不经济。为此,可采用分组装配法进行装配。分组装配法是先将组成环的公差相对于完全互换装配法所求的平均公差之值放大若干倍,使其能经济地加工出来。然后,将各组成环按其实际尺寸大小分为若干组,并按对应组进行装配,从而达到封闭环的装配精度指标要求。分组装配法中,采用极值公差公式计算,对应组零件具有互换性。

分组装配法是在大批、大量生产中对装配精度要求很高而组成环数又较少时(一般情况下只有 2 个组成环),达到装配精度指标常用的方法,例如,汽车上发动机的活塞销孔与活塞销的配合要求;活塞销与连杆小头孔的配合要求;滚动轴承的内环、外环和滚动体间的配合要求;某些精密机床中轴与孔的精密配合要求等。

现以图 8.15 中所示发动机的活塞销与连杆小头孔的装配来讨论分组装配法,活塞销与连杆小头孔的基本尺寸均为 $\phi25$ mm。它们的装配技术要求规定其配合间隙为 0.000 5 ~ 0.005 5 mm。该装配精度要求非常高,其公差仅有 0.005 mm。

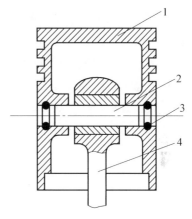

图 8.15 活塞连杆组件图

当采用完全互换法时,通过计算可得活塞销的外径尺寸及公差为:$\phi25_{-0.012\,5}^{-0.010\,0}$ mm,$T_{销} = 0.002\,5$ mm。

对于活塞销孔的尺寸及公差为:$\phi25_{-0.009\,5}^{-0.007\,0}$ mm,$T_{孔} = 0.002\,5$ mm。

很显然,制造如此精确的轴和孔是很困难的,也是很不经济的。因此,生产上采用的办法是将它们的上述公差值,均向同方向放大至四倍。

活塞销公差被放大后,下极限偏差保持不变,仍为 − 0.012 5,而上极限偏差从 − 0.010 0 增大至 − 0.002 5,可示意如下:

$$- 0.012\,5 \xrightarrow{(+\,0.002\,5)} - 0.010\,0 \xrightarrow{(+\,0.002\,5)} - 0.007\,5 \xrightarrow{(+\,0.002\,5)} - 0.005\,0 \xrightarrow{(+\,0.002\,5)} - 0.002\,5$$

放大四倍后的活塞销尺寸为 $\phi25_{-0.012\,5}^{-0.002\,5}$ mm。对于连杆小头孔,也将其公差同方向放大,下极限偏差保持不变,仍为 − 0.009 5,而上极限偏差从 − 0.007 0 增大至 + 0.000 5,示意如下:

$$- 0.009\,5 \xrightarrow{(+\,0.002\,5)} - 0.007\,0 \xrightarrow{(+\,0.002\,5)} - 0.004\,5 \xrightarrow{(+\,0.002\,5)} - 0.002\,0 \xrightarrow{(+\,0.002\,5)} + 0.000\,5$$

放大四倍后的活塞销孔尺寸为 $\phi25_{-0.009\,5}^{+0.000\,5}$ mm。

这样,活塞销及活塞销孔公差均为 0.01 mm。对于这样的公差,活塞销的外圆可用无心磨,连杆的小头孔可用金刚镗等加工方法来达到精度要求。当加工完成之后,可用精密量具对已加工工件进行测量,并按尺寸大小分成对应的四组,用不同颜色区别,以便进行分组装配,见表 8.2。

表 8.2 活塞销和连杆小头孔的分组尺寸 mm

组别	标志颜色	活塞销直径 $d = \phi 25^{-0.002\,5}_{-0.012\,5}$	连杆小头孔直径 $D = \phi 25^{+0.000\,5}_{-0.009\,5}$	配合情况	
				最大间隙	最小间隙
Ⅰ	白	$\phi 25^{-0.010\,0}_{-0.012\,5}$	$\phi 25^{-0.007\,0}_{-0.009\,5}$		
Ⅱ	绿	$\phi 25^{-0.007\,5}_{-0.010\,0}$	$\phi 25^{-0.004\,5}_{-0.007\,0}$		
Ⅲ	黄	$\phi 25^{-0.005\,0}_{-0.007\,5}$	$\phi 25^{-0.002\,0}_{-0.004\,5}$	0.005 5	0.000 5
Ⅳ	红	$\phi 25^{-0.002\,5}_{-0.005\,0}$	$\phi 25^{+0.000\,5}_{-0.002\,0}$		

当检测分组完成后,按对应组进行装配,其装配后的间隙配合情况正好满足装配精度指标要求。

采用分组装配时应该注意以下几个原则:

① 为了保证分组后各组的配合性质和配合精度与原装配精度要求相同,应当使配合件的公差相等,公差放大时应同向放大,放大倍数应等于以后的分组数。

② 配合件的形状精度和相互位置精度及表面粗糙度,不能随尺寸公差放大而放大,应与分组公差相适应,否则,不能保证配合性质与配合精度的要求。

③ 分组数不宜过多,否则就会因零件测量、分类、保管工作量的增加造成生产组织工作的复杂化。

④ 制造零件时,应尽量使各对应组零件的数量相等,满足配套要求,否则会造成某些尺寸零件的积压浪费现象。

3. 复合选配法

复合选配法是分组装配法与直接选择装配法的复合,即零件加工后预先测量分组,装配时再在各对应组内由工人进行直接选配。这种装配方法的特点是配合件公差可以不相等,装配速度较快,能满足一定的生产节拍要求。如发动机气缸与活塞的装配就可采用这种方法。

8.3.3 修配装配法

在成批生产中,若封闭环公差要求较严,组成环又较多时,用互换装配法势必要求组成环的公差很小,增加了加工的困难,并影响加工经济性。用分组装配法,又因环数多会使测量、分组和配套工作变得非常困难和复杂,甚至造成生产上的混乱。在单件小批量生产时,当封闭环公差要求较严,即使组成环数很少,也会因零件生产数量少不能采用分组装配法。此时,常采用修配装配法来达到封闭环装配精度的指标要求。

修配装配法是将尺寸链中各组成环的公差放大(相对于完全互换装配法所求组成环之值增大),使其能在该生产条件下较经济地加工;在装配时,将尺寸链中某一预先选定的环去除部分材料以改变其实际尺寸,从而使封闭环达到其公差与极限偏差要求。

预先选定的某一组成环被称为修配环(或称补偿环),用来补偿因其他各组成环公差放大后所产生的累积误差。

因修配装配法是在装配过程中选择其中一个组成环进行修配,以满足装配精度指标要求,因此,零件不能互换。修配装配法通常采用极值法计算。

采用修配装配法进行装配时,应正确选择修配环,修配环一般应满足以下要求。

① 便于装拆,零件形状比较简单,易于修配,如果采用刮研修配时,刮研面积要小。

② 不应为公共环,即该件只与一项装配精度有关,而与其他项装配精度无关,否则修配后,虽然保证了一个尺寸链的要求,却又难以满足另一尺寸链的要求。

修配装配法装配时,修配环被去除材料的厚度称为补偿量或修配量。在采用修配装配法进行装配时,计算的关键是其修配环极限偏差的确定。

确定修配环尺寸及极限偏差的出发点是:要保证修配时的修配量足够并且最小。其原因是:修配量不够,很显然不能满足修配要求;修配量要最小,否则修配工作量将增大,从而造成零部件加工成本升高和生产率降低。

在修配装配过程中,修配环被修配,引起封闭环尺寸的变动分两种情况:一是使封闭环尺寸减小,另一是使封闭环尺寸增大。用修配装配法解装配尺寸链时,要分别根据情况来计算。

1.修配使封闭环尺寸减小

在前面我们已经知道,修配法装配时,先将组成环的公差(包括修配环)放大,使之便于加工;然后在装配时,选择其中一个组成环作为修配环,对之进行修配,从而满足装配精度指标要求。当将各组成环尺寸公差放大时,所形成的封闭环公差 TA_0' 显然要大于装配精度所要求的公差 TA_0,但其分布位置有不同的情况。

图 8.16(a) 的装配尺寸链,TA_0 分布在图 8.16(b) 所示位置,TA_0' 的相对位置可能发生如图 8.16(c)、(d)、(e) 所示的各种情况。若选 A_2 为修配环,如果在装配过程中修配尺寸 A_2 时,会使封闭环尺寸减小,则可对之作以下分析。

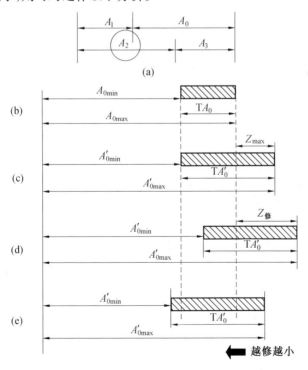

图 8.16 修配使封闭环尺寸减小的情况

如图 8.16(c) 所示情况, 此时有

$$A'_{0\min} = A_{0\min}$$

即
$$A'_{0\min} = \sum_{i=1}^{m} A'_{i\min} - \sum_{j=m+1}^{n-1} A'_{j\max} = A_{0\min} \tag{8.10}$$

或
$$\mathrm{EI}A'_0 = \sum_{i=1}^{m} \mathrm{EI}A'_i - \sum_{j=m+1}^{n-1} \mathrm{ESA}'_j = \mathrm{EI}A_0 \tag{8.11}$$

在这种情况下, 只要对修配环进行加工, 使封闭环尺寸减小至进入到图中 TA_0 范围内, 即可满足装配精度要求。

对于图 8.16(d) 所示情况, 虽然也可通过修配 A_2 达到装配精度要求, 但修配工作量显然大于图 8.16(c) 的情况。

图 8.16(e) 所示情况, 由于存在着 $A'_{0\min} < A_{0\min}$ 的装配可能性, 这对于修配使封闭环尺寸减小的情况来说, 是不可能将之修复到满足装配精度的。

综上分析可知, 当各组成环尺寸设计满足式(8.10) 或式(8.11) 的关系时, 修配工作量最小。在这种情况下, 满足装配精度的最大修配量为

$$Z_{\max} = TA'_0 - TA_0 = \sum_{i=1}^{n-1} TA'_i - TA_0 \tag{8.12}$$

2. 修配使封闭环尺寸增大

如图 8.17(a) 所示的装配尺寸关系, 如果选 A_1 为修配环, 且修配尺寸 A_1 会使封闭环尺寸增大时, 与前同理可分析得结论: 为使修配工作量最小, 各组成环的加工应满足条件 $A'_{0\min} = A_{0\min}$, 即

$$A'_{0\max} = \sum_{i=1}^{m} A'_{i\max} - \sum_{j=m+1}^{n-1} A'_{j\min} = A_{0\max} \tag{8.13}$$

或
$$\mathrm{ESA}'_0 = \sum_{i=1}^{m} \mathrm{ESA}'_i - \sum_{j=m+1}^{n-1} \mathrm{EI}A'_j = \mathrm{ESA}_0 \tag{8.14}$$

满足装配精度的最大修配量计算式同式(8.12)。

【例 8.3】 如图 8.17(a) 所示, 普通车床床头和尾座两顶尖等高度要求为不超过 0.06 mm(只许尾座高), 已知 $A_{1n} = 202$ mm, $A_{2n} = 46$ mm, $A_{3n} = 156$ mm。试分析是否可采用完全互换法装配?若采用修配法确定各组成环公差及极限偏差, 并计算最大修配量?

解 建立如图 8.17(b) 所示的尺寸链。其中 $A_0 = 0^{+0.06}_{0}$ mm, A_1 为减环, A_2、A_3 为增环。若按完全互换法并用极值公差计算, 各组成环的平均公差为

$$T_{\mathrm{M,L}} = \frac{TA_0}{n-1} = \frac{0.06}{3} = 0.02 \ (\mathrm{mm})$$

显然, 由于组成环的平均公差比较小, 加工困难, 不宜用完全互换装配法。

现采用修配装配法, 具体计算步骤和方法如下:

① 选择修配环。因作为组成环 A_2 的尾座底板的形状简单, 表面面积较小, 便于刮研修配, 故选择 A_2 为修配环。

② 确定各组成环公差(按加工经济精度确定)。根据各组成环所采用加工方法的加工经济精度确定其公差。A_1 和 A_3 采用镗模加工, 取 $TA_1 = TA_3 = 0.1$ mm; 底板采用半精刨加工, 取 $TA_2 = 0.15$ mm(注意: 确定各组成环的公差时包括修配环)。

③ 确定除修配环外其他各组成环的极限偏差。除修配环外, 其他组成环的极限偏差按

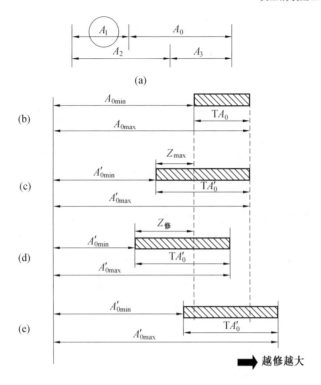

图 8.17 修配使封闭环尺寸增大的情况

"入体原则"进行确定。因 A_1 与 A_3 是孔轴线和底面的位置尺寸,故偏差按对称分布标注,即 $A_1 = 202 \pm 0.05$ mm,$A_3 = 156 \pm 0.05$ mm。

④ 计算修配环 A_2 的尺寸。判断修配环 A_2 修配时对封闭环 A_0 的影响。从结构示意图中可知:越修尺寸 A_2,封闭环 A_0 越小,因此按式(8.10)或式(8.11)计算,得修配环尺寸为

$$A_2 = 46^{+0.25}_{+0.10} \text{ mm}$$

按照上面确定的各组成环尺寸及偏差对零件进行加工,则在装配时所形成的封闭环尺寸为 $A_0' = 0^{+0.35}_0$ mm。显然不满足题中装配精度指标要求 $A_0 = 0^{+0.06}_0$ mm,需要根据实际情况对修配环进行修配。

⑤ 计算补偿环 A_2 的最大修配量。由式(8.12)可得,满足装配精度的最大修配量为

$$Z_{\max} = TA_0' - TA_0 = \sum_{i=1}^{n-1} TA_i' - TA_0 = (0.1 + 0.15 + 0.1) - 0.06 = 0.29 \text{ (mm)}$$

3. 修配方法

实际生产中,通过修配来达到装配精度的方法很多,但常见的有以下三种。

(1)单件修配法

选择某一固定的零件作为修配件(修配环),装配时对该零件进行补充加工来改变其尺寸,以保证装配精度的要求。

(2)合件加工修配法

将两个或更多的零件合并在一起后再进行加工修配,合并的尺寸可视为一个组成环,这就减少了装配尺寸链的环数,并且减少了修配的劳动量。以图 8.7 为例,尾座装配时,把尾座体和底板相配合的平面分别加工好,并配刮横向小导轨结合面,然后把两件装配为一体,以

底板的底面为定位基准面,镗削加工套筒孔,这样就把 A_2、A_3 合并为一个环,减少了一个组成环的公差,可以留给底板底面较少的刮研量。这种方法一般应用在单件小批量生产的装配场合。

(3) 自身加工修配法

在机床制造中,有一些装配要求,可采用总装时自身加工的方法来满足装配精度。例如,牛头刨床总装时,自刨工作台面,比较容易满足滑枕运动方向与工作台面平行度的要求。又如,在六角车床装配中,要求转塔上 6 个安装刀架孔的轴线必须保证和机床主轴回转轴线重合,而 6 个平面又必须和主轴轴线垂直。若将转塔作为单独零件加工出这些表面,在装配中达到上述两项要求是非常困难的。当采用自身加工修配时,这些表面在装配前不进行精加工,而是在转塔零件装配到机床上以后,在主轴上装上镗杆,使镗刀旋转,转塔做纵向进给,依次精镗出转塔上的 6 个孔。再在主轴上装一个能做径向进给的小刀架使刀具边旋转边作径向进给,依次加工出转塔的 6 个平面。这样,既保证了转塔安装孔与主轴轴线的同轴度,又保证了 6 个平面与主轴轴线的垂直度。自身加工修配法在机床制造中经常被采用。

8.3.4　调整装配法

对于装配精度要求高的机器或部件,装配时用调整的方法改变调整环(也称补偿环)的实际尺寸或位置,使封闭环达到其公差与极限偏差要求,这种方法称为调整装配法。根据调整方法的不同,调整装配法分为可动调整装配法、固定调整装配法和误差抵消调整装配法。

1. 可动调整装配法

可动调整装配法是用改变零件的位置(通过移动、旋转等)来达到装配精度要求的方法。

在机器制造中使用可动调整装配法的例子很多。图 8.18 所示是调整滚动轴承间隙或过盈的结构,可保证轴承既有足够的刚度又不至于过分发热。

对丝杠螺母副间隙的调整,可采用图 8.19 所示的结构,转动中间螺钉 2,通过楔块 5 的上下移动来改变丝杠螺母 1、4 与丝杠 3 之间的间隙。

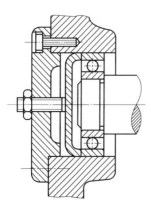

图 8.18　调整轴承间隙的结构
1— 调节螺钉;2— 螺母

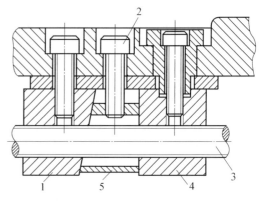

图 8.19　采用楔块调整丝杠和螺母间隙的结构
1— 前螺母;2— 调节螺钉;3— 丝杠;
4— 后螺母;5— 楔块

2. 固定调整装配法

这种装配方法是在尺寸链中选定一个或加入一个按一定尺寸间隔级别制成的零件作为调整环,根据装配时实际情况,选择相应尺寸的调整件装入以使封闭环满足设计要求。采用调整法装配时,其他各组成环均可按加工经济精度制造作为调整环的零件,也即调整件是一组系列尺寸的专门零件,常用的有垫片、套筒等。装配中,先将除调整件以外的其他零件预装好,这时,尺寸链中会出现一个由调整件和封闭环组成的空位尺寸。通过测量的实际空位尺寸大小,分别装入不同尺寸的调整件就可实现封闭环的要求。例如,调整环是减环时,若实测空位尺寸较大,就取较大尺寸级的调整件装入以使封闭环达到设计要求;当空位尺寸较小时,就取较小尺寸级的调整件装入。可见,保证装配精度的关键是如何按一定的尺寸要求,制造若干组不同尺寸的调整件,供装配时选用。

调整件的分组及尺寸可按以下方法确定。

(1) 确定调整件的组数

首先要确定补偿量 F。采用固定调整法时,由于放大了组成环的制造公差,装配后的实际封闭环的公差必然会超出设计要求,其超差量需用调整环来补偿,且补偿量 F 应等于超差数,可用下式计算:

$$F = TA_{0L} - TA_0 \tag{8.15}$$

式中　TA_{0L}——实际封闭环的极值公差(含补偿环);

　　　TA_0——封闭环公差的要求值。

其次,要确定每一组调整件的补偿能力 S。若忽略调整件的制造公差 TA_k,则调整件的补偿能力 S 等于封闭环公差要求值 TA_0;若考虑调整件的公差 TA_k,则其补偿能力为

$$S = TA_0 - TA_k \tag{8.16}$$

当第一组调整件无法满足补偿要求时,就需用相邻一组的调整件来补偿。所以,相邻组别调整件基本尺寸之差也应等于其补偿能力 S,以保证补偿作用的连续进行。因此,分组数 Z 可用下式表示:

$$Z = \frac{F}{S} + 1 \tag{8.17}$$

计算所得分组数 Z 后,要圆整至邻近的较大整数。

(2) 计算各组调整件的尺寸

由于各组调整件的基本尺寸之差等于补偿能力 S,所以只要先求出某一组调整件的尺寸,就可推算出其他各组调整件的尺寸。比较方便的办法是先求出调整环的中间尺寸,再求各组调整件的尺寸。

调整环的中间尺寸可由各环平均偏差关系式求出调整环的平均偏差后再求得。

当调整件的组数 Z 为奇数时,求出的调整环中间尺寸就是调整件中间一组尺寸的平均值,其余各组尺寸的平均值相应增加或减小各组之间的尺寸差 S 即可。

当调整件的组数 Z 为偶数时,求出的中间尺寸是调整环尺寸的对称中心,再根据各组之间的尺寸差 S 安排各组尺寸。

图 8.20(a) 所示为车床主轴齿轮组件的装配示意图。按照装配技术要求,当隔套(尺寸 A_2)、齿轮(尺寸 A_3)、垫圈(尺寸 A_k)和弹性挡圈(尺寸 A_4)装在主轴(尺寸 A_1)上后,齿轮的轴向间隙 A_0 应为 0.05 ~ 0.20 mm。已知:$A_{1n} = 115$ mm,$A_{2n} = 8.5$ mm,$A_{3n} = 95$ mm,$A_{4n} = $

2.5 mm，$A_{kn} = 9$ mm。

　　建立以轴向间隙 $A_0 = 0.05 \sim 0.20$ mm 为封闭环的装配尺寸链如图 8.20(b) 所示，其中 A_1 为增环，A_2、A_3、A_4 和 A_k 均为减环。若采用完全互换装配法，则各组成环的平均极值公差为

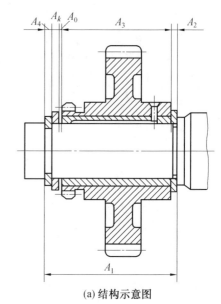

(a) 结构示意图

$$T_{M,L} = \frac{TA_0}{n-1} = \frac{0.15}{5} = 0.03 \text{（mm）}$$

　　可见，由于组成环的平均极值公差太小，使零件加工困难，故不宜用完全互换装配法可采用固定调整装配法。以下介绍确定各组成环尺寸以及调整件各组尺寸的计算步骤和方法。

　　① 选择调整环。组成环 A_k 为垫圈，形状简单，制造容易，装拆也方便，故选择 A_k 为调整环。

　　② 确定各组成环的公差和偏差。根据各组成环所采用的加工方法的经济精度确定其公差为：$TA_1 = 0.15$ mm，$TA_2 = 0.1$ mm，$TA_3 = 0.1$ mm，$TA_4 = 0.12$ mm、$TA_k = 0.03$ mm。

　　按"入体原则"确定除调整环以外各组成环的极限偏差为：$A_1 = 115^{+0.015}_{0}$ mm，$A_2 = 8.5^{0}_{-0.1}$ mm，$A_3 = 95^{0}_{-0.1}$ mm，$A_4 = 2.5^{0}_{-0.12}$ mm。

(b) 装配尺寸链图

图 8.20　车床主轴齿轮组件的装配示意图及装配尺寸链图

$$\Delta A_0 = 0.05 + \frac{0.2 - 0.05}{2} = +0.125 \text{（mm）}; \Delta A_1 = \frac{0.15}{2} = +0.075 \text{（mm）};$$

$$\Delta A_2 = \frac{-0.1}{2} = -0.05 \text{（mm）}; \Delta A_3 = \frac{-0.1}{2} = -0.05 \text{（mm）}; \Delta A_4 = \frac{-0.12}{2} = -0.06 \text{（mm）}$$

　　③ 计算补偿量 F 和每组调整件的补偿能力 S。

　　按式(8.15)可得

$$F = TA_{0L} - TA_0 = (0.15 + 0.1 + 0.1 + 0.12 + 0.03) - 0.15 = 0.35 \text{（mm）}$$

　　由式(8.16)可得

$$S = TA_0 - TA_k = (0.15 - 0.03) = 0.12 \text{（mm）}$$

　　④ 确定调整件的组数 Z

　　按式(8.17)可得

$$Z = \frac{F}{S} + 1 = \frac{0.35}{0.12} + 1 = 3.92 \approx 4$$

　　⑤ 计算各组调整件的尺寸。

　　i. 计算补偿环的平均偏差 ΔA_k 和中间尺寸 A_{kM}：

$$\Delta A_k = \Delta A_1 - (\Delta A_2 + \Delta A_3 + \Delta A_4) - \Delta A_0 =$$
$$0.075 - (-0.05 - 0.05 - 0.06) - 0.125 = +0.11 \text{（mm）}$$

$$A_{kM} = A_{kn} + \Delta A_k = 9 + 0.11 = 9.11 \text{（mm）}$$

ii.确定各组调整件的尺寸。因调整件的组数为偶数,故求得的 A_{kM} 就是调整环的对称中心。再由前知,各组调整件的尺寸差 $S = 0.12$ mm,则计算各组尺寸的平均值分别为

$$A_{k1M} = \left(9.11 + 0.12 + \frac{0.12}{2}\right) = 9.29 \ (\text{mm}), \quad A_{k2M} = \left(9.11 + \frac{0.12}{2}\right) = 9.17 \ (\text{mm})$$

$$A_{k3M} = \left(9.11 - \frac{0.12}{2}\right) = 9.05 \ (\text{mm}), \quad A_{k4M} = \left(9.11 - 0.12 - \frac{0.12}{2}\right) = 8.93 \ (\text{mm})$$

因而各组调整件的尺寸为

$$A_{k1} = (9.29 \pm 0.015) \ \text{mm}, \quad A_{k2} = (9.17 \pm 0.015) \ \text{mm}$$

$$A_{k3} = (9.05 \pm 0.015) \ \text{mm}, \quad A_{k4} = 8.93 \pm 0.015 \ (\text{mm})$$

在批量大、精度高的装配中,调整件的分组数可能很多,给管理带来不便。此时,可采用一定厚度的垫片与不同厚度的薄金属片组合的办法,构成不同尺寸,使调整工作更为方便。这种方法在汽车、拖拉机等生产中应用很广泛。

3.误差抵消调整装配法

误差抵消调整法是通过调整几个调整环的相互位置,使其加工误差相互抵消一部分,从而使封闭环达到其公差与极限偏差要求的方法。这种方法中的调整环为多个矢量。常见的调整环是轴承件的跳动量、偏心量和同轴度等。

下面以图 8.21 所示车床主轴锥孔轴线的径向圆跳动为例,说明误差抵消调整法的原理。普通车床该项精度指标的检验方法是将检验棒插入主轴锥孔内,检验径向圆跳动,要求:A 处(靠近端面)允差 0.01 mm;B 处(距 A 处 300 mm)允差 0.02 mm(最大工件回转直径 $D_a \leqslant 800$ mm 时)。

设前后轴承外环内滚道的中心分别为 O_2 和 O_1,它们的连线即主轴回转轴线,被测的主轴锥孔轴线的径向圆跳动就是相对于 O_1O_2 轴线而言的。现分析 B 处的径向圆跳动误差。

引起 B 处径向圆跳动误差的因素有:

e_1—— 后轴承内环孔轴线对外环内滚道轴线的偏心量;

e_2—— 前轴承内环孔轴线对外环内滚道轴线的偏心量;

e_s—— 主轴锥孔轴线 CC 对其轴颈轴线 SS 的偏心量。

e_2 和 e_1 对主轴径向跳动的影响如图 8.21(a) 和(b) 所示。

图8.21(a) 说明,当只存在 e_2 时,在 B 处引起的主轴轴颈轴线 SS 与主轴回转轴线的同轴度误差:

$$e'_1 = \frac{l_1 + l_2}{l_1} e_2 = A_2 e_2$$

图 8.21(b) 说明,当只存在 e_1 时,在 B 处引起的主轴轴颈轴线 SS 与主轴回转轴线的同轴度误差:

$$e'_1 = \frac{l_2}{l_1} e_1 = A_1 e_1$$

式中的 A_2 及 A_1 一般称为误差传递比,等于在测量位置上所反映出的误差大小与原始误差本身大小的比值。比值前的正负号表示两个误差间的方向关系。

由于 $|A_2| > |A_1|$,所以前轴承径向跳动误差对主轴径向跳动误差的影响比后轴承的要大。因此,主轴后轴承的精度可以比前轴承稍低些。

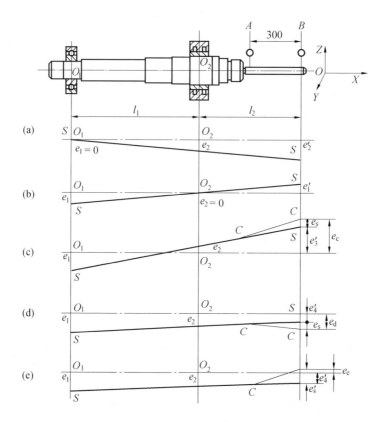

图 8.21　主轴锥孔轴线径向回跳动的误差抵消调整法

在实际生产中，为减小主轴径向跳动，可根据 e'_1、e'_2 和 e_s 三者来综合调整，常用的方法有以下两种。

（1）定向调整法

定向调整法是指在通过主轴轴心线的某一截面上使不同方向的误差影响相互抵消的方法。图 8.21(c)、(d)、(e) 分别表示同一平面内数值不变的各个原始误差之间的三种不同组合，分别在 B 处所产生的跳动误差。

图 8.21(c) 所示为主轴前后轴承径向跳动方向位于主轴轴心线两侧，且两者的合成误差 e'_3 又与 e_s 方向相同的情况，此时跳动误差为

$$e_c = e_s + e'_3 = e_s + e'_2 + e'_1 = e_s + \frac{l_1 + l_2}{l_1}e_2 + \frac{l_2}{l_1}e_1$$

图 8.21(d) 是主轴前后轴承径向跳动方向位于主轴轴心线同一侧，且两者的合成误差 e'_4 又与 e_s 方向相同的情况，此时跳动误差为

$$e_d = e_s + e'_4 = e_s + e'_2 - e'_1 = e_s + \frac{l_1 + l_2}{l_1}e_2 - \frac{l_2}{l_1}e_1$$

图 8.21(e) 则是主轴前后轴承径向跳动方向位于主轴轴心线同一侧，且两者的合成误差 e'_4 又与 e_s 方向相反，此时跳动误差为

$$e_e = e_s - (e'_2 - e'_1) = e_s - \left(\frac{l_1 + l_2}{l_1}e_2 - \frac{l_2}{l_1}e_1\right)$$

图 8.21(c)、(d)、(e) 所示三种情况下，e_1、e_2、e_s 都分布在同一平面上，此时有：

$$e_c > e_d > e_e$$

所以，为减少各误差因素对主轴装配精度的影响，应按图 8.21(e) 来调整相关零部件的相对位置，以相互抵消误差影响而使主轴径向跳动最小。

(2) 角度调整法

当前后轴承和主轴锥孔的径向跳动误差 e_2、e_1 及 e_s 不是分布在同一平面上时，它们合成后的总误差 e_0 是各误差的向量和。图 8.22 所示是把各误差量表示在离主轴端某一截面处的情形。

这时，为了进一步提高装配精度，可采用角度调整法。如果以组成环 e_s 为基准，从主轴回转中心 O（坐标原点）出发画出 $AO = e_s$，方向可假定在某一方向，再分别以点 O 及 A 为圆心，e'_2、e'_1 为半径画两个圆弧，如相交于点 B，则形成如图 8.23 所示角度调整法误差向量合成关系。需注意的是，e_s、e'_2、e'_1 中任何两者的向量和要等于或大于第三者的向量，才能形成封闭图形。此时可使 $e_0 = 0$，即各组成环相互补偿的结果使得在测量平面内的总误差为零。

图中 α、θ 称为调整角，调整角可按图 8.23 的作图方法得到，即把组成环 e_s、e'_2、e'_1 按比例放大并作出图形，然后用量角器直接测出 α 及 θ 角。这种方法迅速简便，另外也可用计算法求出 α 及 θ。

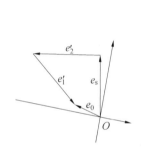

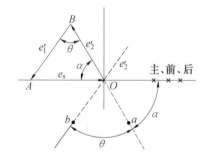

图 8.22　误差的向量合成　　　　图 8.23　角度调整法中误差向量的合成关系

误差抵消调整装配法，可在不提高轴承和主轴加工精度条件下，提高装配精度。它与其他调整法一样，常用于机床制造，且封闭环要求较严的多环装配尺寸链中。但由于误差抵消调整装配法需事先测出补偿环的误差方向和大小，装配时需技术等级高的工人，因而增加了装配时和装配前的工作量，并给装配组织工作带来一定的麻烦。误差抵消调整装配法多用于批量不大的中小批生产和单件生产。

8.4　装配工艺规程的制订

装配工艺规程是指导装配生产的主要技术文件，制订装配工艺规程是生产技术准备中的一项重要工作。装配工艺规程对保证装配质量、提高装配生产效率、缩短装配周期、减轻装配工人的劳动强度、缩小装配占地面积和降低成本等都有重要的影响。下面简要介绍装配工艺规程制订的步骤、方法和内容。

1. 准备原始资料

制订装配工艺规程所需的原始资料主要有以下几个方面。

（1）产品的装配图及验收技术条件

产品的装配图应包括总装配图和部件装配图，并能清楚地表示出：零、部件的相互连接情况及其联系尺寸；装配精度和其他技术要求；零件的明细表等。为了在装配时对某些零件进行补充机械加工和核算装配尺寸链，有时还需要某些零件图。验收技术条件应包括验收的内容和方法。

（2）产品的生产纲领

生产纲领决定了产品的生产类型。不同的生产类型致使装配的组织形式、装配方法、工艺过程的划分、设备及工艺装备专业化或通用化水平、手工操作量的比例、对工人技术水平的要求和工艺文件格式等均有不同。各种生产类型的装配工艺特征见表8.3。

表8.3　各种生产类型时装配工艺特征

生产类型\装配工艺特征	大批大量生产	成批生产	单件小批生产
装配工作特点	产品固定，生产活动长期重复。生产周期一般较短	产品在系列化范围内变动，分批交替投产或多品种同时投产，生产活动在一定时期内重复	产品经常变换，不定期重复生产，生产周期一般较长
组织形式	多采用流水装配法，有连续移动、间歇移动及可变节奏移动等方式，还可采用自动装配机或自动装配线	产品笨重，批量不大的产品多采用固定流水装配，批量较大时采用流水装配，多品种平行投产时采用多品种可变节奏流水装配	多采用固定装配或固定式流水装配
装配工艺方法	按互换法装配，允许有少量简单的调整，精密偶件成对供应或分组供应装配，无任何修配工作	主要采用互换配法，但灵活运用其他保证装配精度的方法，如调整配法、修配装配法、合并加工分配法以节约加工费用	以修配装配法及调整装配法为主，互换件比例较少
工艺过程	工艺过程划分很细，力求达到高度的均衡性	工艺过程的划分须适合于批量的大小，尽量使生产均衡	一般不制订详细的工艺文件，工序可适当调度，工艺也可灵活掌握
工艺装备	专业化程度高，宜采用专用高效工艺装备，易于实现机械化自动化	通用设备较多，但也采用一定数量的专用工、夹、量具，以保证装配质量和提高工效	一般为通用设备及通用工夹量具
手工操作要求	手工操作比重小，熟练程度容易提高	手工操作比重较大，技术水平要求较高	手工操作比重大，要求工人有高的技术水平和多方面的工艺知识
应用实例	汽车、拖拉机、内燃机、滚动轴承、手表、缝纫机、电气开关等	机床、机车车辆、中小型锅炉、矿山采掘机械等	重型机床、重型机器、汽车机、大型内燃机、大型锅炉等

（3）现有生产条件和标准资料

它包括现有装配设备、工艺装备、装配车间面积、工人技术水平、机械加工条件及各种工艺资料和标准等，这些资料对于能切合实际地从机械加工和装配的全局出发，制订合理的装配工艺规程是很重要的。

2.熟悉和审查产品的装配图

（1）了解产品及部件的具体结构、装配技术要求和检查验收的内容及方法。

（2）审查产品的结构工艺性。

（3）研究设计人员所确定的装配方法，进行必要的装配尺寸链分析与计算。

3.确定装配方法与装配的组织形式

选择合理的装配方法是保证装配精度的关键，其含义包括两个方面：一是指采用手工装配还是机械装配；另一是指采用哪种保证装配精度的方法。

一般说来，只要组成环零件的加工比较经济可行时，就要优先采用完全互换装配法。成批生产、组成环又较多时，可考虑采用大数互换装配法。

当封闭环公差要求较严，采用互换装配法将使组成环加工比较困难或不经济时，就需采用其他方法装配。大量生产时，环数少、精度高的装配可采用分组装配法；精度高、环数多的装配可采用调整装配法。单件小批量生产时，常采用修配装配法；成批生产时可灵活应用调整装配法、修配装配法和分组装配法（后者在环数少时采用）。

一种产品究竟采用何种装配方法来保证装配精度要求，通常在设计阶段即应确定。因为只有在装配方法确定后，才能通过尺寸链的计算，合理地确定各个零、部件在加工和装配中的精度指标与技术要求。但是，同一种产品的同一装配精度要求，在不同的生产类型和生产条件下，可能采用不同的装配方法。要结合具体生产条件，从机械加工或装配的全过程出发，应用尺寸链理论进行分析和计算，同设计人员一起最终确定合理的装配方法。

装配的组织形式主要取决于产品的结构特点（包括重量、尺寸和复杂程度）、生产纲领和现有生产条件。按产品在装配过程中移动与否，装配的组织形式分为固定式和移动式两种。

固定式装配全部装配工作在一个固定的地点进行，产品在装配过程中不移动，多用于单件小批生产或重型产品的成批生产。固定式装配也可组织工人专业分工，按装配顺序轮流到各产品点进行装配，这种形式称为固定流水装配，多用于成批生产结构比较复杂、工序数多的产品，如机床、汽轮机的装配。

移动式装配是将零、部件用输送带或小车按装配顺序从一个装配地点移动到下一个装配地点，并在各装配地点分别完成一部分装配工作，经全部装配点工作后最终完成产品的装配。移动式装配按移动的形式可分为连续移动和间歇移动两种。连续移动式装配时，装配线连续按节拍移动，工人在装配时边装边随装配线走动，装配完毕立即回到原位继续下一个产品的装配；间歇移动式装配时，产品停留在装配点不动，工人在规定时间（节拍）内完成装配规定工作后，产品再被输送带或小车送到下一工作地。移动式装配按移动时节拍变化与否又可分为强制节拍和变节拍两种。变节拍式移动比较灵活，具有柔性，适合多品种装配。移动式装配常用于大批大量生产组成流水作业线或自动线，如汽车、拖拉机、仪器仪表等产品的装配。

4.划分装配单元，确定装配顺序

将产品划分为可进行独立装配的单元是制订装配工艺规程的重要步骤，这对于大批大量生产结构复杂的产品时尤为重要。只有划分好装配单元,才能合理安排装配顺序和划分装配工序,组织流水作业。

机器是由零件、套件、组件和部件等装配单元组成,零件是组成机器的基本单元,各装配单元都要选定某一零件或比它低一级的单元作为装配基准件。通常应选体积或重量较大、有足够支承面能保证装配时的稳定性的零件、组件或部件作为装配基准件。如床身零件是床身组件的装配基准件;床身组件是床身部件的装配基准组件;床身部件是机床产品的装配基准部件。

划分好装配单元,并确定装配基础件后,就可安排装配顺序。确定装配顺序的要求是保证装配精度,应使装配连接、调整、校正和检验工作能顺利地进行,前面工序不能妨碍后面工序进行,后面工序不应损坏前面工序的质量。

一般情况下,安排装配顺序时应考虑以下几点:

① 工件要预先处理,如工件的倒角、去毛刺与飞边、清洗和干燥等。

② 先进行基准件、重大件的装配,以便保证装配过程的稳定性。

③ 先进行复杂件、精密件和难装配件的装配,以保证后续装配顺利。

④ 先进行易破坏以后装配质量的工作,如冲击性质的装配、压力装配和加热装配。

⑤ 集中安排使用相同设备及工艺装备的装配和有共同特殊装配环境的装配。

⑥ 处于基准件同一方位的装配应尽可能集中进行。

⑦ 电线、油气管路的安装应与相应工序同时进行。

⑧ 易燃、易爆、易碎、有毒物质或零、部件的安装,尽可能放在最后,以减少安全防护工作量,保证装配工作顺利完成。

为了清晰表示装配顺序,常用装配单元系统图来表示。在装配单元系统图上加注所需的工艺说明,如焊接、配钻、配刮、冷压、热压和检验等,就形成装配工艺系统图。

图 8.24 是普通车床床身部件装配简图,图 8.25 是其装配工艺系统图。

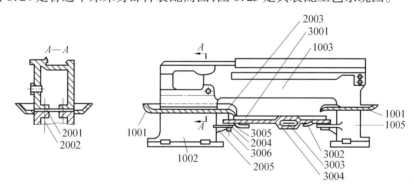

图 8.24　普通车床床身部件装配简图

装配工艺系统图比较清楚而全面地反映了装配单元的划分、装配顺序和装配工艺方法,是装配工艺规程制订中的主要文件之一,也是划分装配工序的依据。

5. 装配工序的划分与设计

装配顺序确定后,就可将装配工艺过程划分为若干个装配工序,并进行具体装配工序的设计。装配工序的划分主要是确定工序集中与工序分散的程度,通常和装配工序设计一起进行。

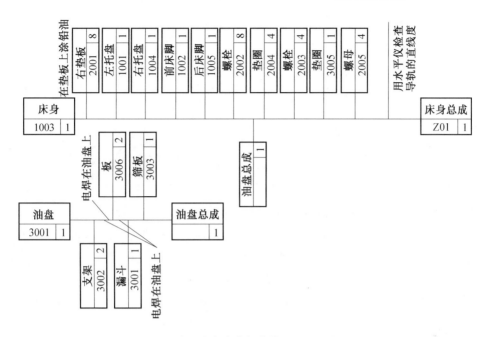

图 8.25　普通车床床身部件装配工艺系统图

装配工序设计的主要内容有：

① 制定装配工序的操作规范。例如螺栓联结的预紧扭矩、装配环境等。

② 选择设备与工艺装备。若需要专用设备与工艺装备，则应提出设计任务书。

③ 确定工时定额，并协调各装配工序内容。在大批大量生产时，要平衡装配工序的节拍，均衡生产，实现流水装配。

6.填写装配工艺文件

单件小批量生产仅要求填写装配工艺过程卡。中批生产时，通常也只需填写装配工艺过程卡，但对复杂产品则还需填写装配工序卡。大批大量生产时，不仅要求填写装配工艺过程卡，而且要填写装配工序卡，以便指导工人进行装配。

7.制订产品检验与试验规范

产品装配完毕，应按产品技术性能和验收技术条件制定检测与试验规范，主要包括：

① 检测和试验的项目及检验质量指标。

② 检测和试验的方法、条件与环境要求。

③ 检测和试验所需工艺装备的选择或设计。

④ 质量问题的分析方法和处理措施。

复习思考题

8.1　试述制订装配工艺规程的意义、内容、方法和步骤。

8.2　装配精度一般包括哪些内容?装配精度与零件的加工精度有何区别,它们之间又有何关系?试举例说明。

8.3　保证机器或部件装配精度的方法有哪几种?各适用于什么装配场合?

8.4　题 8.4 图所示为车床尾座套筒装配图,各组成零件的尺寸注在图上,试分别用完全互换法和大数互换法计算装配后螺母在顶尖套筒内的轴向跳动量?

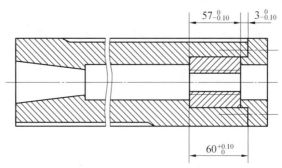

题 8.4 图

8.5 有一轴和孔的配合间隙要求为 0.07 ~ 0.24 mm,零件加工后经测量得孔的尺寸分散为 $\phi 65^{+0.19}_{0}$ mm,轴的尺寸分散为 $\phi 65^{0}_{-0.12}$ mm,若零件尺寸分布为正态分布,现用大数互换法进行装配,试计算可能产生的废品率是多少?

8.6 题 8.6 图所示为双联转子泵的轴向装配关系图,要求在冷态情况下轴向间隙为 0.05 ~ 0.15 mm。已知 $A_1 = 41$ mm,$A_2 = A_4 = 17$ mm,$A_3 = 7$ mm。分别采用完全互换法和大数互换法装配时,试确定各组成环的公差和极限偏差。

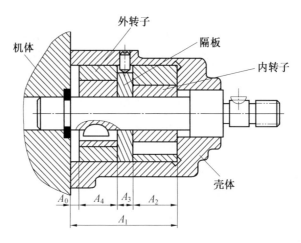

题 8.6 图

8.7 某偶件装配,要求保证配合间隙为 0.003 ~ 0.009 mm。若按互换法装配,则阀杆应为 $\phi 25^{0}_{-0.003}$ mm,阀套孔应为 $\phi 25^{+0.006}_{-0.003}$ mm。因精度高而难于加工,现将轴、孔制造公差都扩大到 0.015 mm,采用分组装配法来达到要求。试确定分组数和两零件直径尺寸的偏差,并用公差带位置图表示出零件各组尺寸的配合关系。

8.8 某轴与孔的设计配合为 $\phi 10 \dfrac{\text{H5}}{\text{h5}}$,为降低加工成本,两件按 $\phi 10 \dfrac{\text{H9}}{\text{h9}}$ 制造。试计算采用分组装配法时:

(1) 分组数和每一组的尺寸及其偏差;

(2) 若加工 1 000 套,且孔与轴的实际尺寸分布都符合正态分布规律,每一组孔与轴的零件数各为多少?

8.9 题 8.9 图所示为键与键槽的装配关系。已知 $A_1 = 20$ mm,$A_2 = 20$ mm,要求配合间隙为

0.08 ~ 0.15 mm,试求解:

(1) 当大批大量生产时,采用互换法装配时各零件的尺寸及其偏差?

(2) 当小批量生产时,$A_2 = \phi 25^{+0.13}_{0}$ mm,$TA_1 = 0.052$ mm。采用修配法装配,试选择修配件,并计算在最小修配量原则下修配件的尺寸和偏差及最大修配量?

8.10   题 8.10 图为某卧式组合机床的钻模简图。装配要求定位面到钻套中心线距离为 110 ± 0.03 mm,现用修配法来解此装配链,选取修配件为定位支承板,$A_3 = 12$ mm,$TA_3 = 0.02$ mm,已知 $A_2 = 28$ mm,$TA_2 = 0.08$ mm,$A_1 = 150 \pm 0.05$ mm,钻套内孔与外圆同轴度为 $\phi 0.02$ mm。根据生产要求定位板上的最小修磨量为 0.1 mm,最大修磨量不得超过 0.3 mm。试确定修配件的尺寸和偏差以及 A_2 的尺寸和偏差。

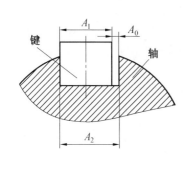

题 8.9 图

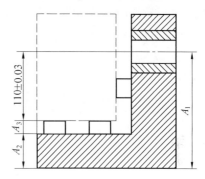

题 8.10 图

参考文献

[1] 王先逵.制造技术的历史回顾与面临的机遇与挑战[C].中国机械工程学会会讯,2003, 8:8-10.

[2] 沈壮行.应对美国金融危机引发的全球性经济衰退中国工具工业要加快结构调整和产业升级步伐[J].工具技术,2008,11:3-7.

[3] 许郁生.中国机床工业的发展和市场需求[J].世界制造技术与装备市场,2007,2:50-33.

[4] 国家技术监督局.中华人民共和国国家标准 GB/T 12204—90:金属切削基本术语[M].北京:中国标准出版社,1991.

[5] 国家质量监督检验检疫总局.中华人民共和国国家标准 GB/T 18376.1—2008 代替 GB/T 18376.1—2001:硬质合金牌号 第1部分:切削工具用硬质合金牌号[M].北京:中国标准出版社,2008.

[6] 韩荣第.金属切削原理与刀具[M].哈尔滨:哈尔滨工业大学出版社,2007.

[7] 杨荣福,董申.金属切削原理[M].北京:机械工业出版社,1988.

[8] 机械工程手册编委会.机械工程手册第8卷机械制造工艺(二)[M].北京:机械工业出版社,1983.

[9] 张世昌,等.机械制造技术基础[M].2版.北京:高等教育出版社,2007.

[10] 王启平.机械制造工艺学[M].5版.哈尔滨:哈尔滨工业大学出版社,2002.

[11] 卢秉恒.机械制造技术基础[M].3版.北京:机械工业出版社,2008.

[12] 于骏一,等.机械制造技术基础[M].北京:机械工业出版社,2004.

[13] 周泽华.金属切削原理[M].上海:上海科学技术出版社,1993.

[14] 陈日曜.金属切削原理[M].北京:机械工业出版社,1993.

[15] 王先逵.机械制造工艺学[M].2版.北京:机械工业出版社,2007.

[16] 李旦.机械加工工艺手册:第1卷 工艺基础篇[M].2版.北京:机械工业出版社, 2007.

[17] 张福润,等.机械制造技术基础[M].武汉:华中科技大学出版社,2000.

[18] 李旦,等.机械制造工艺学[M].哈尔滨:哈尔滨工业大学出版社,1997.

[19] 陶崇德,等.机床夹具设计[M].2版.上海:上海科学技术出版社,1989.

[20] 宋本基,等.数控加工[M].哈尔滨:哈尔滨工程大学出版社,2004.

[21] 冯辛安.机械制造装备设计[M].2版.北京:机械工业出版社,2006.

[22] 李旦,等.机床专用夹具图册[M].2版.哈尔滨:哈尔滨工业大学出版社,2005.